U0249613

风险社会视角下的中国食品安全
——以动物性食品为例

Chinese Food Safety under the Perspective of Risk Society
——The Case of Animal Derived Foods

田永胜 著

社会科学文献出版社
SOCIAL SCIENCES ACADEMIC PRESS (CHINA)

图书在版编目（CIP）数据

风险社会视角下的中国食品安全：以动物性食品为例/
田永胜著.—北京：社会科学文献出版社，2014.10
（中国社会科学博士后文库）
ISBN 978 - 7 - 5097 - 6432 - 9

Ⅰ.①风…　Ⅱ.①田…　Ⅲ.①食品安全 - 研究 - 中国
Ⅳ.①TS201.6

中国版本图书馆 CIP 数据核字（2014）第 201207 号

·中国社会科学博士后文库·

风险社会视角下的中国食品安全
——以动物性食品为例

著　　者/田永胜

出 版 人/谢寿光
项目统筹/童根兴　谢蕊芬
责任编辑/杨桂凤

出　　版/社会科学文献出版社·社会政法分社（010）59367156
　　　　　地址：北京市北三环中路甲 29 号院华龙大厦　邮编：100029
　　　　　网址：www.ssap.com.cn
发　　行/市场营销中心（010）59367081　59367090
　　　　　读者服务中心（010）59367028
印　　装/北京季蜂印刷有限公司

规　　格/开本：787mm × 1092mm　1/16
　　　　　印 张：24.25　字 数：407 千字
版　　次/2014 年 10 月第 1 版　2014 年 10 月第 1 次印刷
书　　号/ISBN 978 - 7 - 5097 - 6432 - 9
定　　价/99.00 元

序　一

　　博士后制度是 19 世纪下半叶首先在若干发达国家逐渐形成的一种培养高级优秀专业人才的制度，至今已有一百多年历史。

　　20 世纪 80 年代初，由著名物理学家李政道先生积极倡导，在邓小平同志大力支持下，中国开始酝酿实施博士后制度。1985 年，首批博士后研究人员进站。

　　中国的博士后制度最初仅覆盖了自然科学诸领域。经过若干年实践，为了适应国家加快改革开放和建设社会主义市场经济制度的需要，全国博士后管理委员会决定，将设站领域拓展至社会科学。1992 年，首批社会科学博士后人员进站，至今已整整 20 年。

　　20 世纪 90 年代初期，正是中国经济社会发展和改革开放突飞猛进之时。理论突破和实践跨越的双重需求，使中国的社会科学工作者们获得了前所未有的发展空间。毋庸讳言，与发达国家相比，中国的社会科学在理论体系、研究方法乃至研究手段上均存在较大的差距。正是这种差距，激励中国的社会科学界正视国外，大量引进，兼收并蓄，同时，不忘植根本土，深究国情，开拓创新，从而开创了中国社会科学发展历史上最为繁荣的时期。在短短 20 余年内，随着学术交流渠道的拓宽、交流方式的创新和交流频率的提高，中国的社会科学不仅基本完成了理论上从传统体制向社会主义市场经济体制的转换，而且在中国丰富实践的基础上展开了自己的伟大创造。中国的社会科学和社会科学工作者们在改革开放和现代化建设事业中发挥了不可替代的重要作用。在这个波澜壮阔的历史进程中，中国社会科学博士后制度功不可没。

值此中国实施社会科学博士后制度 20 周年之际，为了充分展示中国社会科学博士后的研究成果，推动中国社会科学博士后制度进一步发展，全国博士后管理委员会和中国社会科学院经反复磋商，并征求了多家设站单位的意见，决定推出《中国社会科学博士后文库》（以下简称《文库》）。作为一个集中、系统、全面展示社会科学领域博士后优秀成果的学术平台，《文库》将成为展示中国社会科学博士后学术风采、扩大博士后群体的学术影响力和社会影响力的园地，成为调动广大博士后科研人员的积极性和创造力的加速器，成为培养中国社会科学领域各学科领军人才的孵化器。

创新、影响和规范，是《文库》的基本追求。

我们提倡创新，首先就是要求，入选的著作应能提供经过严密论证的新结论，或者提供有助于对所述论题进一步深入研究的新材料、新方法和新思路。与当前社会上一些机构对学术成果的要求不同，我们不提倡在一部著作中提出多少观点，一般地，我们甚至也不追求观点之"新"。我们需要的是有翔实的资料支撑，经过科学论证，而且能够被证实或证伪的论点。对于那些缺少严格的前提设定，没有充分的资料支撑，缺乏合乎逻辑的推理过程，仅仅凭借少数来路模糊的资料和数据，便一下子导出几个很"强"的结论的论著，我们概不收录。因为，在我们看来，提出一种观点和论证一种观点相比较，后者可能更为重要：观点未经论证，至多只是天才的猜测；经过论证的观点，才能成为科学。

我们提倡创新，还表现在研究方法之新上。这里所说的方法，显然不是指那种在时下的课题论证书中常见的老调重弹，诸如"历史与逻辑并重"、"演绎与归纳统一"之类；也不是我们在很多论文中见到的那种敷衍塞责的表述，诸如"理论研究与实证分析的统一"等等。我们所说的方法，就理论研究而论，指的是在某一研究领域中确定或建立基本事实以及这些事实之间关系的假设、模型、推论及其检验；就应用研究而言，则指的是根据某一理论假设，为了完成一个既定目标，所使用的具体模型、技术、工具或程序。众所周知，在方法上求新如同在理论上创新一样，殊非易事。因此，我们亦不强求提出全新的理论方法，我们的最低要求，是要按照现代社会科学的研究规范来展开研究并构造论著。

我们支持那些有影响力的著述入选。这里说的影响力，既包括学术影响力，也包括社会影响力和国际影响力。就学术影响力而言，入选的成果应达到公认的学科高水平，要在本学科领域得到学术界的普遍认可，还要经得起历史和时间的检验，若干年后仍然能够为学者引用或参考。就社会影响力而言，入选的成果应能向正在进行着的社会经济进程转化。哲学社会科学与自然科学一样，也有一个转化问题。其研究成果要向现实生产力转化，要向现实政策转化，要向和谐社会建设转化，要向文化产业转化，要向人才培养转化。就国际影响力而言，中国哲学社会科学要想发挥巨大影响，就要瞄准国际一流水平，站在学术高峰，为世界文明的发展作出贡献。

我们尊奉严谨治学、实事求是的学风。我们强调恪守学术规范，尊重知识产权，坚决抵制各种学术不端之风，自觉维护哲学社会科学工作者的良好形象。当此学术界世风日下之时，我们希望本《文库》能通过自己良好的学术形象，为整肃不良学风贡献力量。

李扬

中国社会科学院副院长
中国社会科学院博士后管理委员会主任
2012 年 9 月

序　二

在 21 世纪的全球化时代，人才已成为国家的核心竞争力之一。从人才培养和学科发展的历史来看，哲学社会科学的发展水平体现着一个国家或民族的思维能力、精神状况和文明素质。

培养优秀的哲学社会科学人才，是我国可持续发展战略的重要内容之一。哲学社会科学的人才队伍、科研能力和研究成果作为国家的"软实力"，在综合国力体系中占据越来越重要的地位。在全面建设小康社会、加快推进社会主义现代化、实现中华民族伟大复兴的历史进程中，哲学社会科学具有不可替代的重大作用。胡锦涛同志强调，一定要从党和国家事业发展全局的战略高度，把繁荣发展哲学社会科学作为一项重大而紧迫的战略任务切实抓紧抓好，推动我国哲学社会科学新的更大的发展，为中国特色社会主义事业提供强有力的思想保证、精神动力和智力支持。因此，国家与社会要实现可持续健康发展，必须切实重视哲学社会科学，"努力建设具有中国特色、中国风格、中国气派的哲学社会科学"，充分展示当代中国哲学社会科学的本土情怀与世界眼光，力争在当代世界思想与学术的舞台上赢得应有的尊严与地位。

在培养和造就哲学社会科学人才的战略与实践上，博士后制度发挥了重要作用。我国的博士后制度是在世界著名物理学家、诺贝尔奖获得者李政道先生的建议下，由邓小平同志亲自决策，经国务院批准于 1985 年开始实施的。这也是我国有计划、有目的地培养高层次青年人才的一项重要制度。二十多年来，在党中央、国务院的领导下，经过各方共同努力，我国已建立了科学、完备的博士后制度体系，同时，形成了培养和使用相结合，产学研相结合，政府调控和社会参与相结合，服务物质文明与精神文明建设的鲜明特色。通过实施博士后制度，我国培养了一支优秀的高素质哲学社会科学人才队伍。他们在科研机构或高等院校依托自身优势和兴趣，自主从事开拓性、创新性研究工作，从而具有宽广的学术视野、突出的研究能力和强烈的探索精神。其中，一些出站博士后已成为哲学社会科学领域的科研骨干和学术带头人，在"长江学者"、"新世纪百千万人才工程"等国家重大科研人才梯队中占据越来越大的比重。可以说，博士后制度已成为国家培养哲学社会科学拔尖人才的重要途径，而且为哲学社会科学的发展造就了一支新的生力军。

哲学社会科学领域部分博士后的优秀研究成果不仅具有重要的学术价值，而且具有解决当前社会问题的现实意义，但往往因为一些客观因素，这些成果不能尽快问世，不能发挥其应有的现实作用，着实令人痛惜。

可喜的是，今天我们在支持哲学社会科学领域博士后研究成果出版方面迈出了坚实的一步。全国博士后管理委员会与中国社会科学院共同设立了《中国社会科学博士后文库》，每年在全国范围内择优出版哲学社会科学博士后的科研成果，并为其提供出版资助。这一举措不仅在建立以质量为导向的人才培养机制上具有积极的示范作用，而且有益于提升博士后青年科研人才的学术地位，扩大其学术影响力和社会影响力，更有益于人才强国战略的实施。

今天，借《中国社会科学博士后文库》出版之际，我衷心地希望更多的人、更多的部门与机构能够了解和关心哲学社会科学领域博士后及其研究成果，积极支持博士后工作。可以预见，我国的博士后事业也将取得新的更大的发展。让我们携起手来，共同努力，推动实现社会主义现代化事业的可持续发展与中华民族的伟大复兴。

人力资源和社会保障部副部长

全国博士后管理委员会主任

2012 年 9 月

摘　要

　　我国频繁爆发的动物性食品安全事件，已经成为一个重大的社会问题。本文主要以德国社会学家乌尔里希·贝克、英国社会学家安东尼·吉登斯的风险社会理论为视角，以动物性食品安全为例，提出如下主要观点。

　　（1）我国的动物性食品安全问题是在全球化背景下产生的。我国全盘引进发达国家工厂化、集约化的养殖模式，造成畜禽和水产动物疾病蔓延的新问题；大量引进国外的畜禽和水产动物品种，导致某些新的动物疾病和传染病暴发；引进国外的某些养殖技术，导致其他一些食品安全风险。

　　（2）科技进步在使动物性食品得到极大丰富的同时，也影响到动物性食品的安全。大量兽药（包括禁用兽药）和饲料添加剂被用于促进动物生长、防范动物疾病和死亡，造成动物性食品安全问题。

　　（3）政府部门对动物性食品安全不负责任，最主要的表现：一是允许使用多种有毒有害的兽药和饲料添加剂；二是允许动物性食品中抗生素、激素、农药、重金属的含量远高于发达国家；三是几乎没有履行检测的职责，允许有潜在食品安全风险的动物性食品上市。

　　（4）提出构建动物性食品安全风险规制体系的设想：一是放弃工厂化、集约化养殖模式，采取提倡动物福利的无公害、有机养殖模式，以减少畜禽和水产动物的疾病种类，减少兽药和饲料添加剂的使用；二是禁止和限制使用有毒副作用的兽药和饲料添加剂，推广副作用小的环保药物和添加剂；三是建立从养殖场到餐桌的全程监控模式，以法律和高科技检测手段遏制有毒有害物质的添加，严惩动物性食品问题的责任者。

关键词： 风险社会　动物性食品安全　兽药　饲料　科技

Abstract

The frequent eruption of animal derived food safety incidents in China, has become a major social problem. According to the risk society theory of Germany sociologist Ulrich Beck and British sociologist Anthony Giddens, this paper takes the animal derived food safety as the example, and puts forward the major points as follows:

(1) Animal derived food safety problems in our country arose under the background of globalization. We introduced the breeding mode of intensive, scale, factory farming in developed country entirely, which caused new problems that the spread of livestock animals and aquatic animal disease. we imported an enormous range of livestock and aquatic animal species from abroad, which caused new animal diseases and infectious diseases. We introduced some breeding technologies from abroad, which also caused food safety risks

(2) The progress of science and technology not only enriched animal derived foods, but also affected the animal derived food safety. A large number of veterinary medicines (including forbidden veterinary medicines) and feed additives, are used to promote animal growth as soon as possible, to prevent and cure animal diseases, and to prevent the animal death, which caused animal derived food safety risks.

(3) The irresponsibility of government departments to the animal derived food safety is: firstly, permitting the use of a variety of toxic and harmful veterinary medicines and feed additives; secondly,

permitting the content of antibiotics, hormones, pesticides, heavy metal in animal derived food much higher than that in developed countries; thirdly, animal derived foods which containing food safety risk appear on the market without quality tests.

（4）This paper puts forward the idea of animal food safety risk regulation system: firstly, giving up the breeding mode of intensive, scale, factory farming, and advocating animal welfare and pollution-free, organic farming mode, to reduce the veterinary medicines and feed additives; secondly, prohibiting and restricting toxic side effects of veterinary medcines and feed additives; thirdly, establishing the whole-process monitoring mode from the breeding farm to the dinner table, restraining poisonous and harmful substance by law and high-tech detection method, and giving serious punishment to those who cause food safety issues.

Keywords: Risk Society; Animal Derived Food Safety; Veterinary Medicines; Feed Additives; Science and Technology

目 录

Contents

第一章　导论

第一节　研究背景

近些年来，频繁爆发的食品安全问题，日益成为我国民众关注的焦点问题。其中，作为改革开放后国民生活水平提高主要标志的动物性食品，每年都会爆发重大的食品安全事件。

2001 年 8 月，广东信宜市 400 多人因食用"瘦肉精"猪肉导致不同程度的中毒，其中 51 人出现严重中毒现象；浙江桐庐县 200 多人因食用"瘦肉精"猪肝和猪肉中毒。11 月，广东河源市 484 人因食用"瘦肉精"猪肉中毒，北京也有 14 人因食用"瘦肉精"猪肝中毒。

2002 年 5 月，长春市卫生局查处一处用牛血、猪血和化工原料加工假"鸭血"的黑窝点，制造假"鸭血"的化工原料一般为建筑或化工用品；7 月，浙江省卫生监督部门查获从嘉兴等地流出的 48 吨含有剧毒氰化物的"毒狗肉"；11 月，"金华火腿敌敌畏"事件被曝光，金华市的两家火腿生产企业在生产"反季节腿"时，为了避免蚊虫叮咬和生蛆在原料中添加了剧毒农药敌敌畏。

2003 年上半年，因食用果子狸引发的 SARS 危机在全国爆发，截至 2003 年 7 月 11 日，全国共有 5327 人感染非典，死亡 348 人，[①] 造

---

① 《SARS 事件》，http：//zh. wikipedia. org/wiki/SARS% E4% BA% 8B% E4% BB% B6，最后访问时间：2013 年 12 月 10 日。

成严重的社会恐慌，影响了人们正常的工作和生活，给我国经济带来了严重损失，极大地影响了国家形象。12月，广东省质量技术监督局对佛山、江门两地的鱼翅加工企业进行执法检查，现场查获用工业双氧水加工过的鱼翅成品。

2004年4月，"大头娃娃"事件曝光。安徽阜阳市查处一家劣质奶粉厂。该厂生产的劣质奶粉几乎完全没有营养，致使13名婴儿死亡，近200名婴儿患上严重营养不良症。

2005年6月，四川资阳等地发生人感染猪链球菌病疫情，这是继2003年SARS、禽流感之后人类面临的一次影响较大的传染病的威胁。

2005年，北京、湖北、香港在水产品中检测出可致癌的禁用兽药孔雀石绿；北京、广东、云南、上海、浙江、福建、四川等地从辣椒酱、辣腐乳、酱腌菜、肯德基新奥尔良烤翅里检测出了可致癌的"苏丹红一号"。2005年6月10日，媒体曝光浙江省质量技术监督局对光明乳业杭州生产基地进行突击检查时，发现了生产日期为6月12日的"早产奶"。此后又有媒体报道，6月13日，上海市闵行区质量技术监督局对光明乳业股份有限公司乳品二厂进行抽查时发现，其利乐枕包装的常温奶所标注的生产日期已是6月15日、6月16日。

自2006年9月初开始，上海市发生多起因食用猪内脏、猪肉导致的疑似瘦肉精食物中毒事故。这批来自浙江海盐县的瘦肉精超标猪肉和内脏共导致上海9个区336人次中毒。2006年11月12日，北京检测出河北某禽蛋加工厂生产的一些"红心咸鸭蛋"含有致癌物质苏丹红。2006年11月17日，上海市抽检的30件冰鲜或鲜活多宝鱼全部含有硝基呋喃类代谢物，部分样品还被检出环丙沙星、氯霉素、红霉素等多种禁用鱼药残留，部分样品土霉素超过国家标准限量要求。

2007年4月7日晚，北京6位患者因食用织纹螺，造成食物中毒事件。

2008年，三鹿三聚氰胺奶粉事件震惊全国。截至2008年9月21日，因食用婴幼儿奶粉而接受门诊治疗咨询的婴幼儿已经康复的累计39965人，正在住院的12892人，此前已治愈出院的有1579人，死亡4人。国家质检总局对全国婴幼儿奶粉三聚氰胺含量进行抽检，结果发现包括内蒙古伊利、蒙牛集团在内的22个厂家69批次产品都含有三聚氰胺。同年，香港在大连、湖北、山西输港的新鲜鸡蛋中检测出三聚氰胺含量超标。①

2009 年，蒙牛公司因在其生产的特仑苏牛奶中添加 OMP 物质，被国家质量监督检查检疫总局责令停止添加。有专家指出，其能够促进正常细胞生长，也能促进癌细胞生长，具有致癌性。

2010 年，三聚氰胺奶粉事件又在甘肃、青海、吉林"卷土重来"。②2011 年 11 月，湖北发现三聚氰胺超标乳酸玉米奶，湖南查明远山乳业隐瞒使用三聚氰胺超标奶粉。③

2011 年，双汇"瘦肉精"事件在央视曝光。同年，安徽发现一种食品添加剂——牛肉精膏，只要 90 分钟就可以让猪肉变成牛肉。

2012 年 6 月，国家食品安全风险监测发现伊利公司生产的个别全优 2、3、4 段乳粉汞含量异常。9 月，光明乳业对婴幼儿的食品宝宝奶酪添加违禁物品"乳矿物盐"被曝光；随后，又有媒体爆出，"蒙牛未来星儿童成长奶酪"的配料表中就赫然列有"乳矿物盐"成分；10 月，长沙市水生动物防疫检疫站对长沙市场上的牛蛙进行抽检，检出违禁药品呋喃唑酮。④ 11 月，中国经济网曝光了山西粟海集团原料鸡为"速成鸡"，从雏鸡到成品鸡只需要 45 天；12 月央视曝光山东"速生鸡"，部分养鸡场使用各种禁用兽药和人用药，让鸡可以 40 天出栏。⑤

从 2013 年 1 月 25 日起，全国公安机关集中侦破各类注水肉、假牛羊肉、病死肉、有毒有害肉制品犯罪大要案件 382 起，抓获犯罪嫌疑人 904 名，现场查扣各类假劣肉制品 2 万多吨。2013 年 2 月，在公安部统一协调下，江苏无锡公安机关出动 200 多名警力，在无锡、上海两地统一行动，打掉一特大制售假羊肉犯罪团伙，抓获犯罪嫌疑人 63 名，捣毁黑窝点 50 多处，现场查扣制假原料、成品半成品十余吨。经查，2009 年以

---

① 刘万林、卢振：《二十二年来九种食品安全事件分类浅析》，《中国食品》2009 年第 6 期。

② 《十年中国重大食品安全事件一览》，《中国品牌与防伪》2010 年第 12 期。

③ 《湖北发现三聚氰胺超标乳酸玉米奶》，http：//news．sina．com．cn/c/2，010 - 11 - 21/51，418，388，320 s．shtml，最后访问时间：2014 年 9 月 5 日；《湖南查实远山乳业隐瞒使用三聚氰胺超标奶粉》，http：//news．sina．com．cn/c/2，010 - 11 - 23/12，321，514，905．shtml，最后访问时间：2014 年 9 月 5 日。

④ 颜廷胜、翟继辉、郑作龙、王成刚：《进入新世纪以来造成较大影响的食品安全事件》，《农场经济管理》2013 年第 3 期。

⑤ 《央视曝光 45 天"速生鸡"用违禁药物催肥》，http：//www．56．com/w32/play_ album-aid - 10907683_ vid-ODIyNjc2NDU．html，最后访问时间：2013 年 10 月 18 日。

来，犯罪嫌疑人卫某从山东购入狐狸、水貂、老鼠等未经检验检疫的动物肉制品，添加明胶、胭脂红、硝盐等冒充羊肉销售至苏、沪等地农贸市场，案值1000多万元。[1] 8月，国家质检总局公布包括娃哈哈、多美滋、上海糖业烟酒集团在内的4家中国境内进口商进口了可能受肉毒杆菌污染的新西兰恒天然奶粉。[2]

近年来，频发的动物性食品安全事件，损害了当事人的身心健康，甚至威胁到当事人的生命，成为社会不稳定因素；挫伤了国人的食品消费欲望，影响了农民收入和食品工业的发展；造成国产动物性食品需求的萎缩，国外动物性食品迅速占领我国市场；影响我国动物性食品的出口贸易，损害了国家形象，引发了诸多令人不安的社会问题。正如德国社会学家乌尔里希·贝克所说："在面临巨大风险和灾难所带来的惶恐和震颤时，普通老百姓都在兴致勃勃且津津有味地谈论着人体伦琴当量、乙烯、乙二醇等极为专业化的名词，就好像他们真的明白这些词汇的真正含义一样。可是，为了在这些与最普通的日常生活有着紧密联系的风险和灾难中寻找自己的出路，普通老百姓又不得不这样做。"[3] 面对层出不穷的食品安全问题，中国人熟悉了苏丹红、孔雀石绿、瘦肉精、甲醛、三聚氰胺、黄曲霉素等一个个深奥的专业名词，人们对动物性食品安全风险的认识，也经历了从无知到了解再到恐惧的过程，人们对动物性食品安全的焦虑取代了对动物性食品的需求。

作为发展中国家，我国动物性食品的安全性与发达国家相比有较大差距，在这次前所未有的食品安全关注热潮中，我国面临着比发达国家更为艰巨的挑战。特别是，我国面临更为错综复杂的食品安全问题和利益权衡，但掌握的技术资源、资金资源、数据资源等又非常有限。在这种背景下，研究作为发展中国家的我国如何在更为开放的国际环境中加强动物性食品安全管理、提高对有限公共资源的利用效率，具有重大的理论和现实意义。

本书以风险社会理论为视角，针对当前动物性食品安全面临的严峻形势，通过大量的田野调查和访谈，结合国内外的相关研究，找寻动物性食

---

[1] 邢世伟：《老鼠肉加明胶冒充羊肉出售》，《新京报》2013年5月3日第A22版。

[2] 《2013年新西兰奶粉质量事件盘点》，http://baby.ce.cn/qzzt/2013xxlnf/201308/26/t20130826_1057189.shtml，最后访问时间：2013年10月18日。

[3] ［德］乌尔里希·贝克：《从工业社会到风险社会——关于人类生存、社会结构和生态启蒙等问题的思考（上篇）》，王武龙编译，《马克思主义与现实》2003年第3期。

品安全问题的内在原因，探讨如何借鉴发达国家的经验，构建符合我国国情及管理体制的食品安全管理机制，从根本上改善我国食品安全管理的现状，保障我国动物性食品质量与安全，保护消费者权益，促进国民经济发展。

第二节　基本概念

一、食品安全概念

国际上对食品安全的认识是一个渐进的过程。食品安全的概念，最早主要指数量安全，以满足人们的温饱为首要目标。后来，随着经济的迅速发展、食品问题的频发，食品安全主要是指食品质量和食品卫生方面的安全。

1974 年，联合国粮农组织（FAO）最早提出"食品安全"的概念，在《世界粮食安全国际约定》中将食品安全定义为"保证任何人在任何时候都能得到为了生存和健康所需要的足够食品"。此时的食品安全还是从数量上满足人们基本需要的角度提出的。1984 年，世界卫生组织（WHO）在《食品安全在卫生和发展中的作用》中，把"食品安全"和"食品卫生"作为同义语，将食品安全定义为"生产、加工、储存、分配和制作食品过程中确保食品安全可靠、有益于健康并且适合人们消费的种种必需条件的措施"。1996 年世界卫生组织将食品安全定义为"对食品按其原定用途进行制作和食用时不会使消费者受害的一种担保"，主要是指在食品的生产和消费过程中没有达到危害程度一定剂量的有毒、有害物质或因素的加入，从而保证人体按正常剂量和以正确方式摄入这样的食品时不会受到急性或慢性的危害，这种危害包括对摄入者本身及其后代的不良影响。[1] 这是目前人们普遍接受的对食品安全的较权威的定义，把"食品安全"和"食

---

[1] 刘录、侯军岐、景为：《食品安全概念的理论分析》，《西安电子科技大学学报》2008 年第 4 期。

品卫生"作为两个不同的概念进行区分。国际食品法典委员会（Codex Alimentarius Commission，简称 CAC）把食品安全定义为"当根据食品预期用途对其制作和（或）食用时，确保食品不会对消费者造成伤害"①。而在 ISO22000：2005 的《食品安全管理体系——对食品链中各类组织的要求》中，对食品安全的定义为"对食品按照预期用途进行制备和（或）食用时不会伤害消费者的保证"，并在注释中特别强调：食品安全与食品安全危害的发生有关，但不包括其他与人类健康相关的方面，如营养不良。② 2003 年，联合国粮农组织/世界卫生组织（FAO/WHO）将食品安全定义为："食品安全是指所有那些危害——无论是慢性的还是急性的，这些危害会使食物有害于消费者健康。"③

2009 年，我国出台《食品安全法》取代《食品卫生法》。《食品安全法》第九十九条对食品安全的定义是："食品安全，指食品无毒、无害，符合应当有的营养要求，对人体健康不造成任何急性、亚急性或者慢性危害。"规定中的"无毒、无害"，"对人体健康不造成危害"，与国际卫生组织对食品安全的新的解释相一致。

二、动物性食品安全的概念

动物性食品是人类食物的重要组成部分。按照国家质量监督检验检疫总局进出口食品安全局的界定，动物性食品（Animal Derived Food）亦称动物源性食品，是指全部可食用的动物组织以及蛋和奶，包括肉类及其制品（含动物脏器）、水生动物产品等。④

关于"动物性食品安全"的定义，很多文献将其界定为动物性食品中不应含有可能损害或威胁人体健康的因素，不应使消费者受到急性或慢

① FAO/ WHO, Codex Alimentarius Recommended International Code of Practice General Principles of Food Hygiene（CAC/ RCP 1 – 1969, Rev. 3 – 1997）, FAO/WHO, Rome, 2001.

② 裴山：《食品安全管理体系建立与实施指南》，中国标准出版社 2006 年版，第 47 页。

③ FAO/WHO, "Assuring Food Safety and Quality：Guideline for Strengthening National Food Control System", http：//www. who. int/food safety/publications/capacity/en/English-Guidelines-foodcontrol. pdf. ，最后访问时间：2013 年 11 月 19 日。

④ 《国家质量监督检验检疫总局办公厅关于印发〈动物源性加工食品抽样及样品管理方案〉的通知》（2008 年 6 月 19 日，质检办食监〔2008〕329 号，http：//vip. chinalawinfo. com/newlaw2002/slc/SLC. asp？Gid = 108341），最后访问时间：2013 年 10 月 8 日。

性毒害或感染疾病，不应产生危及消费者及其后代健康的隐患。简单地说，即指动物产品无疫病、无污染、无残留。[①]

第三节　国外食品安全研究现状

关于食品安全的研究，发达国家处于绝对的领先地位。学者们在主流学术期刊上发表了大量关于食品安全的研究论文，也出版了许多食品安全方面的著作，形成了系统的理论，建立了实证的研究体系。本研究利用EBSCO 数据库对 1999 年 1 月到 2013 年 12 月间以英文发表的关于食品安全问题的文章进行全文检索，共检索到 13586 篇文章。在剔除重复文章及对发展中国家及不发达国家进行研究的文章之后，笔者选取了比较有代表性的近 100 篇文章，从食品安全问题产生的原因、食品安全管理手段、食品安全风险认知、食品安全支付意愿及选择行为、食品安全监管体系五个方面进行了梳理和总结，以期对我国的食品安全研究有所启发。

一、探讨食品安全问题产生的原因

很多学者探讨了食品安全问题产生的原因，主要的观点有如下几种。

一是信息不对称。例如，马修（G. Matthew）通过研究奶制品生产商，发现奶制品供应链失效的主要原因在于农场主和奶制品生产商之间信息的不对称。[②] 奥尔特加（David L. Ortega）等认为，消费者对有关食品质量的信息掌握不充分，只能在购买或食用后才能对食品质量做出经验上的判断，食品安全问题经常是由于消费者和供应商之间的信息不对称产生的。[③]

二是生产者、消费者之间的利益冲突。例如，肖菲尔（Richard

---

① 杨照海、黎晓林：《风险分析在动物性食品安全管理中的应用及预警机制的建立》，《现代农业科技》2010 年第 18 期。

② G. Matthew，"Overcoming Supply Chain Failure in the Agri-food Sector：A Case Study from Moldova"，*Food* Policy，Vol. 31，2006，pp. 90 - 103.

③ David L. Ortega et al.，"Modeling Heterogeneity in Consumer Preferences for Select Food Safety Attributes in China"，*Food Policy*，Vol. 36，2011，pp. 318 - 324.

Schofield）和绍乌尔（Jean Shaoul）认为，生产者和消费者之间长期存在的利益冲突是食品安全问题产生的根本原因。[1]

三是政府监管失灵。例如，乔治（Liana Giorgi）和林德纳（Line Friis Lindner）认为，20 世纪 90 年代的"疯牛病"事件暴露了政府和食品相关部门对食品安全监管的失灵，食品安全问题产生的主要原因还是政府监管不力。[2] 大卫（A. David）研究了政府的食品安全监管体系失效的原因：①由于地理位置引发的失灵；②对产品属性、生产过程以及管制效果的不信任；③信息不对称导致缺乏对保证食品质量的激励；④由于控制体系不够灵活而在新风险面前暴露出脆弱性。[3]

四是消费者自身的原因。例如，雷德蒙（Elizabeth C. Redmond）和格里菲思（Christo Pher J. Griffith）认为，近年来由食源性疾病引发的食品安全事故在全球范围内频发，消费者对食物处理不当可能是一个重要原因。[4] 米利科维奇（Dragan Miljkovic）等通过研究发现，在食品安全法律法规不断完善的同时，潜在的受害消费者对食品相关政策的关注度却在下降，这种抵消行为（offsetting behavior）会削弱食品相关政策甚至产生反作用。[5]

五是多种综合因素的影响。例如，兹瓦特（A. C. Zwart）和莫伦科夫（D. A. Mollenkopf）认为，导致食品安全问题的因素存在于农产品供应链的各个环节。[6] 基夫（M. O'Keeffe）和法瑞尔（F. Farrell）认为，食品中的化学残留物是导致食品安全问题的重要因素。[7] 斯威尼（M. J. Sweeney）等认为霉菌毒素，如黄曲霉毒素和赭曲霉毒素能够通过多种途径进入肉类，

[1] Richard Schofield & Jean Shaoul, "Food Safety Regulation and the Conflict of Interest: The Case of Meat Safety and Ecoli0157", *Food Safety Regulation*, Vol. 3, 2000, pp. 531 – 554.

[2] Liana Giorgi & Line Friis Lindner, "The Contemporary Governance of Food Safety: Taking Stock and Looking Ahead", *Quality Assurance and Safety of Crops &Foods*, Vol. 36, 2009, pp. 36 – 49.

[3] A. David, "Systemic Failure in the Provision of Safe Food", *Food Policy*, Vol. 28, 2003, pp. 77 – 961.

[4] Elizabeth C. Redmond & Christo Pher J. Griffith, "A Comparison and Evaluation of Research Methods Used in Consumer Food Safety Studies", *International Journal of Consumer Studies*, Vol. 27, 2003, pp. 17 – 33.

[5] Dragan Miljkovic, William Nganje, & Benjamin Onyango, "Offsetting Behavior and the Benefits of Food Safety Regulation", *Journal of Food Safety*, Vol. 29, 2009, pp. 49 – 58.

[6] A. C. Zwart & D. A. Mollenkopf, "Consumers Assessment of Risk in Food Consumption: Implications for Supply Chain Strategies", *Chain Management in Agribusiness and the Food Industry*, Proceedings of the Fourth International Conference, 2000, pp. 369 – 378.

[7] M. O'Keeffe & F. Farrell, "The Importance of Chemical Residues as a Food Safety Issue", *Irish Journal of Agricultural and Food Research*, Vol. 39, 2000, pp. 257 – 264.

造成中毒甚至致癌。[①] 扬（I. Young）等在对 38 篇关于有机及常规家禽、猪和牛肉产品中的人畜共患病与潜在的人畜共患病菌及耐抗生素病菌造成的食品安全问题的文章进行综述后认为，有机肉鸡的弯曲杆菌患病率较常规鸡高，但零售鸡的患病率与有机肉鸡无明显差异；传统的零售鸡中的弯曲杆菌菌株更可能是环丙沙星耐药性造成的；从传统的动物产品中分离出来的病菌对抗生素的耐药性非常明显；然而，在有机的动物产品中，也有耐药菌株。[②] 鲁程生（Chensheng Lu）等通过研究发现，儿童食品含有的杀虫剂残留影响幼儿发育，影响儿童的神经系统。[③]

二、食品安全管理手段研究

国外的食品安全管理手段众多。学者们非常重视对食品安全管理手段的研究，其研究的食品安全管理手段主要有：危害分析与关键控制点（HACCP）、食品可追溯体系等。

近年来，国外学者围绕食品加工企业的安全管理行为展开了许多研究。布茨比（J. C. Buzby）和弗兰真（P. D. Frenzen）认为，企业生产安全食品的动机主要源于对食品质量的售前要求以及售后惩罚措施。[④] 而斯塔伯德（S. A. Starbird）[⑤]、哈德逊（J. Hudson）和琼斯（P. Jones）[⑥] 则认为，企业提供安全食品的主要动机是担心违反规则会受到惩罚，或者是由

① M. J. Sweeney et al., "Mycotoxins in Agriculture and Food Safety", *Irish Journal of Agricultural and Food Research*, Vol. 39, 2000, pp. 235 – 244.

② I. Young et al., "Comparison of the Prevalence of Bacterial Enteropathogens, Potentially Zoonotic Bacteria and Bacterial Resistance to Antimicrobials in Organic and Conventional Poultry, Swine and Beef Production: A Systematic Review and Meta-analysis", *Epidemiology and Infection*, Vol. 137, 2009, pp. 1217 – 1232.

③ Chensheng Lu, Frank J. Schenck et al., "Assessing Children's Dietary Pesticide Exposure: Direct Measurement of Pesticide Residues in 24-Hr Duplicate Food Samples", *Environmental Health Perspectives*, Vol. 118, 2010, pp. 1625 – 1630.

④ J. C. Buzby & P. D. Frenzen, "Food Safety and Product Liability", *Food Policy*, Vol. 24 (6), 1999, pp. 637 – 651.

⑤ S. A. Starbird, "Designing Food Safety Regulations: The Effect of Inspection Policy and Penalties for Non-Compliance on Food Processor Behavior", *Journal of Agriculture and Resource Economics*, Vol. 25 (2), 2000, pp. 615 – 635.

⑥ J. Hudson & P. Jones, "Measuring the Efficiency of Stochastic Signals of Product Quality", *Information Economics and Policy*, Vol. 13 (1), 2001, pp. 35 – 49.

于承担责任而能在消费者中提高企业的声誉并由此带来收益。哈桑（F. Hassan）等指出，交易成本、合约、责任管理、企业规模、政府与国际组织和消费者的要求都会影响企业对食品安全管理系统的态度。[①] 斯皮尔斯（E. E. Spers）等[②]、马丁斯（M. Martinez）和普尔（N. D. Poole）[③]、丹尼斯（Y. M. Denise）和克里斯托弗（H. Christopher）[④] 研究了影响企业采纳不同食品安全管理标准及方式的因素，认为企业在采纳食品安全管理标准及方式时，需要考虑采用新技术增加的成本与采纳食品安全管理标准及方式所带来的品牌收益。除此之外，企业特征、企业战略目标、制度环境及产品、市场特征也是影响企业采纳食品安全管理标准及方式的决定因素。朱迪思（J. M. K. Udith）在对加拿大猪肉生产加工企业的安全管理行为进行分析后认为，食品安全控制带给企业效用的大小直接影响企业家的相关食品安全管理决策行为。[⑤]

1. 对 HACCP 的讨论

美国在 20 世纪 60 年代提出 HACCP 概念，并逐步建立起 HACCP 体系。一些研究探讨了 HACCP 实施过程中制度与政府的角色。多数学者认可政府在 HACCP 实施过程中的积极作用。格雷戈里（D. Gregory）探讨了政府和企业在 HACCP 实施过程中的具体责任，认为政府的责任主要是制定标准、法案并强制执行，企业的责任在于达到国家规定的标准和遵守法案。[⑥] 比肯亚（James O. Bukenya）和内特尔斯（Latisha Nettles）在调查山

---

① F. Hassan et al. , "Motivations of Fresh-cut Produce Firms to Implement Quality Management System", *Review of Agricultural Economics*, Vol. 28 (1), 2006, pp. 132 – 146.

② E. E. Spers et al. , "Consumers Perceptions over Complementarity or Substitution of Private and Public Mechanisms of Regulation in Food Quality", 7th Annual Meeting of the International Society for New Institutional Economics, Budapest, September 2003.

③ M. Martinez & N. D. Poole, "The Development of Private Fresh Produce Safety Standards: Implications for Developing Mediterranean Exporting Countries", *Food Policy*, Vol. 29 (3), 2004, pp. 229 – 255.

④ Y. M. Denise & H. Christopher, "Fresh Produce Procurement Strategies in a Constrained Supply Environment: Case Study of Companhia Brasileira de Distribuicao", *Review of Agricultural Economics*, Vol. 27 (1), 2005, pp. 130 – 138.

⑤ J. M. K. Udith, "Economic Incentives for Firms to Implement Enhanced Food Safety Controls: Case of the Canadian Red Meat and Poultry Processing Sector", *Review of Agricultural Economics*, Vol. 28 (4), 2006, pp. 494 – 514.

⑥ D. Gregory, "Hazard Analysis and Critical Control Point (HACCP) as a Part of an Overall Quality Assurance System in International Food Trade", *Food Control*, Vol. 11, 2000, pp. 345 – 351.

羊养殖业后认为，超过一半的养殖场愿意采纳 HACCP 体系。[1]

　　企业实施 HACCP 的成本，引发学者们的广泛争议。罗伯茨（Tanya Roberts）等根据美国当前的食源性疾病状况，认为实施 HACCP 使企业成本增加，但是，即使四种病原体（沙门氏菌、空肠弯曲杆菌、大肠杆菌/0157：H7、单核细胞增多性李斯特菌）只减少 10%，20 年的净收益也会增加 6 倍多。[2] 泰勒（E. Taylor）分析了小型食品企业难以实施 HACCP 在主要原因是：不愿意改变现状、缺乏相关的信息来源和技术支持、缺乏时间和资金等。[3] 古德温（H. L. Goodwin）和施普绍瓦（Rimma Shiptsova）通过对参加堪萨斯大学 HACCP 圆桌会议的 11 家公司的管理者的调查，估算因实施 HACCP，肉鸡产业及消费者的平均福利损失高达每年 3500 万美元。[4] 奥林格尔（M. Ollinger）和摩尔（Danna Moore）通过对美国肉类和禽类加工厂实施 HACCP 费用的全国性调查，得出如下结论：①监管有利于大型的、产品专业化的工厂，而不利于小型的、产品多样化的工厂；②私人监管行为会产生相当大的成本；③除了肉鸡屠宰场外，联邦政府规定的监管程序的成本比允许工厂采纳他们选择的食品安全技术来达到食品安全标准的成本高 160%—500%。[5] 安德斯（Sven M. Anders）和朱莉（A. Julie）根据 1990—2004 年的翼段模型（pannel model）认为，HACCP 的实施对美国的前 33 个海鲜供应国的进口具有明显的负面影响，而对发达国家的海鲜进口具有积极的影响。对发展中国家的负面影响，支持了"标准壁垒"与"标准作为催化剂"的观点。[6]

① James O. Bukenya & Latisha Nettles，"Perceptions and Willingness to Adopt Hazard Analysis and Critical Control Point Practices among Goat Producers"，*Review of Agricultural Economics*，Vol. 29，2007，pp. 306 – 317.

② Tanya Roberts，Jean C. Buzby，& Michael Ollinger，"Using Benefit and Cost Information to Evaluate a Food Safety Regulation：HACCP for Meat and Poultry"，*American Journal of Agricultural Economics*，Vol. 78，No. 5，Proceedings Issue，Dec. 1996，pp. 1297 – 1301.

③ E. Taylor，"HACCP in Small Companies：Benefit or Burden?"，*Food Control*，Vol. 12，2001，pp. 217 – 222.

④ H. L. Goodwin & Rimma Shiptsova，"Changes in Market Equilibria Resulting from Food Safety Regulation in the Meat and Poultry Industries"，*International Food and Agribusiness Management Review*，Vol. 5 (1)，2002，pp. 61 – 74.

⑤ M. Ollinger and Danna Moore，"The Direct and Indirect Costs of Food-Safety Regulation"，*Review of Agricultural Economics*，Vol. 31，No. 2，2009，pp. 247 – 265.

⑥ Sven M. Anders & Julie A. Caswell，"Standards as Barriers versus Standards as Catalysts：Assessing the Impact of HACCP Implementation on U. S. Seafood Imports"，*American Journal of Agricultural Economics*，Vol. 91，No. 2，May 2009，pp. 310 – 321.

2. 对食品可追溯体系的研究

20世纪90年代，欧盟提出建立食品可追溯体系（Food Traceability System）。国外学者运用交易成本理论和不完全契约理论，重点研究了食品产业链中的治理结构、纵向契约协作和纵向一体化机制，研究成果丰硕。斯塔伯德（S. Andrew Starbird）和艾默诺尔－博阿杜（Vincent Amanor-Boadu）指出，监管和追溯的目的是迫使食品供应商提供更加安全的食品。这些政策在多大程度上能够驱动食品供应商，取决于监管的准确性、监管失效的成本、造成食源性疾病的成本以及供应商支付的这些成本占总成本的份额。他们根据一种新的模型研究食品供应商在何种条件下倾向于提供无污染的食品，结果发现，当监管失效的成本由食品供应商承担时，最低限度的监管就能够驱使供应商提供无污染的食品。但是，如果监管失效的成本不需要食品供应商承担，则这个结论并不成立。[①]

国外学者对食品追溯问题的研究主要集中在三个维度上。一是对追溯关键技术的研究，二是对食品供应链内部可追溯体系的研究。哈德逊（Darren Hudson）对食品供应链中的契约协作机制进行了理论和实证分析；[②] 梅兹（A. Maze）等对食品供应链中的食品质量与治理结构的关系进行了分析；[③] 亨尼斯（David A. Hennessy）认为食品供应链中的核心企业对食品质量的刚性约束，能有效控制整个食品供应链中的食品质量。[④] 亨尼斯等讨论了食品产业在安全食品供给过程中的领导力量、作用和机制；[⑤] 维特尔（Henrik Vette）和卡兰提尼尼斯（Rostas Karantininis）对食

---

① S. A. Starbird & Vincent Amanor-Boadu, "Do Inspection and Traceability Provide Incentives for Food Safety?" *Journal of Agricultural and Resource Economics*, Vol. 31 (1), April 2006, pp. 14 – 26.

② Darren Hudson, "Using Experimental Economies to Gain Perspective on Producer Contracting Behaviour: Data Needs and Experimental Design", paper presented at the 78th EAAE Seminar and NJF Seminar 330, *Economies of Contracts in Agriculture and the Food Supply Chain*, Copenhagen, 2001, pp. 15 – 16.

③ A. Maze, S. Polin, E. Raynand, L. Sauve, and E. Valces Chini, "Quality Signals and Governance Structures within European Agro-food Chains: A New Institutional Economics Approach", paper presented at the 78th EAAE Seminar and NJF Seminar 330, *Economies of Contracts in Agriculture and the Food Supply Chain*, Copenhagen, 2001, pp. 15 – 16.

④ David A. Hennessy, "Information Asymmetry as a Reason for Food Industry Vertical Integration", *Amercan Journal of Agricultural Economies*, Vol. 78, 1996, pp. 1034 – 1043; David A. Hennessy, J. Roosen, & J. A. Miranowski, "Leadership and the Provision of Safe Food", *American Journal of Agricultural Economics*, Vol. 83 (4), 2001, pp. 862 – 874.

⑤ David A. Hennessy, Jutta Roosen, & John A. Miranowski, "Leadership and the Provision of Safe Food", *American Journal of Agricultural Economies*, Vol. 83 (4), 2001, pp. 862 – 874.

品产业治理结构进行了分析，认为纵向一体化可以解决消费者无法识别质量特征的信任品（credence goods）和道德风险问题。[1] 三是关于追溯食品的目的、内容及企业的成本、收益等的研究。佩蒂特（R. G. Pettitt）[2]、戈兰（E. Golan）等[3]、苏扎－蒙蒂罗（Diogo M. Souza-Monteiro）和卡斯威尔（Julie A. Caswell）等[4]通过分析认为，降低有安全隐患食品的召回成本是食品可追溯体系在公共和私人部门得到推广的重要原因。追溯制度可以使企业加强对供应方的管理，加大对食品安全和质量的控制力度，在市场中树立某种产品信息的可信性，便于识别食品安全事故的责任人，等等。雷森迪－菲利奥（Moises A. Resende-Filho）和赫尔利（Terrance M. Hurley）则认为，可追溯性并非更加安全食品的明确标志，依靠制裁的强制性，食品可追溯体系也并不必然能保证食品安全，反而会增加食品供应商的成本。[5]

三、对食品安全风险认知的研究

风险分析主要是对食品产业链各个环节可能产生的危害进行评估和鉴定，制订有效的管理方案。

近年来，消费者的风险感知已经成为国外学者研究、关注的重点。罗曼诺斯卡（P. Romanowska）通过问卷调查分析了消费者对食品安全通常的态度、购买鸡蛋时对个人健康风险的感知度、对与农作物生产方法相关的更加广泛的食品工业问题的顾虑程度、对确保食品安全各机构的信任度。[6]

[1] Henrik Vette & Rostas Karantininis, "Moral Hazard, Vertical Integration, and Public Monitoring in Credence Goods", *European Review of Agricultural Economies*, Vol. 29（2），2002，pp. 271–279.

[2] R. G. Pettitt, "Traceability in the Food Animal Industry and Supermarket Chains", *Scientific and Technical Review*, Vol. 20, 2001, pp. 584–597.

[3] E. Golan, et al., "Traceability in the U. S. Food Supply: Economic Theory and Industry Studies", *USDA/ Economic Research Service/ AER–830*, Vol. 3, 2004, pp. 1–48; E. Golan, F. Kuchler, & L. Mitchell, et al., "Economics of Food Labeling", *USDA/ Economic Research Service/ AER–793*, Vol. 10, 2000, pp. 1–41.

[4] 参见 Diogo M. Souza-Monteiro & Julie A. Caswell, "The Economics of Implementing Traceability in Beef Supply Chain: Trends in Major Producing and Trading Countries", Annual Meeting of the Northeastern Agricultural and Resource Economics Association, Hailfax, Nova Scotia, 2004.

[5] Moises A. Resende-Filho & Terrance M. Hurley, "Information Asymmetry and Traceability Incentives for Food Safety", *International Journal of Production Economics*, Vol. 139（2），2012，pp. 596–603.

[6] P. Romanowska, "Consumer Preferences and Willingness to Pay for Certification of Eggs with Credence Attributes", Unpublished Msc-thesis, Department of Rural Economy, University of Alberta, 2009.

乌雷亚（A. Uzea）等探究了消费者是否认为把动物放在具有较高福利标准的生产系统中饲养，其肉更加健康、更加可口，也探究了消费者对加拿大当前的动物福利的信心水平。[①] 英尼斯（B. G. Innes）和霍布斯（J. E. Hobbs）以面包为例，研究了消费者对不同认证机构关于食品的环境可持续性和无农药保证的风险感知，测量了消费者对各认证机构（公共的、私人的和第三方）确保食品的环境质量的信任。[②]

在食品安全风险认知维度上，学者们研究了消费者对不同食品的风险感知，提出了很多不同的风险认知观点。例如，马洪（D. Mahon）和考恩（C. Cowan）以牛肉市场的研究为例，指出消费者的食品安全风险认知有3个维度：身体风险、心理风险和性能风险。[③] 米切尔（Vincent-Wayne Mitchell）和格雷托雷克斯（M. Greatorex）通过对葡萄酒市场的研究，发现消费者的食品安全风险认知有4个维度：性能风险、社会风险、金钱风险和健康风险。[④] 霍尼布鲁克（S. A. Hornibrook）等通过对牛肉市场的研究，指出消费者的食品安全风险认知有5个维度，即身体风险、心理风险、时间风险、金钱风险以及性能风险。[⑤] 1999年，米切尔发表文章指出消费者的食品安全风险认知有6个维度，即身体风险、心理风险、金钱风险、时间风险、性能风险以及社会风险。[⑥] 阳（R. M. W. Yeung）和莫里斯（J. Morris）通过分析鸡肉市场认为，消费者的食品安全风险认知有7个维度，即健康损失、性能损失、心理损失、时间损失、金钱损失、社会损失以及生活方式的损失。[⑦] 可见，食品安全风险认知的维度与食品种类直接

---

① A. Uzea, J. E. Hobbs, & J. Zhang, "Activists and Animal Welfare: Quality Verifications in the Canadian Pork Sector", *Journal of Agricultural Economics*, Vol. 62 (2), 2011, pp. 281 – 304.

② B. G. Innes & J. E. Hobbs, "Does it Matter Who Verifies Production Derived Quality?" *Canadian Journal of Agricultural Economics*, Vol. 59 (1), 2011, pp. 87 – 107.

③ D. Mahon & C. Cowan, "Irish Consumers' Perception of Food Safety Risk in Minced Beef", *British Food Journal*, Vol. 106 (4), 2004, pp. 301 – 312.

④ Vincent-Wayne Mitchell & M. Greatorex, "Risk Reducing Strategies Used in the Purchase of Wine in the UK", *European Journal of Marketing*, Vol. 23 (9), 1989, pp. 31 – 46.

⑤ S. A. Hornibrook, M. McCarthy, & A. Fearne, "Consumers Perception of Risk: The Case of Beef Purchases in Irish Supermarkets", *International Journal of Retail & Distribution Management*, Vol. 33 (10), 2005, pp. 701 – 715.

⑥ Vincent-Wayne Mitchell, "Consumer Perceived Risk: Conceptualizations and Models", *European Journal of Marketing*, Vol. 33, 1999, pp. 163 – 195.

⑦ R. M. W. Yeung & J. Morris, "Consumer Perception of Food Risk in Chicken Meat", *Nutrition & Food Science*, Vol. 31 (6), 2001, pp. 270 – 278.

相关。

　　学者们从认知和情感两方面探讨了影响食品安全风险认知的因素。斯格雷特（M. Siegrist）发现性别因素对食品新技术的风险认知有显著影响，女性往往比男性更加关心新技术所引起的食品安全风险。[①] 雷恩（O. Renn）则发现年龄是食品安全风险认知的影响因素，年龄因素与消费者食品安全风险认知正相关，年龄越大，其食品安全风险认知水平越高。[②] 奈特（A. J. Knight）和沃兰德（R. Warland）的研究，进一步证实了前人提出的对风险的熟悉程度、恐惧感和风险暴露程度三个公共因素对食品安全风险认知的影响。[③]

四、对食品安全支付意愿及选择行为的研究

　　针对消费者对食品安全的支付意愿及选择行为等问题的研究，一直受到学者们的重视。穆恩（Wanki Moon）等通过研究人们购买打折的转基因食品的意愿与优先购买非转基因食品的意愿发现，消费者对转基因食品的风险感知增加，会使消费者减少购买打折的转基因食品，增加购买非转基因食品，而消费者对转基因食品的风险感知减少，会增加购买打折的转基因食品，减少购买非转基因食品。[④]

　　迪金森（David L. Dickinson）和贝利（DeeVon Bailey）通过实验室模拟消费者对不同特征〔包括可追溯性（如能够从零售的肉类追溯到农场动物）、透明度（如了解动物没有被饲喂生长激素、受到人道的对待）、额外认证（如额外的肉类认证）〕的肉类的购买意愿，结果表明，消费者愿意为具有可追溯性、透明度高和额外认证的肉类支付更高的价格，消费者的出价幅度表明，在美国开发具有这些特征的肉类，是有利

① M. Siegrist, "A Casual Model Explaining the Perception and Acceptance of Genetechnology", *Journal of Applied Social Psychology*, Vol. 29, 1999, pp. 2093 – 2106.

② O. Renn, "Risk Perception and Communication: Lessons for the Food and Food Packaging Industry", *Food Additives and Contaminants*, Vol. 22 (10), 2005, pp. 1061 – 1071.

③ A. J. Knight & R. Warland, "Determinants of Food Safety Risks: A Multi-disciplinary Approach", *Rural Sociology*, Vol. 70 (2), 2005, pp. 253 – 275.

④ Wanki Moon, et al., "Willingness to Pay (WTP) a Premium for Non-GM Foods Versus Willingness to Accept (WTA) a Discount for GM Foods", *Journal of Agricultural and Resource Economics*, Vol. 32, 2007, pp. 363 – 382.

可图的。① 高志峰（Zhifeng Gao）和施罗德（Ted C. Schroeder）认为，以往的研究忽略了不同类型的消费者对食品的新质量属性信息的反应。他们通过比较不同消费者群体对食品的新的属性信息的反应发现，低收入的单身家庭比高收入的已婚家庭对新的信息更容易产生反应。当面对一个提示的属性"美国认证的产品"时，这两个群体对新信息的反应更加明显。②

福（T. T. Fu）等通过研究媒体信息对消费者购买食品或非食品行为的影响，发现正面信息和负面信息对消费者的购买决策和风险认知的影响在时间上是不对称的。③ 皮戈特（N. E. Piggott）和玛希（T. L. Marsh）研究了美国市场上猪肉、牛肉和鸡肉的安全信息对肉类消费的影响，结果发现，一般的食品安全信息对肉类消费的影响要比价格的影响程度小，重大的食品安全事件的信息对需求影响较大，且不存在明显的滞后效应。④ 韦德（A. Wade）和康利（M. Conley）在研究后指出，食品市场存在某种程度的信息过度供给现象，消费者在接收到一些冲突信息后容易产生困惑与不信任感，因此，解决食品市场失灵的问题不仅要增加可获得的安全信息的数量，而且要设法降低信息供给的偏差程度。⑤ 很多学者研究了消费者的支付意愿。迪金森和贝利通过各种实验证实了收入高的消费者愿意为具备可追溯性的农产品支付更高的价格。⑥ 凯尼恩（W. G. Kenyon）等根据两个美国零售商对消费者的调查进行的研究进一步表明，消费者愿意为优良属性可辨认、来源可核实的产品支付 12% —15% 的额外价格。⑦

---

① David L. Dickinson & DeeVon Bailey, "Meat Traceability: Are U. S. Consumers Willing to Pay for It?" *Journal of Agricultural and Resource Economics*, Vol. 27, 2002, pp. 348 – 364.

② Zhifeng Gao &Ted C. Schroeder, "Consumer Responses to New Food Quality Information: Are Some Consumers More Sensitive than Others?" *American Journal of Agricultural Economics*, Vol. 91, No. 3, Aug. 2009, pp. 795 – 809.

③ T. T. Fu, J. T. Liu, & J. K. Hammitt, "Consumer Willingness to Pay for Low-pesticide Fresh Produce in TaiWan", *Journal of Agricultural Economics*, Vol. 50 (2), 1999, pp. 220 – 233.

④ N. E. Piggott &T. L. Marsh, "Does Food Safety Information Impact U. S. Meat Demand?" *American Journal of Agricultural Economics*, Vol. 86 (1), 2004, pp. 154 – 174.

⑤ A. Wade & M. Conley, "Assessing Informational Bias and Food Safety: A Matrix Method Approach", International Food and Agribusiness Management Association (IAMA), Chicago, IL June 2000, pp. 24 – 28.

⑥ D. L. Dickinson & D. V. Bailey, "Meat Traceability: Are U. S. Consumers Willing to Pay for It?" *Journal of Agricultural and Resource Economics*, Vol. 27, 2002, pp. 348 – 364.

⑦ W. G. Kenyon, R. P. William, J. Bill, "Food Retailers Push the Traceability Envelope", *Food Traceability Report*, Vol. 11, 2004, pp. 14 – 15.

五、食品安全监管体系研究

发达国家在食品安全监管体系研究方面已建立了一套有效的理论和实证研究体系。很多学者指出政府在食品安全监管中的重要地位，例如，斯塔伯德的研究表明，买家只能得到食品供应商提供的关于食品安全的不完全信息，为获得相对完全的食品安全信息，买家通常会进行抽样检验。由于抽样检验存在抽样误差，一些不安全的食品通过了检验，而一些安全的食品却没有。这种不确定性会影响买家和食品供应商的行为。他采用委托 – 代理模型研究了抽样检验政策，认为对希望改善食品安全状况的政策制定者而言，对抽样检验程序进行监管是一种有效的手段。[①]

总体而言，对食品安全监管体系的分析包括如下几个方面。

一是讨论应该由政府还是企业负责食品安全监管？汤普金斯（R. B. Tompkin）指出政府与企业应共同承担保障食品安全这一责任，企业具有保障食品安全的基本责任，而政府的角色在于检查和核实企业是否履行了其职责。[②] 巴林（D. Barling）和朗（T. Lang）认为，政府制定并实施的食品安全政策，可以增加品质优良的食品的供给，同时食品质量规则制定后必须加以实施，不然会导致比市场失灵更为严重的政策失败，降低消费者福利。[③] 加西亚（M. G. Carcia）等认为，无论是政府的公共监管（Public Regulation）体系，还是企业的私人监管（Private Regulation）体系都存在一定的缺陷，因此，要建立一个由政府和企业协调配合、共同行动的联合监管（规制）体系。[④] 随着国际食品贸易的发展，食品链条从国内延伸到国外，食品质量安全的风险范围也从国内扩大到国外。国外的学者不仅探讨本国的食品监管，而且开始研究国际食品安全监管的问题。阿鲁奥马（Okezie I. Aruoma）认为，食品安全监管体系应该覆盖国内、国际的食品

---

① S. A. Starbird, "Moral Hazard, Inspection Policy and Food Safety", *American Journal of Agricultural Economies*, Vol. 87（1），2005，pp. 15 – 27.

② R. B. Tompkin, "Interactions between Government and Industry Food Safety Activities", *Food Control*, Vol. 12，2001，pp. 203 – 207.

③ D. Barling & T. Lang, "The Politics of Food", *Political Quarterly*, Vol. 74（1），2003，pp. 4 – 7.

④ M. G. Carcia, A. Fearne, J. A. Caswell, & Spencer Henson, "Co-Regulation as a Possible Model for Food Safety Governance: Opportunities for Public-Private Partnerships", *Food Policy*, Vol. 32，2007，pp. 299 – 314.

生产商以及餐饮服务场所。[1]

二是探讨政府作为监管主体，由单一部门监管更加有效还是多部门监管更加有效？许多学者分析了单一部门监管的优越性。例如，德瓦尔（C. DeWaal）从消费者的角度出发，认为由单一部门监管食品安全，会促进相关资源优化配置。[2] 也有研究指出由单一部门还是多部门监管应根据具体情况而定，如克鲁瑟（H. Kruse）指出，由于各个地区都有自己的特点，应根据自身的情况进行多样化的管理和控制。[3]

三是探讨食品监管的成本。安特尔（J. M. Antle）认为，"食品的安全性并不影响食品生产的效率"这个观点并不正确，他用1987—1992年美国牛肉、猪肉和鸡肉行业的数据，估算出政府监管对当时肉类生产企业成本的影响为5亿—50亿美元，大大超过了美国农业部对食品安全监管效益的估计。[4] 奥林格尔（M. Ollinger）和缪勒（V. Mueller）的研究显示美国在1996—2000年间，肉禽屠宰加工厂肉禽卫生与加工控制成本每年约增加0.5%。[5]

很多学者采用成本 - 收益的方法，对企业遵从监管的成本和收益进行定量评估。亨森（S. Henson）等认为，如果要求食品生产商遵守更严格的食品安全标准，只有当小规模生产者能够达到与大规模生产者相同的食品安全标准时，多层次的动态监管制度才能取得效果。[6] 斯塔伯德[7]、亨森（S. Henson）和胡克（N. H. Hook）[8] 认为，食品交易环节之间的信息

① Okezie I. Aruoma, "The Impact of Food Regulation on the Food Supply Chain", *Toxicology*, Vol. 221 (1), 2006, pp. 119 – 127.

② C. DeWaal, "Safe Food from a Consumer Perspective", *Food Control*, Vol. 14, 2003, pp. 75 – 79.

③ H. Kruse, "Globalization of the Food Supply-food Safety Implications Special Regional Requirements: Future Concerns", *Food Control*, Vol. 10, 1999, pp. 315 – 320.

④ J. M. Antle, "No Such Thing as a Free Safe Lunch: The Cost of Food Safety Regulation in the Meat Industry", *American Journal of Agricultural Economics*, Vol. 82 (2), 2000, pp. 310 – 322.

⑤ M. Ollinger & V. Mueller, "Managing for Safer Food: The Economics of Sanitation and Process Controls in Meat and Poultry Plants", *Agricultural Economic*, Vol. 817 (3), 2003, pp. 18 – 20.

⑥ S. Henson, O. Masakure, et al., "Private Food Safety and Quality Standards for Fresh Produce Exporters: The Case of Hortieo Agrisystems, Zimbabwe", *Food Policy*, Vol. 30, 2005, pp. 371 – 384.

⑦ S. A. Starbird, "Designing Food Safety Regulations: The Effect of Inspection Policy and Penalties for Non-Compliance on Food Processor Behavior", *Journal of Agriculture and Resource Economics*, Vol. 25 (2), 2000, pp. 615 – 635.

⑧ S. Henson & N. H. Hook, "Private Sector Management of Food Safety: Public Regulation and the Role of Private Controls", *The International Food and Agribusiness Management Review*, Vol. 4 (1), 2001, pp. 7 – 17.

不对称与监管困难，使食品企业逐步走向纵向一体化经营、连锁经营、长期合作等，以节约信息成本和监控成本。里尔登（T. Reardon）等[1]、焦万努奇（D. Giovannucci）和里尔登[2]、法里纳和里尔登[3]的研究表明，企业的自有标准和质量控制方式对解决食品质量安全问题的作用日益显著，特别是当政府的质量标准及相应的管理制度无法给企业带来潜在收益时。

这些研究表明，食品安全监管措施增加了企业的遵从成本，对企业而言，政府机构实施的监管也不是"免费的午餐"，政府机构同样面临成本和收益的衡量。

第四节　国内社会学领域的研究现状

近年来，针对频繁爆发的各种重大食品安全问题，很多社会学者及其他学科的学者应用社会学方法对食品安全问题进行了大量研究，提出很多有价值的观点。

一、食品安全满意度研究

国内的学者从社会学角度或者运用社会学方法对国内民众实施的食品安全满意度调查，是最近几年才开始的。绝大多数的调查结果都表明，国内民众对食品安全问题的关注度很高，但是，对食品安全现状的满意度不高。

秦庆等于 2005 年选取武汉市居民日常生活中最主要的 12 种食品（蔬菜、水果、猪肉、淡水鱼、牛奶、鸡肉、鸭肉、牛肉、面包、啤酒、白

---

[1]　T. Reardon, J. M. Codron, et al., "Global Change in Agrifood Grades and Standards: Agribusiness Strategic Responses in Developing Countries", *International Food and Agribusiness Management Review*, Vol. 2 (3), 2001, pp. 329 - 334.

[2]　D. Giovannucci & T. Reardon, "Understanding Grades and Standards and How to Apply Them", in D. Giovannucci, eds., *A Guide to Developing Agricultural Markets and Agro-enterprises*, Washington DC: World Bank, 2000, pp. 1 - 16.

[3]　Elizabeth M. M. Q. Farina & T. Reardon, "Agrifood Grades and Standards in the Extended Mercosur: Their Role in the Changing Agrifood System", *American Journal of Agricultural Economics*, Vol. 82 (5), 2000, pp. 1170 - 1176.

酒、烧烤食品）进行调查，发现只有 22.4% 的调查对象对这些食品的安全状况感到基本满意，23.5% 的调查对象表示在过去一年里曾经多次买到变质食品，只有 19.6% 的调查对象认为政府对食品安全信息披露充分，80.4% 的调查对象认为政府对食品安全信息的披露应该更加充分。[①] 徐瑜等对福州市民的食品安全满意度调查表明，100% 的被调查者关注食品安全问题，其中 88.3% 的人选择"非常关注"；超过 88% 的被调查者遇到过食品安全问题，其中有 10% 的人从未投诉过；投诉但未得到解决者占42.3%；仅有 20.3% 的被调查者对投诉结果表示"满意"或"比较满意"。[②] 王希通过对张家港市民进行调查后发现市场上的食品安全状况不容乐观，46.4% 的被调查市民认为现在市场上的食品安全状况一般，24.0% 的被调查市民认为不太安全，仅有 3.5% 的被调查市民觉得现在的食品很安全，高达 96.0% 的被调查市民都曾经遇到过各种各样的食品安全问题。[③] 何坪华等于 2006 年利用河北、山东、湖北、河南、四川、广西和甘肃等 7 省区 9 市（县）827 名消费者的问卷调查资料，选取近年来被媒体曝光的 9 个重大食品安全事件，统计了消费者对九大食品安全事件的知晓程度，结果显示：食品安全意识较强的消费者占 61.06%，他们对事件信息的知晓程度高于食品安全意识较弱的消费者；对食品安全形势比较关心的消费者占 59.61%，他们对事件信息的了解程度高于对食品安全形势比较失望或无所谓的消费者。[④] 黄华恩等从 2006 年底至 2007 年上半年在湖北省 17 个市（州、直管市、神农架林区）对 5200 名消费者开展调查，结果显示：公众对食品安全性表示"关注"的占 63%，表示"比较关注"的占 35%，表示"不关注"的仅占 2%，而且，随着消费者年龄的增长、受教育程度的提高、安全及自我保护意识的增强，对食品安全的关注度越来越高。66% 的公众对当地食品安全监管工作评价一般，62% 的公众对当地食品市场的感觉一般，而表示满意和放心的仅占 19% 和 16%。[⑤] 成

① 秦庆、舒田、李好好：《武汉市居民食品安全心理调查》，《统计观察》2006 年第 8 期。
② 徐瑜、卞坚强、欧光忠、刘焰雄、何水荣、陈翔、林英、洪源浩：《福州市消费者食品安全意识调查》，《海峡预防医学杂志》2006 年第 5 期。
③ 王希：《张家港市民食品安全意识调查》，《苏南科技开发》2007 年第 5 期。
④ 何坪华、焦金芝、刘华楠：《消费者对重大食品安全事件信息的关注及其影响因素分析——基于全国 9 市（县）消费者的调查》，《农业技术经济》2007 年第 6 期。
⑤ 黄华恩、徐文林、陈小清、陈艳春：《湖北省食品安全公众满意度调查评价报告》，《中国食品药品监管》2008 年第 3 期。

黎等于 2007 年对北京部分城市居民进行了关于食品安全问题关注度的调查，53% 的被访者非常关心食品安全问题，43% 的被访者会时常关心食品安全问题，只有少数被访者（4%）对食品安全问题不关心。① 李培林、李炜于 2008 年在全国 28 个省区市的 134 个县（市、区）、251 个乡（镇、街道）和 523 个村（居委会），共成功入户访问了 7139 位年龄在 18—69 岁的居民，发现居民在食品和交通方面的安全感最低，分别只有 65.3% 和 65.7%，认为食品和交通不安全的人达 30% 以上。特别值得提及的是，在 2006 年和 2008 年的两次调查中，食品安全状况都在各类安全感中排在倒数第一位，这说明公众对食品卫生和安全有着长期的担忧。② 王建英、王亚楠于 2008 年对江苏省连云港市灌云县、东海县和常州市武进区的农民进行实地问卷调查，调查发现，农村居民对食品安全问题非常重视。连云港地区有 86.36% 的被调查者关心食品安全问题，选择不关心的只占 1.01%；常州地区有 73.24% 的被调查者关心食品安全问题，7.75% 的被调查者选择"不关心"。③ 马缨、赵延东分析了北京公众对食品安全问题的满意程度及其影响因素。研究发现，影响公众食品安全满意度的因素包括对政府和科学家的信任、经历的食品安全事件、对食品安全的风险感知、自身的受教育水平等。④ 白卫东等调查了广东省十多个农村集镇及周边自然村落的食品安全现状，69% 的农村消费者关注食品安全问题，26% 的农村消费者对食品安全问题表示一般关注，只有 5% 的农村消费者根本没有关注过食品安全问题。消费者对当前食品安全监管部门的评价普遍不高，仅有 3% 的消费者表示满意，评价一般的占 64%，而不满意的比例竟高达 33%。⑤ 成黎等于 2008 年底至 2009 年初对在北京城区的大型超市和居民生活社区的中小型超市购买食品的消费者进行了问卷调查，结果显示：52.7% 的被访者非常关心食品安全问题，22.8% 的被访者会时常关心食品安全问题，只有少数被访者（10.8%）对食品安全问题不

① 成黎、马欣、李璐子、郑妍、刘易丹：《北京城区消费者对食品安全问题的关注调查》，《北京农学院学报》2009 年第 1 期。
② 李培林、李炜：《2008 年中国民生问题调查》，《北京日报》2009 年 1 月 12 日第 17 版。
③ 王建英、王亚楠：《农村居民食品安全意识的实证研究——基于苏南苏北农村的调查分析》，《现代食品科技》2010 年第 9 期。
④ 马缨、赵延东：《北京公众对食品安全的满意程度及影响因素分析》，《北京社会科学》2009 年第 3 期。
⑤ 白卫东、肖燕清、李子良、钱敏：《广东省农村食品安全现状调查与思考》，《广东农业科学》2009 年第 12 期。

关心。当前消费者的食品安全满意度比较低，在五点量表上的平均得分为 2.76 分。[①]

2010 年之后，对食品安全满意度的调查研究迅速增多，调查对象和调查范围也增加了，不仅有针对城市居民、农村居民的食品安全满意度调查，还有针对大学生和游客的食品安全满意度调查。梁一鸣等调查了杭州城镇居民对食品安全的满意度，结果显示：杭州城镇居民的食品安全满意度总指数为 63.89；居民对添加剂的使用、农药残留、重金属含量、执法力度和监管体系的满意度较低。[②] 白卫东等对广东省内 10 个城镇地区食品安全现状的问卷调查显示，消费者对当前食品安全状况的评价普遍不高，只有 12% 的消费者表示满意，而不满意的比例竟高达 39.2%。50% 以上的被访者认为，食品监管体制不完善，监管人员素质不高。[③] 程凤菊对德州地区农民的调查表明：83.7% 的被调查者认为食品安全非常重要；农村居民的受教育程度和收入水平越高，对食品安全的关注度越高。[④] 杨翠玥等对武夷山旅游区游客的食品安全满意度进行的调查发现，46.74% 的游客对武夷山旅游区的食品安全状况感到比较满意，39.13% 的游客感到一般满意，8.70% 的游客感到非常满意，5.43% 的游客感到不太满意。这说明游客对武夷山食品安全状况的满意度处于中上水平。[⑤] 汤金宝对南京市居民进行的一项调查发现，被调查者中"非常关心"食品安全的占 61.7%，"关心"食品安全的占 23.6%，"不关心"或"无所谓"的人分别占 2.9% 和 11.8%。被调查者中 52.3% 的人表示对当前的食品安全状况不满意，12.3% 的人表示非常不满意，只有 11.7% 的人表示满意，14.7% 的人表示不关注。[⑥] 苏理云等对大学生进行的食品安全满意度调查发现，

---

① 成黎、马艺菲、高扬、朱旭、古滢等：《城市居民对食品安全态度调查初探》，《食品安全导刊》2011 年第 4 期。

② 梁一鸣、张钰烂、董西铷：《基于结构方程模型的杭州城镇居民食品安全满意度统计评估》，《统计教育》2010 年第 5 期。

③ 白卫东、赵文红、阮昌铿、肖燕清、钱敏：《广东省城镇食品安全现状调查》，《食品科技》2010 年第 4 期。

④ 程凤菊：《德州市农村消费者对食品安全问题的认知及影响因素》，《农村现代化研究》2010 年 12 月专刊。

⑤ 杨翠玥、楼烨、白威：《游客对武夷山旅游区食品安全的认知及满意度》，《旅行医学科学》2010 年第 4 期。

⑥ 汤金宝：《食品安全管制中公众参与现状的调查分析》，《江苏科技信息》2011 年第 4 期。

大学生的食品安全满意度指数比较低，才 53.75%，主要表现为大学生食品中对有害物质的担忧以及对治理监管因子的满意度较低。[1] 广州社情民意研究中心于 2012 年进行的食品安全满意度调查发现，感到满意和比较满意的比例为 11%，感到一般的比例为 42%，不满意的比例为 46%。[2] 巩顺龙等对辽宁、河南、吉林、重庆、广西、黑龙江、山东、内蒙古、湖南、河北 10 个省区市的城市及农村进行的调查发现，被访者对食品安全信心打分的均值仅为 2.818 分，被访者对食品企业信任度打分的均值仅为 2.972 分，对农户信任度打分的均值仅为 2.902 分。巩顺龙等认为，中国食品的供应主体出现了信任危机。[3] 王俊秀对从全国所有省区市随机抽取的 51100 个样本进行了分析，结果显示：对食品安全状况感到非常满意的比例为 8.6%，感到比较满意的比例为 29.3%，认为一般的比例为 43.4%，感到不太满意的比例为 13.7%，感到非常不满意的比例为 5.0%。全国居民食品安全满意度平均值介于一般和比较满意之间。[4] 魏洁、李宇阳通过调查发现，42.5% 的被调查居民掌握了基本的食品安全知识，37.4% 的居民养成了良好的食品安全行为习惯，74.3% 的居民关注食品安全，对食品安全状况表示非常满意和比较满意的比例分别为 8.4% 和 23.6%，满意度主要与性别、年龄、文化程度以及居民每月的食品消费支出、对食品安全治理措施的感知、食用/购买/不安全食品的经历等因素有关。[5]

二、食品安全风险评估及食品安全风险意识研究

关于食品安全风险评估及食品安全风险意识问题的研究，集中探讨了社会的、文化的因素对消费者食品安全意识的影响。薛琨等通过调查发现，上海市民的总体食品安全意识较高，但在具体的消费过程中，自我保护的意识还比较薄弱；当出现食品质量问题时，大多数市民可能因

---

① 苏理云、周林招、王雪娇、李春：《基于结构方程模型的大学生食品安全满意度调查》，《重庆理工大学学报（社会科学版）》2012 年第 10 期。
② 王俊秀：《中国居民食品安全满意度调查》，《江苏社会科学》2012 年第 5 期。
③ 巩顺龙、白丽、陈晶晶：《基于结构方程模型的中国消费者食品安全信心研究》，《消费经济》2012 年第 2 期。
④ 王俊秀：《中国居民食品安全满意度调查》，《江苏社会科学》2012 年第 5 期。
⑤ 魏洁、李宇阳：《杭州市居民食品安全满意度现状及影响因素分析》，《中国卫生政策研究》2012 年第 6 期。

损失的金额不大而放弃索赔。而且，相当一部分市民购买食品或就餐后没有索要发票的习惯，如果发现问题则既无法索赔，也无法投诉。① 周洁红在对浙江消费者的蔬菜安全认知和购买行为的调查中发现，家庭住址、年龄、受教育程度和家庭规模等因素会影响消费者对食品安全风险的认知。② 胡卫中、华淑芳通过调查发现，杭州消费者的食品安全风险认知水平总体上高于食品安全的实际风险水平，失去控制是导致食品安全风险的主要因素，严重后果和政府失职是次要因素。③陈璇从社会学的风险视角出发指出，食品安全风险的建构性不仅体现在对食品潜在危害进行科学评估的过程中，也体现在人们由于对食品潜在危害的敏感、恐惧等而互动的社会过程中。④吴林海、徐玲玲通过对江苏省 13 个城镇的居民进行的消费者调查发现，消费者已经意识到质量认证标识的重要性，并且在选择食品时通过关注质量认证标识、价格和品牌来规避食品安全风险。⑤ 周应恒、卓佳以三聚氰胺事件为背景，通过对消费者食品安全风险认知的调查发现，随着时间的流逝，消费者对奶制品的食品安全风险的担忧程度仍然很高，购买意愿尚未得到有效恢复。⑥ 信丽媛等以天津市消费者为调查对象，通过研究发现，在食品安全知识与意识方面，绝大部分消费者对食品安全相关标识不了解，容易购买到假冒伪劣产品。大部分消费者对《食品安全法》的内容不甚了解，不知道如何保障自己的权利。从消费者获得食品安全知识的途径看，电视、广播、网络的作用越来越明显，电视比报纸等媒体更能影响消费者的行为。在遭遇食品安全问题时，近 1/3 的被调查消费者表示只能自认倒霉，怕麻烦不愿意找商家理论或者去消费者协会投诉，不懂得利用法律或者媒体等武器维护

① 薛琨、郭红卫、达庆东、陈刚、曹文妹：《上海市民食品安全认识水平的调查》，《中国食品卫生杂志》2004 年第 4 期。
② 周洁红：《消费者对蔬菜安全认知和购买行为的地区差别分析》，《浙江大学学报（人文社会科学版）》2005 年第 6 期。
③ 胡卫中、华淑芳：《杭州消费者食品安全风险认知研究》，《西北农林科技大学学报（社会科学版）》2008 年第 8 期。
④ 陈璇：《食品安全管理的社会学反思》，《食品安全导刊》2009 年第 5 期。
⑤ 吴林海、徐玲玲：《食品安全：风险感知和消费者行为——基于江苏省消费者的调查分析》，《消费经济》2009 年第 2 期。
⑥ 周应恒、卓佳：《消费者食品安全风险认知研究——基于三聚氰胺事件下南京消费者的调查》，《农业技术经济》2010 年第 2 期。

自身的合法权益。① 崔蕴霞对某校大学生食品安全方面的意识与行为进行的调查发现，在校大学生在食品安全方面的意识并不强，在实际消费中也没有对食品的质量与安全给予足够重视。② 赵源等等通过调查发现，公众的风险认知、信息需求以及再购买意愿会随食品安全危机的发展呈现阶段性特征。首先，在风险认知方面，从食品安全危机发生初期到危机整治期再到危机结束期，公众对食品安全危机的风险认知度逐渐降低；其次，在信息需求方面，随着食品安全危机的发展，选择从官方和商家渠道获得相关信息的公众逐渐增多，而对从亲朋好友处获得信息的偏好有小幅下降，同时对从广播、电视渠道所获信息的信任度逐渐下降，而对商家宣传信息的信任度逐渐上升；最后，在再购买意愿方面，公众在危机第二阶段的再购买意愿最低，第一阶段其次，到第三阶段，仍有近半数的公众对整治后重新上市的食品不再信任。③ 刘建等对河北某医学院校学生进行的食品安全知信行问卷调查的结果显示，大学生对食品安全知识的知晓率较低且自我保护意识薄弱，在大学生中进行大规模的食品安全相关知识的健康教育十分必要。④

三、食品安全问题成因研究

学者们从社会学的不同角度，探讨了食品安全问题形成的原因，提出了很多有启发意义的观点。

有的学者认为，造成食品安全问题的根本原因在于企业经营者追逐利益最大化。郑楠认为，对企业来说，市场远比诚信更"值钱"，把产品卖出去是关键，卖给谁并不重要。这样的心态正是导致企业公共精神和社会诚信缺失、食品安全事故频发的根源。⑤

① 信丽媛、王丽娟、贾宝红、王晓蓉：《食品安全意识与行为的社会学思考——以天津市325名消费者为样本的分析》，《中国食物与营养》2012年第7期。
② 崔蕴霞：《食品安全意识与行为的社会学研究——以某大学在校大学生为样本的分析》，《临沂师范学院学报（社会科学版）》2010年第4期。
③ 赵源、唐建生、李菲菲：《食品安全危机中公众风险认知和信息需求调查分析》，《天津财经大学学报》2012年第6期。
④ 刘建、石剑、李青霞、高强、吕卓、马玉霞：《河北省某医学院校学生食品安全知信行调查》，《中国健康教育》2013年第2期。
⑤ 郑楠：《风险社会理论视角下的食品安全问题》，《华章》2009年第6期。

部分学者认为，政府的监管、惩戒缺位是造成食品安全问题的重要原因。秦庆等的调查表明，58.8%的被调查者认为"国家的食品安全立法、监察、惩戒力度不够"是造成当前食品安全问题频出的最主要的原因，92.6%的被调查者希望政府尽快加强与食品安全有关的工作，为把商品安全落到实处提供强有力的法律保障。[①] 于萍的调查表明，有80%的市民认为"相关部门监管不力"是我国食品安全问题屡见不鲜的原因，65%的市民认为是"食品质检制度不完善"，认为是"厂商缺少良知"和"过分看重金钱利益"的市民比例均为48%。[②] 张芳以三聚氰胺事件引发的食品安全事故为切入点，以风险社会理论剖析隐藏在食品安全问题背后的深层原因，认为政府部门的食品安全风险预警机制缺失、敏感性差，决策部门分散化、反应迟滞，沟通协调机制缺失，信息滞后，是造成食品安全问题频发的重要原因。[③]

更多的学者则认为，企业追求经济利益与政府缺位共同造成了食品安全风险。程景民等对山西省11个城市的2000名消费者进行了问卷调查，结果显示，75.4%的消费者认为导致食品不安全的原因在于生产者、经营者利欲熏心，60.6%的消费者认为原因在于现行法律、法规对失信企业和个人的惩罚力度不够。[④] 成黎等的调查表明，97%的被访者认为造成目前食品安全问题频发的主要原因是食品制造厂商注重自己的利益从而忽视了消费者的利益，97%的被访者认为是相关部门职责不明、执法力度不够，73%的被访者认为是消费者对假冒伪劣产品的鉴别能力不高。[⑤] 汤金宝对南京公众进行了调查，当问及"造成目前食品安全问题的主要原因"时，56.3%的被访者认为是"政府监管部门监管不力"，18.2%的被访者认为是"对违法企业和个人处罚不力"，10.1%的被访者将原因归结为"个别企业和个人道德沦丧"，只有5.4%的被访者"不知道原因"。可见，大多数人认为在食品安全监管中，政府应该承担重要责任，检验检测机构以及相关食

---

① 秦庆、舒田、李好好：《武汉市居民食品安全心理调查》，《统计观察》2006年第8期。

② 于萍：《关于贾汪区食品质量安全状况的调查报告》，《中国科技信息》2006年第4期。

③ 张芳：《从风险社会视角看我国食品安全问题——以三鹿奶粉事件为例》，《现代商贸工业》2009年第13期。

④ 程景民、卢祖洵、周芩、李志胜：《山西省城市食品安全现状的调查》，《中国卫生监督杂志》2006年第6期。

⑤ 成黎、马欣、李璐子、郑妍、刘易丹：《北京城区消费者对食品安全问题的关注调查》，《北京农学院学报》2009年第1期。

品生产、加工、销售的企业和个人也应该担负起各自的责任。[①] 李景山、张海伦认为，企业的市场利益目标与社会责任感相脱离，企业的价值信仰与普遍的社会信仰和社会道德相背离，这是产生食品安全问题的最根本的原因。同时，作为企业监管者的政府职能部门，是联系食品生产者和消费者的中间桥梁，其价值的迷失也是造成食品安全问题的重要原因。[②] 张金荣等通过对北京、长春、湘潭三地公众的调查发现，对于发生食品安全事件的原因，公众首先认为是"政府管理跟不上"，接下来依次为"企业过分追求经济利益"、"安全标准/法规不严格"、"公众风险意识不强"。[③]

部分学者还提出了其他多种观点。贾玉娇从风险社会理论的角度出发，认为在中国国内忙着全面开展贝克所言的第一现代性事业的同时，在全球化这股强大力量的席卷下，遭遇了世界现代化体系的新变迁——风险社会的到来。在政府缺位、市场机制不灵、社区参与力低下等充斥转型社会时，食品安全问题获得了滋生蔓延的空间，呈现井喷之势。[④] 笔者认为，食品安全问题频发背后的原因就在于科技的"造真"——利用抗生素、激素、食品添加剂甚至违禁药物让食品增产、好看、好吃;[⑤] 科技的发展使食品安全问题呈现"无法感知"、"不可计算性"和全球性的特征。[⑥]

四、食品安全问题解决之道

学者们围绕如何建立有中国特色的食品安全管制体系，以促进我国食品安全水平的全面提高，并最终解决食品安全问题提出了很多观点。

许多学者就加强政府监管提出了很多建议。索珊珊认为，政府相关职能部门应通过在社会生活领域健全信誉体系，在市场管控过程中充当"信息桥"，修重典，促举报，建立快速应对机制，为普通消费者提供一个安全的食

[①] 汤金宝:《食品安全管制中公众参与现状的调查分析》,《江苏科技信息》2011 年第 4 期。

[②] 李景山、张海伦:《经济利益角逐下的社会失范现象——从社会学视角透视食品安全问题》,《科学·经济·社会》2012 年第 2 期。

[③] 张金荣、刘岩、张文霞:《公众对食品安全风险的感知与建构——基于三城市公众食品安全风险感知状况调查的分析》,《吉林大学社会科学学报》2013 年第 3 期。

[④] 贾玉娇:《对于食品安全问题的透视及反思——风险社会视角下的社会学思考》,《兰州学刊》2008 年第 4 期。

[⑤] 田永胜:《试论"造真型"食品安全风险的解决之道》,《理论界》2013 年第 4 期。

[⑥] 田永胜:《科技对食品安全的副作用及其化解》,《理论探索》2012 年第 5 期。

品市场。^① 刘畅提出健全食品安全标准体系，建立高效的食品安全管理体制，引入食品安全风险分析制度，完善食品安全规制的法律体系。^② 刘亚平指出，政府需要转变理念，树立风险规制的意识，加强监管能力，并加强风险教育。^③ 李珊提出应进一步理顺食品安全监管机制，加强食品安全的法律体系建设，统一食品安全标准，增设公益性的食品安全检测中心，加强社会监督，加大行政执法力度，提高消费者的食品安全意识，强化食品生产者作为食品安全责任主体的意识，推动我国食品安全工作健康发展。^④ 杨雪、周江涛提出要依托法社会学，除了加强食品安全立法、理顺食品安全监管体制外，还需要在法社会学的指导下，进一步明确监管责任、加大监管力度等，多措并举。^⑤ 张云从法社会学的角度，分析了食品召回制度存在的根基及其体系支撑。^⑥ 臧光楼通过将我国与发达国家的食品召回制度的执行情况进行对比，运用社会学视角来分析食品召回制度建立的理论基础与必要性，并在此基础上给出提高食品召回制度有效性的方法。^⑦

部分学者提出加强对食品生产者和消费者的教育，以提高食品安全水平。史根生等在广东、吉林、四川和湖北 4 省的 4 个县市随机抽取 4087 名居民，对其在食品安全教育前后的食品安全知识、态度、行为等方面的变化进行调查。调查发现，通过食品安全教育活动的开展，4 县市居民在食品安全方面的知识、态度、行为均有明显改善。在此基础上，他们认为长期、广泛、形式多样的食品安全教育是改善我国城乡居民食品安全状况的有效途径。^⑧ 王新甫、王永中通过调查发现，农村居民的食品安全意识较城镇居民低，人们了解相关知识的期望和实际情况相差甚远。因此，今后要加大报刊、宣传材料等多途径、多样性的知识宣传的力度，有针对性

---

① 索珊珊：《食品安全与政府"信息桥"角色的扮演——政府对食品安全危机的处理模式》，《南京社会科学》2004 年第 11 期。
② 刘畅：《风险社会下我国食品安全规制的困境与完善对策》，《东北师大学报（哲学社会科学版）》2012 年第 4 期。
③ 刘亚平：《食品安全：从危机应对到风险规制》，《社会科学战线》2012 年第 2 期。
④ 李珊：《我国食品安全问题的社会学分析》，《食品工程》2012 年第 3 期。
⑤ 杨雪、周江涛：《食品安全监管的法社会学思考》，《山东社会科学》2012 年第 5 期。
⑥ 张云：《食品召回制度之法社会学证成》，《学术交流》2011 年第 3 期。
⑦ 臧光楼：《食品召回制度的社会学思考》，《中国质量技术监督》2013 年第 2 期。
⑧ 史根生、张卫民、刘亦农等：《广东、吉林、四川、湖北四省居民食品安全教育前后知信行的比较》，《中国健康教育》2004 年第 6 期。

地对不同人群进行宣传。由于农村人口文化素质较低,执法部门应将安全防范重点扩大到农村。[①] 张璇、耿弘认为,公民参与食品安全监管对改善我国当前的食品安全状况有着积极意义,提出必须提高公众的政策认知能力,加强对公众的食品安全教育。[②] 袁婵等对北京市民参与我国新技术食品领域的现状进行了实证调查与分析,认为制定并完善新技术食品安全领域公民参与的宣传教育政策、促进新技术食品安全领域非政府组织的发展、建立公众监督激励制度和公众监督评议会制度,有助于防范食品安全问题。[③] 李梅等的调查结果表明:农村居民的维权意识较低,尤其是初级农产品的生产者和农户对农药、兽药等危害的认识模糊,给初级农产品的安全生产带来很大隐患。相关部门应采取有效措施提高农村居民的食品安全意识,确保农村地区初级农产品的安全。[④]

也有学者提出,政府、企业、中介组织和消费者应形成合力,建立全方位的食品安全保障体系。贺银凤以河北为例,提出应当积极培育现代社会新型组织参与社会管理,积极推进食品企业社会责任建设,对公众进行食品安全知识教育,建立食品安全风险评估体系,监管方式由重打击到重预防,才能从根本上降低食品安全风险的发生率。[⑤] 吕方认为,克服食品安全危机有赖于政府、市场、社会三者形成一种积极沟通的新公共性格局;不仅要提升政府干预市场的能力和效率,也要给社会赋权,将社会力量培育为新公共性格局中重要的积极力量。[⑥] 智素平提出进一步健全质量监管体系、完善农村食品市场体系以及开展食品安全知识宣传的建议。[⑦] 王建英等在对苏北和苏南农村居民进行问卷调查的基础上,提出政府应加强对《食品安全法》的宣传,加强监督管理,规范农村地区经营者的行为,提高农村居民的维权意识;农村地区应成立消费者合作社,部分解决食品安全问题;

---

① 王新甫、王永中:《枣庄市部分社区居民食品安全意识状况调查》,《预防医学论坛》2005 年第 2 期。

② 张璇、耿弘:《南京市食品安全监管中公民参与问题的实证分析》,《价格月刊》2012 年第 5 期。

③ 袁婵、李飞、黄晨旭:《新技术食品安全与公众参与——以北京市民对转基因食品的公众参与状况的调查为例》,《科技管理研究》2012 年第 7 期。

④ 李梅、周颖、何广祥、陈子流:《佛山城乡居民食品安全意识的差异性分析》,《中国卫生事业管理》2011 年第 7 期。

⑤ 贺银凤:《河北省食品安全的社会学思考》,《河北学刊》2009 年第 1 期。

⑥ 吕方:《新公共性:食品安全作为一个社会学议题》,《东北大学学报(社会科学版)》2010 年第 12 卷第 2 期。

⑦ 智素平:《河北省居民食品安全意识调查与分析》,《中小企业管理与科技(上旬刊)》2010 年第 8 期。

适时逐步建立食品安全追溯体系，严厉惩罚违法违规的生产者和经营者。[1]
郭彦朋提出通过正确价值观的引导、公民精神的培养、社会控制的完善来
解决食品安全问题。[2] 张文胜认为有效的食品安全政策是改善食品安全现
状的根本保障。为此，政府首先要确保食品安全信息的客观性、真实性及
信息渠道的畅通；其次要通过有效的食品安全政策引导消费者理性消费，
鼓励企业的诚信行为；最后，通过鼓励非政府第三方机构参与食品安全监
督，建立政府、企业、消费者以及非政府第三方机构共同参与的食品安全
社会保障机制。[3]

五、从风险社会理论角度对食品安全问题的研究

近年来，随着国外风险社会理论的引入，很多学者从不同的学科角
度，应用风险社会理论，对我国的食品安全问题做了多角度的研究。

贾玉娇以近几年中国食品安全问题的爆发呈井喷之势为切入点，剖析
隐藏在食品安全问题背后的深层原因，揭示西方发达国家对发展中国家实
施新形态霸权主义的运作策略及维护机制，指出风险社会开启的对二元分
析框架的反思是中国传统思想精华复兴的历史契机。[4] 张芳以三聚氰胺事
件引发的食品安全事故为切入点，运用贝克的风险社会理论剖析隐藏在食
品安全问题背后的深层原因，提出建立风险预警机制并提高敏感性、健全
风险反应机制、信息疏导机制，提高应急能力、沟通能力等解决我国食品
安全问题的对策。[5] 郑楠联系贝克的风险社会理论进行了一些社会学思
考，对风险社会背景下食品安全问题的成因进行了简要的分析，提出依靠
政府制度的保障、公民社会的培育、市场体系的完善来降低食品安全风

[1] 王建英、王亚楠、王子文：《农村居民的食品安全意识及食品购买行为现状——基于苏南苏北农村的调查分析》，《农村经济》2010年第9期。
[2] 郭彦朋：《透视食品安全问题中的社会学迷思》，《社会工作》2012年第7期。
[3] 张文胜：《消费者食品安全风险认知与食品安全政策有效性分析——以天津市为例》，《农业技术经济》2013年第3期。
[4] 贾玉娇：《对于食品安全问题的透视及反思——风险社会视角下的社会学思考》，《兰州学刊》2008年第4期。
[5] 张芳：《从风险社会视角看我国食品安全问题——以三鹿奶粉事件为例》，《现代商贸工业》2009年第13期。

险。① 王勇认为，面对当前形形色色的食品安全风险和事故，极需要在治理语义下，实现法律与伦理手段的相互依撑，从而整合、跃变为"食品安全文明"的复合管理模式。其中，政府部门与第三部门、营利部门各显所长、密切合作：政府部门通过制度创新尤其是完善法治，构建食品安全制度文明，第三部门和营利部门张扬社会责任与公共理性，打造食品安全责任文明。② 王研、杨汇泉、梁怡、王忠强从风险社会视角对当今科技发展带来的副作用进行了阐释，提醒人们对科技发展给食品生产和消费带来的副作用保持高度的警惕。③

　　冯骁聪指出，近年来，我国发生的食品安全事件体现出了风险社会的鲜明特征，足以表明我国正从工业社会向风险社会过渡。在风险社会背景下，传统刑法无论在观念、功能还是刑罚目的上都发生了变迁。为应对食品安全事件的发生，我国刑法需要从刑事政策、刑事法网、罪名体系、刑罚制裁四个层面做出相应的调整。④ 刘伟指出，在我国危害食品安全犯罪刑事立法转型的风险社会语境下，应当将危害食品安全犯罪上升到危害公共安全的高度予以理解，并在此基础上，对此类犯罪进行抽象危险犯的立法改造，增加持有型危害食品安全类犯罪；严密刑事法网，将"生产、销售"修改为"生产、经营"，实现与《食品安全法》规制的统一。⑤ 刘红、张淑亚指出，食品安全风险不是纯粹的自然风险和技术风险，而是一种广义的社会风险。在风险社会之下，针对食品安全犯罪的罪过形式，除故意外，过失以及严格责任是否可行，值得探讨。严格责任起源于英美法系，有其存在的特殊法制背景，与我国的实际情况不符；而新过失理论以食品的生产经营者承担更为严格的注意义务为前提，更符合打击犯罪、防范风险的需要，有利于保障消费者的身体健康和生命安全，因而值得提倡。⑥ 李涛认为，自进入风险社会以来，人类便生活在风险不确定的阴影之下，食

---

① 郑楠：《风险社会理论视角下的食品安全问题》，《华章》2009 年第 6 期。

② 王勇：《治理语义的"食品安全文明"——风险社会的视界》，《武汉理工大学学报（社会科学版）》2009 年第 3 期。

③ 王研、杨汇泉、梁怡、王忠强：《食品安全问题与科技发展副作用——风险社会视角下的新思考》，《中国禽业导刊》2010 年第 17 期。

④ 冯骁聪：《风险社会背景下食品安全事件的刑法应对》，《湖南商学院学报》2011 年第 18 卷第 5 期。

⑤ 刘伟：《风险社会语境下我国危害食品安全犯罪刑事立法的转型》，《中国刑事法杂志》2011 年第 11 期。

⑥ 刘红、张淑亚：《风险理论视阈下食品安全犯罪罪过形式探析》，《山东青年政治学院学报》2012 年第 6 期。

品安全事故屡屡以民众意想不到的方式发生。鉴于传统刑法调整手段的滞后性以及食品安全犯罪关涉重大的法益，传统刑法必须应势而变。超新过失论以及抽象危险犯的引入，是刑法调整范围扩大化与调整手段提前化的表现，且在规制食品安全犯罪方面无疑也是创新且有效之举措。但是，为了防止调整范围过于扩大和调整手段过于提前，必须对其理论的适用范围进行适当限制。① 龙在飞、梁宏辉认为，在风险社会的视角下，我国食品安全犯罪的"大一统立法模式"难以缓和立法安定性和灵活性之间的矛盾；刑事法网过于粗疏，不利于有效管控食品安全犯罪；刑罚介入时间迟缓，未树立食品安全犯罪的积极预防观念。为了更好地保护食品安全，必须对食品安全犯罪的立法缺憾进行相应完善。② 栗晓宏指出，技术的发展在给人类、自然环境带来风险的同时，也给食品安全带来了风险；既需要通过加强政府监管来防范食品安全风险，提升消费者、生产者对食品安全风险的认知度，进一步建立健全食品安全风险控制系统，也需要正确处理消费者利益与企业利益的关系。③

石兴谊指出，在风险社会下，企业应该在公共安全管理下不遗余力地履行相应的社会责任。承担社会责任有利于企业在公众中树立良好的社会形象，提高企业的品牌效应，获得社会和消费者的回报及认同；企业承担社会责任还有助于企业优秀文化的建设，增强企业内部的凝聚力。④

一些学者从风险社会的角度，研究了食品安全监管中存在的问题及解决方案。张恩典、何志辉认为，风险社会理论在给我国食品安全监管体制、监管方式等带来挑战的同时，也给我国食品安全监管带来了启示：应理性地对待食品安全风险认知差异，建立食品安全风险规制体系，探索食品安全风险的复合治理方式。一方面，要建立食品安全风险信息公开制度，保障公众的食品安全风险信息知情权，这是公众参与食品安全风险规制的前提和基础；另一方面，要构建和完善食品安全风险规制参与程序，通过具体的制度设计，保障公众参与食品安全风险规制的程序性权利，这

① 李涛：《风险社会视阈下食品安全犯罪的刑法规制》，《刑法论丛》2012 年第 1 期。
② 龙在飞、梁宏辉：《风险社会视角下食品安全犯罪的立法缺憾与完善》，《特区经济》2012 年第 1 期。
③ 栗晓宏：《风险社会视域下对食品安全风险性的认知与监管》，《行政与法》2011 年第 9 期。
④ 石兴谊：《风险社会下的企业社会责任与公共安全：反观震灾捐赠与毒奶粉事件》，《法制与社会》2011 年第 3 期。

是公众参与食品安全风险规制的关键。^① 谭九生、杨琦指出，我国的政府管制主导型食品安全监管模式存在食品安全监管理念有偏差、食品安全监管体制设置不合理、食品安全监管机制不健全、食品安全监管效力不足以及食品安全监管评估欠缺等问题。因此，未来我国的食品安全治理应从面临的困境出发，在批判反思现有监管模式的基础上，建构一种多元协同治理的食品安全治理新模式。^② 丁冬认为，中国风险社会的症候日趋明显，政府、企业、媒体、行业、消费者等主体在食品安全领域的互动，使得食品安全问题错综复杂；破解中国食品安全保障困局的可能的因应之道是跳脱食品安全保障的"法律中心主义"思维，转而强化食品安全保障的社会多主体参与的"社会管理"模式。^③ 刘畅指出，要确立战略性风险规制理念，建立风险评估制度并实现风险评估与风险管理职能的分离，进而确保风险信息交流的对称与顺畅；同时，着力发展以行政性规制为主导、以经济性规制为主体、以社会性规制为基础的多元化规制模式，建构我国食品安全规制模式。^④ 刘畅还认为，我国目前的食品安全规制建设起步较晚，在基础性法律规范制定、安全标准的科学性与体系化、行政管理体制等方面还存在诸多问题。因此，健全食品安全标准体系，建立高效的食品安全管理体制，引入食品安全风险分析制度，完善食品安全规制的法律体系，势必成为今后我国食品安全规制改革的重中之重。^⑤

　　部分学者从风险社会理论的角度，探讨了新闻媒体的作用。黄旦、郭丽华从风险社会的角度，以2006年的"多宝鱼"事件为例，说明食品安全问题为什么会变成食品安全的报道问题，认为把责任全归于媒体是不公平的。同时，中国的媒体在报道食品安全事件时，也必须改变观念，从自以为是的监督者成为客观公正的"雷达"。^⑥ 李小军、童晓玲在风险社会理论视野下，分析了大众传媒在食品安全报道中存在的问题及其对社会、公众风险共识的建

① 张恩典、何志辉：《风险社会理论给我国食品安全监管带来的挑战与启示》，《行政与法》2012年第5期。
② 谭九生、杨琦：《风险社会中我国食品安全治理困境与路径选择》，《长江论坛》2012年第6期。
③ 丁冬：《风险社会语境下的食品安全保障》，《法治论坛》2012年第4期。
④ 刘畅：《基于风险社会理论的我国食品安全规制模式之构建》，《求索》2012年第1期。
⑤ 刘畅：《风险社会下我国食品安全规制的困境与完善对策》，《东北师大学报（哲学社会科学版）》2012年第4期。
⑥ 黄旦、郭丽华：《媒体先锋：风险社会视野中的中国食品安全报道——以2006年"多宝鱼"事件为例》，《新闻大学》2008年第4期。

构、认知和化解应发挥的作用。① 张志坚认为，新闻传播存在拟态环境偏差、利益冲突、价值冲突等风险因素，其在进行风险传播时却有可能成为风险的动力或来源。为应对这一悖谬，媒体应将风险作为观察、描述、分析自身的重要工具，注重传播过程中的反思，注重培养受众在食品安全风险中的反思能力和决策能力，革新传播理念和模式，并进行新闻业务的自我调整。②

从上述对食品安全问题相关文献的回顾中可以看出，社会学领域对食品安全问题的关注是一个渐进的过程，也取得了很多可值得借鉴的研究成果，为我们研究食品安全问题提供了具有说服力的理论依据。

但归纳起来，现有的研究还存在以下三个方面的不足：第一，从数量上看，这些研究成果中的绝大多数都是其他专业的学者应用社会学的研究方法——问卷法和访谈法——得出的研究成果。与经济学、管理学、法学等学科研究食品安全问题的研究人员数量及成果相比，社会学专业研究食品安全问题的学者很少，尚没有针对食品安全问题发表 3 篇以上文章的学者。从总数上看，研究食品安全的文章还不多。第二，从已有的研究成果来看，大多数研究停留在对食品质量安全的现状、问题和影响因素进行调查分析的层面，进而提出政策建议，研究的广度和深度都不够，系统、深入地研究食品质量安全问题的文章还比较少。第三，从研究地域上看，研究的样本绝大多数都取自大中城市，针对农村地区消费者行为的研究以及地区间消费者行为的比较研究都非常少。事实上，不同地域之间的食品质量安全问题以及城乡食品质量安全水平存在很大差异。

第五节　研究框架与研究方法

一、研究框架

本文借助风险社会这一理论分析框架，对我国的动物性食品安全问题

---

① 李小军、童晓玲：《风险社会视野下的食品安全与大众传媒》，《新闻世界》2009 年第 8 期。
② 张志坚：《食品安全新闻传播的悖谬与应对：风险社会的视角》，《东南传播》2012 年第 5 期。

进行了以下几个方面的研究。

首先，借鉴风险社会理论"世界风险社会"的观点，认为我国的动物性食品安全是在全球化背景下，全盘引入西方的工厂化、集约化养殖模式，造成畜禽和水产动物前所未有的高疾病暴发率和高死亡率，引发了随后的食品安全问题。从国外大量引入畜禽和水产动物品种，传入多种疫病。引入发达国家的养殖技术，也带来了动物性食品安全风险。

其次，借鉴风险社会理论中主要的"科技制造风险"的观点，对当前我国动物性食品安全风险产生的原因进行总体描述，指出我国近年来动物性食品安全问题频发的原因在于我国养殖业从传统养殖方式转变为现代养殖方式。现代养殖业追求规模和效益，因而利用各种科技手段以及兽药，通过饲料添加各种促生长的药物，力求在最短的时间内，让动物生长得最快，以追求最大的效益，由此造成大量的动物性食品面临安全风险。

再次，借鉴"有组织的不负责任"的观点，指出政府有关部门在面对动物性食品安全风险时，基本上持"有组织的不负责任"的态度，由此加剧了食品安全风险。其表现方式为：①允许生产两三千种兽药以养殖动物；②放松饲料行业的准入和生产标准，允许添加多种有毒有害成分；③对兽药残留、超标没有清晰的界定和标准；④对兽药超标的检测项目很少，检测方法不完善；⑤针对食品安全的法律法规欠缺；⑥多部门执法监管造成相互推诿的问题。正是由于这几大因素，造成我国的动物性食品安全风险普遍存在，而被媒体曝光或者导致死伤的食品安全事件，不过是动物性食品安全问题的冰山一角。

最后，根据中国的国情提出把现有的模仿西方已经逐渐被淘汰的工厂化、集约化养殖模式转变为注重动物福利的有机养殖方式，在减少使用不当的技术手段和兽药以及饲料添加剂的情况下，化解动物性食品安全风险。

二、研究方法

本研究主要运用访谈法和文献法来收集资料，以定性分析为主要的分析方法。通过查阅大量的文献，利用现有的数据对我国食品安全现状进行了描述性分析。

1. 访谈法

本研究通过对多地的养殖场和畜牧局、水利局进行实地调查，与养殖户、养殖技术人员、当地干部进行座谈以及个别访谈，深入养殖场内部，观察养殖场的养殖方式、畜禽和水产动物的生存环境，通过对比不同地区的众多个案，找寻其中存在的共性，探讨动物性食品安全风险形成的原因及其特征，从而为解决动物性食品安全问题探索一条比较切合实际的可行之路。

笔者在2012年6月到2013年6月一年的时间里，到华北的X省、H省、N省，西北的S省，江南的Z省，西南的G自治区等多地走访，对数十家养猪场、养鸭场、甲鱼养殖场、养鱼场、养牛场、养鸡场等进行实地调查和深度访谈。其中有小规模养殖户，也有养了几千头猪、几万头猪的养猪场，每天产蛋达到一千五六百斤的养鸡场，年出栏60万只鸭子的养鸭场、数千头奶牛的奶牛场，年产鱼30万斤的养鱼场，养殖量达10万只甲鱼的甲鱼养殖场等大规模养殖场。通过对西北的S省、华北的N省和江南的Z省的畜牧局、水利局官员的访谈，笔者得知我国的养殖业完全依赖兽药和饲料添加剂，鸡和鸭子基本上40天就长到5—7斤，猪6个月就长到200多斤，蛋鸡每天都会下蛋，奶牛每天可以产几十斤奶，鱼只需一年多的时间就可以长大。可以说，速生鸡、速生猪、速生鸭、速生鱼、速生蛋已经是相当普遍。由此，动物性食品安全风险在养殖场就已经形成了。

表1-1 访谈一览表

访谈序号	访谈时间	访谈地点	访谈对象	访谈内容
1	2012年6月20日	X省C市某养猪场	某大型养殖场合伙人	养猪过程中存在的影响食品安全的因素
2	2012年6月21日	X省Q县交口乡官军村	牧源养殖有限公司技术员Z、老总X	鸭子和蛋鸡的生长情况、患病情况、经济效益
3	2012年6月22日	X省Q县官滩乡崖头村、活凤村等四个村庄	X省Q县官滩乡人大主席W及崖头村、活凤村等四个村庄的村委会主任	当地黑山羊自然养殖情况
4	2012年7月7日	N自治区B市某宾馆	H省S市有16年养猪经验的养殖户L	养猪历程及影响食品安全的因素
5	2012年7月15日	S省B市C区某村	S省B市C区某村一位60多岁的养殖户	生猪养殖情况

续表

访谈序号	访谈时间	访谈地点	访谈对象	访谈内容
6	2012年7月15日	S省B市C区某村	S省B市C区某村一个家庭饲料加工厂的主妇	生猪养殖情况
7	2012年7月15日	S省B市C区虢镇	S省B市C区虢镇一家兽药店老板	养殖户用药情况
8	2012年7月16日	S省B市C区某村	S省B市C区义天生猪养殖场养殖员	生猪养殖情况
9	2012年7月16日	S省B市C区某村	S省B市C区某中型养猪场老板W	生猪养殖情况
10	2012年7月16日	S省B市C区慕仪镇齐东村	S省B市C区新野良种猪繁殖场老板Q	生猪养殖情况
11	2012年7月16日	S省B市C区慕仪镇齐西村	S省B市C区永丰牧业有限公司W经理	奶牛养殖情况
12	2012年7月16日	S省B市C区周原镇第一村	S省B市C区锦祥生猪养殖示范场监管技术总监	生猪养殖过程中兽药、饲料使用情况
13	2012年7月16日	S省B市C区周原镇赵杜村	S省B市C区田奔农业发展有限公司经理Z	肉牛养殖情况
14	2012年7月17日	S省B市C区坪头镇某村	S省B市C区某大型蛋种鸡养殖场老板G	蛋鸡养殖情况
15	2012年7月17日	S省B市C区坪头检查站	S省B市C区坪头检查站站长J	基层动物检验检疫、监管
16	2012年7月17日	S省B市C区畜牧局大楼某会议室	S省B市C区畜牧局部分干部及部分养殖企业负责人	养殖业存在的问题、难题
17	2012年9月4日	Z省J市山区一偏远的小水库	Z省J市山区一水库养鱼场老板	了解水库养鱼情况
18	2012年9月4日	Z省J市清湖镇毛塘村"水岸人家"渔家乐	Z省J市清湖镇毛塘村"水岸人家"渔家乐老板J及其妻、水利局副科长W	了解养鱼情况
19	2012年9月4日	Z省J市某山区	Z省J市某大型甲鱼养殖企业老板D、技术员L	了解甲鱼养殖情况
20	2012年9月4日	Z省J市贺村镇检疫站	Z省J市贺村镇检疫站工作人员	了解基层的动物检验检疫情况

访谈序号	访谈时间	访谈地点	访谈对象	访谈内容
21	2012 年 9 月 4 日	Z 省 J 市淤头镇	Z 省 J 市天蓬畜业有限公司 Z 总	了解生猪养殖情况
22	2012 年 9 月 5 日	Z 省 J 市畜牧兽医局蜜蜂办公室	Z 省 J 市畜牧兽医局蜜蜂管理科干部 H	了解蜂蜜安全相关情况
23	2012 年 9 月 5 日	Z 省 J 市畜牧兽医局办公室	Z 省 J 市畜牧兽医局兽医师 J	了解养猪业兽药滥用相关情况
24	2012 年 9 月 5 日	Z 省 J 市畜牧兽医局办公室	Z 省 J 市畜牧兽医局党支部 Z 书记	了解动物性食品安全情况
25	2012 年 9 月 5 日	Z 省 J 市水利局办公室	Z 省 J 市水利局渔业发展科副科长 W	了解水产养殖监管工作
26	2013 年 5 月 12 日	G 自治区 B 县	G 自治区 B 县农业局干部 W	了解香猪工厂化养殖情况
27	2013 年 6 月 23 日	N 省 L 市食品药品监督管理局办公室	N 省 L 市食品药品监督管理局部分干部	了解动物性食品监管情况

在调查初期，联系访谈对象这一阶段比较困难。在寻找可以接受访谈的农业局干部的过程中，某省某县级农业局听笔者说要去调研，就要求笔者必须通过省农业厅的介绍，才能接待——尽管笔者一再声明有单位的介绍信且不需要对方负担任何费用。无奈，笔者只好设法联系该省农业厅，农业厅办公室让笔者与分管副厅长的秘书联系，秘书说没有办法核实笔者的身份，也从来没有给进行访谈的学者开过介绍信的先例。笔者只好找该县的地级市农业局，地级市农业局则推脱说"只要县农业局同意接受访谈即可，根本不需要地级市农业局的同意"。此外，在寻找访谈对象的过程中，有的养殖户担心自己在养殖过程中采用的危害食品安全的手段为人所知，因此，明确拒绝访谈。在寻找饲料企业相关人员接受访谈的过程中，尽管通过亲戚的介绍，一家饲料企业的销售人员仍然拒绝接受访谈，理由是"不能泄露企业秘密"。

在访谈过程中，让被访者说出真实情况是比较困难的。有的养殖场知道笔者是在调查食品安全问题时，就完全否认自己的养殖过程存在任何危害食品安全的因素，甚至用一些谎言来掩饰。

为了找到合适的访谈对象，笔者通过同学、亲戚、朋友联系一些政府部门，然后，让政府部门的官员陪同去调研，才能对一些养殖户和养殖企业相关人员展开访谈。有的养殖企业允许笔者参观养殖场；有的养殖企业则以防疫为由，根本不让笔者参观养殖场，或者只让笔者站在高处，远眺养殖场，或者通过养殖场内安装的摄像头传回的图像，大致了解一下养殖场内的情况。

为了打消被访者的顾虑，笔者根本不能说调研目的——是否养殖业造成了食品安全风险，而是说调研养殖企业面临的困难和难题，比如养殖业的效益与投入、动物患病和死亡情况、饲料价格等。这样，养殖企业老板或者养殖户才能围绕这些话题，谈到他们在养殖过程中为了盈利而采取的一些措施，其中就透露出很多关于兽药和饲料问题的信息，这些信息，使笔者看到动物性食品安全风险在养殖场就形成了。通过访谈，笔者了解到，养殖企业，特别是中小养殖户，在面对兽药和饲料中存在的各种问题时，完全处于信息不对称的弱势地位，把动物性食品安全的责任完全归咎于养殖企业和养殖户，是非常不合理的。

2. 文献法

（1）参考国内外与本研究有关的风险社会理论研究的相关资料。首先是查找和阅读研究贝克与吉登斯的风险社会理论及国内对风险社会理论的研究成果；其次，查找和分析国内学者对转型时期中国风险社会的相关研究。

（2）参考国内有关动物性食品安全问题方面的资料。首先是查找和阅读分析国内有关动物性食品安全的检验、分析报告；其次，查找和参阅国内与饲料安全、兽药安全相关的研究成果。

第二章　风险全球化与动物性食品安全

　　20世纪中后期，人类社会发生了巨大变化。学者们纷纷从不同的理论视角对当代社会的特征进行描述，如"后工业社会"、"晚期资本主义社会"、"后现代社会"、"信息社会"、"网络社会"、"知识经济"等。研究风险社会理论的学者玛丽·道格拉斯（M. Douglas）、尼古拉·卢曼（N. Luhmann）、乌尔里希·贝克（U. Beck）、安东尼·吉登斯（A. Giddens）和斯科特·拉什（S. Lash）等则另辟蹊径，从"风险"角度对当代社会的巨变进行了全新的解读。

　　1986年，德国社会学家乌尔里希·贝克在德文版《风险社会》一书中，首次使用"风险社会"这一概念来描述后工业社会并将其上升到理论高度，并在《风险时代的生态政治》（1988）、《世界风险社会》（1999）、《风险社会理论修正》（2000）等一系列著作和文章中对风险以及风险社会概念进行了深入而全面的论述。通过对风险社会的分析，贝克表达了对现实社会和人类未来的强烈关怀，并在后现代情境中强调建设的使命。在苏联切尔诺贝利核电站第4号机组发生核泄漏事故、英国疯牛病在全球蔓延、美国的"9·11"恐怖事件、中国的SARS危机、全球性的禽流感等一连串极为严重的地区性灾难与突发事件后，该理论逐渐引起人们的关注与重视，以至于《风险社会》一书于1992年被译成英文后，连续4次重印，5年售出6万册，成为20世纪末最有影响力的学术著作之一，风险社会理论也被越来越多的西方学者及公众接受。英国社会学家安东尼·吉登斯涵盖丰富、内容全面的著作对风险社会理论起到推动的作用。他们两人关于风险社会的论述具有高度的互补性。贝克更强调技术性风险（尤其是在早期著作中），而吉登斯侧重于制度性风险；贝克的理论带有明显的生态主义色彩，而吉登斯的话语则侧重于社会政治理论叙述。① 在后来的著作中，贝克针对全球化的不断推进，提出了"全球风险社会"的概念，并开始强调制度性风险，与吉登斯的理论更加贴近。

第一节　风险社会的含义

一、什么是风险社会

贝克把"风险社会"定义为一系列特殊的社会、经济、政治和文化因素，这些因素具有普遍的人为不确定性，它们承担着使现存社会结构、体制和社会关系，向着更加复杂、更加偶然和更易分裂的社团组织转型的重任。② 后来，他又指出，自 20 世纪 50 年代开始，现代工业政策造成使全球生命遭受毁灭的前所未有的可能性，从而使工业社会进入它的第二个发展阶段——"风险社会"阶段。在他看来，风险社会是一个不同于早期工业化社会的新阶段，即风险社会是现代化发展进程中因工业化出现问题而对其进行反思的新的历史时期。早期工业社会为绝大多数社会成员带来了舒适安逸的生存环境，而在晚期工业化过程中，随着科学技术的进步以及全球化的快速发展，社会的不确定性和不可预测性日益增加，人们不得不面对越来越多的后果严重的风险。现代性从工业社会阶段到风险社会阶段的过渡是人们未曾期望的、未曾察觉的，具有强制性，它紧紧跟随在现代化的自主动态过程之后，采用的是潜在副作用的模式。风险社会出现在对其自身的影响和威胁视而不见、充耳不闻的自主性现代化过程的延续中。更为重要的是，由于现代信息技术的高度发达，社会一体化及全球化趋势不断加强，整个社会和世界已经紧密地联系在一起，任何不幸事件一旦发生，都可能对整个社会及世界造成更大的影响，引发广泛的社会不安和动

---

① 杨雪冬：《风险社会理论述评》，《国家行政学院学报》2005 年第 1 期。
② Barbara Adam，Ulrich Beck，& Joost van Loon，*The Risk Society and Beyond：Critical Issues for Social Theory*，London：Sage Publications，2000.

荡。贝克把"风险社会"概念进一步演变为"全球风险社会"概念。他指出:"在这个疆域消失的科技全球化时代,风险也就必然全球化了。因此,科技全球性的世界已然形成全球风险世界"①。

著名的社会理论家安东尼·吉登斯是风险社会理论的积极倡导者。吉登斯在《现代性的后果》(1990)、《现代性与自我认同》(1991)和《失控的世界:全球化如何重塑我们的生活》(1999)等著作中明确采用"风险"这一概念,并展开了对风险社会理论的研究。吉登斯将现代社会视为"失控的世界",指出"传统社会风险是一个(种)局部性、个体性、自然性的外部风险,当代社会风险则是一种全球性、社会性、人为性的结构风险"②。在吉登斯看来,风险社会是指由于新技术和全球化所产生的与早期工业社会不同的社会性,它是现代性的一种后果。③ 吉登斯对"风险社会"的理解主要是从"外部风险"与"被制造出来的风险"的区别分析中得出的。"外部风险就是来自外部的、因为传统或者自然的不变性和固定性所带来的风险"④,如火山、地震、台风、虫灾等;"被制造出来的风险,指的是由我们不断发展的知识对这个世界的影响所产生的风险,是指我们在没有多少历史经验的情况下所产生的风险"⑤,如环境污染、温室效应、SARS 事件、赤潮、酸雨等,这些人类自己制造出来的风险,比传统的外部风险给人类带来更大的危害和更多的不确定性。

吉登斯认为,在工业社会存在的头两百年里,占主导地位的风险可以被称为"外部风险"。⑥ 而在现今社会,这种由外部风险占据的主导地位逐渐被制造出来的风险取代,于是吉登斯将这种由被制造出来的风险占主导地位的世界称为"失控的世界"。这种"失控"不是一种对社会恐慌、

---

① [德] 乌尔里希·贝克:《世界风险社会》,吴英姿、孙淑敏译,南京大学出版社 2004 年版,第 523 页。

② 刘岩:《当代社会风险问题的凸显与理论自觉》,《社会科学战线》2007 年第 1 期。

③ [英] 安东尼·吉登斯:《现代性的后果》,田禾译,译林出版社 2000 年版,第 69—115 页。

④ [英] 安东尼·吉登斯:《失控的世界:全球化如何重塑我们的生活》,周红云译,江西人民出版社 2001 年版,第 22 页。

⑤ [英] 安东尼·吉登斯:《失控的世界:全球化如何重塑我们的生活》,周红云译,江西人民出版社 2001 年版,第 22 页。

⑥ [英] 安东尼·吉登斯:《现代性:吉登斯访谈录》,尹宏毅译,新华出版社 2001 年版,第 194 页。

迷乱、不知所措的失控，而是指人类在追求科技进步与社会发展的同时，随着被制造出来的风险在社会各个领域的蔓延与扩散，人们越来越不确定自己未来的生活，对那些潜在的、不确定的风险无法预测和掌控的失控。人们对这种无法掌控的未来产生了恐惧与失落，伴随着被制造出来的风险的普遍扩散，我们越来越生活在一个风险社会里。

　　在吉登斯看来，"风险社会的起源可以追溯到今天影响着我们生活的两项根本性转变。两者都与科学和技术不断增强的影响力有关，尽管它们并非完全为科技影响所决定。第一项转变可称为自然界的终结；第二项转变为传统的终结"①。吉登斯所指的"自然的结束并不是指物质世界或物理过程不再存在，而是指我们周围的物质环境没有什么方面不受人类干扰的某种方式的影响。过去曾经是自然的许多东西现在都不再完全是自然的了，尽管我们并不总是能够确定某种过程何时开始何时结束"②。但是，自然界的终结是最近的事情，它是在最近 40 或 50 年左右才发生的。③ "这一转变为人们踏入风险社会带来了一个重要的起点……这个社会生存在自然的消亡以后。"④ 人们从自然界的终结的社会迈进了一个新的社会发展时期。在这一时期，传统的自然风险不再成为人们关注的焦点，取而代之的是人为的被制造出来的风险。影响我们步入风险社会的第二项转变就是传统的终结。在吉登斯看来，"生活在传统消亡之后，实质上就是生活在人们不再听天由命的世界上"⑤。一个自然界和传统终结后的社会，实际上与先前的工业社会是截然不同的，这样的社会，就是风险社会。吉登斯的观点丰富了风险社会理论的内涵，得到了理论界的广泛重视和认同，产生了重要的影响。

二、中国进入风险社会

　　自 20 世纪 80 年代实行改革开放以来，中国经历着一场前所未有的巨

---

① ［英］安东尼·吉登斯：《现代性：吉登斯访谈录》，尹宏毅译，新华出版社 2001 年版，第 191 页。
② ［英］安东尼·吉登斯：《失控的世界：全球化如何重塑我们的生活》，周红云译，江西人民出版社 2001 年版，第 23 页。
③ ［英］安东尼·吉登斯：《现代性：吉登斯访谈录》，尹宏毅译，新华出版社 2001 年版，第 192 页。
④ ［英］安东尼·吉登斯：《现代性：吉登斯访谈录》，尹宏毅译，新华出版社 2001 年版，第 192 页。
⑤ ［英］安东尼·吉登斯：《现代性：吉登斯访谈录》，尹宏毅译，新华出版社 2001 年版，第 192 页。

大的社会转型，从一个以农业经济为基础的传统社会转向一个以工业经济、信息经济为基础的现代社会，从一个封闭型社会转向一个开放的、多元化社会。在这一长期的、步履艰难的转型过程中，社会政治结构、经济结构、文化结构经历着剧烈的甚至根本性的变化，社会竞争加剧、社会流动加快、社会分化加速、社会风险丛生，面临比以往任何时代都多的不确定因素或始料未及的风险。"这些都使像中国这样的快速发展的后发展国家，不可能按部就班地沿着先发展国家的足迹前进，因为面对的问题和风险已经完全变化了。在时间序列上应该在不同的发展阶段所面对的问题，现在被压缩到同一个发展时空，中国在迅速的发展过程中所面对的复杂局面是，它不但要解决诸如农村贫困这样的前工业化问题，解决诸如失业这样的工业化问题，也要面对诸如'非典'、'禽流感'、'艾滋病'、'网络安全'、'食品添加剂安全'、'生物变异'这样的现代风险问题。"① 贝克曾用"压缩饼干"这一形象的比喻来说明中国社会转型的特殊性。他认为，"随着中国与世界联系的进一步加强，国内外各种思想文化相互激荡，与西方市场经济上百年发展、完善的过程相比，中国的社会转型是'压缩饼干'，以历史浓缩的形式，将社会转型中的各种社会问题呈现出来，带来了前所未有的文明冲突和文化碰撞，历史与现实、传统与现代、本土文化与西方文明多重因素交织在一起"②。30 多年的改革开放历程，在高度压缩的同一时空界面上同时展开由前工业社会到工业社会和后工业社会的跨越式转型。前工业社会、工业社会以及后工业社会的诸多问题同时、集中、爆发式地呈现。这导致中国的社会转型必然伴随着更多的不可控性、复杂性和混乱性，经济、社会、生态环境、文化等领域都面临诸多风险。"当代中国社会因巨大的社会变迁正步入风险社会，甚至将可能进入高风险社会。"③

由于历史的原因，我国的食品现代化进程与西方发达国家相差较远。在这一急剧转型的过程中，为了加快我国食品现代化的进程，满足人民群众日益增长的食品需求，我们便不能像西方发达国家那样，"循序渐进"

---

① 李培林：《从传统安全到现代风险——评〈直面危机〉》，《经济导刊》2006 年第 Z1 期。
② 薛晓源、刘国良：《全球风险世界：现在与未来——德国著名社会学家、风险社会理论创始人乌尔里希·贝克教授访谈录》，《马克思主义与现实》2005 年第 1 期。
③ 薛晓源、刘国良：《全球风险世界：现在与未来——德国著名社会学家、风险社会理论创始人乌尔里希·贝克教授访谈录》，《马克思主义与现实》2005 年第 1 期。

地沿着从前工业社会到工业社会再到后工业社会的道路前进，而是经历了从农业社会、工业社会到信息社会的跨越式发展，并且迅速完成了由解决温饱向食品极大丰富转变的过程。原有的食品生产方式、食品生产科技、食品生产主体、食品流通渠道、食品生产监管方式都发生了巨大的变化，食品安全风险特别是动物性食品安全风险也呈现爆发式增长。2003 年的 SARS 风暴已预示一场不同于传统意义上的食品安全危机。此后，禽流感、苏丹红、孔雀石绿、瘦肉精、三聚氰胺等新名词经由媒体呈现给人们，人们经历了从对食品安全的无知到了解再到恐惧的过程。与以往的食品安全相比，这种由人为原因造成的食品安全风险，无论是在数量规模上，还是影响范围以及造成的后果上，都与先前的食品安全风险有着根本性的不同，我国的食品安全风险成为风险社会中的一种重要风险。

第二节　全球化冲击我国动物性食品安全

乌尔里希·贝克指出，"全球化的概念是指世界的时空压缩以及增强世界作为一个整体的意识。这样的概念反映了人类在追求改善生活状况的过程中日益增加的相互依赖与关联性"[1]。全球化的核心内容是人员、物质、资本、信息等跨国界和大陆流动的加速以及各个国家、社会、人群相互之间联系和依赖的增强。全球化的到来，使整个世界成为一个流动性大、包容性强的整体，这必然导致原来限于一个国家或一个地区的风险扩散到更多的国家和地区。这些风险在扩散的过程中，彼此间还可能形成互动关系，产生新的风险源，增强风险的后果。现代性的全球化也是一个不断制造新风险，不断改变人们既有的生活方式、认知体系的过程，它可以带来并放大技术的不确定性。

吉登斯对全球化的定义为："世界范围内的社会关系的强化，这种关系以这样一种方式将彼此相距遥远的地域连接起来，即此地所发生的事情

---

[1]　薛晓源、刘国良：《全球风险世界：现在与未来——德国著名社会学家、风险社会理论创始人乌尔里希·贝克教授访谈录》，《马克思主义与现实》2005 年第 1 期。

可能是由许多英里以外的异地事件而引起的，反之亦然。"① 在他看来，在全球化的第一阶段，主导者显然主要是西方及源于西方的制度的扩张。其他文明从未能对世界产生如此深远的影响，也未能在如此程度上按照自己的形象塑造世界。② 吉登斯认为，当今世界是一个全球化的世界，全球化可以使人与人之间的交往突破时间和空间的限制，从而使其活动具有极强的相关性，但全球化也加剧了风险的广度和深度。首先，全球化使风险呈现平均分布的状态，我们置身于其中的风险氛围将是弥散的、广泛的、没有人能逃脱；其次，全球化使社会系统处于开放的互动状态，由此增大了社会运行的不确定性，使风险的远期后果无法预测，造成风险的叠加；最后，全球化还带来了许多其他形式的风险，尤其是全球电子经济中出现的风险和不确定性。这些后果严重的风险，越来越呈常态化，直接威胁到地球上几乎每一个人，甚至人类整体的存在，而且风险社会成为包括中国在内的世界各国都无法规避的境遇。全球化的迅猛发展、国际交流的不断加深、科技情报和信息传播渠道的畅通，使得现代食品科技造成的风险不再限于某一时间段或某一特定的区域，而是经常发展为一种没有时间限制的带有全球性危害的灾难。

改革开放以来，中国成为世界经济体系中不可或缺的一部分，贝克指出，"中国已不可避免地融入了全球化浪潮中，中国的社会转型是伴随着风险全球化浪潮等全球社会转型同步进行的，人类社会呈现出相互依存、共同发展的新局面，而中国加入 WTO 更强化了这一特征"③。我们不仅享受着全球化带来的机遇，同时也面临全球化带来的风险和挑战。全球化造成的"新类型的风险既是本土的又是全球的，或者说是'全球本土'的。这种本土和全球危险选择上的'时空压缩'进一步证实了世界风险社会的诊断"④。

食品安全问题，就是一个全球化的问题。2007 年，世界卫生组织总干事陈冯富珍在不同的国际会议上都在强调一个观点：发展中国家和发达

---

① ［英］安东尼·吉登斯：《现代性的后果》，田禾译，译林出版社 2000 年版，第 56—57 页。

② ［德］乌尔里希·贝克、［英］安东尼·吉登斯、［英］斯科特·拉什：《自反现代性》，赵文书译，商务印书馆 2001 年版，第 121 页。

③ 薛晓源、刘国良：《全球风险世界：现在与未来——德国著名社会学家、风险社会理论创始人乌尔里希·贝克教授访谈录》，《马克思主义与现实》2005 年第 1 期。

④ ［德］乌尔里希·贝克：《风险社会再思考》，《马克思主义与现实》2002 年第 4 期。

国家都面临加强食品安全的问题，世界卫生组织每月收到约 200 项关于其
193 个成员出现食品安全问题的报告。① 陈冯富珍认为，"世界卫生组织与
联合国粮食及农业组织及我们的成员国承认食品安全是一个全球性的挑
战"②。她说："食品安全已经影响着地球上的每一个人，此外，食品供应
正在越发全球化，这就需要国际合作来确保消费者的信心。"③ 美国的奥
巴马政府也认为目前美国面临的挑战主要不是来自地缘政治对手，而是来
自金融危机、气候变化、恐怖主义、大规模杀伤性武器和食品安全等全球
性问题。④

就动物性食品安全问题的发展而言，20 世纪 80 年代之前，我国的动
物性食品安全问题主要集中在如何解决食品短缺上，至于食品安全问题，
最多是牲畜的疫病或微生物污染的危害。20 世纪八九十年代，随着改革
开放的深入和全球化的快速发展，我国大力推广发达国家的工厂化、集约
化养殖模式，造成畜禽和水产动物面临前所未有的疫病和死亡风险，开启
了新型动物性食品安全风险之门。

第三节　工厂化、集约化养殖模式
取代传统散养模式

贝克认为，现代性的风险起源于工业革命、工业生产的无限扩张。
"今天，它们的基础是工业的过度生产。"⑤ "它们是工业化的一种大规模
产品，而且系统地随着它的全球化而加剧。"⑥ 吉登斯也认为，现代性是
一把双刃剑。一方面为人类创造了数不胜数的享受安全的和有成就的生活

---

① 参见国际食品安全高层论坛相关报道，http：//www. aqsiq. gov. cn//forum. htm，最后访问时间：
2013 年 11 月 25 日。
② 参见《国际食品安全高层论坛将在北京举行》，http：//news. xinhuanet. com/newscenter/2007 – 10/
31/content_ 6984145. htm，最后访问时间：2007 年 10 月 31 日。
③ 参见《国际食品安全高层论坛将在北京举行》，http：//news. xinhuanet. com/newscenter/2007 – 10/
31/content_ 6984145. htm，最后访问时间：2007 年 10 月 31 日。
④ 李毅：《全球化背景下的食品安全：制度构建与国际合作》，硕士学位论文，复旦大学，2009 年。
⑤ ［德］乌尔里希·贝克：《风险社会》，何博闻译，译林出版社 2004 年版，第 18 页。
⑥ ［德］乌尔里希·贝克：《风险社会》，何博闻译，译林出版社 2004 年版，第 18—19 页。

的机会；另一方面却制造了难以估量的危险。也就是说，现代性、现代性风险的本质是以工业生产为代表的客观实在。

就养殖业来说，发达国家普遍采用工厂化、集约化现代养殖模式，即在饲养管理上的机械化，从畜禽进入舍内，自动供料、饮水，定时光照，自动刮粪，消毒直到出栏淘汰。工厂化、集约化的养殖业，可以迅速增加畜禽养殖数量、减少人工劳动成本、缩短畜禽发育时间、增加经济效益。这种养殖模式极大地增加了动物性食品的供给，丰富了人们的饮食生活，给人们提供了享受生活的物质条件。

澳大利亚和美国著名伦理学家彼得·辛格（Peter Singer）在《动物解放》一书中，生动地描述了西方发达国家工厂化、集约化养殖业的情形：

> 首先，养殖场已不再是单纯的乡下人所经营的那种饲养活动了。在近50年里，大公司和流水作业法已经把养殖场变成养殖综合企业。这个过程从大公司控制家禽生产开始。饲养家禽原本是农妇的工作，而现今整个美国的家禽生产全部被50家大公司所垄断。在鸡蛋生产方面，50年前一家大的蛋鸡场可能有3000只母鸡，现在许多公司已超过50万只，最大的达1000万只以上。其余的小饲养场也不得不采用巨型饲养场的经营方法，否则就被淘汰。原先与农业毫不相干的公司，为了减税或从多种经营中获利，也已经成为巨型饲养场的经营者。现在，灰狗长途客运公司也养殖火鸡，而你吃的烤牛排或许是来自约翰·汉科克人寿保险公司，或者来自十来个石油公司当中的一个。这些石油公司也投资养牛业，其兴建的围栏肥育场可养牛10万头以上。

> 这些大公司以及必须与它们竞争的公司，丝毫没有关于植物、动物与自然相和谐的观念。养殖场经营的竞争性很强，竞争的方法就是降低成本、增加产出。这样，现在饲养已变成"工厂化饲养"，动物被当作机器对待，把低廉的饲料转化成价格高出一筹的肉品，任何省钱提高"转化比"的新方法都会（被）采用。①

在《动物解放》一书中我们可以看到，工厂化的养鸡场内，鸡的生

---

① ［美］彼得·辛格：《动物解放》，祖述宪译，青岛出版社2004年版，第87—88页。

存空间非常狭窄，机械化供给饲料和饮水，让鸡不断采食而迅速长大。

在二次大战结束时，餐桌上鸡仍很稀少；那时鸡主要来自独立的个体小养鸡户或蛋鸡饲养场淘汰的公鸡。今天，美国由大公司控制的高度自动化的工厂化养鸡厂（场），每周要宰杀1.02亿只肉鸡。美国每年宰杀肉鸡达53亿只，其中一半以上是由8家大公司生产的。

把鸡从农家场院的家禽变成制造的物品，最基本的一步是把它们饲养在室内。一个肉鸡业主从孵鸡场获得1万只、5万只或更多的雏鸡，放进一个长长的、没有窗子的棚舍里，一般是在地板上饲养，但为了同样面积的鸡舍养更多的鸡，有些饲养场采用多层鸡笼。鸡舍的各种环境条件由人工加以控制，让鸡吃得最少、长得最快。饲料和饮水是从吊在顶棚上的布料斗自动添加的。按农业研究人员的建议来调整光照，例如，为了雏鸡迅速增加体重，在头1—2周，每天24小时灯光明亮，然后灯光稍微暗淡下来，每2个小时开关一次，据信鸡在一段时间睡眠后容易进食。最后，大约在6周龄时，仔鸡个头长大造成拥挤，这时灯光全部熄灭，以减少拥挤造成的互斗。

鸡的自然寿命是7年，而仔鸡长到7周就送去宰杀。仔鸡在出笼前体重大约4—5磅，在鸡舍里所占有的面积可能只有0.5平方英尺，比一张标准信纸还小。（相当于一只2千克以上的鸡占450平方厘米面积。）在这种条件下，如果照明正常则拥挤造成的压力和鸡的精力无处发泄，就会爆发争斗，互啄羽毛，有时互相残杀和互食。据研究，在光线非常暗时可以减少这种互斗行为，所以，在最后1周鸡可能完全生活在黑暗之中。[①]

彼得·辛格也让我们了解了荷兰、比利时、英国、美国等国家工厂化的养猪模式，就是把猪关在笼子里使其迅速增加体重，并且采用人工授精等方式促使母猪多生小猪。

现在只有极少的猪能在铺着秸草的院子里过这种奢侈的生活，大

---

① ［美］彼得·辛格：《动物解放》，祖述宪译，青岛出版社2004年版，第89—90页。

趋势是在朝着错误的方向发展。荷兰、比利时和英国不仅养鸡业带头工厂化,而且养猪场也开始把小猪关进了笼子,美国的业主也正在仿效。小猪笼养的好处,除一般认为能限制猪的运动,吃得少、增重快和肉嫩以外,主要是可以提早断奶。母猪停止哺乳后,几天内就可以受精,这时用公猪交配或人工授精可使母猪再次怀孕。如果让小猪像原先那样自然地吃奶3个月,母猪每年至多生2窝,提早断奶则可以生2.6窝。①

然而,工厂化、集约化的养殖模式,已经暴露出很多弊端与危害。以家禽生产为例,在家禽的工厂化、集约化生产方式下,为了提高生产性能而进行的遗传选择育种以及应激、过度拥挤等都可能促使家禽产生免疫抑制,降低家禽的免疫力与抵抗力,使得像禽流感这样的病毒可以有充分的机会进行传播、扩散和变异。特别是将用遗传选择育种生产的没有差异的家禽置于卫生条件恶劣、通风不良、缺乏阳光照射的环境中,无疑是为像高致病性禽流感这样的疾病的发生与传播提供了"繁殖场"。实践表明,这种生产方式已经成为家禽健康水平低下,疫病不断,疫病日益复杂、难防难控的一个重要原因。例如蛋鸡笼养的饲养模式:母鸡被限制在狭小的空间内,不能自由活动。这些母鸡普遍患上了一种被称为"笼养产蛋鸡疲劳症"的疾病,患鸡体形消瘦,容易发生骨折甚至死亡,所产的鸡蛋味道差,蛋清浑浊,蛋黄色泽不正,煮熟后蛋白有不规则纤维。"除了压力、沮丧、厌倦和拥挤外,现代的囚禁饲养法还造成猪其他一些生理问题。其中之一是起于空气。下面引用伊利诺伊州斯特劳恩的莱曼饲养场的养猪人的话:气时刻在侵蚀着猪的肺。……污浊的空气真成问题。我在这里工作片刻就感觉到氨气往我的肺里钻。但起码我夜间不在这里,可猪不行。因此,我们不得不一直喂它们四环素,这还真能帮助解决问题。"②

越来越多的西方发达国家的专家质疑和批评这种养殖模式,彼得·辛格说:"康乃(奈)尔大学家禽系所做的爱心研究确定了拥挤造成死亡率增加。在不到一年的时期(间)中,12乘18英寸的笼中如果放3只鸡,死亡率是9.6%;放4只,则升至16.4%;5只,则死亡率高达23%。"③

---

① [美] 彼得·辛格:《动物解放》,祖述宪译,青岛出版社2004年版,第113页。
② [美] 彼得·辛格:《动物解放》,祖述宪译,青岛出版社2004年版,第112页。
③ [美] 彼得·辛格:《动物解放》,祖述宪译,青岛出版社2004年版,第109页。

美国约翰·霍普金斯大学神经病毒学家斯丹利（R. H. Stanley）等指出，在我们努力简化饲养方式以生产出更多的肉类供更多的人消费时，却无意中创造了条件，使一种原本对人类无害的野鸭病毒成为人类的致命杀手。这是工厂化、集约化养殖方式影响新兴传染病发生与传播的一个最典型的案例。①

　　几千年来，我国的养殖业是以农户小规模饲养为特征的生态畜牧业。在许多专家看来，这种以农户庭院分散饲养为主的养殖业生产模式，是小规模、分散的饲养方式，是粗放式饲养管理和经营，科技参与程度不够，存在工艺落后、经营管理水平不高、高耗低效等较严重的问题。② 但是，这种养殖模式下的畜禽，都是在自然状态、自然环境下生存和繁育，生长周期比较长，疾病很少，也不食用各种药物，食品安全风险非常小。从20 世纪 80 年代起，随着全球化进程的加快，我们迅速抛弃了传统的家庭养殖模式，开始学习、借鉴乃至套用美国等发达国家工厂化、集约化养殖模式，各级政府都积极推动畜牧业生产方式向工厂化、集约化转变。例如，2004 年，青岛市工厂化养虾已发展到 35 万平方米，工厂化养鱼发展到 12 万平方米，工厂化育苗水体达到 13.3 万平方米，工厂化育苗及养殖总面积突破 60 万平方米。网箱养殖保持快速发展，普通网箱发展到 2.5万个，浮绳式抗风浪网箱发展到 30 组，深海抗风浪大网箱年内有望突破100 个。③ 世界粮农组织的统计资料显示，1955 年中国海水养殖业产量仅 10 万吨。随着工厂化、集约化养殖模式的大力推广，中国海水养殖业得到了快速发展，1990 年，海水养殖产量超过 300 万吨，2008 年上升到1340.3 万吨，占国内海洋水产品总产量的 53.8%，约占世界海水养殖总产量的 2/3。

　　笔者在田野调查中发现，工厂化、集约化养殖模式在全国已经相当普遍，即使在比较偏僻落后的中西部山区，当地政府也在通过多种途径推动传统的散养、庭院式养殖模式向工厂化、集约化养殖模式转变。

　　X 省 Q 县地处太岳山东麓，总面积 2554 平方公里，辖 5 镇 9 乡

---

① 李凯年、逯德山编译：《"工厂化"、集约化养殖方式何以受到质疑（续三）——"工厂化"养殖对动物健康与动物福利的危害及选择》，《中国动物保健》2008 年第 11 期。

② 李保明：《中国集约化养殖技术装备促进发展战略》，《农机推广与安全》2006 年第 3 期。

③ 马克松：《大力推广无公害生产技术和高效养殖模式加速我国海洋水产养殖现代化进程》，《海洋开发与管理》2004 年第 1 期。

254 个行政村，总人口 16 万。其中，农业人口 14 万，耕地面积 20 万亩。Q 县是 X 省用材林基地县之一，全县以用材林、经济林为主，有省营林场 6 个，县营林场 3 个，年生产木材 4 万立方米。Q 县的牧坡资源也非常丰富，连片牧坡面积达 72 万亩，牧草 200 多种，畜牧业颇为发达。

Q 县官滩乡属于林牧山区，森林面积 13.7402 万亩，森林覆盖率达到 62%，植被覆盖状况相对较好，以分散养殖黑山羊的传统牧业为主。村民把自己的山羊集中交给几个放羊人看管。这些放羊人常年赶着山羊到山坡或者山林里面吃草。由于这里的山羊不吃饲料，而且每天都爬山跑路，体格健壮，没有疾病，也不食用各种兽药，肉味鲜美且非常安全。深圳那边每年都来人收购，活羊一公斤就可以卖到 30 多元。这成为当地留守老弱村民的主要增收渠道。2012 年夏天，该乡人大主席 W 陪同笔者到该乡的崖头村、活凤村就山羊养殖情况进行田野调查，并且把附近 4 个村的村委会主任召集到活凤村村委会主任家里进行座谈。Q 县出于防范森林火灾的目的，提倡村民把在山林里长期放养的山羊圈养。这样，官滩乡在山林放养的黑山羊也面临集约化养殖模式的进逼。W 主席说：

以崖头村为例，有 4 个自然村，想搞试点舍饲圈养，为什么呢？国家有封山禁牧的要求，这是大势所趋；另外，老百姓有积极性，能够多养，能够改良。今年，孟婆的载畜量还没有达到，但是，陈家峪已经超载了。陈家峪全年卖羊的收入有 200 万（元）。今年春天，陈家峪的一个村就死了好几十只羊，损失四五十万（元）。羊羔都被外地人收走了。收走干什么了呢？一个是找绒，再一个是搞皮。产业发展已经达成共识。政府搞封山育林，培植生态，也减轻了护林防火的压力。去年，这里着了大火，放羊的在山上烤东西吃，结果引起了大火。在林区，一年四季都会着火，护林防火压力很大。三是老百姓从长远考虑，怎么办？只有符合本地特色的，才能长远。如果引入其他地方的先进经验，老百姓以合作化的方式，类似于原来的合作社，以能人大户带动，以村干部带头，逐步按照适度的（规模）搞，今年，组织村干部一家一户地看过。原料呢？计划辟出一部分山地和二元地（也就是那些效益低的地），用来种植一些青饲料。①

————————————

① 访谈 3。

活凤村村委会主任 A 一方面希望能够增加山羊的养殖数量，以增加收入；另一方面，也担心圈养之后，会影响山羊的质量，进而把 Q 县黑山羊的牌子砸了。他说：

> 圈养可以扩大规模，还能提高效益，政府也支持。……可是，山羊放养的话，每只羊每年只给放羊人交几十块钱就行了，也没有其他成本，舍饲圈养要增加很多投入，羊圈啊、饲料啊，都要钱，可是，政府也没有支持。弄虚作假就能够挣钱，实干的就挣不了钱。有些地方说有几万只羊的规模，实际上根本没有，就是为了获得政府资金支持。我们的话，三五百块钱的支持也不容易拿到。还有，山羊在山上，吃的都是没有污染的野草，它爱吃什么就吃什么，而且有很多种不同的野草，这样，山羊肉才好吃。山羊成天爬山，没有什么肥肉，也没有什么病。圈养的话，羊除了吃就没有啥活动了，只喂饲料再加干草、秸秆什么的，羊会长得很快。山里放养，大概 2 年才能长大，圈养半年就长大了。这样，可能会影响到黑山羊的质量，影响到我们县黑山羊的牌子啊。①

确实，把黑山羊由放养改为圈养后，除了饲料等成本会增加外，疾病防治成本也会增加。一是由放养状态下自由采食变为按饲喂次数供给草料，可能比在山林觅食吃得多，同时羊的运动量明显减少，消化道疾病可能增多；二是由于饲喂方法不妥、草料营养水平低或山羊之间互相抵撞，导致羊的流产次数增多；三是由于舍饲后，存栏羊的密度增大，机体互相接触的机会增多，舍饲后草料的污染机会也增多，发生寄生虫的概率增大；四是舍饲后，羊长期在封闭的圈舍内生长，养殖密度大，为防治传染病和寄生虫，比放养状态下接种疫苗、消毒和药浴的次数明显增多。这四种情况导致圈养后，黑山羊的健康状况下降，食品安全水平也随之下降。

G 自治区 B 县山多地少，素有"八山一水一分田"之称，土地对当地农民而言显得万分珍贵。B 县的香猪养殖原来以放养为主，饲养粗放，香猪的适应性和抗病能力强。香猪常吃野草、香稻谷等青绿饲料，具有跑得快、脾气暴、爱打架等特征。这些因素使乳猪肉具有特殊的香味。随着

---

① 访谈 3。

B县旅游业的发展及县政府对香猪的大力宣传,人们对香猪的需求迅速增加。但B县用于商品生产的繁殖母香猪数才4600多头,通过加强管理,每年可生产的合格的商品香猪数也只有7万多头,远不能满足市场的需求。B县畜牧局的一位干部W告诉笔者,市场上卖的香猪产品,保守计算,至少有一半是假的。为了提高经济效益、满足市场的需求,B县将香猪原种场进行扩建。B县畜牧局的干部W专程带笔者去参观了扩建中的占地上百亩的养殖场。工作人员须经过紫外线消毒室消毒之后,跨过消毒池,才能进入生产区。生产区实际上就是巴马香猪的养殖区,包括多间封闭的、有屋顶的香猪养殖室,配有粪尿处理系统。笔者进入两间母香猪养殖室,看到中间是饲料通道,两边是用栅栏围成的几十个狭窄的母香猪养殖区域,每个区域只比母香猪的体宽稍微多一点,为的是防止母香猪转身。母香猪的头部对着饲料槽,尾部则对着铺有地漏的粪便下水道。这样,母香猪的粪便就可以直接掉下去,节约清扫人力。几间香猪养殖室通过砖砌起来的狭窄通道连接。W告诉笔者,这是用于驱赶香猪的通道,可以把小香猪驱赶到育肥香猪生产室,等到销售的时候,再通过此通道将香猪驱赶到商品香猪待售区。这样,就避免了香猪因为应激反应而发生死亡。等到出栏的时候,香猪被从养殖室放出来,通道特别狭窄,香猪只能顺着通道往前走,走到围墙外边之后,就被直接装车销售。[①]

在工厂化、集约化的养殖条件下,B县香猪的养殖方式由原来的放养变为关在养殖室里圈养。尽管每天给香猪一点活动时间,但是由于空间狭小,香猪的活动量还是很小。

在工厂化、集约化的养殖条件下,B县香猪的食物也发生了根本性的变化。香猪在农家饲养的状态下,食物以青草为主;在养殖场,就以饲料为主了。小香猪比较耐粗饲料,所以养殖场主要用大麦、米糠、麸皮等粗饲料进行饲喂。但对断奶的仔香猪则要饲喂配合饲料,其饲料配方为:玉米10%、米粮50%、豆饼8%—10%、麸皮30%、面粉1%、食盐5%。一般而言,香猪养殖场种公猪的使用寿命是3—5年,在这段有限的时间里,为了让它们保持旺盛的精力,繁衍出高品质的下一代,还要在精饲料中添加动物性饲料,如鱼粉、骨粉、小虾、蚕蛹等。怀孕母猪和产后母猪要孕育和哺育小猪,它们的食物里添加的就不是鱼粉和骨粉了,而是微量

---

① 访谈26。

元素。由于香猪运动量很小，加上饲料的营养化，无论是公猪还是母猪，都要控制其每天的饲喂量，不能让它们吃饱。

B 县香猪在放养状态下，抗病力较强。但随着工厂化、集约化养殖的发展，仔猪的腹泻、喘气病等疾病比较常见，白痢、猪瘟、猪丹毒或猪肺病等传染病也开始出现。因此，B 县对香猪也开始像对其他大型猪一样，使用疫苗及各种兽药。尽管 B 县畜牧局的干部 W 不愿意与笔者讨论这个话题，但是，随着香猪饲料的喂养、疾病的增加、疫苗和兽药的使用，肯定会逐渐影响香猪的风味，从而影响到香猪食品的安全。

H 省 S 市有 16 年养猪经验的养殖户 L，经历了由传统养殖方式向集约化养殖方式的转变，最多时曾养 400 多头猪。后来，由于感觉采用这种方式养的猪，让别人吃了是害别人，就不再养猪了。

传统自然的养殖方式养殖了 5 年多，在家一个是种地，最多养 2 头，少的时候 1 头。那时候，农村家家户户都会养猪。自然的养殖方式，一年才能够长 100 多斤，长 200 斤的，就要一年半。都是第一年的秋天买上小猪崽，到第二年喂一年，到腊月的时候杀掉，才能长 200 多斤。那个时候也没有饲料，养的肯定放心，吃的也放心。注射疫苗啊、病毒啊，农村根本接触不到。公社人员给你免疫，也只是进去扎一针。

传统养殖业的时候，一家养一头猪的时候，很少听说你家的猪死了。这样的话就听不到。听到了可能是猪圈不结实塌了，打死猪了。今年，我农村的熟人给我打电话都说，今年农村的猪死得很厉害，都死得就剩下一头猪了，现在散养养猪都不容易养了。[①]

从西方发达国家引进的工厂化、集约化养殖模式，在提高生产水平和生产效率、增加畜产品产量方面发挥了重要作用，可以用最少的饲料和人工在最短的时间内生产出最多的低成本的肉类、蛋类和奶类。例如，长期以来，中华鳖的驯养和人工孵化技术不过关，鳖价最高时每公斤在千元以上。20 世纪 80 年代，我国开始兴起工厂化养殖鳖，90 年代，养鳖成本大幅度降低，最低时 1 公斤只要 30 元。2008 年，全国肉类产量达到 7278.7 万吨，禽蛋产量达到 2701.7 万吨，居世界第一位；奶类产量达到 3781.5

---

① 访谈 4。

万吨，居世界第三位。我国肉、蛋、奶人均占有量已分别达到54.9公斤、20.4公斤和28.5公斤。2012年，我国猪牛羊禽肉、禽蛋、牛奶产量分别为8221万吨、2861万吨和3744万吨。工厂化、集构化养殖模式彻底改变了我国畜禽产品匮乏、限量供应的局面。

与此同时，工厂化、集约化养殖模式也引起了畜禽和水产动物疾病种类繁多的后果。

X省Q县大型养殖企业——牧源养殖有限公司，拥有标准化鸭舍8栋，幼鸭育舍2栋，可以一次性饲养肉鸭40000只，年出栏50万只；年饲养蛋鸡3.5万只，平均日产蛋3400斤，年产蛋124万多斤。笔者参观时，看到4个养鸭大棚，这些大棚一米多高，每个大棚里面养着6000只鸭子。从山东买来鸭苗后就放在这样的大棚里，鸭子的吃喝拉撒都在里面，40天就可以长到5—7斤重。这时，X省的一家大型屠宰加工企业就可以来将其装车拉走。笔者从喂食的窗口看过去，鸭子吓得马上都往里面躲，有好几只鸭子已经站不起来了。令笔者感到奇怪的是，喂食的窗口长期敞开，却没有一只鸭子想往外面跑。牧源养殖有限公司还养着数千只蛋鸡，这些蛋鸡被养在2个封闭的房子里。笔者一进去，所有的蛋鸡都被吓得发出"呜呜"的声音，里面的气味很难闻。屋子的两边各有四层铁丝编制的笼子，所有的蛋鸡就站在这四层笼子里，每只蛋鸡的空间大概比A4纸大一些。上层蛋鸡的粪便直接落在下一层蛋鸡身上，时间一长，下层蛋鸡的羽毛就被腐蚀得掉了很多，红色的肉裸露出来。笼子前面是饲料槽，还有一个斜着的槽子，蛋鸡下蛋后，鸡蛋就顺着斜着的槽子滚到前面。技术人员Z告诉我：

养殖业利润很薄，我们买文水D企业的饲料，然后，人家负责收购。如果死亡率不高的话，每只鸭子才能够赚2块钱。如果收购的车晚来一天、两天的，鸭子又要吃不少饲料。我们每年出栏60万只鸭子，只能靠集约化养殖。蛋鸡每天能够下蛋，每天能够收一千五六百斤鸡蛋。蛋鸡一般4个月就可以下蛋了，下了8个月蛋，再下出来的蛋，蛋壳就软得不行了。这时候，这批蛋鸡就只能淘汰了。①

---

① 访谈2。

　　S 省 B 市 C 区某中型养猪场老板 W 是有 30 多年养殖经验的养猪专业户，现在的养殖规模是每年出栏 1500 头猪。W 说，原来散养时，尽管猪的养殖周期比较长，但是，猪很少患病；养猪多了后，猪的疾病很多，死亡率也很高。

　　前十几年都是用苞谷、麸皮养，养一头猪需 8—9 个（月），将近一年时间。有了饲料以后就可以提前 2—3 个月，5 个多月养一头猪。买来饲料，配上玉米、麸皮，就可以喂。过去一头猪养一年达到 200 斤，现在 5 个月就 200 多斤。过去风险小，成本低，原来养猪的人少。自己种的苞谷，苞谷价格低（工业用量少），猪的疾病少，死得少，喂药少。现在猪的损耗量大，像去年猪的市场很好，有的人花 500—600 元买来猪娃后，因管理不善猪娃死了，那就赔多了。现在饲料价格高，玉米价格高，病也多，喂药成本高。①

　　Z 省 J 市天篷畜业有限公司创办于 1993 年 11 月，是 Z 省西部地区第一家农业股份合作制企业。现有资产总额 3000 多万元，在职员工 200 多名，占地面积 30 万平方米，已建有五大经营实体：年产万吨的饲料厂；年出售种猪 1 万头、商品猪 2 万多头的万头种猪场；年销售 5 万头商品猪的生猪交易市场；年产万吨有机肥料的有机肥料厂；金朵保健品有限公司。公司先后荣获省、市先进农业龙头企业、重点骨干乡镇企业、先进私营企业等多项荣誉称号。Z 总认为现在猪病很多的一个重要原因是规模化养殖。

　　我最早接触这个行业只有猪瘟、伪狂犬，这两个（种）病是主要的病，我进猪场是 2000 年的时候，12 年前它就已经以这个为主，那现在早就发展了蓝耳啊、圆环啊，猪瘟、伪狂犬也是，现在一直还没有消灭掉，还有口蹄疫大流行，到现在从去年开始发的流行性腹泻。五号病就是指口蹄疫，我们讲五号病，其实它就是口蹄疫，就是那种猪发泡，然后造成它指甲脱落。这些都是病毒的，还有细菌的，像流行性腹泻它是，猪瘟、伪狂犬、口蹄疫、蓝耳、圆环，都是属于病毒性的，还有流行性腹泻也是属

---

① 访谈 9。

于病毒性的，还有传染性胃肠炎。那么细菌这块呢，细菌这块有副猪嗜血杆菌，还有大肠杆菌，就是猪的一般的拉稀，还有支原体肺炎，我讲的这些还都是现在主要的影响比较多的，其余的还有很多，今年的那个猪丹毒、猪肺疫又出来了，这个是在早些年的十几年前的一些病，今年又开始抬头了，它往往是这个（种）病没有了，另外一个（种）病又出来了，所以处于一个非常复杂的环境中，造成我们目前的话，确实，经常讲猪难养、猪难养。

笔者：猪的疾病越来越多，是不是也与规模化养殖有关呢？

Z总：那么为什么这么多的病会进来，除了我刚才讲的这些问题外，可能还有现在是规模的，就是大规模地上养殖场，然后我们属于比较散的，总体来说比较散，像我们J市的话，小户也占了很多的比例，现在应该80%是有的，散户的话整个的比较多，基本上这里一块，那里一块，基本上一个（种）病来了以后会迅速地传播，这些没做好的话它会迅速地传播，这个造成我们整体的养殖水平下降，这个是主要的因素。①

S省B市C区某大型蛋种鸡养殖场的老板G，据当地人介绍，是"文化大革命"时期上山下乡的知识青年，后来因为在"文化大革命"后期站错了队伍，结果就没有能够回城，留在C区的一个村子里。他养鸡已经快20年了，对国际、国内的养鸡动态非常了解，颇有研究，也能说会道。前两年，由于鸡得病后的死亡率太高，不得不停止养殖一年，现在养了近10000只蛋种鸡。他在分析鸡患病率高、死亡率高的问题时说：

集约化养殖，很多鸡养到一块，病容易传播，这是一个问题。有没有办法解决呢？区域性的可以采取生物安全措施，你可以隔离，你可以消毒，进行检疫，可以把病原消灭掉。……引进国外的原种，种源确保没有传染病非常重要。隔离期检测没有病，才能够进来。一只只抽血检测，发现阳性反应，就把发现有病鸡彻底淘汰、捕杀。一只鸡的一生，要这样做三次，这样，留下的鸡，就基本上可以消除了白痢。②

---

① 访谈21。
② 访谈14。

从笔者的田野调查看，我国许多养殖场采取工厂化、集约化养殖模式后，把许多畜禽长期关在狭小的笼舍里，导致畜禽出现烦躁情绪，出现咬斗等异常行为，而养殖场就采取剪掉尾巴、割掉喙、人为去势、黑夜亮灯等方式来应对，结果进一步加重了畜禽的应激反应，使其体内的甲状腺素、肾上腺素等激素和毒素大量分泌。在工厂化、集约化的养殖条件下，动物饲料中五颜六色、甜酸苦辣的调味剂、着色剂，特别是种种药物饲料添加剂，有的会导致畜禽消化系统内微生态系统的紊乱，有的则直接干预畜禽的内分泌系统，降低其免疫力，导致畜禽疾病多发，死亡率上升。在环境方面，大多数养殖场环境脏乱差，没有完善的废物处理设施，缺乏消毒设备，致使环境中的微生物、有害气体和刺激性尘埃浓度过高，畜禽呼吸不到新鲜空气，容易受污染和感染病菌，很易生病，进而引起动物疫病快速蔓延。在生理方面，高密度的饲养方式，过度限制畜禽的活动空间，使其得不到运动，只能被动地快速生长；畜禽的骨骼和心血管变得很脆弱，繁殖及泌尿系统也容易紊乱，免疫器官发育不良，导致畜禽免疫力下降，易感染病菌，甚至引起大规模疫病暴发，进而导致抗生素等兽药的过量使用。

很多学者的研究也表明，工厂化、集约化养殖模式，是造成我国动物疾病蔓延的重要原因。王黔认为，在集约化饲养方式下，畜禽生长速度越来越快，但抗病能力却每况愈下，新病种类增多，细菌性传染病、环境性病原微生物所致的疾病日渐严重，营养代谢病及中毒性疾病也日益突出。畜禽所患的各种疾病严重影响了动物性食品的质量，兽药的大量使用又给消费者的健康带来严重威胁。即使美国、加拿大、英国、日本等发达国家的集约化饲养有严格的防疫免疫程序和封闭的环境，也难以预防近年来愈演愈烈的禽流感、口蹄疫。[1] 朱志谦指出，对现代工厂化养猪条件下猪的行为及性能的观察研究表明，高密度、集约化养殖使猪的很多有益的生物学行为、习性被剥夺或缺失，有的演变成有害异常行为。猪发情期的受胎率下降，种猪肢蹄软弱，性欲下降，猪的发病率和死亡率上升，猪咬尾咬耳症增加。[2] 魏刚才等的研究表明，规模化养殖把许多家禽固定在舍内、笼内和栏内。家禽没有活动的空间，使其身心健康受到严重威胁，导致动

①　王黔：《热话题里的冷思考——集约化养殖，想说爱你不容易》，《畜禽业》2004年第10期。
②　朱志谦：《工厂化养猪对猪行为及性能的影响与对策》，《畜牧与兽医》2007年第12期。

物出现许多不正常的行为；加之饲养的高密度容易导致环境的恶化，以及饲养管理环节繁多引起的种种应激，使家禽经常处于亚健康状态，其适应力、抵抗力和免疫力都处于一个较低的水平，遇到一点病原菌，就会给养殖企业/大户造成极大的危害和损失。[①] 耿爱莲等选取国内一些规模比较大、集约化程度比较高、具有示范带头作用的肉种鸡养殖企业进行调查，调查结果表明：目前，我国多数集约化肉种鸡养殖场内均存在饲养环境不稳定，鸡容易受到过热或过冷刺激；群体规模大、饲养密度高、鸡缺乏运动和交流；环境控制能力差，存在疾病发生的隐患等问题。[②]

水产养殖业的情况也是如此。闫茂仓等的研究表明，2003 年、2004 年水产养殖的病害损失分别为 111.25 亿元和 151.44 亿元，其中鱼类占 55%—77%、甲壳类占 11%—28%、贝类占 3%—16%，常见病有几十种之多，病原包括病毒、细菌、真菌、寄生虫等，难以攻克的病毒引起的疾病频繁发生，而品种抗逆性衰退、高密度养殖、劣质饲料投喂和生态环境恶化是病害肆虐的相关缘由。[③] 方建光、门强就海洋水产动物集约化养殖模式存在的问题进行了研究并举了很多例子，例如，北方的工厂化养鲍业由于养成周期长、能耗大，养殖过程中存在水质、饵料、放养密度、管理等方面的问题，导致病害蔓延，室内工厂化养殖的鲍鱼大量死亡，造成许多养鲍场亏损倒闭或转产，产业的发展呈现萎缩态势。海水鱼养殖中心区已出现水流不畅、水质恶化、病害蔓延、养殖鱼大量死亡的现象。[④] 黄艳平等的研究则认为，据不完全统计，目前水产养殖病害在 300 种以上，每年约有 1/10 的养殖面积发生病害，年损失产量占养殖总产量的 15%—30%，经济损失高达数百亿元。[⑤] 20 世纪 80 年代中期以来，在高额利润的引诱下，全国对虾养殖密度不断增大，放苗量从 80 年代中期的 1 万—2 万尾/亩上升到 2 万—4 万尾/亩，个别地区甚至高达 10 万尾/亩。放养密度的过度增加引发了一系列问题。首先是密度过高、投饵量过大引起水质

---

① 魏刚才、王三虎、郑爱武：《规模化家禽养殖模式亟待"变轨"》，《中国动物保健》2008 年第 2 期。

② 耿爱莲、李保明、赵芙蓉、陈刚：《集约化养殖生产系统下肉种鸡健康与福利状况的调查研究》，《中国家禽》2009 年第 9 期。

③ 闫茂仓、杨建毅、陈少波、林志强、单乐州、谢起浪：《浙南主要海水养殖品种疾病状况调查及防治对策》，《科技通报》2010 年第 7 期。

④ 方建光、门强：《海洋水产动物集约化养殖模式概述》，世界水产养殖大会论文，北京，2002 年。

⑤ 黄艳平、杨先乐、湛嘉、吴小兰：《水产动物疾病控制的研究和进展》，《上海水产大学学报》2004 年第 1 期。

恶化，病害发生频率增加；其次是成虾个体小型化，降低了经济效益；最后，苗种、饵料占用大量资金，使对虾养殖经营风险增大。[1] 1993 年 4 月，全国性虾病在广东、福建等省出现，接着很快由南向北波及全国，形成全国性的虾病大暴发。虾病的规模和严重程度都是空前的，所有的养殖对虾品种（中国对虾、日本对虾、斑节对虾等）全部发病，养虾经营者损失惨重，部分市、县的对虾死亡率高达 95% 以上。[2] 1995 年，从美洲引进的南美白对虾在南方推广，这种原本抗病性比较强的对虾，随着养殖密度的迅速增加，放苗密度越来越大，个别地区出现了 10 多万尾/亩甚至 30 万尾/亩的惊人放苗量，对虾病害再趋严重，例如，对虾主产区湛江市 2002 年的发病率超过 60%，徐闻县、雷州市几乎绝产。个别养殖场为了防病治病不惜使用违禁药物，再加上劣质饲料、假药事件屡屡发生，[3] 使得食品安全面临风险。洪美玲等专门研究了龟鳖的集约化养殖模式存在的问题，认为随着龟鳖养殖业不断发展、养殖规模不断扩大、集约化程度不断提高，不少龟鳖养殖场龟鳖疾病日渐增多，以细菌性和病毒性传染病为甚。如果暴发流行性疾病，死亡率一般在 15% 左右，重的可高达 80% 甚至全军覆灭。[4] 荆文进认为，泥鳅的适应能力很强，一般很少发病。但随着养殖密度的增大，再加上管理不当、鱼体受伤、水质恶化等原因，常患上由真菌、细菌和寄生虫等引发的疾病，成活率大大降低。[5] 曾晓波、汤晓更提出自己从事水产动物疾病诊断与防治工作已近十年，遇到的问题千奇百怪、各种各样，有些甚至无从下手。水产养殖业迅速发展，养殖水质、密度以及养殖方法已经大大不同于以前，水产动物疾病一年不同于一年，一年多过一年。同样的症状在不同的季节发病原因不一样，治疗方法不一样；同样的寄生虫，因其在不同的宿主体内，其治疗方法相差甚远；同样的寄生虫，因其数量不一样，其治疗方法也相差

---

[1]　李大海：《经济学视角下的中国海水养殖发展研究》，博士学位论文，中国海洋大学，2007 年，第 38 页。

[2]　李大海：《经济学视角下的中国海水养殖发展研究》，博士学位论文，中国海洋大学，2007 年，第 51 页。

[3]　李大海：《经济学视角下的中国海水养殖发展研究》，博士学位论文，中国海洋大学，2007 年，第 56 页。

[4]　洪美玲、付丽容、王锐萍、史海涛：《龟鳖动物疾病的研究进展》，《动物学杂志》2003 年第 6 期。

[5]　荆文进：《集约化养殖泥鳅常见病害及防治》，《吉林水利》2010 年第 4 期。

很远。①

　　可见，全球化带来的工厂化、集约化养殖模式，在提高动物的生长速度、缩短动物的生长周期，增加养殖者经济效益的同时，也使动物的患病率和死亡率迅速上升。正如贝克所说的，"从技术—经济'进步'的力量中增加的财富，日益为风险生产的阴影所笼罩"。"风险生产和分配的'逻辑'比照着财富分配的'逻辑'（它至今决定着社会 - 理论的思考）而发展起来。占据中心舞台的是现代化的风险和后果，它们表现为对植物、动物和人类生命的不可抗拒的威胁。""危险成为超国界的存在，成为带有一种新型的社会和政治动力的非阶级化的全球性危险。"② 伴随着工厂化、集约化养殖模式的高歌猛进，我国畜禽的生存条件日渐恶化，疾病日益增多，成为影响动物性食品安全的重要因素。

第四节　大量从国外引进动物品种传入疫病

　　随着全球化进程的逐步加快，很多国家从国外引入动物品种，以增加动物性食品的数量。但是，由于引种失误造成生态灾难、不得不为此付出高昂代价的事例，在国际上也屡见不鲜。100 多年以来，生物入侵使得美国 68% 的鱼类灭绝。美国曾从欧洲引进鲤鱼，由于这种鲤鱼的口感比不上美国本土的食用鱼类而被抛弃在自然水域。但这种鲤鱼凭借顽强的生命力很快占据了美国所有的河流和湖泊，并大量吞食当地经济鱼类的鱼卵，严重危害了当地鲑鳟鱼类的生存和繁殖，致使美国不得不于 20 世纪 70 年代斥巨资消灭鲤鱼。近年，美国政府还向进入美国水域的中国黑鱼开战，通过封锁水域、电击网捕、投毒甚至把湖水抽干等方式捕杀黑鱼。欧洲的绿螃蟹现已将生活在大西洋中部到墨西哥湾的味道鲜美的蓝螃蟹赶走，西欧一些国家从美国引进"信号蟹"后，也给本地蟹类带来灭绝的风险。

① 　曾晓波、汤晓：《关于水产动物疾病诊断与防治的一些思考》，《当代水产》2012 年第 5 期。
② 　[德] 乌尔里希·贝克：《风险社会》，何博闻译，译林出版社 2004 年版，第 6—7 页。

南非由于引进太阳鲈，河流中的本地小型鱼全部灭绝。新西兰引进欧洲的褐鳟后，严重地危害了本地的小型鱼类，最终外来鱼种取代了本地鱼种。①

改革开放以来，在农业部支持下，我国各地直接从美国、加拿大、英国、丹麦等发达国家为企业引进了大量新品种种猪、种鸡、种鸭、种鱼、种蜂等。

一方面，大规模从国外引种，使我国动物性食品的数量迅速增加，同时也导致国内传统畜禽品种的衰退甚至灭绝。G 自治区的 B 县以香猪闻名。这里的香猪是饲养历史悠久、遗传基因稳定且品质优良、珍贵稀有的地方小型猪品种。20 世纪 70 年代以来，由于交通、信息等条件的不断改善和人们对生猪产品及产量要求的变化，当地农民逐渐放弃饲养香猪而引进体型大、生长快的外来猪种，造成香猪血统混杂情况日趋严重，在很大程度上干预了香猪的遗传信息，其基因表现也随之发生了变异，香猪纯种资源受到严重破坏。1981 年建立了香猪原种场进行品种资源保护并坚持开展保种和提纯复壮工作后，品种资源才得以保存至今。中国的养鸡历史悠久，鸡的品种繁多，据 2002 年度国家家禽遗传资源管理委员会调查统计，我国有 81 个地方鸡类品种，有蛋用型品种 5 个、偏蛋用型品种 4 个、兼用型品种 31 个。但由于我国育种工作起步晚，缺乏应有的育种保种措施，长期在民间混养乱配，再加上盲目引进国外优良家禽品种，许多有名的地方良种已退化或自生自灭。近 20 年来，我国地方家禽品种的数量不断减少，太平鸡、临桃鸡、武威斗鸡、舟山火鸡、烟台糁糠鸡、陕北鸡和樟木鸡 7 个品种已彻底灭绝；金阳丝毛鸡、边鸡、浦东鸡、吐鲁番斗鸡和中山沙栏鸡 5 个品种处于濒危状态。②

另一方面，近 20 年来，我国从国外引进种畜、种禽、野生动物和动物产品的品种与数量显著增加，但由于缺乏有效的监测手段和配套措施，致使猪蓝耳病、猪圆环病毒病、伪狂犬病、鸡传染性贫血等几十种动物疫病随之传入，并呈流行扩大之势，③导致国内畜禽大量生病甚至死亡。为了治疗这些疾病，养殖企业（养殖户）不得不大量使用疫苗和兽药，使

---

① 钟燕平：《渔业引种警惕"引狼入室"》，《农民日报》2003 年 6 月 4 日第 3 版。
② 彭德志：《中国宝贵的生物资源——地方鸡种》，《大自然》2012 年第 1 期。
③ 鲍伟华、鲍训典、孙泽祥、陈军光：《动物疫病的危害现状及其防治对策》，《宁波农业科技》2011 年第 2 期。

动物性食品安全面临风险。

在田野调查中，S省、J省很多养殖场的管理人员和畜牧局的干部都提到，由于从国外大量引入种猪、种鸡甚至蜜蜂，导致国内的猪病、鸡病和蜜蜂疾病不断增加或蔓延。

就种猪而言，由于大量从国外引种，目前，我国已拥有世界上各种优秀种猪资源，成为名副其实的种猪博览市场，[①] 但同时也导致国内暴发了

表 2-1 2006 年养猪企业国外引种统计

序号	时 间	引种单位	来源国家
1	2006 年 1 月	湖北省原种猪场	美 国
2	2006 年 1 月	湖北省畜牧良种场	美 国
3	2006 年 3 月	湖南新五丰原种猪场	美 国
4	2006 年 3 月	武汉中粮食品有限公司种猪场	丹 麦
5	2006 年 3 月	福建三明市恒祥农牧有限公司	丹 麦
6	2006 年 3 月	广东华农温氏畜牧股份有限公司	丹 麦
7	2006 年 5 月	广西柯新源原种猪场	美 国
8	2006 年 6 月	北京中地美加种猪有限公司	加拿大
9	2006 年 8 月	湖南鹏扬原种猪场	美 国
10	2006 年 10 月	北京顺鑫农业小店种猪选育场	英 国
11	2006 年 10 月	天津市宁河原种猪场	英 国
12	2006 年 10 月	总参兵种部天津原种猪场	英 国
13	2006 年 10 月	北京顺新龙养殖有限公司	英 国
14	2006 年 10 月	山东省江海原种猪场	英 国
15	2006 年 11 月	上海万谷种猪种有限公司	英 国
16	2006 年 11 月	广西桂宁种猪有限公司	英 国
17	2006 年 12 月	海南罗牛山种猪育种有限公司	英 国
18	2006 年 12 月	四川铁骑力士牧业有限公司	丹 麦
19	2006 年 12 月	山东海波尔六和种猪公司	加拿大

资料来源：据中国种猪信息网 2006 年全年跟踪统计。

---

① 陈瑶生、王翀、李加琪、刘海：《经济全球化条件下的猪种遗传改良及可持续发展》，《科技导报》2005 年第 3 期。

一些原先没有的传染病，如蓝耳病、猪圆环病毒等，这些传染病和盲目引种有关，还有可能是引进了有某些遗传基因缺陷、遗传缺陷的种猪，有的后代在出生前或出生后不久死亡，有的后代出现某种形态缺陷、生理机能失常或生化紊乱，失去经济利用价值。[①] 同时，由于省际及省内区域间活体种猪的广泛流通，放大了国外传入的疾病的传播风险，既影响种猪产业的健康发展，也妨碍了对疫病的有效防控。[②]

Z省J市天篷畜业有限公司Z总，在回答笔者的相关问题时，也重点谈了国外引种造成的猪病蔓延问题。

笔者：猪病的增多，是不是也与我们大量从国外引种有关呢？

Z总：你这个问题问得很好，那么确实我说实话，像这种蓝耳、圆环，说真的应该还是国外，就我了解应该还是从国外引种进来的，那我们原先国内是没有蓝耳病的。就我接触这个（种）病的话应该在2003年，2003年然后都不知道是什么病，它会出现发烧嘛，耳朵发紫，呼吸困难，后来说是蓝耳，到后来说是呼吸道综合征，后来才知道的；还有一个（种）圆环，蓝耳、圆环它都是合在一起的，就跟难兄难弟一样；还有一个（种）副猪嗜血杆菌，我刚才讲的，它感染了圆环以后，蓝耳呢会跟"副猪"结合在一起，就是细菌性病和病毒性病结合在一起，那么在治疗上是非常困难的，它如果是单一的，那还好一点。但是往往它一来都同时来，一个（种）来了以后另一个（种）又跟来了，或者蓝耳、圆环，或者猪瘟，其实多的话一头猪里面可能有四五种病，所以造成它这个呢非常的快，本身治疗，因为一般病毒性的话都是通过疫苗去控制的，但是疫苗如果说效果达不到的话，病毒性的靠药的话，我们药物呢只能对细菌性，对它能够控制它继发感染这块，那么一旦它病毒进来以后，基本上对我们治疗这块会增加很大的难度，所以它会出现死亡。

笔者：严重的话，会造成猪的全军覆没吧！

Z总：全军覆没倒是没这么夸张，因为它会通过治疗以后慢慢地恢复过来，恢复过来以后呢，那么对它生长这块、对它肉质这块就会有很大的

---

①　罗明：《政府主导组织育种产业"集群"——有关我国养猪生产中向国外引种问题的思考》，《中国动物保健》2008年第5期。

②　董志岩：《福建省外种猪选育主要问题分析与实践》，《福建畜牧兽医》2008年第6期。

影响。那确实像蓝耳病、圆环病是国外引进来的，我们自身是没有的，我们只有猪瘟、伪狂犬、口蹄疫这几个（种）病是有的，但是为什么、什么时候进来的就不知道了，反正一旦进来以后，那么就在国内大流行，因为当时蓝耳进来后，全国一片蓝耳，然后引发了圆环病，这个应该是非常有名的，作为你们是非常清楚。这个（种）病，基本上很多猪场都是毁灭性的，那不夸张的，母猪流产，小猪大都死亡很厉害，所以造成猪场又一轮的损失。①

S省B市C区畜牧局的W股长也认为，新品种的大量引进，是造成畜禽疫病增加的一个重要原因。

由于品种引进数量大，运输量大，距离长，引起疫病病种增加，威胁比过去大。……死亡率很高。……不以人的意志为转移。不像农业部要求的生猪死亡率必须控制在多少，在许多年份，在某个地方，根本做不到。②

在S省B市C区慕仪镇齐东村，新野良种猪繁殖场老板Q也提到国外引种传入疾病的问题。

Q：广东一家猪场的病听说是从菲律宾传染过来的，流动性特别大，空气传播，人员流动也带动。③

20世纪70年代以来，我国先后从国外引进不少商用品系鸡种。1979年，泰国正大集团率先在深圳创建了中国第一家白羽肉鸡养殖合资企业，随后大量外企携资金及经营经验进入中国肉鸡养殖市场。由于饲料转化率高、生长速度快且适合工业化养殖模式，白羽肉鸡产业迅速发展，养殖数量从1997年的2亿只增至2010年的48亿只。目前，中国的祖代鸡几乎全部是从国外引进的，国外种鸡已经占领了中国市场的绝大部分。④ 根据

---

① 访谈21。
② 访谈16。
③ 访谈10。
④ 李攻、何天骄：《国外种鸡已占领中国绝大部分市场》，《农业知识》2013年第9期。

中国畜牧业协会禽业分会统计，仅 2006 年到 2007 年 7 月底，全国主要蛋种鸡企业从美国、德国、荷兰、加拿大等国家引进祖代蛋种鸡达 296999 万只，这还不包括未向中国畜牧业协会禽业分会提供引种数量及其证明材料的企业引进的蛋种鸡。目前，我国将从国外引进的一些优良肉鸡和蛋鸡品种加以改良，使其产量大大增加。但由于过分追求肉鸡的生长速度（35 天体重便能达到 2.5 千克）和蛋鸡的产蛋量（每只蛋鸡的年产蛋量多于 300 枚），牺牲了鸡肉、鸡蛋的品质和口感，因此我们平时买到的鸡肉和鸡蛋多数都食之无味。①

S 省 B 市 C 区某大型蛋种鸡养殖场老板 G 先生也认为，现在，鸡的疾病很多，与从国外引进的品种有关。

笔者：为什么鸡啊、猪啊的病现在比十几年前多？

G：原因在于跟外界的交流，原来养鸡基本上是当地的、国内的、传统的品种。国内的鸡病也比较少，后来逐渐开放以后，引进了国外的一些优良品种后，病也就引进来了。比如法氏囊病啦、白热病啦，这几年，每过一段时间就暴发。咱们国家原来没有或者很轻。另外一个原因是养的人多了，人员水平参差不齐，管理上也（跟不上），兽医、生物安全、防疫等方面差很多，造成一些疫病的流行，在一个地区长期存在。主要就这两个原因。

笔者：高密度饲养是不是造成鸡的疾病增加的一个原因呢？

G：饲养密度是一个原因，但是，不是主要原因。规模化养殖场，人家能够投进去。比如圈舍投入、生活安全等方面，人家能投入。散户一个方面没有这个资本，另外一个方面没有这个意识。有些病在人家美国不算啥问题，在咱中国就很严重；有些人家已经消灭了，在中国还很厉害。人家的密度可比咱大。

笔者：在原来散养的状态下，鸡的疾病比较少啊。

G：以前，散养阶段也叫传统养殖阶段，病比较少。现在，交流比较多。咱们国家的禽蛋也出口，国外的品种也进口。而且，国内的流动也很大，全国大流动市场。这些都给疾病的传播创造了条件。另外，现在的养殖

---

① 彭德志：《中国宝贵的生物资源——地方鸡种》，《大自然》2012 年第 1 期。

量也扩大了。现在，中国的鸡是世界第一，势必给疾病传播创造了环境。①

我国本土蜜蜂是中华蜜蜂，也叫中蜂，是我国宝贵的蜜蜂资源。自引进西方蜜蜂品种（如意大利蜜蜂、欧洲黑蜂等）以来，全国中蜂分布区域缩小了75%以上。在引进西方蜜蜂品种的同时也带来了传染病害。历史上，中蜂群没有严重的病害。引进西方蜜蜂品种后带来了该蜂种的诸多病害，如囊状幼虫病、成蜂麻痹病等。虽然这些病害在西方蜜蜂中不会造成严重危害，但传染给中蜂后，会造成中蜂大量死亡。②

Z省J市被称为"中国蜜蜂之乡"。1981年，J市养蜂协会正式成立。自此，J市蜜蜂逐渐从分散的、单家独户的饲养方式发展为合作化、规模化、集团化的饲养模式，1992年至今，J市养蜂规模与经济效益一直位居全国各县市之首。1998年，在协会的发动下，成立了7个养蜂互助合作社，1999年成立了14个养蜂互助合作社。2000年3月又增加了8个，2001年发展到41个，2003年发展到49个，2004年新增至66个，现在共有96个。为此，畜牧兽医局专门设立了一个蜜蜂管理科，干部H告诉笔者，现在蜜蜂的很多疾病与国外引进的蜜蜂品种有直接关系。

笔者：蜜蜂也有从国外引种的情况吗？

H：现在养的蜂整个中国大陆的蜂主要叫意大利蜂，不是原种的那种，叫意蜂，意大利那边的蜜蜂。大概有700万左右蜜蜂，700万是总的，500万意蜂，200万中蜂——中蜂就是中国的那个中华蜜蜂，以前大陆的这种特有的中华蜜蜂。现在，这个中蜂有种病是比较厉害的，其实在以前也是不发展的，自从引进了意大利的蜜蜂以后，它可能就有些抗体啊或者变异啊，就是现在意蜂不怎么发，但是中蜂发得很厉害。其实像土蜂，以前家家户户那种圆桶的或者摆在屋檐下的那种蜂。以前得病很少的，但是自从意大利蜂引进后，很多就是一些菌啊，所以说现在外面还要引进原种蜂王啊或者什么东西，都要经过海关检测，都要隔离的，就像不管什么动物引进的种王，或者是那个原种引进，都要经过隔离检查的。以前没这个意识，直接就引进来了。

---

① 访谈14。

② 潘锋：《为什么东方蜜蜂"打"不过西方蜜蜂》，《济宁日报》2005年7月18日第6版。

笔者：看来，蜜蜂的疾病增多，也与从国外引种有关？

H：反正病大部分还是从国外引进引起的，像欧洲幼虫病啊、美洲幼虫病啊都是从国外来的。这个名字是叫一个这样的名字，用来区分欧洲幼虫病。有一点不同，它那个得病的症状有一些区别，主要还是由引进外来蜂种引起的①。

引进水产良种对促进我国渔业生产、满足国内人民生活需要、增加出口起了很大作用。新中国成立以来，光是鱼类的良种就引进 80 多个。虹鳟、鲟鱼以及海湾扇贝等对北方的渔业生产有很大的推动作用。从美国、非洲引进的罗非鱼、红鱼、杂交条纹鲈等大大提高了南方水产养殖的效益，而鲑鳟鱼等优良品种的引进，则加快了我国西部丰富的冷水资源的开发速度，增加了西部农民的收入。从国外引进并进行规模化生产的水产良种，对我国渔业增产的贡献率为 10%—20%。② 但是，在引进水产良种的同时，也引入了一些原本不存在的渔病，例如，厦门海区的网箱养殖始于 20 世纪 80 年代，苗种来自包括台湾地区在内的全国各地，病原来自海区的海水或购买的苗种。③ 2000 年前，我国很多地方从泰国、越南等东南亚国家和地区大量非法进口甲鱼，严重冲击了国内市场。大量未经检疫的甲鱼非法入境，带来我国没有的寄生虫、病菌和病毒，破坏了中华鳖的遗传基因库。④ 全球化影响到了我国的动物性食品安全。

第五节　引进国外养殖技术造成动物性食品安全风险

在全球化的影响下，国外的很多养殖技术也被引入国内，对我国的动物性食品安全造成了一定的风险。下面以"瘦肉精"为例。

20 世纪 80 年代，美国 Cyanamid 公司意外发现治哮喘药盐酸克伦特罗

---

① 访谈 22。

② 钟燕平：《渔业引种警惕"引狼入室"》，《农民日报》2003 年 6 月 4 日第 3 版。

③ 苏亚玲：《网箱养殖石斑鱼病毒性神经坏死病流行调查》，《海洋科学》2008 年第 9 期。

④ 颖竹：《明日餐桌难觅正宗中华鳖》，《光明日报》2000 年 1 月 22 日第 2 版。

可促进畜禽迅速生长、提高瘦肉率及减少脂肪，于是研究人员将其推广到养殖业。由于瘦肉精会在动物体内（主要是内脏）产生药物残留，人食用后，会出现心跳加速、手颤及心律不正常等症状，严重者可致心脏病复发甚至死亡。瘦肉精使很多欧洲人食物中毒，1988年1月，欧洲禁止将其作为饲料添加剂。

1987年，中国农业科学院畜牧研究所的研究人员翻译了同年刊于美国饲料杂志上的《使猪多长瘦肉的新营养分配剂》论文并发表在《中国畜牧兽医》上。该文是最早向国内介绍β-兴奋剂的文章。此后，内蒙古农牧学院（现为内蒙古农业大学）的研究人员把瘦肉精的生产和使用机理介绍到中国，让人们认识到，将瘦肉精添加到牛、羊、猪和家禽的饲料中，可提高动物蛋白质含量约15%，减少脂肪含量约18%。20世纪80年代末，南京农业大学（当时名为南京农学院）的一个研究组开始研究盐酸克伦特罗对猪、鸡、鸭和兔等的影响，是农业部的"七五"重点课题之一。此后，浙江大学、东北农业大学等把盐酸克伦特罗作为课题来研究，成功地使该产品"国产化"并进行市场推广，我国的很多养猪场开始使用。这些研究者明知把盐酸克伦特罗用于养殖对畜类有严重毒副作用，在国外已被禁止使用，而且他们在实验时也发现了猪吃后难以爬起来等问题，但在发表论文时却把这些"负面信息"过滤掉了。这类研究成果还曾获得"国家科技进步一等奖"，它的推广和使用也给利益相关者带来了可观的商业利益。[①]

1984年，美国著名制药公司礼来公司发明第二代瘦肉精"莱克多巴胺"。20世纪90年代初，经浙江农大饲料研究所所长许某推荐，中国科学院成都有机化学研究所向中科院提出立项申请并获批，"莱克多巴胺"成为科技部农村发展中心的重点研究课题。1996年2月，成都有机化学研究所成功合成莱克多巴胺并经科技部验收，获得专利授权。2002年，尽管莱克多巴胺被农业部列入《禁止在饲料和动物饮用水中使用的药物品种目录》，但潘多拉盒子一旦打开，就很难关上。一些科研院校和企业并没有停止研发，中山大学药学院药物化学所教授卜某、武汉工程大学制药教研室博士王某、华东理工大学药学院博士生导师施

---

① 苏岭、温海玲：《"瘦肉精"背后的科研江湖》，http://www.infzm.com/content/26736/，最后访问时间：2014年9月13日。

某以及清远华辰实业有限公司等先后加入研发队伍，2004 年前后形成一股合成莱克多巴胺的潮流。[①]

瘦肉精造成的食品安全问题是持续时间最长、影响范围最广、受害人数众多的。在 1998 年香港瘦肉精中毒案发生后的十余年间，杭州、广东信宜与河源、上海、广州等地先后发生多起重大瘦肉精中毒事件。仅根据对 1999—2005 年间发表的专业文献报道资料的统计，瘦肉精中毒事件危及华北、华东、华中和华南地区共 13 个省 43 个市县约 2455 人。[②] 2011 年中央电视台对河南济源双汇公司滥用瘦肉精的报道，更是将瘦肉精事件推向了风口浪尖。尽管早在 2002 年，农业部就把盐酸克伦特罗等 7 种瘦肉精列入违禁药物名单，然而，瘦肉精滥用却作为业界潜规则或行业性集体违规行为一直存在，使用范围也从生猪扩大到鸡[③]、牛[④]、羊[⑤]甚至蛇[⑥]，直到今年仍然可以看到企业违法使用瘦肉精的相关报道。

从国外引入的各种瘦肉精引发了一种新型的食品安全风险，在此后的十多年间，不仅给人民群众带来了巨大的生命和财产损失，而且增加了社会管理成本，降低了政府部门的权威。

[①] 苏岭、温海玲：《新型"瘦肉精"现身黑市》，http：//www. infzm. com/content/26736/0，最后访问时间：2014 年 9 月 13 日。

[②] 胡萍、余少文、李红等：《中国 13 省 1999—2005 年瘦肉精食物中毒个案分析》，《深圳大学学报（理工版）》2008 年第 1 期。

[③] 秦锋：《提醒：杭城乌骨鸡昨夜检出瘦肉精》，http：//www. hangzhou. com. cn/20020127/ca123882. htm，最后访问时间：2002 年 7 月 13 日；陈剑英、陈忠熙：《一起食用乌骨鸡引起盐酸克伦特罗中毒的调查分析》，《中国公共卫生管理》2001 年第 5 期。

[④] 年旭春：《鞍山查获 18 头"瘦肉精"牛》，http：//www. lnd. com. cn/，最后访问时间：2011 年 12 月 21 日；陈兆永：《牛饲料中添加瘦肉精 42 头待杀杀牛被查获》，http：//www. people. com. cn/，最后访问时间：2012 年 2 月 9 日；卢东风：《辽宁两农民非法添加"瘦肉精"饲喂肉牛获刑》，http：//www. chinanews. com/，最后访问时间：2012 年 3 月 27 日。

[⑤] 孟祥超：《"肉羊第一镇"的瘦肉精"秘密"》，《新京报》2011 年 10 月 26 日 A26 版；孟祥超：《河北"瘦肉精羊"调查（2）》，《新京报》2011 年 8 月 16 日 A22 版。

[⑥] 张迪：《"瘦肉精蛇"来自南昌》，《南方日报》2010 年 9 月 10 日 A14 版；唐刚强：《广西湖南养殖场瘦肉精喂蛇》，http：//www. takungpao. com/，最后访问时间：2010 年 9 月 10 日。

第三章　科技进步与动物性食品安全问题

　　科学技术的进步被认为是社会进步的一个重要标志，但科学技术在促进生产力发展和社会进步的同时，也有其负面效应。风险社会理论强调了科技的副作用，认为科技是造成风险的主要因素。德国著名社会学家、西方风险社会理论创始人乌尔里希·贝克深刻认识到科技对"风险"的催生作用。"贝克指出，科学与技术是允诺和威胁的化合物，它可以满足我们的需求——如食物、取暖和运输——但也在很大程度上对我们共同的、全球生存的这个基础构成威胁。"① 因此，他强调科技要为由它们自身所制造的风险负责。"科学变成了水、空气和食物的全球性工业污染，以及相关的普遍化疾病和动物、植物与人的死亡的合法保护人。"② 贝克认为，现代社会的进步是建立在知识与科学技术进步的基础上，尤其在人类已经进入核技术时代、基因技术时代或化学技术时代的今天，在这个世界中，我们用与其技术发展相同的速度制造出无法测算的不确定性。伴随着过去关于核能问题的决策和我们当今时代关于基因技术应用、人类基因、纳米技术、计算机科学等问题的决策，我们开始进入一个不可预测、不可控制、不可言传的局面，这种局面将使地球上所有的生命都面临灭绝的危险。③ "有大量的关于科学技术飞速发展之负面作用对人类造成风险和灾难的例证，而且像那些与化学污染、核辐射、转基因组织等密切联系的风险和灾难在一定层面上已经超越了人类思维所能达到

---

① ［英］安德鲁·韦伯斯特：《技术转型，政策转型：风险社会中的前瞻》，转引自薛晓源、周战超《全球化与风险社会》，社会科学文献出版社 2005 年版，第 412 页。

② ［德］乌尔里希·贝克：《风险社会》，何博闻译，译林出版社 2004 年版，第 69 页。

③ ［德］乌尔里希·贝克：《"9·11"事件后的全球风险社会》，转引自薛晓源、周战超《全球化与风险社会》，社会科学文献出版社 2005 年版，第 381 页。

的范围。"①

　　吉登斯则提出"被制造出来的风险"和"人造风险"的概念。"所谓被制造出来的风险，指的是由我们不断发展的知识对这个世界的影响所产生的风险，是指我们没有多少历史经验的情况下所产生的风险。大多数环境风险，例如那些与全球变暖有关的环境问题就属于这一类。"② 同样，"人造风险是由人类的发展，特别是由科学与技术的进步所造成的"③。"人造风险是科学与技术的冲击所致。"④ 它使整个人类置于不可控制的风险中，具有人为的不确定性。而且技术本身属于科学的范畴，它是允许试验/实验，允许失败的，"从一定意义上说，科学是一位'错误女神'，因为只有从无数次试验和实验、无数次推翻和重复、无数次失误和错误中才能孕育并诞生出科学"⑤。可是，在风险社会中，科学的失误和错误会使整个人类和地球面临巨大的威胁。其结果是"科学这一'错误女神'在不能试验、不能重复、不能出现一丁点错误的情况下，只能用虚幻的安全光环和教条教义来充当工业社会之社会结构和政治体制的卫道士和守护神"⑥。尤其严重的是，我们对科学造成的风险，没有办法依靠以往的经验化解。吉登斯指出，"我们所面对的最令人不安的威胁是种种'人造风险'，它们来源于科学与技术的不受限制的推进。科学理应使世界的可预测性增强。它往往正是如此。但与此同时，科学也造成新的不确定性——其中许多具有全球性，对这些捉摸不定的因素，我们基本上无法用以往的经验来消除"⑦。科学本应成为应对和规避风险的重要手段，却反而增加

<hr>

① ［德］乌尔里希·贝克：《从工业社会到风险社会——关于人类生存、社会结构和生态启蒙等问题的思考（上篇）》，王武龙编译，《马克思主义与现实》2003年第3期。
② ［英］安东尼·吉登斯：《失控的世界：全球化如何重塑我们的生活》，周红云译，江西人民出版社2001年版，第22页。
③ ［英］安东尼·吉登斯：《现代性：吉登斯访谈录》，尹宏毅译，新华出版社2001年版，第195页。
④ ［英］安东尼·吉登斯：《现代性：吉登斯访谈录》，尹宏毅译，新华出版社2001年版，第218页。
⑤ ［英］安东尼·吉登斯：《现代性：吉登斯访谈录》，尹宏毅译，新华出版社2001年版，第218页。
⑥ ［英］安东尼·吉登斯：《现代性：吉登斯访谈录》，尹宏毅译，新华出版社2001年版，第218页。
⑦ ［英］安东尼·吉登斯：《现代性：吉登斯访谈录》，尹宏毅译，新华出版社2001年版，第218页。

了风险。"科学和技术不可避免地会致力于防止那种危险，但是首先它们也有助于产生这些风险。"①

随着工厂化、集约化养殖业的大规模扩张，科研人员开发出各种各样的养殖机械、养殖技术、养殖兽药、养殖饲料等，极大地提高了养殖业的效率、效益，增加了养殖业的产量。

S 省 B 市 C 区的新野良种猪繁殖场老板 Q 给我介绍了他们的先进养殖设备，包括育肥猪住在发酵床上、母猪住在有限位栏的高架床上、小猪刚刚出生就被放进红外线保温箱等，而且，冬天还有地暖。他说：

> 这个圈是全自动化的，它有一个网巢，母猪、小猪放在网巢里，育肥猪放在上面，粪料直接就下去了，下去就发酵了，不用管它，买来抽出去可以直接上地。一年清理一次粪，喂 2 次猪清一次粪。请了一个人管 1200 头育肥猪，包括粉饲料和进料，这活最轻松。喂母猪、产房、保育社（的活）就不轻松。一个人照顾 200 多头母猪，需要精心照管，产床包括限位栏里都是高架床，采暖用的是锅炉地暖。这种育肥猪的模式比较少见，一般都是圈里平地养，C 区这种模式我是第一个。成本高，1200 头猪投资 90 多万元，一个大猪舍里分三个单元，这样节省人力。②

Z 省 J 市畜牧兽医局蜜蜂管理科的干部 H 给我介绍了养蜂技术的进步——可以在一个蜂箱里放两个蜂王，以提高蜂王浆的产量。

笔者：现在的养蜂技术有很大进步吧！

H：现在有的是为了提高产卵率啊，增加出蜂的概率，有的时候一箱里面放两个王，现在都有这种的。按道理，以前一个蜂箱里面不可能有两个蜂王的，现在技术也先进了。以前放两个王肯定会（被）打死一个的。

---

① ［英］安东尼·吉登斯：《失控的世界：全球化如何重塑我们的生活》，周红云译，江西人民出版社 2001 年版，第 3 页。

② 访谈 10。

笔者：现在放两个蜂王不打架吗？

H：现在也不是不打，现在就有采取一些措施把它们隔离开来嘛。但是它里面的那种工蜂——就是工作的那种小蜂——还是可以互相串、流动的，但是蜂王是见不到面的那种。

笔者：为什么要放两个蜂王呢？

H：一箱放两个蜂王是为了让它提高产卵率，新的蜂出来的就多，繁殖起来就很快。因为工蜂的数量就这么多，你如果把它分开来放的话，那你这一点就可能减少（降低）工作效率。（所以）就要人为地提高它的效率，让它两边都可以伺候。现在科学发展了，技术也先进了，就是这个样子了。现在有的是两个王有的是三个王，还有多王群的这种。像如果是产蜂王浆，蜂王浆就是要人为地根据蜜蜂育王的一个过程，把小的幼虫把它挑出来放在王浆杯里面，然后有个专门生产的王浆筐，蜜蜂就以为是要育王，就往里面吐蜂王浆，然后到了三天以后就人为地把它取出来，把蜂王浆给弄出来，这就是一个生产蜂王浆的过程。但是因为你三天一次、三天一次，你要很多的小幼虫嘛，如果你用两个王、三个王放在一起，它产卵率提高，你幼虫的供给量也就大了。

笔者：本来就一个蜂王的话，蜜蜂就吐一次蜂王浆。现在要这么多次地育王，蜜蜂有那么多的蜂王浆吗？

H：只要你蜂群强势就可以的。就是你要不断地有新蜂出来嘛，因为它这是工蜂的 6 天到 12 天这个日龄的工蜂，他的王浆腺就是从 6 日到 12 天发育是最好的，就是分泌蜂王浆的时候是最好的，到了 12 天以后基本上就没有了，所以说你要不断地更新。①

这样的养殖设备、养殖技术减少了人力成本，提高了养殖效益。

S 省 B 市 C 区畜牧局副局长 C 专门谈到三聚氰胺事件发生后在监管过程中遇到的高技术造成的食品安全监管难题。

你要拿出十几万来检查三聚氰胺，从市级别、区级。谁去操作？现在家家有检测，但是谁去认可你？没人给你发证，没人认可你。这一块问题没有考核，检查结果没有定性。三聚氰胺是化工原料，瘦肉精是医药问

---

① 访谈 22。

题。你怎么能把这个限制了？限制不了，这是高科技的东西。谁去弄？确实给我们的监管带来了很大的风险。[①]

第一节 养殖科技进步的副作用

2012 年底，山西粟海集团在饲料中添加药物喂养肉鸡，45 天让肉鸡速成且不等发病即被屠宰的事件，被众多媒体曝光。[②] 一波未平，一波又起。中央电视台又曝光山东部分地区 40 天的"速生鸡"是依靠 20 种抗生素、激素和违禁兽药催肥的，使得公众对白羽鸡食品安全风险的关注度急速上升。中国最大的自养自宰白羽鸡专业生产企业福建圣农发展股份有限公司却屡屡回避记者采访速生鸡的要求。[③]

速生鸡不过是我国养殖业的一个缩影。2010 年，我国屠宰了 110.06 亿只家禽，尚有 53.53 亿只家禽存栏。[④] 可以说，这些家禽中的绝大部分是速生的。笔者花了将近 1 年的时间，调查了华北 H 省有 16 年养猪经验的养殖户，华北 X 省年产 60 万只鸭的养鸭场、每天产蛋 1600 多斤的养鸡场，西北 S 省年出栏几十头猪的散户到年出栏几百、几千甚至数万头猪/牛的大型养猪场/养牛场，江南 Z 省年出栏 4 万头猪的养猪场，年产 10 多只甲鱼的甲鱼养殖场、30 多万斤鱼的养鱼场，西南 G 自治区的养猪场，并对 X 省、N 省、Z 省畜牧局和水利局官员进行了访谈，笔者认识到我国的速生鸡、速生猪、速生鸭、速生鹅、速生鱼、速生蛋已经是相当普遍的现象。鹅和鸭子基本上 40 天就长到 5—7 斤，猪在 6 个月内就长到 200 多斤，蛋鸡每天都会下蛋，鳝鱼几个月就膘肥体壮，蟹在一年内就可以上市……这些都依赖于各种兽药和饲料添加剂。而兽药、饲料添加剂等科技成果，在某种程度上，造成了动物性食品安全风险。

---

① 访谈 16。

② 金微：《45 天喂多种抗生素 养殖户称不吃"速成鸡"》，http://env.people.com.cn/n/2012/1128/c1010-19718855.html，最后访问时间：2012 年 11 月 28 日。

③ 曹婧逸：《福建圣农缘何回避速成鸡质疑》，《中华工商时报》2013 年 1 月 8 日。

④ 中国畜牧业年鉴编辑委员会编：《中国畜牧业年鉴 2011》，中国农业出版社 2011 年版，第 146 页。

一、科技自身的局限性造成新型动物性食品安全风险

"今天的科技成了一种潜在的危险，这种危险不是仅仅在今天刚刚产生，而是相伴科技而产生的，以前这些危险不是没有而是表现的数量相对较少，故而没有引起人们的足够重视。"① 当人们发现科技的发展有助于物质财富的增长时，科技发展就意味着经济发展，在这种情况下，"经济优先性占据了前台。它们的要求扩散到所有其他的问题上"②。当大量科技被用来促进动物生长时，就会造成潜在的动物性食品安全问题。很多的动物性食品安全，与科技的局限性直接相关。科学技术的局限性来自以下几个方面。

其一，整个客观世界是一个完整的系统，各个组成部分之间相互联系、相互作用，科学却把客观世界分成一个个部分、一个个方面去研究，造成对自然规律的不全面甚至错误认识。而我们又运用这样的科学知识去改造自然，必然会造成潜在的危险。例如，养殖技术只研究如何使各种畜禽和水产动物增产而不关注长期使用这些技术对动物的副作用；兽药科学只研究什么样的兽药能尽快治愈畜禽和水产动物的疾病，而不关注这些兽药会造成什么样的食品安全风险。在工厂化、集约化的养殖条件下，无论是母猪还是公猪，长期被关在狭窄的圈内，健康状况都差了很多。一头公猪要和20头母猪交配，为了提高母猪的生育率，人们就要给公猪喂催情激素，也要给母猪喂药或者注射药物，提高母猪的受胎率。有些药物甚至可以缩短母猪的怀孕时间，让小猪提前20多天出生，这样母猪就可以提前进入下一轮怀孕周期。但是，提前出生的小猪健康状况很差，处于疾病繁多的状况。为了防范小猪死亡，就要给小猪注射更加多的疫苗、饲喂更加多的兽药，埋下了兽药残留超标的食品安全风险。

H省的L向笔者介绍，兽药厂家生产了很多种激素类药物，他们用激素刺激公猪发情：

①　薛晓源、刘国良：《全球风险世界：现在与未来——德国著名社会学家、风险社会理论创始人乌尔里希·贝克教授访谈录》，《马克思主义与现实》2005年第1期。
②　［德］乌尔里希·贝克：《风险社会》，何博闻译，译林出版社2004年版，第265页。

我们都是买人家的种猪，为了刺激公猪，还要喂激素刺激它们发情。一般每头公猪和 20 头母猪交配，我喂到 36 头母猪的时候，喂了 2 头公猪。感觉它的交配能力弱了，就再买小的公猪。催情激素有的时候不写催情激素，而是写什么多情多子之类的名字。我不养猪的时候，我的养猪场还有很多这种药品，现在，具体名字我忘记了。给猪吃上这种药品后，猪就发情。有时候，猪一个月一次发情。发情前，注射这种药物或者喂袋子里的这种粉末，受胎率高，下的猪崽也比较平均。这个是喂母猪的，公猪用很少。现在，你到兽医站看，这种药很多。生育时间缩短的药，现在也有，一般是 114 天怀孕。如果 100 天就不正常。但是，如果愿意早，还可以注射另外一种药物，让小猪 3 个月就可以下。①

其二，科研成果大多是在实验室条件下产生的，许多与养殖业相关的科学技术未经长期实践检验就被很快地运用到生产领域。乌尔里希·贝克就指出，"由于在得到充分探索之前就被实际运用，科学自己废除了实验室与社会之间的界限。伴随而来的是，研究自由的状况已经被改变。研究自由意味着运用的自由"②。

为了促进动物生长，专家不断研发出各种各样的增产技术。例如，邹志清等改进了尿素、磷酸二氢钾等化肥养鱼技术，探索用肥料促进池鱼大面积高产稳产、低成本的养殖技术。③ 笔者在调研的过程中发现，水产养殖普遍要添加化肥。

早在 1978 年，杨人伟就开始研究应用性激素来达到人工控制鱼类生长、成熟以及性变异的目的。④ 后来，专家们先后研发出多种激素类兽药，这些兽药曾经在我国的养殖业大行其道，例如，一个饲料添加剂项目——一个研究通过使用激素如何使原本需要几年才能长成的黄鳝在几个月内便膘肥

① 访谈 4。
② ［德］乌尔里希·贝克：《世界风险社会》，吴英姿、孙淑敏译，南京大学出版社 2004 年版，第 80 页。
③ 邹志清、吴萍秋、石教友、李胜国：《成鱼养殖增施化肥的增产效果试验》，《淡水渔业》1985 年第 5 期。
④ 杨人伟：《激素在鱼类养殖中的应用》，《淡水渔业》1978 年第 3 期。

体壮的项目,早先居然荣获了"科技进步奖"。[1] 简清等[2]、马进等[3]、王树启等[4]、韩杰[5]先后研究了外用激素类药物对水产品的生长促进作用。宁黔冀、杨洪研究了保幼激素类似物、蜕皮激素、促性腺激素、性激素、生长激素以及抗保幼激素在促进对虾生长和卵巢发育等方面的应用现状,认为使用激素促进动物的生长发育是动物养殖中常用的手段之一。[6] 通过注射垂体激素,促进种鱼的性腺发育而提前产卵,可以培育出大量的鱼苗;通过注射雄性激素可以使母鸡醒巢和提高产卵量;通过人工注射丙酸睾丸素,可以很快消除乌骨鸡的抱窝习性,使之恢复产卵,从而使年产卵率提高到100枚以上;通过注射促黄体素释放激素,可以提高紫貂和水貂的繁殖力。这样,甲鱼过去自然生长需4—5年才能上餐桌,现在用性激素己烯雌酚催长,7个月就"速成"了;鲫鱼需要三四年的时间才能长到1斤重,而现在养殖的鲫鱼则缩短到三四个月。良好的效益,吸引越来越多的养殖者使用激素。[7]

野生甲鱼是在天然河湖里成长的,由于生长环境较严酷、食料不是太充裕加上人类的滥捕滥杀,其增重速度明显偏慢,成长周期一般是人工养殖期限的3—5倍,但野生甲鱼的食料种类丰富,野生甲鱼长期食摄多种饵食,体内积累了多种矿物质和微量元素,活力强、营养丰富、体形扁平、肉质结实,腹内脂肪呈纯黄色。有科研人员研究出可以让甲鱼变黄的化学激素,让人工养殖的甲鱼也可以变黄。Z省J市某山区大型甲鱼养殖企业老板D说:

> 现在喂黄料的很多的,那甲鱼看起来挺漂亮的,我跟你说实话,这几天天天有人打电话,那些甲鱼贩子,要我给甲鱼喂黄料,就是加黄的一种激素,加上去以后呢,甲鱼看上去很黄,卖的价格很高,那对甲鱼是没好处的。黄料是允许添加的,现在像杭州的、绍兴的那几个厂在饲

---

① 圣海:《向肉食说 NO》,世界知识出版社 2009 年版,第 60 页。

② 简清、白俊杰、马进、李新辉、罗建仁:《饲料中添加重组鱼生长激素对罗非鱼鱼种的促生长作用研究》,《淡水渔业》1999 年第 3 期。

③ 马进、白俊杰、简清、李新辉、罗建仁:《重组虹鳟生长激素酵母对罗非鱼的促生长作用研究》,《大连水产学院学报》2001 年第 3 期。

④ 王树启、许友卿、丁兆坤:《生长激素对鱼类的影响及其在水产养殖中的应用》,《水产科学》2005 年第 7 期。

⑤ 韩杰:《鱼类生长激素的应用研究进展》,《北京水产》2007 年第 3 期。

⑥ 宁黔冀、杨洪:《外源激素在对虾养殖中的应用研究概况》,《海洋通报》2001 年第 6 期。

⑦ 圣海:《向肉食说 NO》,世界知识出版社 2009 年版,第 60—61 页。

料里添加，它是一种天然色素，这个要搞清楚。现在关键的问题是，市场上卖的 800 块钱一公斤的是化学的，甲鱼（拿）到市场上卖出去有问题了，如果说今年养了，明年还想养就没办法了，所以这个添加剂我们一般是控制用的。①

老板 D 也感慨现在的科技手段太先进了，不仅可以让甲鱼变黄，还可以把泥鳅染黑。

现在买甲鱼的人只知道买黄的，颜色好看，价钱贵，他不知道那个黄色是怎么来的。有些买进来以后放在水里，那个水就变成黄色的了。还有些黑泥鳅买回来以后放家里眼睛都是黑的，它是黑色素染的，所以现在市场上的东西，除非是自己养的，不然真的不放心，科研手段越来越厉害了。所以现在要国家搞出一个标准来。现在收购甲鱼市场比较乱，管不了。②

现在常用的"黄粉"主要为两类物质：一是万寿菊提取物——叶黄素，这类色素变黄速度慢，要 3 个月左右，养殖户一般不太乐意用；二是行业中常用的化工合成色素，有红和黄两种，价格高，见效也快，一般只要 15—20 天就能使甲鱼变黄，很受养殖户追捧。近两年来，一些饲料厂也加入了加黄料生产行列，在饲料生产过程中，直接添加"黄粉"制成加黄料，以高于普通成鳖料约 500 元/吨的价格卖给养殖户。养殖户都乐于接受这类加黄料。不过，也有养殖户在用加黄料的同时，还坚持自己添加一部分"黄粉"，因为担心饲料厂的黄粉添加量不足。据调查，这种使用加黄料养甲鱼的现象，在国内大规格甲鱼主养区普遍存在，以湖南益阳和常德、江苏吴江、浙江嘉兴、安徽蚌埠、河南潢川、河北保定和广东的潮汕地区最为盛行。农业部《饲料添加剂品种目录（2008）》只允许将一种着色剂——虾青素用于水产动物，而叶黄素只能用于家禽。所以，无论"黄粉"的成分是什么，甲鱼加黄料显然属于违规产品。而这些喂加黄料的养殖户一般不吃自己养出来的甲鱼。③

---

① 访谈 19。

② 访谈 19。

③ 陈世昌、周鹏：《一种神秘的黄色色素被违规用于水产养殖 甲鱼喂"加黄料"后就成"野生鱼"》，《楚天都市报》2010 年 6 月 10 日第 3 版。

S 省 B 市 C 区永丰牧业有限公司 W 经理也承认，有些奶牛养殖场用激素给奶牛催奶。

笔者：听说有的地方用激素给奶牛催奶？

W 经理：这是让不怀孕的奶牛产奶，是失配之后，采取强行催奶的技术。催奶之后，奶牛的子宫能够恢复后怀孕。如果还不能怀孕，最后没有办法才采取激素催奶。后期打的，有的奶牛催不下来奶，是没有办法的时候才采用的。既然没有奶又不产牛，就赔了。为了让牛怀孕，从 1957 年就开始给奶牛人工授精了。但是，也存在技术问题，人与人的技术也不同，也会影响奶牛怀孕。①

这样，当人们把有副作用的科技应用于食品生产领域时，就会造成前所未有的风险。而且，随着食品相关科技的迅猛发展，养殖、饲料、兽药等各领域的科技副作用叠加后，动物性食品安全的风险进一步增加，甚至可能造成危害消费者身体健康和生命安全的灾难性食品安全事件。

二、科技后果的不确定性是造成食品安全风险的重要因素

贝克说："由于现代风险的高度不确定性、不可预测性、显现的时间滞后性、发作的突发性和超常规性，使专家在面临新科学技术时，往往多注重科技的贡献性而忽略其副作用，或故意隐瞒其副作用，以至于人们在开始使用科技时，就已经为风险埋下了发作的种子。"② 安东尼·吉登斯指出，"科学与技术所造成的不确定性，与它们所消除的一样多；这些不确定性也无法通过科学的进一步推进，以任何简单的方式来解决"③。近年来，现代科技发展造成的很多动物性食品安全问题，是我们根本无法预料的，也是无法用以往经验解决的。

首先，由于技术手段的限制，一些兽药或者饲料中的有害物质在被投

---

① 访谈 11。

② 薛晓源、刘国良：《全球风险世界：现在与未来——德国著名社会学家、风险社会理论创始人乌尔里希·贝克教授访谈录》，《马克思主义与现实》2005 年第 1 期。

③ ［英］安东尼·吉登斯：《现代性：吉登斯访谈录》，尹宏毅译，新华出版社 2001 年版，第 195 页。

入使用之初，其危害性并不能被充分认识到。

例如，20 世纪 80 年代中期，中国饲料行业面对全国蛋白质饲料一年 90 亿斤缺口的难题，有的专家抓住了这个机会，以尿素和甲醛为原料，研制出一种名为"蛋白精"的饲料添加剂。其配方后来以上万元的价格被转手，在其他"土专家"和养殖业主中不停流变，最终衍生出多个版本的蛋白精。20 世纪 90 年代，有多篇学术文章论述蛋白精作为饲料添加剂的功效。[①] 而在 2000 年左右，有人开始将用尿素提炼出的化学物质三聚氰胺混入饲料。它的成本更低，并能提高饲料中的氮含量，也能逃脱检测。[②] 2008 年，三聚氰胺毒奶粉导致许多婴幼儿患肾结石。同时，这种化工原料假借"蛋白精"的名义推销，从化工厂流出的三聚氰胺废渣不需要添加任何成分，唯一的工序就是分装，然后换成"××生物蛋白精"的名字后，就可以非法进入一些饲料厂的生产车间。"蛋白精"的供应范围几乎涵盖了整个饲料行业，牛羊饲料、禽饲料、猪饲料和水产饲料都或多或少地混有"蛋白精"。一位饲料行业的专家表示，华南地区的水产饲料已经成为消化"蛋白精"的主要市场。[③] 2008 年底，大连的鸡蛋在香港被检出三聚氰胺超标。但是，其他动物性食品是否有三聚氰胺超标现象？没有任何人告诉我们。

H 省 S 市的养殖户 L 对科技影响食品安全的认识非常深刻。他说：

> 科技的进步与食品安全肯定有关系。没有高科技，养猪的根本不会研究出来一天长 3 斤的料，就是知识界懂这个的人制造出来的。[④]

其次，对一些物质的毒副作用，利用常规的检测方法不能有效地检测出来，而对其影响程度在一定时期内也得不到研究证明。

2011 年，国务院发布的《饲料和饲料添加剂管理条例》规定：国务院农业行政主管部门在核发新饲料、新饲料添加剂证书后，有 5 年监测期。

---

① 武津生、刘志国：《蛋白精与蛋鸡的生产性能》，《中国家禽》1989 年第 3 期；刘志国：《饲料中添加蛋白精饲养蛋鸡的效果试验》，《养禽与禽病防治》1990 年第 6 期；《新一代营养添加剂蛋白精》，《饲料研究》1993 年第 2 期。

② 陈晓舒、谢良兵、王婧、李赫然：《"土专家"群体推波助澜：从"蛋白精"到三聚氰胺》，《中国新闻周刊》2008 年 12 月 8 日。

③ 赵威、曾进：《问题鸡蛋拨开饲料业"蛋白精"疑云》，http://www.infzm.com/content/19,229，最后访问时间：2014 年 9 月 13 日。

④ 访谈 4。

生产企业应当收集处于监测期的新饲料、新饲料添加剂的质量稳定性及其对动物产品质量安全的影响等信息，并向国务院农业行政主管部门报告；国务院农业行政主管部门应当对新饲料、新饲料添加剂的质量安全状况组织跟踪监测，证实其存在安全问题的，应当撤销新饲料、新饲料添加剂证书并予以公告。但是，在这五年中，新的饲料和饲料添加剂造成的动物性食品安全风险一直存在。造成全世界"谈牛色变"的疯牛病的直接诱因就是饲料。为了使牛长得更快一些，英国的牧场从 20 世纪 70 年代末就用死亡的牛、羊等动物的废弃内脏和动物骨粉加工成的饲料喂牛。1981 年，英国制定的牛饲料加工工艺允许使用牛、羊等动物的内脏和骨粉。1986 年，英国暴发疯牛病，原因就是用死亡的牛、羊等动物的废弃内脏和动物骨粉加工成的饲料喂牛。1995 年，疯牛病开始感染人类，造成多人死亡。

最后，在一般情况下，兽药或者饲料中有害物质的危害性不能通过观察、饲养动物及时发现，因为影响兽药安全、饲料安全的各种因素往往是潜移默化地进入养殖产品，并通过养殖产品转移到人体或环境中，对人体健康和环境造成一定的危害。因为科技成果的使用后果要随着时间的推移才会逐渐显露出来，除非造成实际的食品安全问题并产生严重影响，否则人们并不能明确地知道正在应用的一些技术会产生哪些食品安全问题、影响的范围有多大、造成的后果有多严重。当人们发现某种科技带来的一系列风险后，防范就已经很难了。

三、科技成果的滥用加剧了动物性食品安全风险

在食品产业越来越发达的今天，为了降低成本，很多根本与食品无关的技术也被用到食品生产过程中，以获取最大利润。近年来，我国的很多食品安全事件，都与科技的滥用有直接的关系。有的专家研发出各种对人类有致畸、致癌、致突变等副作用的兽药，研发出很多激素类兽药，以防范畜禽和水产动物疾病，促进畜禽和水产动物生长。例如，用控孕催乳剂给奶牛催奶，可以使奶牛的产奶量增加 10 倍，但是激素会造成性早熟、抑制骨骼和精子发育，而且雌激素类物质具有明显的致癌效应；用可致鼻咽癌、鼻腔癌、鼻窦癌、白血病的甲醛浸泡毛肚、百叶、鱿鱼、蹄筋、海参、海蜇和虾仁等水产品，可延长保质期、改善外观、增加口感；使用致癌物质苏丹红让鸡蛋、鸭蛋成为"红心蛋"；用避孕药让黄鳝增肥；最臭名昭著的是

三鹿集团等牛奶企业，把主要用于木材加工、塑料、皮革、纺织等行业的化工原料三聚氰胺加入奶粉，以增加牛奶的蛋白质含量，造成震惊全国和世界的三聚氰胺奶粉事件。科技成果的滥用，加剧了食品安全风险，使得原本无害的动物性食品变成危险的东西，成为不可预测的风险的源泉。

"孔雀石绿"是一种带有金属光泽的绿色结晶体，国际公认其具有高毒素、高残留特征，对人体有致畸、致癌、致突变等副作用。许多国家都将孔雀石绿列为水产养殖禁用药物。我国于 2002 年 5 月将包括孔雀石绿等在内的一批兽药列入《食品动物禁用的兽药及其它化合物清单》，禁止将其用于食品动物。但是，由于孔雀石绿是治疗鱼水霉病的速效药，而且价格便宜，因此，渔民大都在偷偷使用，渔药店也在偷偷地卖孔雀石绿。在水产品运输过程中，为避免死亡，也要使用孔雀石绿。

表 3 - 1　食品动物禁用的兽药及其它化合物清单

序号	兽药及其它化合物名称	禁止用途	禁用动物
1	β - 兴奋剂类：克伦特罗 Clenbuterol、沙丁胺醇 Salbutamol、西马特罗 Cimaterol 及其盐、酯及制剂	所有用途	所有食品动物
2	性激素类：己烯雌酚 Diethylstilbestrol 及其盐、酯及制剂	所有用途	所有食品动物
3	具有雌激素样作用的物质：玉米赤霉醇 Zeranol、去甲雄三烯醇酮 Trenbolone、醋酸甲孕酮 Mengestrol Acetate 及制剂	所有用途	所有食品动物
4	氯霉素 Chloramphenicol 及其盐、酯（包括：琥珀氯霉素 Chloramphenicol Succinate）及制剂	所有用途	所有食品动物
5	氨苯砜 Dapsone 及制剂	所有用途	所有食品动物
6	硝基呋喃类：呋喃唑酮 furazolidone、呋喃它酮 Furaltadone、呋喃苯烯酸钠 Nifurstyrenate sodium 及制剂	所有用途	所有食品动物
7	硝基化合物：硝基酚钠 Sodium nitrophenolate、硝呋烯腙 Nitrovin 及制剂	所有用途	所有食品动物
8	催眠、镇静类：安眠酮 Methaqualone 及制剂	所有用途	所有食品动物
9	林丹（丙体六六六）Lindane	杀虫剂	水生食品动物
10	毒杀芬（氯化烯）Camahechlor	杀虫剂、清塘剂	水生食品动物
11	呋喃丹（克百威）Carbofuran	杀虫剂	水生食品动物
12	杀虫脒（克死螨）Chlordimeform	杀虫剂	水生食品动物
13	双甲脒 Amitraz	杀虫剂	水生食品动物
14	酒石酸锑钾 Antimony potassium tartrate	杀虫剂	水生食品动物

续表

序号	兽药及其它化合物名称	禁止用途	禁用动物
15	锥虫胂胺 Tryparsamide	杀虫剂	水生食品动物
16	孔雀石绿 Malachite green	抗菌、杀虫剂	水生食品动物
17	五氯酚酸钠 Pentachlorophenol sodium	杀螺剂	水生食品动物
18	各种汞制剂，包括：氯化亚汞（甘汞）Calomel、硝酸亚汞 Mercurous nitrate、醋酸汞 Mercurous acetate、吡啶基醋酸汞 Pyridyl mercurous acetate	杀虫剂	动物
19	性激素类：甲基睾丸酮 Methyltestosterone、丙酸睾酮 Testosterone Propionate、苯丙酸诺龙 Nandrolone Phenylpropionate、苯甲酸雌二醇 Estradiol Benzoate 及其盐、酯及制剂	促生长	所有食品动物
20	催眠、镇静类：氯丙嗪 Chlorpromazine、地西洋（安定）Diazepam 及其盐、酯及制剂	促生长	所有食品动物
21	硝基咪唑类：甲硝唑 Metronidazole、地美硝唑 Dimetronidazole 及其盐、酯及制剂	促生长	所有食品动物

资料来源：中华人民共和国农业部公告第 193 号（2002）。

同样，在 20 世纪 90 年代末，药物饲料添加剂中只有不到 20 种化学药物被禁用。2002 年，农业部、卫生部、国家药品监督管理局根据《饲料和饲料添加剂管理条例》、《兽药管理条例》、《药品管理法》的规定，公布了《禁止在饲料和动物饮用水中使用的药物品种目录》（农业部公告第 176 号）（以下简称《目录》），《目录》中收载了肾上腺素受体激动剂、性激素、蛋白同化激素、精神药品、各种抗生素滤渣 5 类 40 种禁止在饲料和动物饮用水中使用的药物。2010 年农业部发布了第 1519 号公告，向社会公布了禁止在饲料、动物饮用水和畜禽水产养殖过程中使用的药物与物质清单。清单主要包括克伦特罗、沙丁胺醇等兴奋剂类，己烯雌酚等激素类，呋喃唑酮、氯霉素等抗菌药物类，呋喃丹等杀虫剂类 4 大类 82 种禁用药物和物质。短短的十多年时间，农业部发布的禁止在饲料、动物饮水和畜禽水产养殖过程中使用的药物与物质就从不到 20 种增加到 80 多种。这些药物和物质，都是相关的科研人员研发出来的。

与此同时，添加技术、反检测技术也日新月异。例如，饲料添加剂中超量使用高铜、高铁，促长效果显著，但容易被检测出来，于是，就有科研人员研发出将添加的超量铜、铁变成螯合物，这样被检测出来的可能性就大大降低了。我国公布检测瘦肉精莱克多巴胺的方法后，西南某农业高校有专家甚至搞出掩蔽剂。这种掩蔽剂会先跟检测试剂发生反应，这样，检测试剂就检测不出莱克多巴胺了。

在这种工厂化、集约化的养殖条件下，通过使用大量的疫苗、兽药预防动物死亡，通过饲料添加剂及各种技术手段，促使畜禽繁殖多、长肉快、产蛋多、产奶多，人为地打乱了动物的自然生长规律，以最大限度地创造经济效益。其中的兽药残留超标、禁用兽药非法使用、饲料添加剂超标等，造成了近年来的动物性食品安全问题。① 与假冒伪劣食品造成的安全问题不同，这是一种新型的食品安全问题，笔者称之为“造真型”食品安全问题。它是指食品从原料的种植养殖阶段到加工、储存、销售阶段，使用各种合法、不违法甚至违法的科技手段或化学物质，在尽可能短的时间内生产出更多、更“真实”、更漂亮、保质期更长的食品，但这些科技手段和化学制剂，具有危害人体健康的因素，带来真实的食品安全风险。

第二节　动物疾病繁多，被迫大量用药

一、滥用兽药是养殖户不遵守规定？

对于兽药残留造成食品安全问题，很多学者都把板子打到养殖业者的身上，认为部分养殖业者使用兽药不规范，滥用药物，不遵守休药期，使我国动物源性食品中的药物残留问题较为严重。② 但笔者从田野调查中发现，不管是小规模的养殖户，还是大规模的养殖企业（场），都是由于畜禽居高不下的患病率和死亡率而被迫用药的。此外，他们也是出于想迅速促进动物生长以获取最大利润的目的，不断使用专家们研发的多种促进动物生长的药物。

① 有学者统计，从2000—2010年爆发的食品安全事件看，食品生产、加工过程中加入的化学性因素是导致“问题食品”发生的主要因素，占72%〔请参阅张崟、王卫、刘达玉等《2000—2010年媒体曝光的“问题食品”总结及分析》，《农产品加工（学刊）》2011年第3期〕。

② 应永飞：《滥用兽药是自毁养殖“长城”——畜禽产品的兽药残留问题及其解决对策》，《中国动物保健》2008年第3期。

　　北京市华都峪口禽业有限责任公司通过多种渠道对国内14个省（自治区、直辖市）的1000多家蛋鸡企业（户）进行的跟踪调查表明，80%以上的农户在养殖过程中受疾病困扰。[①] 笔者把一位畜牧专业的大学生养速生鸡的日记摘录下来，里面详细记录了由于疾病难以避免，养殖者就只能依靠多种兽药维持鸡的生命并且在40多天就卖掉了。

　　　　2011年7月29日上午10:00到鸡苗9000只，嘉禾苗，我养的是合同鸡，苗5元，料均价136.5元/袋，毛鸡5.1元/斤。

　　　　7月29日，1日龄，鸡苗到家后接着开水，5%葡萄糖饮用。

　　　　7月30日，2日龄，上午7:00饮氧氟沙星+头孢原粉各25克，约兑水6桶×35斤，喝完后饮清水。

　　　　7月31日，3日龄，上午7:00饮氧氟沙星+头孢原粉各30克，约兑水8桶×35斤，喝完后饮清水。

　　　　8月1日，4日龄，防疫肾传支单苗，早上5:00控水，7:00防，1000羽苗11支，分两次饮用，共用水5.5桶×35斤，饮完后加多维，下午6:00加氧氟沙星+头孢原粉各30克，兑400斤水。

　　　　8月2日，5日龄，下午4:00饮氧氟沙星+头孢原粉各35克，兑水500斤水，喝完后饮清水。

　　　　8月3日，6日龄，今天停药，上午饮多维400斤水，其余喝清水，死淘2只，为弱雏。

　　　　8月4日，7日龄，全天饮清水，死淘8只，共死淘56只。耗料8袋，累计32袋。明天防疫。

　　　　8月5日，8日龄，今天防疫新支二联点眼，新流油注射，鸡痘刺种，由于鸡苗较弱，应激较大，一下午鸡基本不动弹，死淘20只，全天饮多维。

　　　　8月6日，9日龄，昨天的防疫对鸡应激较大，直到下半夜鸡才活动开，为防止大肠杆暴发，今天投喂益必妥（克林沙星），死淘1只，为猝死，吃料9袋。

　　　　8月7日，10日龄，死淘1只，累计死淘78只，吃料10袋，累

① 赵秀丽、张建立、高敬：《中国蛋鸡产业走向何方——来自中国蛋鸡行业一线的调查报告》，《中国畜牧杂志》2006年第14期。

计 59 袋，用药益必妥（克林沙星）3.5 袋，从 3 日龄开始 18：00—20：00 控灯。

8 月 8 日，11 日龄，耗料 11 袋，累计 70 袋，死淘 5 只，4 只猝死，1 只弱鸡，累计死淘 83 只，用药益必妥 3.5 袋，晚上通肾一次。

8 月 9 日，12 日龄，死淘 10 只，吃料 13 袋。益必妥 4 袋饮水，同时晚上集中一顿拌料中药治疗肠炎的，晚上通肾一次。

8 月 10 日，13 日龄，明天防 IBD，白天没用药，为防止疫苗刺激肠道，晚上饮肠道药（替硝唑），死淘 2 只，共 95 只，大群中有个别小鸡出现，看来大肠杆药不能停啊，吃料 14 袋，共吃料 97 袋。

8 月 11 日，14 日龄，今天防疫法氏囊疫苗，控水 2 小时，第一次 1000 羽苗 8 瓶兑水 500 斤，喝一小时，第二次 6 瓶兑水 300 斤，喝 2 小时，饮完疫苗后喝多维一次，晚上加呼吸道药替米呼畅 7 袋。死淘 7 只，吃料 17 袋。

8 月 12 日，15 日龄，上午肠毒肃清（粘杆＋替硝唑）7 袋兑水 500 斤，晚上双黄连 5 瓶＋替米呼畅 7 袋兑水 600 斤死淘 5 只，耗料 18 袋。

8 月 13 日，16 日龄，上午肠毒肃清 7 袋兑水 600 斤，下午双黄连 5 瓶兑水 500 斤，晚上替米呼畅 7 袋兑水 600 斤，死淘 13 只，其中 9 只猝死，4 只小弱鸡，耗料 18 袋。肠道药已经喂 2 天，效果不是很明显。等明天再喂一天看看。

8 月 14 日，17 日龄，上午肠毒肃清 7 袋，下午双黄连 5 瓶，吃料 19 袋，死淘 4 只。

8 月 15 日，18 日龄，上午肠福仙（利福平），饮水 10 个小时，下午电闪雷鸣，风雨交加，为防应激，黄芪原粉 100 克＋多维饮水，死淘 8 只，吃料 19 袋。

8 月 16 日，19 日龄，上午肠福仙，饮水 10 个小时，下午清水，晚上通肾一次，吃料 24 袋。因为今天扩群，所以加得较多，死淘 3 只，现在肠道基本恢复正常。

8 月 17 日，20 日龄，上午肠福仙 2 袋，下午多维，大肠杆还是零星出，看来防疫后还得投药啊。耗料 22 袋，死淘 9 只。

8 月 18 日，21 日龄，防疫新城疫疫苗，早上 5：00 控水，8：30 4 瓶新威灵 2000 羽兑水 650 斤，饮用 1 小时，9：30 2 瓶兑水 300 斤，饮用 1.5 小时，然后喝多维，下午黄芪多糖原粉 150 克，死淘 8 只，耗料 22 袋。

8 月 19 日，22 日龄，上午强力金氟 4 瓶 + 强力原粉 300 克，下午赛可新饮水，晚上七清败毒颗粒 8 袋饮水，死淘 5 只，耗料 25 袋，今天开始 2/3 号料混料换料。

8 月 20 日，23 日龄，上午强力金氟 4 瓶 + 强力原粉 300 克，下午赛可新饮水，晚上七清败毒颗粒 8 袋饮水，耗料 26 袋，死淘 4 只。

8 月 21 日，24 日龄，上午强力金氟 4 瓶 + 强力原粉 300 克，下午七清败毒颗粒 8 袋，晚上通肾一次，耗料 28 袋，死淘 5 只。

8 月 22 日，25 日龄，上午强力金氟 4 瓶 + 强力原粉 350 克，下午清水，晚上通肾一次，死淘 7 只，耗料 28 袋。到今天一个疗程的大肠杆药结束，本来打算明天停药一天的，但今天发现粪便太稀了，不成形，发黄，打算明天上肠道药。

8 月 23 日，26 日龄，中午饮 vc，其他时间清水，耗料 29 袋，死淘 3 只，今天由于送料不及时，给鸡控料的时间比较长，4 个小时，加料时鸡抢得很厉害，但愿不会给鸡造成大的应激。为防应激，晚上加黄芪 + 多维。

8 月 24 日，27 日龄，上午肠服生（甲溴东莨菪碱 + 地克珠利）13 瓶，其他时间清水，死淘 10 只，耗料 31 袋，现在死淘的全为大肠杆鸡，也不知这批为什么大肠杆这么难弄？

8 月 25 日，28 日龄，上午肠服生 14 瓶，中午 vc，耗料 33 袋，死淘 7 只。

8 月 26 日，29 日龄，用药：肠服生 14 瓶，氧氟 + 头孢原粉各 300 克，耗料 34 袋，死淘 14 只，死淘有点多，其中 3 只猝死，2 只肠道原因，其余大肠杆小弱鸡。

8 月 27 日，30 日龄，上午氧氟 + 头孢各 300 克，其余时间清水。耗料 35 袋，死淘 11 只。

8 月 28 日，31 日龄，26.5 度—29.5 度，上午氧氟 + 头孢各 300 克。其余时间清水，耗料 36 袋，死淘 8 只。

8 月 29 日，32 日龄，上午益维，下午肠泰 24 瓶（地美硝唑）。死淘 9 只，耗料 38 袋。

8 月 30 日，33 日龄，下午肠泰 28 瓶，其余时间清水，耗料 38 袋，死淘 6 只。

8月31日，34日龄，上午大杆先锋（丁胺＋痢菌净）3袋，晚上青霉素＋甲硝唑，耗料35袋，死淘12只。

9月1日，35日龄，上午大杆先锋3袋，晚上青霉素750克＋甲硝唑14瓶，分两次饮用，每次2小时，今天死淘12只，耗料35袋，粪便仍然没有明显改善。

9月2日，36日龄，大杆先锋3袋全天饮水，死淘14只，耗料37袋。

9月3日，37日龄，上午赛沙力（粘杆＋替硝唑）12袋，其余时间清水，耗料39袋，死淘10只。

9月4日，38日龄，上午赛沙力（粘杆＋替硝唑）12袋，其余时间清水，耗料39袋，死淘10只。

9月5日，39日龄，上午赛沙力12袋饮水，其余时间清水。耗料41袋，死淘18只。从明天开始停药，这批鸡基本没停药，对鸡也是个很大的伤害啊。

9月6日，40日龄，全天清水＋多维，耗料43袋，死淘17只。

9月7日，41日龄，全天饮清水，耗料44袋，死淘23只。停药2天，死淘就有所增加，鉴于吃料上涨，决定后天43日龄晚上出鸡。①

从日记中可以看到，在这41天里，除了第1天、第6天、第7天、第40天、第41天外，每天都要喂药、打针或者注射疫苗。共用了新支二联灭活疫苗、新流油、鸡痘疫苗、肾传支疫苗、左氧氟沙星、头孢原粉、克林沙星、替硝唑、法氏囊疫苗、替米呼畅、双黄连、肠毒肃清（粘杆＋替硝唑）、肠福仙、新城疫疫苗、黄芪多糖原粉、多种维生素、强力金氟佳、强力原粉、七清败毒颗粒、大肠杆特效药、肠服生（甲溴东莨菪碱＋地克珠利）、肠泰、大杆先锋（丁胺＋痢菌净）、青霉素、甲硝唑等近30种药物，而且很多都是多次用药。

笔者在调研时，听得最多的就是动物疾病造成损失和被迫用药的情况。目前，还没有人对我国养殖业因疾病造成的巨大损失做出合理的估

① 《zxb的养鸡日记全记录》，http：//bbs.jbzyw.com/read.php? tid－127311－page－1.html，最后访问时间：2013年10月2日。

测，即使以养猪业为例，至少也应有数百亿元。①

X 省 B 市 C 区锦祥生猪养殖场，是集能繁母猪、纯种公猪、良种三元仔猪为一体的养猪场，是 2012 年建成达标的万头生猪养殖企业，年内已产仔猪 1 万多头。锦祥生猪养殖场场长 J 谈到，畜禽疾病导致他在养鸡、养猪的过程中，多次"全军覆没"。

从养鸡，从 2000 年到现在，养鸡业全军覆没几次，又重新起来。养猪业全军覆没过。原先知道的，现在专门养猪，过去两个都养。觉得养猪简单，结果还是一样。感觉动物疾病越来越难防治。过去小猪生下来后，很简单，看病和防御。现在疫苗越多，病越难治疗了，主要是病越来越难了。以前损失点猪就好了，但是现在是毁灭性的。像 2006 年流感，感冒、拉稀，过去，死点就会好。现在，圆环、蓝耳等很多病……疫苗这些年，只有口蹄疫疫苗和猪瘟疫苗在用。猪瘟这个（种）病，猪场不好弄。②

S 省 B 市 C 区新野良种猪繁殖场老板 Q 谈到，2012 年猪的死亡率特别高。

今年母猪病多，特别是腹泻造成小猪出生后的死亡率（在）50% 左右。到了育肥阶段死亡率为 2%—3%。去年，繁育阶段，死亡率在百分之十点几，几乎没有，抵抗力好。去年一窝猪下来死十头半，今年前半年死 5.7（头），我都是报了一半。每年有一次腹泻，老场死亡率低，新场死亡率高。一家南方的大型猪场一个月之内死了 8 万头。大猪死了，国家才补贴。如果下的小猪是死的，那就不算。政府补贴要深埋，无害化处理。病情慢慢就降低（控制住）了。我把这个月的数字报去，他们说我这么多。我报了 200 多头，别人报了 300 多头。你报得多，人家市上往回打，都想把工作做好。广东一家的猪场死了 8 万（头猪）。我一般是少报，不会多。③

Z 省 J 市天篷畜业有限公司 Z 总在谈到猪的疾病严重造成大量用药的

①　王永康：《我国猪病严重的原因浅析》，《上海畜牧兽医通讯》2006 年第 4 期。
②　访谈 16。
③　访谈 10。

情况时，提到中小型养猪户不注重猪病的预防工作，而是等猪发病之后，大量地给猪喂各种兽药。

笔者：我们国家养殖业的抗生素等兽药滥用的情况非常严重啊！

Z 总：是。就是盲目地去用，猪不像人，人还要通过检测啊，七七八八地你能验出来它是什么病，猪都是凭感觉的，我怀疑是这个（种）病就用药，当然应该是要打疫苗，就跟小孩要打防疫针一样，但是往往我们这种疫苗，它的效果不是百分之一百的，一个是疫苗自身的质量问题，第二个就是我们防疫这块防疫员的意识问题，就是你打防疫针有没有打到位的问题，因为它会动啊，不仅仅是剂量，要看你的部位准不准，包括你的针头，这些都是很细的东西，因为它是猪嘛，所以它跑跑跑，我打进去了，至于到位了没有那都不清楚，那么像我们大猪场通常会检测，来了解一下我这个猪疫苗种下去的效果，但是小猪场他根本就没有这种意识，他就不知道问题在哪里，他自己感觉这个猪是这个（种）病，他就用这种药，或者别人跟他说是生这种病，他就用这种药，所以说变得非常复杂，非常的复杂，这个问题可能就是目前这种情况。[①]

天篷畜业有限公司作为一家大型的养猪企业，年出栏 4 万多头猪，2013 年规模将扩大到年出栏 10 万头猪，也受到猪的各种疾病的困扰。Z 总的谈话，也透露出，即使是像他们这样的大型养猪场，最近十多年来，猪病也越来越多，而且越来越严重，他们仅仅让一部分猪有一些活动的场所和空间，每年光兽药费就节省了几百万元。当然，她重点谈的还是散户滥用兽药的情况。

笔者：兽药也是一个大的问题。

Z 总：还有一个兽药的问题。兽药呢，其实说实话，现在整体呢，我想现在国家也是非常严格的，原先的话，就是假冒假药比较多，甚至有些比较缺德的是有的药里面一点药的含量都没有，你比如说阿莫西林，拿去检测以后里面一点点阿莫西林的成分都没有，这块也是一块。但是这几年应该会好一些，这也是跟自己，农户这块也是有很大关系的，他想用便宜

---

① 访谈 21。

的，你说又要便宜的又要效果好，那天下也没有这样的事情嘛，他这种药生产出来是迎合市场、迎合农户的需求的，如果你农户说你要质量好一点的，那么我价格高一点也无所谓的，我想它这种药就没有生产的空间了。我认为应该是相对来讲的，像我们就不可能买到假药了。那如果大家都有一种意识，你假药哪有生产的空间呢？那必然要被淘汰掉。我们进药是这样的，我首先要查你有没有批号，如果说你没有国家批号的话，你"三无"——什么厂家都没有，什么批号都没有，什么七七八八的都没有标明的话，那你自己进来，你不是自己找自己的事情嘛，对不对？所以我就觉得，我们采购这一块也是很有问题的。进药不会没法判断，那你上网一查就能够查到，它这个药有没有批号。我们是这样的，违禁的药物肯定是不用说了，我们是坚决不能进来的，所以他们就对这种判断啊，确确实实是一个问题，他判断不出来哪个（种）药是我可以进的，哪个（种）药是我不可以进来的。像我们都是，我们都是专业的人员在这里做，都是专业的兽医。那为什么我们的猪会有这么多病？也跟不是专业的人做这个事情，也是很有关系的。那都是农民，有些文化也没什么文化，你要让他知道猪的七七八八，他们根本不知道，连原理都不懂，这就是一个很大的问题，就是说我们的门槛太低了，真的太低了。按理说你要去搞猪场搞农场的话，你最起码这个兽医，你要不要兽医（专业）毕业的？你培训不培训就不说了，你专业要不要这个专业的？但是这个，以前你说就是很单纯地养猪，但现在不是这样的，所以这个门槛这块也是太低了。①

　　笔者在 S 省 B 市 C 区的大街上，看到很多家兽药店。看起来，这些兽药店的生意不错。笔者专门到一家兽药店就养殖户用药情况做了调查。

　　养殖户买药时有人指导。今年猪病少，今年的生意就不好。去年，猪多病也多，今年猪少、密度小，猪病也就少些。……药有抗生素类、解热类、消毒剂类。按剂型分三类——散剂、水针剂、粉针剂。抗生素类像板蓝根，副作用少一些。……我开店十几年了，猪的病种不太多，可趋势是越来越复杂了，治疗难度也增加了。过去的一些病，像仔猪副伤寒、猪肺

---

① 访谈21。

疫、猪丹毒等没有了，但新增加了一些病，如口蹄疫、胸膜肺炎等，特别难治。①

S省B市C区的一个养殖户给笔者介绍了他养猪时必须打的一些疫苗及给猪喂的常用药物。

买来的猪先喂养3天左右，然后打猪瘟疫苗，产生抗体需一星期，这已是10天后；接下来打另一种疫苗，防止猪腿上长疙瘩，需一星期；接下来打肺疫疫苗，防止猪咳嗽。一星期后打防痢疾的疫苗，共打5种疫苗，而且必须打。平时多观察，多留意。猪打的针比人用的针还贵，而且打针喂药时一圈猪都要打，都要喂，这样才能彻底预防。常用的有青霉素粉、阿莫西林粉、利菌停等。猪常见的病是痢疾，一支需2元，一头猪打疫苗、吃药需20多元。猪长到超过100斤，疾病也就少了，抵抗力也就强了。从100斤长到出栏需60天，猪有的吃得多，有的吃得少，吃得多的长得快，吃得少长得慢。②

H省S市的养殖户L谈到，现在猪病的复杂程度让专家都为难，而且会造成猪大量死亡，所以他不得不依赖兽药。

笔者：现在，养猪要打各种疫苗、喂各种药物吧！

L：小猪喂药是为了管理。一个月小猪出栏，从出生第一天就赶紧注射疫苗。一开始是补血啊什么的，还没有吃奶就注射猪瘟疫苗，在一个月内，那个疫苗啊，要注射很多种的疫苗。出栏后，还要注射疫苗，在出售小猪之前，光猪瘟疫苗就要注射3次。一般是一个礼拜一次。在这个礼拜期间，可以注射其他提高免疫力的药物。不是单独预防猪瘟，有时候，也要预防链球菌病啊、布氏杆菌病啊、伪狂犬啊、水肿啊、乙脑啊、细小病毒啊这些病，都是疫苗。那个疫苗说起来（有）很多种呢。

现在的疫苗有的一次就100多一支，有的2块钱，有的5块钱。现在没有这么便宜。有10块钱的、20块钱的。有一年，猪蓝耳病那年，全国

---

① 访谈7。
② 访谈5。

的猪死得就没有办法养了。那个疫苗出来的时候，我买过，一瓶就 180 块，可以用于 20 头猪。

有的不会多用疫苗，正规的养殖场肯定按照正规的程序来免疫和接种。

笔者： 可以说，从小猪开始，体内就含有各种疫苗，还有其他药物？

L： 实际上，喂的饲料里面就有药。另外，我们还自己买，配置很多药物。比如，饲料袋上说有药物残留，就是指抗生素。在停喂饲料这 7 天，因为养猪不好养，我们还会另外配药物。比如，磺胺类药物吧，上面明显地写着"停药 28 天"。我们根本没有按这个规定去做。

药物，从猪生下来要卖掉，都离不开药，可以说，离开药就没法生长。药从小护航，一直护到它出栏。在 4—5 个月之间，通过药物、针剂和饲料中的药物让猪活着，让猪长得快。

笔者： 这么说的话，养猪的成本很高啊。

L： 是啊。有时候，一年下来就白干。如果猪得病死得多的话，还得赔钱。我们有个口诀，说：两年挣，一年赔，还能干；两年不挣，第三年还不挣的话，就不能干了。有的时候，猪场的猪全部死掉的话，连多年挣的钱也得赔进去。

在 10 年多的规模养殖过程中，能够养家过日子。养猪时间短的，赔钱都不养了。这些年来，我这边那么多养猪的，有的因为养猪赔钱，改成养鸡，后来，养鸡也赔钱，就不养了。现在，就剩下一家还在养猪。但是，他也整天担惊受怕。没有听说一个养猪户能够发大财的，最多能养家糊口。怎么都发不了财！国家还有一年给母猪补贴每头 100 块呢，还真到我们手里了。第二年，到了我们养猪户这里，真没有几个钱了。

笔者： 真没有想到，你们养殖户会不赚钱甚至赔钱！

L： 没有办法，猪的病实在太多了。比如说，口蹄疫也叫五号病，这种疫苗，我简单说一下。口蹄疫传染得非常厉害。因为养猪的都知道，养猪的不能和养牛的在一块。牛很容易得口蹄疫，一旦附近的牛得了口蹄疫，不出 3 天，猪也会得口蹄疫。口蹄疫利用空气就可以传播，你从养牛场走过，你的猪就得了口蹄疫了。另外，到得了口蹄疫的养猪场去了一趟，回来自家的猪也就得了口蹄疫。

高热病的疫苗也叫蓝耳病的疫苗，不是一种病构成的。三种病综合在一起或者加上其他很多病的时候，（就是）这样的病。

现在的猪一得病，拿到当地的农科院都说不清楚究竟是啥病。现在，高科技制造的药物吧，根本治不了猪病，也控制不了猪得病的速度。稀奇古怪的病就有了。我也化验过几次猪血，专家也说不下个啥。

传统养殖业的时候，一家养一头猪的时候，很少听说你家的猪死了。这样的话就听不到。听到的不过就是猪圈不结实塌了，砸死猪了。今年，我农村的熟人给我打电话都说，今年农村的猪死得很厉害，都死得就剩下一头猪了，现在散养养猪都不容易养了。①

2012年夏天，西北S省B市C区某村一个家庭饲料加工厂的主妇与笔者就猪病有如下对话。

笔者：今年，猪病多吗？

主妇：现在猪病比较多，尤其是去年。发病时有时候每天都要打针，有的拉稀，有的发烧。今年还没有高热病，去年5月份高热病厉害，症状与人发高烧相似，今天打针，明天猪又发烧。发现猪得病，赶紧自己打退烧的针，因为兽医忙不过来。今天打针见效果了就好，如果效果不明显，三天后再换成另外的针，不换针猪就有可能死掉，卖药的也是根据养猪户的描述给的药。去年，猪长到150多斤快出栏时得了病，赶紧给它们打针吃药，清早醒来却发现猪死了，抬都抬不动。……

笔者：为了预防猪病，是不是要给猪喂很多兽药？

主妇：猪病很多，平时喂猪时就拌上药。买来的药上有说明，按照说明上的喂就行。一般喂药分季节，1—4月份为一个季节，4—6月为一个季节，不同的季节喂不同的药。比如每年12月到新年，猪的痢疾就会发作，猪拉稀的很多，眼看猪快出栏了却成这样，打针吃药都不见效，猪拉稀到一个星期会慢慢停止。去年10月份，季节性的口蹄疫比较严重，症状看起来是发烧，由于猪蹄烂导致猪虚热，如果退烧就可能导致猪死亡。去年，有的人50头猪死了20—30头，我买的杨凌的猪娃20头死了10头，一头猪娃280—300元，从2月开始喂，喂了3个月，死了10头，都

---

① 访谈4。

赔了。如果卖的话只给50—60元，猪长到快100斤了，真可惜呀。村上好几个养猪人都是这种情况。如果算药钱，一盒针10支，40元，100毫升装。小猪需要几毫升，大点的猪需要15—20毫升，买一盒药喂不了几头猪。100克装的药一袋30元、60元。如果里面有添加剂，一盒25—40元，一盒药只吃一星期。去年猪病特别多，也吃了好多药，药的种类太多了，药店效益好得很，一年能赚十几万元。去年，口蹄疫出现后，有的人一次要买2箱药，一箱药几百元。人们唯一的愿望是想把猪治好或者让猪痊愈，所以都是用最好的药。

S省B市C区一家年出栏1500头猪的养殖场老板W，是有30多年养猪经验的老养殖户。他谈到为了防止猪生病，就要提前预防。但是，他预防的方法是给猪饲料中加药，另外，提前打各种疫苗。

笔者：为什么现在猪病就多了呢？

W：病因主要是养猪人多，疾病传播快，防疫、药的质量都没以前好。以青霉素为例，原来打针后很见效。现在的药品价格高，看说明治疗的范围很广，一旦猪有病，打针吃药下去不太管用。虽说风险高，但作为农民，只要有经验，把握好市场，就能生存。正常年份，一头猪的成本是1200—1300元，包括猪苗、饲料、药等，卖价1400—1500元，纯利润也就200—300元。往往是市场行情好时，疾病也多。

笔者：这是为什么呢？

W：原因有几个方面。如果小猪卖得快，还没有断奶就被买走，当然抵抗力弱，疾病也就多。母猪不健康，一些疾病也就在仔猪身上潜伏下来。去年我买的仔猪40—50斤大，死亡率在10%以上。当时我买的猪娃一头需600—700元，这样猪娃病少，好管理。如果专门请个兽医，养活不起。不过自己有养殖经验，一般病症可以自己对付。只要药没问题，猪吃了就会好。遇上疑难杂症就要请兽医专家。预防工作要做好，不管它是否有病，先预防着，因为猪的成本很高，等猪发病再治疗就晚了。如果不发病，一头猪的正常预防需20多元，这个钱不包括疫苗。保育就是加点药粉在饲料中，疫苗就是买成品疫苗给猪打。有些疫苗价格更高，一头猪就要20—30元。一般猪打的疫苗有猪瘟、五号病、高热病（疫苗），这样下来一头猪也就是10—20元疫苗费。这样算下来一头猪需 40 多元钱。如果要打喘气病（疫苗），四酮体，费用会更高，也更麻烦。①

事实上，我国的养殖业存在大量使用渔药、兽药的情况。② 笔者在访谈过程中发现，除了养猪业外，其他养殖业反映的共同问题，仍然是动物疾病防不胜防。

Z 省 J 市某山区大型甲鱼养殖企业的老板 D 谈到，他养的甲鱼每年的死亡率高达 20%。他说：

> 那今年从春节到现在基本上雨特别多，像这样长时间天晴的真的不多，所以说我感觉养甲鱼真的不好养，甲鱼这样的话生病多。生病呢，主要一个关键问题是我们的密度养得高了，比如说只几个你放在家里面塘里面不会生病的，没事的，跟养鱼一样的。③

Z 省 J 市是蜜蜂养殖大市，市畜牧局专门设有蜜蜂管理科。干部 H 专门与笔者谈了蜜蜂生病及用药的情况。

笔者：给蜜蜂也使用兽药吗？

H：就是用药，用治病的药，蜂也会得病的。动物嘛，这个东西也属于昆虫动物都会得病的。现在的抗生素之类的药物是禁止用的，至少在你生产的季节就是取蜜季节，或者生长蜂王浆季节是禁止用抗生素类的药物的。那种中成药啊、中草药啊这种合成剂还是可以用的。就是不要在那个生产季节用就可以了。就是要通过合作社去做这个，因为合作社是有分组的嘛。组下面也有组长的，他们是长期一个组，都是走一条线的嘛，大部分都是在一起的，组长会经常到各个蜂场走动看一看啊检测那个。然后，我们是有养蜂日记的，这边我们现在正在做的一个东西就是这个养蜂日

---

① 访谈 9。

② 李兆新、冷凯良、李健、李晓川、王维芬：《我国渔药质量状况及水产品中渔药残留监控》，《海洋水产研究》2001 年第 2 期；杨先乐、郑宗林：《我国渔药使用现状、存在的问题及对策》，《上海水产大学学报》2007 年第 4 期；战文斌、刘洪明、王越：《水产养殖病害及其药物控制与水产品安全》，《中国海洋大学学报（自然科学版）》2004 年第 5 期。

③ 访谈 19。

记，要登记的，到时候产品收购的时候有补助的，然后买蜂药的时候也有补助的，如果你这个东西不填的话，就是没办法掌握它的一个基本情况。但是相对蜂农来说有一点补助的话还是好的嘛。企业的也有二次返利，如果你质量达到他的要求标准，到时候会按收购的百分之，有个比例的嘛。要看年成怎么样，如果是收成好的话比例会高一点。每年 J 市这些企业的二次返利有好几百万呢，就是返还给蜂农的这一部分钱。J 市有 20 多万蜂农呢！

笔者：蜜蜂的病多吗？

H：蜜蜂的病虫害有美洲幼虫病啊、欧洲幼虫病啊、白蛾病啊这些，有些还有蜂螨，就是那个病害的一种螨类的东西，主要是这些。用药的种类，蜂螨就是用螨扑，然后像那个欧洲幼虫病啊、美洲幼虫病啊那些东西，现在没有有效的治疗药物，有些菌类的病，抗生素都不敢用。就是你要么把它隔离换箱子，把它给消灭了，像常规的按生物学的就是把蜂王给关起来不要让它产卵，不要让新蜂出来，就是这批老蜂比如得病处理后，人为地把它处理，要么如果实在患病很严重的话只能把它给隔离，让它自生自灭不要产卵。这是一个常规的东西，因为现在抗生素是严禁使用的。产蜜期间是一定要严禁使用的，平时按规定是要严禁使用的。

笔者：蜂农能够做到不用抗生素吗？

H：但是毕竟蜂农这个不可能。就是说他有时候这个东西也控制不了的，不可能看他大批的蜂箱几百几十箱都把它处理掉，他肯定不可能，他舍不得的。[①]

西北 S 省 B 市 C 区的一家种鸡场老板 G 说：

咱们国家，新城疫，你得防，禽流感，你得防。还有其他一些病，比如你那里得过的病，就得防，你那没有得过的病，就不用防。比如，传染性鼻炎，一些地方流行，必须得防。我这里没有这种病，我就不用防。哪些是必防的？有些是地方性、区域性的疾病。[②]

---

① 访谈 22。
② 访谈 14。

西北 S 省 B 市 C 区的田奔农业发展有限公司，年育肥商品牛 3000 多头，屠宰加工肉牛 5000 头。该公司的负责人 Z 告诉笔者，牛的病也不少，不过，牛比猪皮实，即使快死了，也得十来天的时间，看见牛快死了，就赶快杀了卖掉，不能等它死。

笔者：牛得病情况如何？

Z：牛得病，有兽医，都有专业兽医证，这些都是上级批准的。兽医每天晚上都在这里住着呢，每天要查房，和病人一样，看这头牛啥病，吃啥药，那头牛感冒了，打什么针。每天要看病、吃药，每天都要查一次病房，像看病人一样。有些牛感冒，有的是痢疾，拉稀。有的牛得病是鼻子流清涕，比较厉害。牛的相互传染病也有。一旦发现传染病，隔离就得转移到其他地方。有隔离区，就不会传染。

笔者：兽药成本高吗？

Z：兽药的成本，有一阶段高，有一阶段低。一个月这么多牛就1000—2000 元。一头牛的药费成本，发现得早就花钱少，一旦加重，就花钱多了。要预防为主。咱们平时的料里面也得加药，开胃的药比较多，让它多吃。

笔者：开胃的药不是防病的药？

Z：但是胃有病也就得治疗了。除了开胃药，还有一般一个星期消毒一次。每个圈里面，消毒液给每头牛身上喷，特别是肺上。疫苗也得打，是区防疫站里来打。这个有规定，不能随便打。喂牛每天几点喂料、几点饮水，都有时间。还有记录呢。给哪头牛打针有记录，哪头牛有啥病都有记录。

笔者：牛病死的风险大不大？

Z：比养猪风险小。猪场传染病来了没办法。牛生病后牵去把它隔离开，牛就皮实一点，就说死呀死呀，也要死个十几天到 20 天呢。[①]

Z 省 J 市某山区大型甲鱼养殖企业技术员 L，也重点谈到兽药存在的各种问题，连他们养殖甲鱼都使用人用药，最终危害到人的健康。他说：

---

① 访谈 13。

主要问题，一个是饲料，一个是药品。饲料里还要我们自己去添加维生素等成分，有的人会添加违禁药、抗生素等。再一个就是药，现在这个渔药乱七八糟的药太多了，什么病都能治的药，掺假的药太多，看起来都是什么国家认证，其实我看都不怎么样。现在养甲鱼的药都用人药了，怕用假药。因为它首先不会吃死，但是又不会起任何作用。这就是兽药厂管理的问题了。兽药没人管，最终还是回到人的问题了，最终形成恶性循环。现在人的药解决了，但是其他的不解决，又回到人的问题来了。有个朋友说，鸡养到一个半月就可以吃了，猪养到半年就可以了，小孩子吃了最不好了，真是害人啊！你了解真相你就不敢吃了。①

在与笔者座谈时，Z 省 J 市畜牧兽医局兽医师 J 谈到兽药使用过程中存在的一些问题。

笔者：那您可否谈谈兽药使用过程中的一些问题。

J：兽药这块，由于我们的管理水平啊、基础设施啊，比较差的话，猪容易生病。养殖户首先想到的就是加药。加药，一个是饲料里，一个是注射，一个是加到饮水里。我们现在在推广尽可能地不要加到饲料和水里，最好是注射。但是，注射的话，增加了养殖户的难度。因为这么多猪要注射，难度很大。上万头猪就更加麻烦。但是，我们还是建议不要加到饲料里，有的加很大的量。饲料厂本身就已经加了兽药了。另外，养殖户自己还要加。这样，剂量就很大了。尽管影响一下子看不出来，但是，它是一个积累的过程，有时候，还与放到水里的药有冲突。另外，病理性的疾病，加药是没有效果的，一定得打防疫针。如果没有打防疫针，一定猪瘟疫来了，加药就没有用了，浪费了钱，环境更加污染了，还死得很厉害。

笔者：散户对怎么用药也不太清楚。推销药的很多，都说自己的药怎么怎么好。

J：药店会告诉他怎么用，那倒没有问题。这跟我们去买东西人家推销一样。

笔者：那你觉得兽药除了这些问题，还有些什么问题呢？

---

① 访谈 19。

J：母猪加药加得很多，有的药也用得不对，对母猪的伤害比较大，使得母猪的肝脏、肾脏都比较脆弱，造成母猪的死亡率很高，有的时候，一天就有好几十头母猪死亡。因此，如何引导农民科学用药、谨慎用药，不要一有问题就加药。现在，政府对这块也慢慢重视起来。如果把环境整理好，再加上政府采购的疫苗质量能够上去，就好了。我们认为疫苗还是应该走市场的道路，接受市场的检验，质量比较放心，老百姓也敢用。政府采购的话，质量就难说了。有的用了之后，并不是大批死亡，而是长不大。人家的猪6个月就出栏，你的10个月、12个月还没有出栏，这就是因为打了疫苗没有起到很好的保护作用。在我们中国，猪瘟啊、口蹄疫啊、伪狂犬啊、蓝耳啊，还是很泛滥的、很厉害的、很影响猪的健康水平的。而且，母猪不健康，生的小猪也不健康，猪病就传染开了。蓝耳和圆环是国外传进来的。[1]

从笔者的调研情况看，畜禽疾病繁多，为了避免畜禽死亡，大中小型养殖场全部都要使用兽药，并非像一些学者认为的那样，仅仅是少数散养户的个别行为。[2] 根据中央电视台的曝光，山东六和集团由一家饲料生产企业发展为大型农牧业产业化龙头企业，是国内最大的禽肉产品供应商。但是，该企业销售兽药的毛利高达60%，向养殖户推销药物俨然成了养殖企业的重要任务。养殖户是被迫用药的，如果养殖户用药不够的话，企业就从养殖户的利润里扣钱。一只5.5斤重的鸡，必须使用1.5元的兽药，这是行业不成文的标准。山东地区一只5.5斤重的肉鸡，平均用药在1.7—1.8元。养殖户用1.8元的兽药，肉鸡养殖企业要挣8—9角钱。[3] 这就说明，在利益的驱动下，大型养殖企业也在兽药滥用中起了推波助澜的作用。据统计，2010年，我国1700多家兽药企业销售了约250亿元人民币的兽药。如果仅仅是养殖户滥用兽药，根本不可能用掉这么多兽药！

---

[1]　访谈23。

[2]　王俊钢、李开雄、韩冬印：《饲料添加剂和兽药与动物性食品安全》，《肉类工业》2010年第7期。

[3]　何天骄：《六和捆绑兽药卖给养殖户　卖药毛利高达60%》，《第一财经日报》2012年12月24日。

二、兽药残留造成动物性食品安全风险

兽药的研发和生产，对预防动物疾病、促进动物生长做出了积极贡献。但是，兽药也会损害畜禽和水产动物的健康。兽药残留造成的动物性食品安全问题，也越来越严重。

1. 允许使用的兽药造成兽药残留

李兆利等的研究表明，喹乙醇和阿散酸对斑马鱼胚胎发育具有明显的致畸效应，喹乙醇和土霉素均具有一定的遗传毒性，能引起鲤鱼肾细胞DNA 的明显损伤，并呈现出一定的剂量 – 效应关系。[①] 我国的兽药残留有7 类：抗生素类、驱肠虫药类、生长促进剂类、抗原虫药类、灭锥虫药类、镇静剂类、β – 肾上腺素能受体阻断剂。这些兽药残留可导致人体直接中毒，产生变态反应、过敏反应以及细菌耐药性，致畸、致突变、致癌，等等。陈雨生等的研究也表明，鱼病和海洋灾害制约着海水养殖业的发展。鱼病直接导致鱼类死亡，造成经济损失，同时，鱼病也会导致对渔药、抗生素的滥用，影响海水养殖产品的质量安全。[②] 张国红的研究表明，食品安全问题"表现在养殖行业的突出问题则是滥用兽用药物、使用禁用药物、不执行休药期以及不规范不科学用药等。而禁用药物的根源在于兽药的生产、流通与养殖的使用过程，但其最终表现却体现在食品加工行业。不管养殖户是在不知情还是不懂法的情况下，使用了禁用药物，都无法逃脱和转嫁被追究的责任，由此造成的损失最终只能由养殖户自己承担，这样查处一次就可能造成多年的积蓄血本无归，影响再生产"[③]。

在国内，养殖业中滥用抗生素的现象非常普遍。我国已批准使用的抗生素（包括合成抗菌药）有磺胺类、青霉素类、氨基糖苷类、大环内酯类、氟喹诺酮类、酰胺醇类、四环素类等，主要用于水生动物细菌性疾病的预防和治疗，对产品规定了休药期。但是，由于畜禽和水产动物的疾病

① 李兆利、陈海刚、徐韵、孔志：《3 种兽药及饲料添加剂对鱼类的毒理效应》，《生态与农村环境学报》2006 年第 1 期。
② 陈雨生、房瑞景、乔娟：《中国海水养殖业发展研究》，《农业经济问题》2012 年第 6 期。
③ 张国红：《坚守兽药产业道德底线　重拾动物食品安全信心——从央视兽药潜规则起底论 2013 年中国兽药产业发展战略》，《兽医导刊》2013 年第 3 期。

防不胜防，磺胺类、四环素类、青霉素、卡那霉素、庆大霉素等药物在畜禽中已大量产生抗药性，临床效果越来越差，使用剂量也大幅增加。近年来，随着海水养殖规模的不断扩大，养殖环境和养殖水体的污染越来越严重，水产动物病害暴发频繁，养殖户的经济损失增大。与此同时，养殖户也大量使用高残毒的抗生素、化学药剂。药物滥用情况愈加严重，不但导致水产品质量下降、市场萎缩、经济效益逐年降低，同时也带来水产品质量安全等诸多问题。① 在水产养殖业中，由于养殖密度过高、卫生条件差、病害十分严重，极易出现过量施用渔药的问题。② 滥用抗生素导致药物残留超标产生的危害，主要表现为：影响人体免疫系统，降低肌体免疫力；有些合成抗生素有"三致"作用；导致耐药菌株不断出现，使抗生素失去应有的效果。如果发展下去，将出现人畜发病无药可医的可怕后果。③

2. 禁用兽药危害动物性食品安全

违法使用违禁药物现象，还是相当普遍。瘦肉精、安定、己烯雌酚、群勃龙等违禁药物被大量非法用于预防动物疾病、促进动物生长、增加蛋白存积、提高饲料利用率等。为了达到疾病防治和促生长目的，激素（催肥剂、生长激素、雌性激素等）在畜禽和水产动物养殖过程中的非法使用现象比较常见。这是造成动物性食品中兽药残留超标的主要原因。④ 广东、浙江、江西、陕西等地从事鱼类养殖的农民为了预防鱼病、加速鱼的生长，在鱼塘底部会铺上一层"环丙沙星"或者避孕药。避孕药的主要成分是己烯雌酚，主要用于鱼苗培育阶段控制鱼的性别，此药已被农业部定为违禁药物。体内含有此类化学成分的鱼成长周期大大缩短，如鳝鱼的成长期为 7 年，在药物的刺激下 7 个月便可长成。⑤ 近年来，"瘦肉精"、"孔雀石绿"、"硝基呋喃"、"氯霉素"等禁用兽药先后被曝光。2012 年 12 月 18 日，中央电视台曝光山东部分养殖企业滥用兽

---

① 周晓苏、王印庚：《我国海水养殖疾病防控策略》，《海洋渔业》2008 年第 5 期。

② 胡军华、查多、田鹏、王雨蓉、刘腾：《水产滥用抗生素　默认的行规?》，《中国市场》2011 年第 25 期。

③ 应永飞：《滥用兽药是自毁养殖"长城"——畜禽产品的兽药残留问题及其解决对策》，《中国动物保健》2008 年第 3 期。

④ 冯忠武：《兽药残留影响动物食品安全》，《农民致富之友》2004 年第 12 期。

⑤ 周勍：《民以何食为天——中国食品安全现状调查》，中国工人出版社 2007 年版，第 19 页。

药，给白羽肉鸡喂食抗生素或抗病毒药物，其中不乏国家明令禁止使用的激素类药物，而这些抗生素鸡、激素鸡在没有经过任何检验检疫的情况下就被送上了人们的餐桌。这一事件引起了全社会对动物性食品安全的高度关注。

3. 假冒伪劣兽药影响动物性食品安全

兽药质量的好坏，直接关系到动物性食品安全。兽药生产企业滥配复方生产假兽药的行为、经营企业盲目销售假兽药的行为，仍然禁而不止。2010 年，农业部要求各级兽医管理部门应当采取更为有力的措施，以重大动物疫病疫苗质量和动物产品质量安全为重点，切实做好 2010 年下半年兽药监管工作，并且要求加强兽药残留检测，特别是加强动物产品中激素类和兴奋剂类药物的残留监控，严禁不合格的畜产品上市销售。① 但 2012 年 11 月，经抽样确认的假兽药有 216 批。综合有关信息，兽药市场秩序混乱和非法制售假劣兽药的问题不可小觑。②

2013 年 1 月 12 日，中央电视台在《焦点访谈》节目中播出"兽药添了什么'祸'"，把动物性食品安全的根源性矛头直指兽药生产和流通环节。兽药行业中个别企业的潜规则，在整个行业几乎是致命的，比如夸大疗效、套用批准文号、擅自改变剂型、擅自改变配方等。目前，更致命的问题是不仅部分合法生产、经营企业干着不合法的勾当，而且大量不具有合法身份的所谓"企业"生产、经营不合法甚至假冒兽药直供终端养殖业者，监管部门查处合法生产、经营企业相对容易且易于起效，但"无资质、无固定场所"的兽药游商以所谓的贴牌加工、品牌事业部运作、终端起底营销而大量非法获利。张国红深刻剖析了兽药行业存在的问题，指出这些问题是引发动物性食品安全问题的重要因素，"纵观兽药行业每每遇到重大食品安全事件或产品质量事件后，部分兽药从业者总是以养殖从业人员素质低、养殖结构散乱、养殖规模小等为借口，而不是彻底地从兽药产业自身尤其是兽药产业从业者自身寻找诸如产业布局不合理、擅自改变兽药配方、擅自改变规格和剂型、擅自降低或提高组方含量、夸大宣传等问题，更有甚者是从事兽药生产、经营或使用的一部分人士压根就不

---

① 《农业部强化兽药安全监管加强激素、兴奋剂等药物监控》，《江西畜牧兽医杂志》2010 年第 5 期。

② 韩乐悟：《13 省抽样确认假兽药 216 批》，《中国畜牧兽医报》2013 年 1 月 27 日第 3 版。

懂兽药，对兽药行业缺少最起码的敬重、敬畏，只是一味地透支社会责任，透支兽药产业最起码的产业道德底线，把兽药作为一种谋利的手段"①。兽药生产、经营与使用企业整体道德感缺失，为了眼前利益而漠视法律，把科学的兽药产品标准视为制约兽药产品临床疗效的桎梏，把兽药按国家质量标准组织生产讥讽为缺乏创新和"科技"含量，把基于动物疾病防控基本规律制定的最佳治疗方案上升至"一针搞定"的目标，把兽药"安全、有效、方便、经济"的基本要求篡改为视"高效"为唯一，把养、管、防、治养殖全程的基本技术要求集中于"药"，矛盾自然凸显无疑，甚至把兽药的生产、经营和使用异化为"养殖户想什么我说什么，养殖户需要什么我做什么，养殖户出什么问题都是因为养殖户水平低"的"不是科学引领兽药需求，而是不择手段满足兽药需求"的恶性怪圈，诸如以价格定质量、以临床定配方、以需求定营销、以观念定卖点在兽药产业中见怪不惊。卜颖华、韩建业的研究发现，部分兽药企业任意调整有效成分以提高产品的使用效果，任意增加主要成分，使某种兽药由一种主要成分增加为两种或更多。为降低生产成本，将原料偷梁换柱，如用安乃近替代青霉素等。这些药物未经过毒性试验、耐药性试验和残留试验等，多数存在分解和药效不稳定等问题，给动物疫病防治和动物产品安全造成极大的恶果。这也就是为什么养殖户按照兽药说明书的休药期进行停药，但饲养的动物仍然被检测出药物残留超标的主要原因。还有的兽药企业以高、低含量取胜。以高含量取胜，即某一产品中有效成分的实际含量比标准规定的含量要高，这样就提高了该产品的使用效果，增强了产品的竞争力，虽然增加了成本，但使用效果好，无同类产品可比，因此价格也相应地提高了。以低含量取胜，即某一产品中有效成分的实际含量比标准规定的含量要低，这样就可以降低生产成本，价格低，经销商利润大，产品不愁卖。抽检结果显示，临床常用药阿莫西林等抗菌药和安痛定等解热镇痛药中有效成分的含量严重不足，部分喹诺酮类、磺胺类产品标示量高达150%以上。②

① 张国红：《坚守兽药产业道德底线 重拾动物食品安全信心——从央视兽药潜规则起底论2013年中国兽药产业发展战略》，《兽医导刊》2013年第3期。
② 卜颖华、韩建业：《浅谈兽药法规与中国兽药产品存在的主要问题和应对措施》，《经济研究导刊》2009年第36期。

第三节　病死动物销售严重影响食品安全

中国畜牧业养殖规模化程度较高，畜禽养殖相对比较集中，一般情况下，病死率为15%—20%，严重的甚至高达80%。在遇到甲型H1N1流感（猪流感）、禽流感、口蹄疫、猪链球菌、狂犬病、结核病、布病、炭疽等疫病时，有的养殖场、养殖户会全军覆没。前些年，很多养殖场、养殖户为了减少损失，就将病死动物低价转卖，极易造成重大的动物性食品安全问题。《动物防疫法》、《食品安全法》等相关法律明确规定禁止病死畜禽回流餐桌。但是，近年来，经常能够看到有人贩卖病死动物被判刑的新闻。为了牟取暴利，全国各地很多不法分子暗中形成了一条集捡拾、贩卖、收购、加工、销售病死动物为一体的利益链，危害动物性食品安全。2005年，四川省多人感染猪链球菌病，就是起因于人宰杀、加工、食用病死猪。2005年11月23日卫生部通报，中国确诊第三例人禽流感病例，患者发病前与病死禽有接触史。

从2005年7月到2007年7月，中国科学院植物研究所首席研究员蒋高明与中国科学发展观研究开发中心主任唐爱民带领的课题组成员在山东、内蒙古、北京等省区市开展了"养鸡场死鸡去向"的调查，令人大吃一惊的是：超过八成的死鸡被端上了餐桌！

死鸡的第一种去处是卖给小作坊加工火腿肠。死鸡两三毛钱一斤，一些制作火腿肠的小作坊老板购来死鸡后，去毛和内脏，取出"鸡"肉，再以高温处理，掺上淀粉和保鲜剂等，就成为"很好"的火腿肠原料。

死鸡的第二种去处是加工烧鸡。一些烧鸡店主往往挑选还没咽气、尚有余温的病鸡或者死鸡，快速处理加工成烧鸡。透着金黄色彩、令人"馋涎欲滴"的烧鸡就这样被加工出来了。

死鸡的第三种去处是喂养其他动物。有的是买死鸡喂狐狸、貂等兽类；另外一种情况是直接喂猪。华东地区有一大型禽病医院，每天处理死鸡50—100斤，这些鸡是全省养鸡户带来看病拿药供解剖用的。以前处理这些死鸡，需要雇人蹬三轮车拉到郊外掩埋。现在有人2毛钱一斤收购，禽病医院还可以赚到外快。[①]

H省S市的L告诉笔者说，猪死亡有几种原因：一是中毒，因饲料被污染、发霉变质，药物、添加剂或其他物质超量，搅拌不匀或误食有毒物质等导致死亡；二是疾病，动物因患上某种疾病或几种疾病混合感染经医治无效而死亡；三是用药不当，在给猪用药、打针过量或者错误时造成死亡；四是应激，由于长途运输、持续高温或低温、免疫、噪音等造成死亡。他也坦承自己卖过死猪，并且为此感到良心不安。

笔者：我看到很多关于贩卖死猪肉的报道，你经历过吗？

L：猪肉里面带的很多病毒，重金属铜、铁、镁都要加。猪肉里面重金属残留，农药残留。我举个例子，中毒死亡的猪，有几个方面。一个是吃老鼠药死的，收猪的和养猪的造成矛盾之后，收猪的就不择手段，把老鼠药给你的猪吃上，只有这个给你下毒的，才敢收你的猪。

有一次，农药药死好几头猪，我割了几车野草（喂猪），猪中毒死了。

还有是饲料变质了，不管配什么饲料，不能腐烂、变质，如黄曲霉素，母猪吃了都不繁殖了。有一次，我们买的玉米，造成猪死了。

大量地用药。比如有一种药带碱性，禁止超量，一次，我媳妇注射超量后，猪就不正常了，结果又注射一次，把猪弄死了，一次给弄死好几头猪。

像这样的猪能吃吗？养猪的倒霉，现在，收猪的也是集团化的。第一个你不卖还不行，后面来的，一个比一个出价低，你只能卖给第一个收猪的。

我感觉死猪一年的数量不比活猪少。有一个四川的在我们当地养，把好几年打工挣下的钱都赔进去了，猪都死了。有人全部收走了。干啥了？

我也卖过很多死猪，我感觉害人，才不能养了。如果是自己的孩子，你说能这样吗。

有一次，我看到一个孩子比他父亲还高，我还以为是大学生了，一

---

① 圣海：《向肉食说NO》，世界知识出版社2009年版，第158—159页。

问，才 11 岁。我还问他："爱吃肉吗?"他爸爸说："这孩子，一天三顿肉，离开肉就不行。"

老母猪喂了几年，咬不动，弄点嫩肉粉，就能吃了。

最好的品种，瘦肉率 71% 多，杂交的一般 60% 多。达到 60%，就差不多了。用了瘦肉精，杀了猪，你看，根本就没有白肉。

新闻报道了，抓住了，大家知道了。没有人发现，还不是照样?

政府也管，是我们太缺德了，我们就想方设法躲避。我亲眼见过开着面包车装死猪。现在养猪没法养了，养猪的只怕你把人家给感染了。[①]

笔者在 S 省 B 市 C 区调查时，正好在一家饲料加工点遇到一位加工饲料的老农。两个朋友帮他加工饲料，然后，他接受了笔者的调查，谈了死猪买卖的情况，并且也很诚实地说自己也卖过死猪。他自己养的猪由于打了假疫苗全部死亡，于是他就卖给收死猪的。但是，收死猪的只给每头猪 10 块钱。他还谈到，有人专门把埋了的死猪挖出来卖。

笔者：你的猪生病多吗?

养殖户：猪生病这是因为管理不善。平时喂猪时应多观察，勤照料，加强管理。今年，猪娃死得比较多，死一个猪娃，损失 400 块钱的成本。

笔者：听说有人买卖死猪?

养殖户：猪娃死了，太小，没人要，只能埋了。大猪死了才有人要，但是，你说给多少钱呢? 1996 年的时候，我的猪因为打了质量不好的疫苗，2 天就死光了，大猪长到了 120 斤，小点的也有 80 多斤。人家收死猪的，一头才给 10 块钱。那时候，猪娃买来都要 120 块钱呢。我和人家搞价，人家 10 块钱都不要了。后来，好说歹说，人家才拉走。也有人把死了的猪娃挖出来卖，有专门收死猪的，也有专门卖死猪的。有人图便宜，就专门去买死猪肉，利润可观。

他们都有暗语，比如说，我这里有死猪肉，你和我打过交道，就问有货没有，我就说有，不说是多少斤，提前装好的分量。然后，卖给专门加工水饺的工厂，提前把肉馅搅好了。再一个是泾阳有家食品加工厂。2009

---

① 访谈 4。

年 11 月，猪口蹄疫严重时，我养的猪 230 多斤，共 7 头。我当时凭观察，有的猪爱吃，有头猪不爱吃，有点无精打采，就赶紧叫兽医给它打了一针。第二天大清早，我和朋友去杨凌赶农高会，因走得匆忙没去看猪，回来时已是晚上 7 点多了，去猪圈里一看，才发现那头猪已死，急忙趁天黑拉出来，最后只好以 200 元卖掉了。其他的猪我精心喂养，平均每头卖了 1640 多元。①

S 省 B 市 C 区某村一个家庭饲料加工厂的主妇说，自己的猪死掉后，因为怕别人吃了不好，就埋了。但是，她也承认，有的养殖户觉得埋掉太麻烦，就卖掉了。

笔者： 听说还是有买卖病死猪的情况？

主妇： 去年，猪长到 150 多斤快出栏时得了病，赶紧给它们打针吃药，清早醒来却发现猪死了，抬都抬不动。如果卖掉就让人吃了，对别人也不好，还是埋了算了，也有怕麻烦卖掉的。摊上这样的事，你说能赚钱吗？②

2012 年之后，国家为了防止买卖病死动物，一方面严厉打击买卖死猪者，抓到后判刑；另一方面，给予深埋病死猪的养殖户每头 80 元的补贴。

S 省 B 市 C 区某中型养猪场老板 W 坦率地说，光雇一个人深埋病死猪，工钱就要 70—80 元，拍照后，才能去政府领这 80 元，非常麻烦。

病死猪需要深埋，要挖 1.5 米深的坑，既要雇人挖，撒石灰，还要拍照，雇一个人一天就要 70—80 元，麻烦得很。③

S 省 B 市 C 区的新野良种猪繁殖场老板 Q 说，2012 年，病死的母猪非常多，南方的一家大型养猪场一个月就死了 8 万头猪。他 7 月份死了很多头猪，不过，只上报 200 多头，因为报的死亡数多，政府有关部门会要

---

① 访谈 5。
② 访谈 6。
③ 访谈 9。

求重新上报数字。他还谈到，由于死猪深埋有补贴，病死猪买卖的情况才好了一些。

笔者：病死猪会被卖掉吗？

Q：以前卖死猪，现在好多了。给人建设火葬场，也应该给猪建火葬场。我计划弄一块地来建，用电烧。你只要拉到这个地方来，我就给你钱。一个村或者一个镇一个都可以，否则死猪就被拉走卖了。深埋你要有地方。现在一般都是混合感染，对药产生抗体了，母猪是亚健康。现在建猪场前是没有检查，建好才检查。①

S 省 B 市 C 区畜牧局 W 股长谈到，尽管病死猪深埋后，国家会给养殖户一点补贴，但是，这点补贴要杜绝病死猪买卖，也不容易。

一个死猪问题，今年以来，国家的政策操作性很差。特别是初期，他也不说多大的猪，也不说怎么个程序，我来搞觉得难度比较大。就像火葬场一样，搞一个地方，按照国家的设想，养殖户还要负担 20% 的费用。这样，实际情况是，养殖户自己埋掉了。农户自己散漫惯了，猪死了，怕人家笑话自己养得不好；还要负担，你还要让他掏钱。他不愿意去做。你如果要某个企业去做，要政策落实，怎么处理也搞不清。好久不知道怎么操作。到 6 月份之后，才不让农民掏 20% 了。此前，还要掏。按道理说，不应该说国家不对，就是政策不稳定、不持续、不配套。②

Z 省 J 市"水岸人家"渔家乐的老板 J 也承认，前些年，死鱼被鱼粉厂收购后做了饲料，最后还是喂了鱼。

笔者：你们的鱼，死亡率高不高？

J：死的话，像我们这种，一般不大会发病的，我们是流水的。离这里不远的一家养鱼场，就今年它全部泛塘死了，损失好几十万。不是得病，它是缺氧，它那个情况比较特殊，因为是工业园区，它的净化水的设

---

① 访谈 10。

② 访谈 16。

施（被）破坏掉了，它的净水和排水设施，因为搞这个工业园区，被破坏掉了。发现鱼缺氧已经来不及了，泛塘的话没办法了，几分钟就死了。死鱼根本没人要，要做无害化处理的。

笔者：我从新闻上看到有些地方是可以买卖死鱼的。

J：以前，死掉的话，有部分鱼粉厂还会收。现在不敢收了，要判刑呢。①

Z省J市畜牧兽医局党支部Z书记重点谈到病死猪的处理问题，认为近年来由于贩卖病死猪要被判刑，很多人不再敢贩卖病死猪了。

食品安全呢，目前我们了解的情况，就我个人了解的情况，食品安全方面的话可能主要是病死猪处理这块。那病死猪处理这块，其实我们抓的是比较严，应该是，从畜禽养殖这块，食品安全的话，现在应该说比前些年进步很多。前些年嘛，你可能说病死猪肉啊之类的上市有可能的，但是近两年呢抓得比较紧。包括我们今年处罚的那个，去年的时候破了一个案子，就是销售贩卖死猪肉的，这个去年处理过的。今年来讲，目前还没有听说这个情况。②

2013年"两会"期间，上海黄浦江出现"一江死猪向东流"事件，引起了全世界的关注。截至3月20日，上海市已累计打捞死猪10395头，浙江嘉兴也打捞死猪近5000头。浙江嘉兴的一名工作人员透露，2013年死猪数量骤增，其中很大一个原因在于贩卖死猪"地下产业"的消失。以前50斤以上的死猪都是出现在餐桌上的，但2012年以来公安部门加大对病死猪市场的打击、取缔力度后，几个相关犯罪团伙相继被抓获，没有人再来收购死猪了，所以现在多出这么多死猪。③ 当病死猪不能被贩卖后，由于农村养殖地域分散，中小型养殖场和散养户没有专门的病死动物尸体处理设施，而深埋成本又高，造成部分中小型养殖场和散养户把死亡动物尸体土埋，或随意丢弃到路旁、河沟、垃圾点、离定居点较近的树

---

① 访谈18。

② 访谈24。

③ 沈文林、陈炅玮：《黄浦江死猪事件追踪：知情者称以前死猪都上餐桌了》，《新民晚报》2013年3月12日第A05版。

林、草场。这些处理病死动物尸体的方式，成为真正的疫病污染源，严重威胁着社会公共卫生安全。

第四节　促进动物迅速生长的饲料

在传统养殖方式下，鸡、鸭、鹅一般要将近一年的时间才能长到5—6斤，猪要1年多才可以长到200多斤，泥鳅在第二年年底才能长到15克左右。现在，我国的养殖业正由传统养殖模式向现代养殖模式转变，养殖业对饲料产品的需求不断增加，养殖场几乎都在使用工业类饲料原料、饲料产品，鸡、鸭、鹅短短40天就可以迅速长到6—7斤，猪5—6个月就可以长到200多斤，泥鳅1年就可长到10—15克。2010年底，我国屠宰了超过120亿只（头）禽畜动物，尚存栏60多亿只（头）禽畜动物。[1] 在很大程度上这要归功于饲料及饲料添加剂。

20世纪80年代，西南某农业大学畜牧兽医系毕业的王杰，从事兽医和饲料工作20多年，曾任国内两大饲料品牌的大区经理。他认为，中国在2001年就成为世界产肉第一大国，在这快速增长的背后却隐藏着不为人知的巨大危害，这样的超速增长在很大程度上是靠一些化学催长剂来支撑的。在"速度等于金钱"的原则指引下，形成了这样一条养猪产业链：催长剂→饲料添加剂→饲料→仔猪→肥猪→市场。"化学催长剂的应用使得各个生产环节的经济效益大为提高，只是苦了消费者，就因为要吃肉，他们可能每天都在慢性中毒。"[2] 据王杰介绍，农民养猪除了自己吃的以外，几乎都是用饲料进行饲喂，饲料喂的猪一般不到150天就可以长到200—300斤，而不喂饲料的猪要300天甚至365天才能长到150—200斤。这两种猪肉在市场上卖同样的价钱，不喂饲料既费时间又耗粮食。如果你是养殖户，无论从时间还是经济效益考虑，你肯定都会选择饲料和饲料添加剂。[3]

---

[1]　中国畜牧业年鉴编辑委员会编：《中国畜牧业年鉴2011》，中国农业出版社2011年版，第146页。
[2]　党艳：《疯狂的饲料——饲料添加剂大起底》，《华夏时报》2011年8月8日第20版。
[3]　党艳：《疯狂的饲料——饲料添加剂大起底》，《华夏时报》2011年8月8日第20版。

表 3 - 2   2010 年全国部分禽畜动物统计

单位：亿只/头

名称	屠宰数	存栏数	名称	屠宰数	存栏数
牛	0.471682	1.062643	兔子	4.645248	2.150069
家禽	110.06	53.53	羊	2.722015	2.808789
猪	6.668643	4.646001			

资料来源：中国畜牧业年鉴编辑委员会编：《中国畜牧业年鉴 2011》，中国农业出版社 2011 年版。

目前，我国批准使用的饲料添加剂有 200 多种，允许使用的药物添加剂近 60 种，不允许使用的药物添加剂已近 80 种。近年来，饲料和饲料添加剂引发的动物性食品安全问题日益受到人们的关注，饲料安全已经成为一个全球性问题。国外重大的动物性食品安全事件，很多都直接与饲料有关。1990 年，西班牙发生因食入含有盐酸克伦特罗（瘦肉精）的动物肝脏导致 43 个家庭集体中毒的事件。1999 年，疯牛病在英国大规模暴发，大约 17 万头牛感染疯牛病，疯牛病发生的主要原因是牛食用了以死羊和死牛内脏作为原料的饲料。其他国家通过进口这种肉骨粉饲料，将疯牛病引入国内，导致其快速蔓延。1999 年 5 月，比利时发生了震惊世界的"二噁英"事件，荷兰三家饲料原料供应厂商提供含二噁英成分的脂肪给比利时的韦尔克斯特饲料厂，使该厂自 1999 年 1 月 15 日以来误将其混搀在饲料中出售，已知其含的二噁英成分超过允许限量 200 倍左右。该饲料厂生产的含高浓度二噁英成分的饲料已售给超过 1500 家养殖场，其中包括比利时的 400 多家养鸡场和 500 多家养猪场，并已输往德、法、荷等国。这一事件，不仅造成高达 25 亿欧元的直接经济损失，而且导致比利时政府集体辞职。2011 年，德国发生"二噁英毒饲料"事件。一家生产商将混合脂肪酸用于生产饲料脂肪，而上述脂肪酸明确标明仅适合工业用途，例如生产润滑剂。从这家公司流向德国 4800 家农场的十几万吨饲料中至少有 2%、最多 10% 是"二噁英毒饲料"。除德国的蛋、肉受到污染外，大约 13.6 万枚销往荷兰的鸡蛋也可能受到污染。捷克禁止出售 20 万枚从德国进口的可能被二噁英污染的鸡蛋，但从德国进口的 4.5 吨可能被二噁英污染的猪肉都已被当地人食用。德国封闭超过 4700 家农场，销毁大约 10 万枚鸡蛋，封存了 6.6 万吨肉。这一连串的饲料安全事件，给所在国造成了极大的经济损失，同时也给国际社会敲响了警钟，使得各国政府高度重视畜产品安全，尤其是饲料安全。

彼得·辛格介绍了美国奶牛养殖场研究的饲料完全违背奶牛的天性，但是，却可以使得奶牛多产奶。

　　为了获得最高的奶产量，业主用含高能量的浓缩饲料喂养奶牛，如大豆、鱼粉和酿造的副产品，甚至还有鸡粪。牛固有的消化系统并不适合消化这些食物。反刍本能是为了逐步消化发酵的草料。产犊后几周的奶产量最高，这时母牛的热量消耗常常大于摄入。由于她的产奶能力超出了食物吸收转化的能力，所以开始分解和利用身体的组织储备，"用自身的元气来产奶"。

　　奶牛是很敏感的动物，压力会造成她们心理和生理上的紊乱。她们十分需要与"照顾"她们的人建立密切的关系，可是今天的牛奶生产系统，却容不得饲养员一天对每头牛花上5分钟时间。在一篇题为"不需要草地的奶牛场"的文章中，一家最大的"牛奶工厂"吹嘘一项进展，"一个工人在45分钟内能喂800头牛犊，过去通常需要好几个人干一整天才行"。

　　目前正在迫不及待地寻找干扰奶牛的天然激素和生殖过程的方法，以进一步提高奶产量，方法之一是极力推荐牛生长激素来大大提高牛奶的产量，每天注射可使奶产量增加20%以上。但是，注射生长激素除了发生乳腺炎症引起疼痛外，更加驱使母牛的身体超负荷运转，因而她们需要更丰富的食物。可以设想，原本已疾病缠身的奶牛，又给她们带来更多的病痛。宾夕法尼亚大学兽医学院大动物内科主任、营养学专家戴维·克朗菲尔德教授，在一次临床试验中发现，注射牛生长激素的奶牛半数以上发生乳腺炎，而未用的对照组则不发生。[1]

尽管近二十多年来我国饲料产业得到了快速发展，但饲料安全问题始终是饲料产业迫切需要解决的首要问题。2006年发生的"苏丹红"鸭蛋事件中，河北省个别养鸭场使用了被称为"红料"的饲料添加物，其中苏丹红Ⅳ号的含量竟高达41%，在配合饲料中的比例达50mg/kg——

---

[1]　［美］彼得·辛格：《动物解放》，祖述宪译，青岛出版社2004年版，第124—125页。

100mg/kg，有关部门将这些吃了"红药"的鸭子下的红心鸭蛋送检发现，鸭蛋也被苏丹红Ⅳ号污染。① 2008 年，香港食物安全中心发现香港超市中的大连产"佳之选新鲜鸡蛋（特大装）"三聚氰胺超标 88%。之后，又有几家公司陆续被媒体曝光。多数专家怀疑是鸡饲料中被加入过量三聚氰胺。有调查显示，在动物饲料中加三聚氰胺已是公开的"行业秘密"。在饲料中加三聚氰胺，五年前从水产养殖业开始，后逐渐向畜禽养殖业等行业蔓延。加入动物饲料中的三聚氰胺基本来自化工厂废渣——"蛋白精"，是饲料厂以三聚氰胺废料、羟甲基羧基氮等为原料制成的一类假蛋白饲料，主要成分为含氮杂环化合物，属于非蛋白质含氮化合物，主要用于工业生产。

一、养殖户难以信任饲料质量

在调研的过程中，很多养殖户都谈到饲料对动物生长的促进作用。华北 H 省 S 市的养殖户 L 以自己的养殖经历揭示出饲料促使猪快速生长的一些秘密，包括饲料含有多种药物甚至激素。他说：

笔者：饲料对猪的生长有多大的促进作用呢？

L：一般低档饲料的，9 个月、10 个月也出不了栏。里面对人体危害的成分肯定少。但是，中档的呢，出栏时间就能够往前提一个多月。比如，低档饲料 9 个月才能出栏吧，中档饲料 7 个月就能够出栏。高档的就还能够提前一个多月到 2 个月的时间。养猪特别有意思，冬天的话，即使是高档的饲料，也长得慢，环境必须跟得上。猪对温度特别敏感。用的是强化饲料，实际上也不是饲料，而是一些激素类的药物。在正常的饲料中把这种东西添加进去。强化饲料根据自己含量的多少，根据价格，价格越高，里面含的药物越多，再配相应的粮食。在猪出栏前一个月，会大量地喂这种饲料，它长得就快。小的时候，集约化养猪，温度必须达到猪的生长温度。

很少的时候，有 3 个月就能出栏。这与猪的品种也有关系。像杂交猪，4 个月出栏，那是很好的了。他们叫猪都是外国名字，比如杜克，是

---

① 周克勇：《苏丹红事件对饲料安全监管提出严峻挑战》，《中国畜牧兽医报》2006 年 12 月 17 日第 9 版。

美国进口的；比利时猪，是比利时进口的；大白猪，自己的，特别纯的猪种，长得就是快，必须是高技术、高投入的养殖，才能养殖。

……

笔者：你在前面讲到低档、中档和高档饲料以及强化饲料，它们有什么差别？

L：低档的，大豆少，杂东西多，赖氨酸、矿物质等少。

一种浓缩料、一种预混料。因为浓缩料假的多，都不敢买了。

不可能靠饲料让猪长那么快，饲料里就加了金霉素啊，这个啊，那个啊，他就给你加了。配方就说了，还要你停药多少天。

停药期28天，是自己加的。比如，预混料里面说它什么药都含了，我们根本就不敢相信。我一开始还用了一种药物，写着停药期41天，人家写着呢，41天内，药物残留着呢。咱缺德呢。磺胺类（药物）写着停药期28天。专门买磺胺类的（药）粉预防。不预防就根本过不了关，稍微气候变化，就可能得病。不喂饲料，它不长；不用药，它得病。离开这两项，真是养不了。你问哪个养猪的，他都离不开。不用药，是不可能的，人还会生病，还会死呢，也会用药，怎么猪会不用药呢？

如果环保养殖，猪肉的价格绝对不是现在的猪肉价格，否则肯定赔钱。我以前还想养那种猪，我也担心养出来没有人要，怎么办啊？

……

笔者：听说你曾经买过猪吃一斤饲料能够长3斤肉的饲料？

L：我也不知道那种饲料里加了什么药，我亲自搞过实验的。正好是春天到夏天的季节，温度也适宜。人家卖料抓的时机也好，卖料的告诉我说，哪怕你用这点料做个实验。我就另外弄了一圈猪，喂了28天，每天长了三斤三两。有的都200多斤了，体型又圆又胖，老往胖里长，人家就说是强化饲料。第二次卖给我的时候，人家说买得多，便宜，就买了很多。结果，就没有效果了。人家就是骗你一次就算了，好几千块呢。

成本中开支大的，就是饲料和药。不喂这些饲料，得病也少，养10头、20头的，人家不用饲料，自己粮食、泔水和着饭店的泔水，人家的死亡率还真不高。你说一天长3斤，肯定不正常，骨头架子都不正常，所以，猪就不敢推，怕死了。①

———————

① 访谈4。

当笔者问西北 S 省 B 市 C 区某村一位家庭饲料加工厂的主妇是否有可以吃一斤长好几斤肉的饲料时，她也证实确实有那种一天可以让猪长 3 斤重的饲料。

养猪最起码得 6 个月，4 个月出栏是 2007 年以前的事。以前听说喂饲料一天可以长 3 斤，现在没有这样的事了。这或许是饲料的原因吧。[①]

S 省 B 市 C 区某中型养猪场老板 W 也告诉笔者，饲料在迅速催猪长大方面有非常重要的作用。

笔者：你已经养猪 30 多年了啊？现在的养殖规模有多大？

W：现在的规模每年出栏 1500 头。政府扶持偶尔有，风险个人承担。前十几年都是用苞谷、麸皮养，养一头猪需 8—9 个月，将近一年时间。

笔者：现在用饲料吧！用饲料就缩短了猪的生长期吧！

W：有了饲料以后就可以提前 2—3 个月，5 个多月养一头猪。买来饲料，配上玉米、麸皮，就可以喂。过去一头猪养一年达到 200 斤，现在 5 个月就 200 多斤。过去风险小，成本低，原来养猪的人少。自己种的苞谷，苞谷价格低（工业用量少），猪的疾病少，死得少，喂药少。现在猪的损耗量大，像去年猪的市场很好，有的人花 500—600 元买来猪娃后，因管理不善猪娃死了，那就赔多了。现在饲料价格高，玉米价格高，病也多，喂药成本高。[②]

养牛也需要通过饲料来尽快增加牛的体重，好提前上市。西北 S 省 B 市 C 区田奔农业发展有限公司的 Z 在回答笔者的问题时与笔者有如下对话。

笔者：饲料是买的吧？

Z：浓缩料？浓缩料是买的，买后人家给送过来的，贵，成本大，但是，用量少，用搅拌机，100 斤玉米粉碎，加上 100 斤麸子，加 10 到 5 斤浓缩料，一头牛合起来一天吃 2—3 斤精饲料。酒糟、豆渣和青饲料就不

---

① 访谈 6。
② 访谈 9。

停地给它们吃。尽量吃饱，吃完后再添。浓缩饲料一斤一块三毛钱。一吨2600元，要配2万多斤饲料，平摊下来就不贵了，为了压缩成本。不赚钱就不养了。现在养牛确实有一套经验了。①

笔者在华北X省Q县进行田野调查时，当地一家大型养殖企业——牧源养殖有限公司——的老总X告诉笔者：

鸭子喂饲料，40天就可以长到五六斤。蛋鸡吃饲料，4个月就可以下蛋了，每天都可以下一颗蛋。我们养着驴，是为了做试验，看怎么能够让它尽快长大，尽快长肉。可是，现在还没有研究出驴饲料，驴怎么也得3年才能长大，喂驴就不挣钱。②

他的这番话告诉我们，鸭子也可以40天就长到五六斤重。但是，由于现在还没有研究驴饲料，所以，驴的生长速度还是非常慢。

S省B市C区某大型蛋种鸡养殖场老板G也提到饲料中添加激素的情况，但是，因为他的蛋种鸡场对饲料的需求量很大，所以可以要求饲料厂不要往饲料里面添加激素。

笔者：饲料中乱添加各种药物，是否也是一个很大的问题？

G：咱们国家在食品安全上是不大注意，一些饲料厂在饲料里胡乱添加东西，什么抗生素了，没有限制，乱添加，像瘦肉精啊什么的，而且没有量的限制，给人造成了危害。但现在注意了。大的饲料厂添加的药都在国家允许的范围内，添加一些不容易被鸡吸收的、主要在鸡的肠道里吸收的药物，比如天气炎热的条件下，添加感泰欣啦、抗杀毒菌这些药物，这些药物都不容易吸收，更加不容易进入肉里面。小的饲料厂不敢说。大的饲料厂控制了我国主要的饲料市场。

有些事情，在国际和国内有争议。

兽药有个休药期，规定哪些药有个代谢过程，代谢到一定程度，降到一定程度下，就是安全的了。

----

① 访谈13。

② 访谈2。

笔者：欧盟已经禁止在饲料里添加抗生素了。

G：欧盟禁止预防用药，但是，不禁止治疗用药。而且，它的一些细菌病多了。散养的环境没有办法控制。规模养殖就可以有隔离带，有生物措施，切断病源。连欧洲的养殖业，不用药，就都死光了。在一定的量，就是安全的；超过一定的量，就不安全了。如果过量添加一些化学品，它肯定是不安全的。另外一个不安全的是生物安全问题。

一些病毒的安全问题，散养的，不喂药，不喂饲料，但是，它可能吃了感染沙门氏菌的食物，你说它安全不？

国外的饲料可以达到1.6∶1，即吃1.6斤饲料长一斤肉。

没有添加剂，就没有现代畜牧业。添加剂不仅是抗菌药物，而且大部分还是营养的元素。比如说吧，钙、铁、磷和一些微量元素、维生素。不仅指抗生素、违禁的生长激素，生长激素根本就不允许用。

我们现在用的饲料，都是我要求饲料厂不能加激素，有些原料不能用，因为要考虑到鸡苗的健康。①

当笔者提到我们国家允许在饲料中添加砷，而砷会造成食品安全问题、危害国民健康时，G说：

允许砷，一般用很少，它起抗菌作用，国际上也允许用，不能限制太死。我们制定标准，首先要考虑到食品安全，还要考虑方方面面，要考虑到产业链。所以，啥叫科学态度？什么都没有添加就是科学？饲料里还是要有一些促生长、发育的成分。一种是激素，说到底是为了改变营养分布，促使肌肉分配，少往脂肪分配。另外是减少细菌的数量。鸡的肠道里面，细菌是占一个很大的比重。它有个正常的菌群，发病，是正常的菌群（被）破坏了。一旦平衡（被）破坏了，鸡的肠道就发病了。因此，允许添加，是为了维持肠道菌群的平衡。过去人不知道这些。②

最后，G还提到，国家出于维护养殖户利益的考虑，允许添加一些会危害食品安全的成分。他说：

---

① 访谈14。
② 访谈14。

另外，一个考虑，目前咱们国家产业链的考虑。目前，技术水平还比较低，如果弄得太严格，整个产业就不存在了。如果小户不让养了，一年挣个三五万，你马上把他的活路断了。这也牵扯到相当一部分人的利益。你不可能一刀切，国家制定这个标准，要考虑方方面面的问题。①

Z省J市清湖镇毛塘村一家大型垂钓企业——"水岸人家"渔家乐老板J及其妻告诉笔者，养鱼必须依靠饲料，但鱼饲料这块又很混乱。他们怀疑自己养的鱼夏天死得多与饲料有关。其他省的很多养鱼户都用激素等养鱼，造成他们养的鱼的价格比他们的鱼价低很多的情况。

J妻：夏天的时候，草鱼就大批量地死。死的原因，可能是饲料太肥了，我说是饲料太肥了，他说不是，那个饲料蛋白太高，鱼吃得太饱。

J：像我们现在养的这种鱼，一个是污染，最主要是污染。

J妻：上游有个造纸厂和钢管厂，经常偷排污水，夜里你也抓不着，排的白白的、红红的，什么乱七八糟的东西，含有很多重金属。上面一家养鱼场受这种水质的影响，养的鱼根本没法吃，做起来有异味。等天气凉了，造纸厂不排废水了，过段时间就好了。鱼慢慢地自己把那些东西排出去了。

笔者：饲料里都掺加鱼粉。这鱼吃鱼，会不会造成什么问题？

J：现在，鱼饲料的市场也是很混乱的。比如说这些小厂的饲料，他给你弄30个蛋白或者35个蛋白，他用的都是那种不会消化、不会吸收的蛋白。我们用得比较多的，都不敢在小的厂买饲料，小厂便宜，不敢买。所以一般我们都要到正规厂去买。

现在这两年的养殖业，不好养，效益很差的。像鱼这种水产品，上市的时间比较集中，一般是第二年的3月份，你不卖，第二年就没有办法养。量太大，价格就上不来。总的来说，水产品还是供大于求。

我到现在总共投进去100多万，到现在，一分钱没有拿到。尽管政府有补贴，但是，我们一分钱没拿。你说我们问水利局要，水利局也没有这个钱，是财政拨款。所以养殖这个东西风险很高。

笔者：听说有些地方用激素喂鱼？

J妻：他们有人养鱼啊，不是用精饲料，有的地方用玉米加上秸秆粉

---

① 访谈14。

碎，再加上激素，鱼看起来很肥，肚皮很大，很瘦，里面不知道什么东西，就像脓一样的东西，那个就是激素喂的。这种情况浙江这边少，江苏那边很多。

笔者：是吗？

J妻：它就用玉米加上秸秆磨成粉，再加上激素，它那个成本很低的，2块钱就能长一斤肉的。它长得快，但是，口感不好。

J：现在水产品就是这样，主要是很多人自己养鱼，把招牌给砸掉了，就是因为乱来。现在是这样的，比如像我们这样的鱼是无公害的产品，和那些普通的鱼，价格是一样的，不可能有自己的优势。

J妻：鲫鱼的嘴巴红红的，下巴是黄黄的，他们都说这个鱼不好吃，而且贵。它那个是喂了激素。好像是四川过来的，他们自己配饲料才2块多钱就能长一斤。像现在水产品便宜，外面市场冲击我们，外面喂激素的便宜过来了，价格低，冲击我们本地的鱼。我们本地的鱼质量是很好的，J市本地的鱼，10块都买不到。

……

J：现在像我们这边的鱼五块多，江西上饶那边卖三块五。我们这边吃饲料，它们吃什么呢？上饶那个地方有个屠宰场，杀鸡的，全部都是那些鸡肠子下脚料，鱼是什么东西都吃。他们那个鲳鱼，什么东西都吃，加工厂的地方，比如肚子里肠、肚都要的。鲳鱼是食肉鱼，我们养的驯化的，不会咬人，但是野生的就咬人。现在最主要的就是价格，他们三块五，我们5块。

J妻：鱼吃下脚料，也解决了垃圾的问题。你说这个问题怎么解决？

J：水产品这个东西，它的成本是没法计算的。比如说养猪、养牛，大家养殖差不多，肯定是要用饲料的，饲料的成本都差不多。但是，鱼的话，他们用下脚料喂，我们用精饲料喂，完全不一样的。像养鱼，至少要七八块，像草鱼多贵啊，他们才四块五，鳊鱼只要5块钱，因为价格低，大家只能想办法降低成本。

J妻：那是，还是价格优势，我们中国人，都想买便宜的。

J：像湖北那边的花鲢，拉到我们这边过秤，4块到5块钱，你说它那里几块钱？一块五吧！你说这么远的路运输过来，还有损耗，才4块多，那我们就不知道他们用什么东西养的。他们大水库里养蟹，他们养那个螃蟹赚了钱，养蟹之后（用）这些肥水来养花鲢，净水的。像鲈鱼这些高档鱼，现在养鱼都不赚钱，鲈鱼少了。①

Z省J市某山区大型甲鱼养殖企业老板D也为甲鱼饲料质量良莠不齐而苦恼：

我感觉现在饲料市场比较乱，饲料品牌看来很多很多，到我这来的每个人都说他的饲料很好，什么配方他都搞得很好。现在那个鱼料，加的是鱼粉，鱼粉加的多就蛋白高了，实际上我们这个甲鱼它不是光靠蛋白的，你把饲料如果调整一下，现在这个饲料价格反而在涨，涨到1万了。②

他也提到，甲鱼生长快就是因为喂了激素。

长得快的，就是用激素。这个又牵涉饲料行业、渔药厂家。因为养殖户自己也不知道，没办法检测。原来全国最好的饲料厂——福建的一家饲料厂，大家都在起诉它，人家吃了它的饲料，甲鱼死了。我现在的问题是，我想选择一个好点的饲料厂，都不知道哪家好。到处推销药和饲料的人太多了，地方的农业部它也管不了。渔药它是归类到兽药部门。养殖户真的是受害者，这个只有政府部门来管。养殖户不挣钱，风险很大。③

Z省J市天篷畜业有限公司Z总谈到，因为不放心外面的饲料，他们最后自己也建了饲料厂。

食品安全它也是类似这样一个过程，首先就是源头去控制，然后过程的监控还有监管。源头嘛就是饲料，过程是我们养殖这块，最后出去的也就是末端这一块。那我们怎么样进行检测，通过检测然后确保它的一个安全？主要做这么三块去控制的。那源头我们饲料厂这块呢，主要是从原料采购这块来控制，我们自己早就有这个检测中心了，当然刚开始建初期是没有这种概念的，以前的原料也不存在这么多问题，我们现在已经是很完

---

① 访谈18。
② 访谈19。
③ 访谈19。

善了，基本上，我们自己的实验室基本的一些都是能够检测的，然后也要通过送检，有一些还是自己不能检测，还要送检，送到像 Z 省饲料检测所去检测一些原料。饲料的问题，像现在的话一个就是霉变这块，我们自身还是检测不了。但我们现在呢，可能已经有意向在买这样一个设备，自己去检，因为要每批都送检的话确实不可能，我不能采购，我们的量也比较大，有时候也要看行情，可能等你出来了这波都过了，现在，行情涨跌都很快，所以我们自己也想做这件事情。因为这一块对猪场的污染是很大的，特别是吃了霉变的饲料以后，那猪就容易发病，一发病的话对我们食品安全这块，首先猪都不健康，那你就更谈不上安全了。在营养这块的问题上会直接造成猪这块的不健康，不健康以后它自身的抵抗力差掉以后，这些七七八八的，猪有很多病，那它就会乘虚而入，所以饲料是作为我们首要的一个控制点。①

此外，Z 总还谈了饲料行业存在的外行人不知道的一些问题：

像我们饲料厂，我们会检测合格的原料进来，但是……很多养猪场它都做配料，做配料以后呢它没有这些检测设备，都是凭感觉的。你像我们检测，我们是这样的，就通过检测以后不合格的原料一律退货。我们之前采购的时候就讲清楚了，那我们先放在我们自己这，饲料检测，自己先检，检了以后不合格呢，那么就不管你这个，你要说便宜处理啊，不管你降多少钱我们都是不要的，那你要放在别的地方处理可能就会有人要，但是这一部分我们是会退还回去的。那这部分的原料它没有销售掉，没有销售掉那它在哪里呢，它还是在其他人没有这个意识的人群里面去消费掉，并不是说不合格我就拿来都倒掉了。而且很多原料外观，你都看不出来，有的时候我们这种设备也检测不出来，还是要送到专业的地方去检测。最直观的就是拿来咬，现在都很先进了，它能够，霉变饲料通过什么饲料一搞以后，它出来都是很亮晶晶的那种，有的外观看上去很好了，它里面的话其实它营养成分就没有了。所以这个是直接影响我们养殖行业的，我们现在国内的每头母猪提供的营养是很少的，跟国外是没法比的，甚至可能

---

① 访谈 22。

只有它的一半，所以这个，这块是一个主要的问题。①

让笔者没有想到的是，现在已经研发出了蜜蜂饲料。Z省J市畜牧兽医局蜜蜂管理科的干部H在回答笔者的问题时与笔者有如下对话。

笔者：给蜜蜂喂饲料吗？

H：饲料是要喂的，它本来是要吃的，本来这个蜂蜜花粉就是它采回来的，然后人为地把它给取出来。饲料有时候外界没花的时候，你要补助一些饲料喂的，因为本来人家储存在里面的，蜜蜂储存在里面的，人都把它给取出来了，没有了嘛。按正常季节，它有花的时候它就会采，采完了以后就储存在里面，到没花的时候它就吃里面的东西。现在，被人为取出来了，只能补助它一些食物在里面。蜜蜂饲料现在没有专门的饲料，现在有在研究这一块，现在有个蜂产业体系在研究这种项目，有几个在做这种课题，就是人为地把这个蜂蜜花粉调成一个比例，让它更好的。但是，平时花粉这块，因为它主要是蛋白饲料补充蛋白饲料，有的地方是用豆粉啊也可以替代一些，部分替代。饲料是要喂的，白糖，平时就是白糖，因为现在白糖比较贵了，像以前白糖比较便宜的时候喂点白糖。

笔者：白糖便宜的时候，他们会不会把白糖加到蜂蜜里卖？

H：那不会，蜂蜜里面加白糖那不会啦，那就是造假了。那是缺蜜的季节你要喂白糖那肯定是要喂的。那个时候没东西就不生产了嘛，如果你喂白糖去生产蜂蜜的时候那就是属于造假了。蜜蜂产蜜就是一个季节，就是从3月份开始到九十月份，全国各地跑的。冬天一般越冬了，都没有采了，都要喂的，也不生产了，所以说越冬季节嘛。一般都蜂群比较少，要紧缩啊，要减少蜂群的饲料消耗啊，因为要投入的嘛。像南方有的还可能有一点，像冬天我们这边油茶蜜啊、野桂花啊（山上的那种），北方是肯定没有蜜的，南方还有点野的花。然后如果养蜂的人取蜜的时候，如果不是那种把人家舀得一点都没有的话，也可以保证它正常地度过这个缺蜜季节。只能是这个样子，现在就是人为地把它取出来然后不断地让它去

_____

① 访谈21。

采。①

不只是大、中、小型养殖场使用饲料喂养动物。2012 年底关于速生鸡的报道也让我们看到，大型养殖企业通过售卖饲料让旗下的养殖企业和养殖户的畜禽迅速生长。媒体曝光的山西粟海集团是我国中西部地区规模最大的肉鸡饲养、加工、出口一体化外向型农业产业化国家级重点龙头企业，曾被评为全国民营企业 500 强、全国肉类食品行业 50 强。该集团还有专门的配药车间，配药员把药配好后，转交给工人加入不同型号的饲料中。该集团喂养的肉鸡，前十天吃长营养的一号料，接下来吃长骨骼的二号料，最后十五天吃长肉的三号料，一天能长 2—3 两。②

在田野调查中，Z 省 J 市畜牧兽医局兽医师 J 告诉笔者，应该加强对饲料安全情况的监管：

我们应该限制抗生素加到饲料里去，但是，如果不加，猪可能死得更加多。抗生素加上，对肝脏啊、对肾脏啊，影响很大。在我们中国养猪，饲料有时候也是一个问题。若重金属，铜啊、锌啊，加的量大。像这个鸡，大便和肉里，就会有重金属残留，肉里面可能就残留更加多。我们在饲料（方面）应该注意如何把无机的变成有机的，无机的添加量很大啊。

这个饲料行业应该管管啊。如果养猪很多的话，对地下水的污染、对土壤的污染，最后危害人的健康。鸡粪再给猪吃，也危害了猪的健康。③

二、饲料成为影响动物性食品安全的主要因素

我国饲料行业从 20 世纪 70 年代开始起步，经过 30 多年的发展，目前饲料总产量仅次于美国，居世界第二位。但是，我国在饲料安全方面存在多种问题。

---

① 访谈 22。

② 《山西粟海供肯德基麦当劳原料鸡被曝 45 天速成饲料毒死苍蝇》，http://news.qq.com/a/20121123/001798.htm，最后访问时间：2013 年 11 月 25 日。

③ 访谈 23。

近年来，国内不少专家、学者对饲料安全问题进行了分析和讨论。杜长乐从广义饲料安全的角度对我国饲料安全体系的缺陷进行了分析，认为目前我国在饲料粮的地位、饲料工业布局、饲料工业结构、饲料质量管理等方面存在诸多不合理性，提出要树立科学的饲料安全观，科学利用和综合开发好各类饲料资源并积极调整产品结构，不断完善我国饲料安全体系。[1] 王成章认为我国饲料粮存在的突出问题：一是农药的残留，二是进口转基因饲料粮所存在的安全隐患。转基因作物及其副产品对人和动物可能产生的影响包括：产生过敏反应；抗生素标记基因可能使动物与人的肠道病原微生物产生耐药性；抗昆虫农作物体内的蛋白酶活性抑制剂和残留的抗昆虫肉毒素，可能对人和动物的健康有害。[2] 王成章还特别指出，为了减少动物的运动，减少能量消耗，达到促进生长的目的，养殖场几乎无一例外地在饲料中添加了催眠性药物，在促进动物生长的同时，却给动物机体带来亚健康隐患，残留在动物肉中的催眠性药物可能对人类健康造成损害。[3] 张利庠等认为，我国现阶段的饲料安全问题是多方因素共同作用的结果，但饲料安全问题的根本原因在于其市场困境，也就是现代饲料企业与小农散养广泛存在所引起的"囚徒困境"、信息不对称等市场困境。[4] 屈健对转基因饲料的使用现状和可能存在的安全问题进行了分析，提出应从建立健全转基因饲料的法规、安全评价检测体系，完善标识方法，加强对转基因饲料生产、标识的监管等几个方面来加强对转基因饲料的管理。[5] 秦玉昌等分析了欧盟和美国饲料法规体系的构成与走向以及我国饲料法规体系建设方面存在的问题，并具体给出了建设思路。[6] 田波认为，为实现利润最大化，饲料企业不可避免地会采取不利于饲料安全的行为。[7] 公保才仁认为，我国饲料行业存在的主要问题：一是饲料原料中微生物毒素超过国家标准限量，导致饲料产品的微生物毒素超标，对饲养动物和食品造成危害；二是饲料原料中致病菌如沙门氏菌、大肠杆菌等超

① 杜长乐：《我国饲料安全体系的缺陷及完善对策》，《农村经济》2005 年第 9 期。
② 王成章：《直击饲料粮和饲料添加剂中安全隐患》，《中国畜牧兽医报》2005 年 6 月 12 日第 12 版。
③ 王成章：《直击饲料粮和饲料添加剂中安全隐患》，《中国畜牧兽医报》2005 年 6 月 12 日第 12 版。
④ 张利庠、张喜才、吴睿：《饲料安全的市场困境》，《农业技术经济》2006 年第 3 期。
⑤ 屈健：《转基因饲料的安全问题及其对策》，《中国畜牧杂志》2006 年第 3 期。
⑥ 秦玉昌、杨振海、马莹：《欧美饲料安全管理和法规体系走向及启示》，《农业经济问题》2006 年第 7 期。
⑦ 田波：《产业链视角下的饲料安全问题探讨》，《安徽农业科学》2007 年第 34 期。

标，导致饲料产品致病菌超标，对饲养动物和食品造成危害；三是饲料原料中含有动物致病病毒，如禽流感、口蹄疫、疯牛病病毒等，对饲养动物和食品造成危害；四是饲料原料中化学杀虫剂、除草剂等农药超标，造成饲料产品农药超标，对饲养动物和食品造成危害；五是饲料原料中重金属——例如铅、汞、砷、铜等——对饲养动物和食品造成危害；六是饲料加工过程中控制不当，导致药物交叉污染，使某种动物饲料中含有的特殊药物意外混入另一种动物饲料中，对饲养动物和食品造成危害。[①] 宋洪远、赵长保强调，有一些企业隐瞒饲料产品的真实成分，在饲料产品中添加一些饲料药物添加剂，但在饲料标签上不加以注明，使用者在不知情的情况下，很容易重复添加该类药物添加剂，从而造成动物药物中毒或药物过量蓄积。此外，制售假冒伪劣饲料产品的行为屡禁不止。例如，在鱼粉中掺杂石粉、羽毛粉、皮革蛋白粉、肉骨粉等，造成重金属超标或其他有毒有害物质混入，影响养殖动物生长和人体健康。近年来，虽然农业生产资料打假工作的力度不断加大，但制售假冒伪劣饲料产品的现象仍然存在。[②] 霍永明认为，饲料中添加了各种允许添加或禁止添加的兽药，就拿屠宰产品来说，畜禽养殖场和养殖户也想执行休药期规定，但是市场上根本就没有不含药物的饲料，只有自宰自食的畜禽，饲养户才想办法饲喂些玉米等其他替代饲料来执行休药期的规定，出售的畜禽很少甚至没有执行休药期规定。目前，国家也没有强制的、有效的监管办法，所以，休药期的构想几乎只是理想。[③]

此外，还有很多学者重点强调了饲料中存在的一些严重问题。

（1）饲料添加剂中存在影响动物性食品安全的因素。为什么饲料可以让鱼、鸡、猪、牛等长那么快？就在于饲料中使用了各种添加剂。[④] 它能降低动物死亡率，缩短动物饲养周期，促进动物性产品产量的增长和集约化养殖的发展。与此同时，却造成过量的药物残留在动物体内。经过近20年的发展，我国批准使用的饲料添加剂品种已经达到192种，饲料添加剂的应用范围几乎涵盖了所有的养殖动物，对提高畜禽生产水平和经济

---

① 公保才仁：《浅谈食品安全与饲料安全的关系》，《青海农牧业》2008年第1期。
② 宋洪远、赵长保：《我国的饲料安全问题：现状、成因及对策》，《中国农村经济》2003年第11期。
③ 霍永明：《对饲料监管的几点思考》，《畜牧与饲料科学》2012年第8期。
④ 武盛：《饲料添加剂对动物食品安全的影响》，《当代畜牧》2012年第8期。

效益发挥了重要作用。但对这类物质的滥用和不按规定使用的现象十分严重，对饲料安全构成了巨大的威胁。·

为了缩短动物的生长周期，饲料厂在饲料中超标添加铜、锌、铅、镉、砷、汞、铬等重金属，致使很多畜禽在非正常状态下生长，甚至是在中毒状态下生长。[1] 肉类中残留的重金属在人体的某些器官中积蓄起来，造成慢性中毒。[2] 例如，铜的大剂量添加，会使铜在肝脏和肌肉内淤积而引起疾病。根据科学报道，人吃了这种肉会患上帕金森病。近年来，北京、广东、浙江等地相继发生了饲料中毒事件。[3] 砷属于甲类致癌性化学物质，砷制剂如氨苯砷酸、洛克沙胂具有提高产蛋率和改善肉质的作用。作为饲料添加剂的有机砷，可使动物中枢神经系统失调，使脑病和视神经萎缩的发病率升高。[4] 蛋类和肉类中残留的砷制剂被人体吸收后，蓄积在肝、肾、脾、骨骼、皮肤中，导致细胞代谢紊乱，具有致畸、致癌、致突变的作用，直接危害人体健康。[5] 科学实验表明，在品种、防疫、饲料和饲料管理诸因素中，饲料对动物性食品安全的影响比重在40%以上。[6]

（2）饲料中添加违禁药物。为了预防常见疾病、提高饲料利用率和动物的生长速度，药物添加量越来越大，此外，一些厂家、商家和养殖企业/养殖户还在饲料生产和养殖过程中使用激素类、类激素类以及安眠镇定类等违禁药物，如盐酸氯丙嗪、己烯雌酚、肾上腺素、盐酸克伦特罗以及绒毛膜促性腺激素、雌二醇等激素类添加剂、抗生素和人工合成的化学药品等，给人体健康造成严重后果。[7] 长期摄入雌激素不仅导致女性化、性早熟，抑制骨骼和精子发育，而且雌激素类物质具有明显的致癌效应，可导致女性及其女性后代的生殖器畸形和癌变。例如，己烷雌酚及其衍生

① 陈永杰、王宁：《养猪农民都知道的秘密？猪肉里的重金属》，《北京科技报》2009年6月2日第18版；闫素梅：《日粮矿物元素过量与饲料安全》，《饲料与畜牧》2011年第10期。
② 肖安东、匡光伟：《重金属对畜产品安全的危害与对策》，《中国兽药杂志》2011年第4期。
③ 马力、田婷婷：《我国的饲料安全与保障措施》，《西南民族大学学报（自然科学版）》2008年第2期。
④ 廖巧霞：《洛克沙胂在养殖业中的应用》，《广东畜牧兽医科技》2005年第4期。
⑤ 李洁、寸朝汉、桂祎、杨洪娟：《浅谈有机砷制剂在养殖业中的应用及危害》，《中国畜禽种业》2012年第1期。
⑥ 马力、田婷婷：《我国的饲料安全与保障措施》，《西南民族大学学报（自然科学版）》2008年第1期。
⑦ 曲径：《食品安全控制学》，化学工业出版社2011年版，第171页。

物，可致生殖系统癌症，特别是乳癌及阴道癌，同时也可致肝癌。己烯雌酚扰乱激素平衡，导致女童性早熟，男性女性化，甚至具有致癌性，诱发女性乳腺癌、卵巢癌等疾病。

（3）超范围使用饲料添加剂。1950年，美国食品药品监督管理局（FDA）正式批准允许在饲料中添加抗生素。它的使用有效地推动了畜牧业，尤其是集约化畜牧业的发展，在防治动物疾病、提高生产效率、改善畜产品质量等方面起着十分重要的作用。但是，滥用抗生素几乎成了行业的"潜规则"，例如，金霉素在猪、鸡饲料中规定的最高添加量为50mg/kg，但由于使用效果不好而且金霉素价格便宜，所以养殖企业通常都提高剂量，以100mg/kg甚至150mg/kg的剂量使用。在许多肉鸡养殖场，由于直接采用肉鸡中期料饲喂至出栏，导致养殖场实际上不可能遵守休药期。有些小规模饲料厂和养殖户还会随意搭配使用抗生素。现代医学研究表明，动物性食品中的抗生素残留有可能导致人体DNA结构发生突变，从而造成致残、致畸、致癌的严重后果。我国批准的饲料药物添加剂有200多种，即使按照休药期停药，也可能残留超标。① 即使这样，仍有一些企业和个人将未经审定公布的饲料添加剂用于饲料生产。一些毫无意义的、非科学的感官指标在一些地区成为检验饲料品质的关键指标（如粪便颜色、皮肤颜色、蛋黄颜色等）在某些地区成为饲料企业追求的指标，这些企业随意开发、添加一些并未被批准的添加剂，从而威胁食品安全。还有一些饲料生产企业为了保密或为了逃避报批，在饲料中添加一些兽药，但并不印在标签上，如果养殖户一直用到畜禽上市，便会造成兽药在畜禽肉中残留。这些是兽药残留的重要原因。例如，有的养殖户在鸡饲料中添加喹乙醇，又加进了含有喹乙醇的预混料，这就使喹乙醇的用量大大超过规定标准。②

饲料中存在的这些问题，造成潜在的动物性食品安全问题。现在国民每天消费的肉、禽、蛋、奶等农副产品，绝大部分都是由工业饲料转化而来。饲料中存在的不安全因素，成了影响食品安全的重要因素。③ 陈怀宇等从泉州市不同区域及两个奶牛场采集了150份生牛奶，从几大超市采购

---

① 王俊钢、李开雄、韩冬印：《饲料添加剂和兽药与动物性食品安全》，《肉类工业》2010年第7期。
② 王俊钢、李开雄、韩冬印：《饲料添加剂和兽药与动物性食品安全》，《肉类工业》2010年第7期。
③ 曹志玲：《饲料对动物源性食品安全的影响及对策》，《养殖与饲料》2012年第10期。

100 份消毒纯牛奶，检测出生牛奶中阳性 27 份，可疑 15 份，阳性率为 18%，可疑率为 10%；国产消毒纯牛奶 75 份，阳性 14 份，阳性率为 18.7%；进口纯牛奶 25 份，阳性 0 份，阳性率为 0。[1] 李迎月等于 2007—2008 年对广州市餐饮业、超市和肉菜综合市场进行了调查，随机采集生畜禽肉和熟肉制品样品进行兽药、金属元素、食品添加剂、致病微生物等项目的检测。结果显示，生畜禽肉中兽药残留超标率达 35.6%，4.85% 的样品铅含量超标，4.01% 的样品镉含量超标。[2] 张健等于 2006—2009 年间采用随机抽样方法在广州市十个区以及两个地级市共采集 302 份奶类样品，并对它们进行了抗生素残留、金黄色葡萄球菌以及葡萄球菌肠毒素的检测。其中有 62 份检测到抗生素残留，阳性率为 20.53%，奶粉类阳性率为 29.51%，纯奶类阳性率为 22.67%。通过对各年份数据的比较可以看出，抗生素残留的检出呈逐年上升的趋势。[3] 顾玉芳、罗一龙对湖北某养猪场抗生素使用情况进行了调查，并采用纸片法检测了湖北某农贸市场市售猪肉中青霉素、金霉素的残留量。结果显示：该养猪场在治病、防病上使用的抗生素量均超过了理论用量，而农贸市场市售猪肉青霉素残留阳性率占 24%、金霉素残留阳性率占 6%。[4] 鹿文婷等对山东省济南市动物性食品样品中喹诺酮类（氧氟沙星、环丙沙星、恩诺沙星）兽药残留情况进行了检测，其中，猪肉 45 份、猪肝 40 份、猪肾 30 份、鸡肉 41 份、鸡肝 32 份、鸡胗 34 份、牛肉 40 份、羊肉 8 份。喹诺酮类兽药在肉制品中的检出率为 28.15%，超标率为 24.44%。检出残留量最高 15134.75μg/kg（氧氟沙星、鸡肝），超标 70 多倍；环丙沙星在鸡胗中的检出量最高达 4608.74μg/kg，超标 20 多倍；恩诺沙星在猪肾中的检出量高达 4334.94μg/kg，超标约 15 倍。品牌肉与非品牌肉的检出率差异无统计学意义，超市的肉制品与农贸市场的肉制品的检出率差异无统

---

[1]　陈怀宇、黄周英、林育腾：《泉州市售牛奶中抗生素残留的分析》，《泉州师范学院学报》2005 年第 4 期。

[2]　李迎月、林晓华、何洁仪、余超、李意兰：《广州市肉及肉制品安全危害状况分析》，《2010 广东省预防医学会学术年会资料汇编》，广州，2010 年。

[3]　张健、刘巧宜、龙芝美、邓志爱、肖扬、李迎月：《广州地区奶类抗生素残留和金黄色葡萄球菌污染调查》，《医学动物防制》2011 年第 1 期。

[4]　顾玉芳、罗一龙：《猪场抗生素使用情况及市售猪肉抗生素残留调查》，《长江大学学报（自然科学版）》2012 年第 1 期。

计学意义。[1] 张萍等对镇江地区市售纯牛奶和奶源户生鲜牛奶中的抗生素残留情况进行了调查，结果显示，奶源户生鲜牛奶抗生素残留阳性率为5.86%，市售包装纯牛奶阳性率为4.67%、袋装纯牛奶阳性率为4.41%、盒装纯牛奶阳性率为4.79%。[2]

———————

[1] 鹿文婷、刘萍、焦海涛、乔梦、任晓菲:《济南市售肉制品中喹诺酮类兽药残留调查》,《中国公共卫生》2014 年第 1 期。

[2] 张萍、吕兴萍、凡军民、田甜、刘晶晶、樊金山:《镇江地区市售纯牛奶和生鲜牛奶中抗生素残留情况的调查》,《动物医学进展》2013 年第 6 期。

第四章 风险社会中的动物性
食品安全风险特征

第一节 "风险"这个概念

自有人类文明以来，风险就一直存在。事实上，风险本身是人类实践活动的产物，在人类社会发展的各个阶段都客观存在，只是表现方式、显现程度和社会效应不同而已。在古汉语中，就有很多形容风险的词，例如，形容风险的偶然性和不确定性的"劫数"、"险象"、"风云"等，强调风险损失性的"灾"、"难"、"祸"、"坎"等，强调风险机遇含义的"险象环生"、"逢凶化吉"、"因祸得福"、"否极泰来"等。《现代汉语词典》对"风险"的解释是"可能发生的危险"。《辞海》则对"风险"一词做了比较全面的界定：风险就是"人们在生产建设和日常生活中遭遇能导致人身伤害、财产损失及其他经济损失的自然灾害、意外事故和其他不测事件的可能性"。

作为风险社会理论的核心概念，贝克对"风险"一词重新下了定义。他指出，"风险概念是个指明自然终结和传统终结的概念；或者换句话说，在自然和传统失去它们的无限效力并依赖于人的决定的地方，才谈得上风险"①。"风险概念表明人们创造了一种文明，以便使自己的决定将会造成的不可预见的后果具备可预见性，从而控制不可控制的事情，通过有

---

① ［德］乌尔里希·贝克、约翰内斯·威尔姆斯：《自由与资本主义》，路国林译，浙江人民出版社2001年版，第119页。

意采取的预防性行动以及相应的制度化的措施战胜种种副作用。"① 贝克强调的风险，"首先是指完全逃脱人类感知能力的放射性、空气、水、食物中的毒素和污染物，以及相伴的短期和长期的对植物、动物和人的影响。它们引致系统的、常常是不可逆与不可见的伤害，而且这些伤害一般是不可见的"②。贝克指出，"风险可以被界定为系统地处理现代化自身引致的危险和不安全感的方式"③。"风险就是知识中的风险。"④ 风险的特殊性正在于它的非自然性、人为性、知识性。"风险的来源不是基于无知的、鲁莽的行为，而是基于理性的规定、判断、分析、推论、区别、比较等认知能力，它不是对自然缺乏控制，而是期望于对自然的控制能够日趋完美。"⑤

贝克把"风险"概念看作是一个与"自然"和"传统"概念具有明显区别的概念，表明现代社会的风险已不再具有传统社会中人们所认可的自然灾害、传统威胁的意义了。他还进一步对"风险"概念做了具体说明。

（1）风险与毁灭并不一样。它们并不是指已发生的损害，否则所有保险公司都要破产。然而，风险确实有毁灭的危险。风险概念表述的是安全与毁灭之间一个特定的中间阶段的特性。在这个阶段，对有危险的风险的"感知"决定了人的思想和行为。

（2）风险概念使过去、现在和未来的关系发生了逆转。过去已经无力决定现在，它作为今天经验和行为的归因的地位已经被未来取代了。我们正在讨论和争论的虽然"不是"现状，但如果我们不改变进程却"可能"发生。

（3）风险陈述既不是单纯的事实主张，也不是唯一的评价主张。它两者都是，有时又是介于两者之间的一种"数字化的道德"（mathematiczed morality）。作为一种数学计算的程序，风险直接或间接地与文化定义以及可容忍的或不能容忍的生活标准有关。

---

① ［德］乌尔里希·贝克、约翰内斯·威尔姆斯：《自由与资本主义》，路国林译，浙江人民出版社2001年版，第121页。

② ［德］乌尔里希·贝克：《风险社会》，何博闻译，译林出版社2004年版，第18页。

③ ［德］乌尔里希·贝克：《风险社会》，何博闻译，译林出版社2004年版，第19页。

④ ［德］乌尔里希·贝克：《风险社会》，何博闻译，译林出版社2004年版，第64页。

⑤ 薛晓源、刘国良：《全球风险世界：现在与未来——德国著名社会学家、风险社会理论创始人乌尔里希·贝克教授访谈录》，《马克思主义与现实》2005年第1期。

（4）在早期阶段，风险和对风险的感知是推动现代化的"控制逻辑"的"意外结果"。

（5）因此，与风险社会和人为的不确定性相联系的风险概念，指的是一种独特的"知识与不知的合成"。为了使意思表达得更为清楚，可以表述为两种含义：一方面是在经验知识基础上对风险进行评估；另一方面，则是在风险不确定的情况下决策或行动。这两方面在此融合在一起。

（6）其至全球性与本土性的对比也因风险而出现"短路"。新的类型的风险既是本土的又是全球的，或者说是"全球本土"的。这种本土和全球危险选择上的"时空压缩"进一步证实了世界风险社会的诊断。

（7）让我们重新回到现实主义-建构主义的争论，并将问题集中在"知识"、"潜在冲突"和"症候"之间的区别上。这种区别对理解世界风险社会所面临的第二阶层的"不确定的全球风险"是很重要的，因为冲突点与始发点并没有明显的联系。同时，危险的传递与运动经常是潜在的、内在的，也就是说，对我们的日常知觉来说，它是无影无踪的。这种社会无形性意味着，与其他诸多政治问题不同，风险只有被清楚地意识到，才可以说它们构成了实在的威胁，而且这包括文化价值和符号以及科学论证。同时，我们至少原则上知道了，风险冲突的形成恰恰是由于没有人知道或者想知道它们。[①]

贝克的"风险"概念及七点具体说明，清晰地表达了风险存在的客观实在性，生动刻画了处于危险状态下的当代社会的境况。

贝克的"风险"概念具有四个特点：①风险造成的灾难不再局限于发生地，且经常造成无法弥补的全球性破坏，因此风险计算所得出的经济赔偿无法实现；②风险的严重程度超出了预警检测和事后处理的能力；③由于风险发生的时空界限发生了变化，甚至无法确定，所以风险计算无法操作；④灾难性事件产生的结果多样，使得人们无法把握风险计算使用的计算程序、常规标准等。[②]

在吉登斯看来，生活在高度现代性世界里，便是生活在一种机遇与风险的世界中。风险社会中的风险与现代制度发展的早期阶段的风险不同，

---

① ［德］乌尔里希·贝克：《风险社会再思考》，《马克思主义与现实》2002 年第 4 期。

② ［德］乌尔里希·贝克：《从工业社会到风险社会——关于人类生存、社会结构和生态启蒙等问题的思考（上篇）》，王武龙编译，《马克思主义与现实》2003 年第 3 期。

是人为不确定性带来的问题。这种不同主要体现在三个方面：一是这种人为不确定性是启蒙运动引发的发展所导致的，是"现代制度长期成熟的结果"，是人类对社会条件和自然干预的结果；二是其发生以及影响更加无法预测，"无法用旧的方法来解决这些问题，同时它们也不符合启蒙运动开列的知识越多，控制越强的药方"；三是其中的"后果严重的风险"是全球性的，可以影响到全球几乎每一个人，甚至人类整体的存在。① 当然，在吉登斯看来，这些新风险的出现并不是说现在的社会生活比以前更危险，而是说人们的自我保护意识增强了。

吉登斯特别区分了两种不同性质的风险，即外部风险（externalrisk）和被制造出来的风险（manufactured risk）。外部风险来自客观自然物质世界的固有特性，"所谓被制造出来的风险，指的是由我们不断发展的知识对这个世界的影响所产生的风险，是指我们在没有多少历史经验的情况下所产生的风险。大多数环境风险，例如那些与全球变暖有关的环境问题就属于这一类"②。

"风险"与"危险"是不同的。吉登斯说："风险与冒险或者危险是不同的。风险指的是在与将来可能性关系中被评价的危险程度。"③ 而危险概念适用于任何时期。"风险"与"危机"、"灾难"也有着实质性的区别。"风险"概念是抽象的，意味着反思，是为了揭示问题，"风险"是尚未发生的"灾难"；而"危机"或"灾难"概念是具象的，意味着控制，更侧重于解决问题。严格地说，"危机"或"灾难"是"风险"的实践性后果，"风险"是"因"，"危机"或"灾难"是"果"。

第二节　动物性食品安全风险

由于全球化和科技发展造成的中国的动物性食品安全风险，包括诸

---

① ［英］安东尼·吉登斯：《失控的世界：全球化如何重塑我们的生活》，周红云译，江西人民出版社2001年版，第155页。

② ［英］安东尼·吉登斯：《失控的世界：全球化如何重塑我们的生活》，周红云译，江西人民出版社2001年版，第22页。

③ ［英］安东尼·吉登斯：《失控的世界：全球化如何重塑我们的生活》，周红云译，江西人民出版社2001年版，第18页。

多领域的风险。动物性食品安全风险一旦爆发，就会威胁动物性食品的安全，将造成诸多危机。贝克说："我认为现代国家所要面临的首要问题已经不是物质匮乏，而是风险前所未有的多样性以及风险所造成结果的严重性。"① 当我们面对极大丰富的动物性食品时，也面临着食品安全风险。

一、损害国家声誉风险

在全球化时代，当一国的动物性食品安全问题影响到其他国家/地区时，必然影响到本国的声誉。

2008 年，三聚氰胺事件爆发后，我国受到国际社会的指责，国家声誉由于动物性食品安全问题受到损害。2008 年 9 月 19 日，在 4 名婴儿因饮用含有三聚氰胺的奶粉而丧生后，联合国儿童基金会要求中国对此问题展开"全面调查"。世界卫生组织严厉谴责中国没有做好食品卫生的管控工作，而且还刻意隐匿消息。西太平洋总监尾身茂在马尼拉批评中国未在第一时间向国际社会通报毒奶粉丑闻。欧盟委员会负责健康和消费者保障的官员说，外国消费者都在观望毒奶粉事件的进展，期望北京方面能够有个全面的解释。

这次事件在台湾也被拉高为两岸政治议题。民进党主席蔡英文也借此批评政府对大陆的态度太过软弱。除了对大陆表示谴责外，民进党文宣部主任郑文灿更主张，马英九应该以"总统"的身份，要求大陆道歉赔偿。国民党"立委"则是批评大陆在媒体揭露事件后才通知台湾，是一种"恶意隐瞒"的行为，看不到善意。"立法委员"们要求"政府"建立跨部会危机处理小组及消费者损害赔偿机制，统筹向大陆提出赔偿。10 月 27 日下午，大陆海峡两岸关系协会致函"中华民国海峡交流基金会"，正式向台湾消费者与厂商表达歉意。

2007 年底至 2008 年初，日本发生"中国输日毒饺子事件"，有 3 个家庭共 10 人先后因食用中国生产的速冻饺子中毒而住院治疗，其间还有遍布日本 38 个都道府县的 494 人宣称因食用同一厂家的中国饺子而感觉

---

① 薛晓源、刘国良：《全球风险世界：现在与未来——德国著名社会学家、风险社会理论创始人乌尔里希·贝克教授访谈录》，《马克思主义与现实》2005 年第 1 期。

不适。经过中日两国政府和警方多次调查侦缉，根据现已公布的各种调查结果，此次中毒事件有可能是一起蓄意投毒的刑事案件，而不是一起因农药残留问题引发的食品安全事件。但是，从2007年12月底至2008年1月下旬，日本媒体纷纷质疑中国出口食品的安全性，中国冷冻食品在日本市场的销售额明显回落。这一事件的发生和效应的放大，直接对中日食品贸易造成了重要影响。2009年初，就在人们以为这起风波已经淡出中日关系之时，日本《产经新闻》、《读卖新闻》、共同社等多家媒体却推出了"毒饺子事件一周年"这个话题。日本内阁府2008年底发布的外交舆论调查结果显示，"对中国有好感的"日本人较2007年下降2.2个百分点，以31.8%创下1978年开始调查以来的最低点。相当多的日本人在列举对中国没有好感的原因时都提到是受中国一系列食品安全事件的影响，"毒饺子"再加上"毒奶粉"，让日本人对中国食品越发有戒心。

频发的食品安全事件，使得一些境外媒体经常报道我国的食品安全问题，甚至以偏概全，故意夸大中国食品安全问题，"中国食品威胁论"被媒体炒得沸沸扬扬，严重损害了中国的国家形象。

二、影响政府公信力

公信力是政府的影响力与号召力，是人民群众对政府履行公共职责情况的评价，是政府治理社会的基本要求，是社会稳定与发展的前提条件。在过去的十多年中，我国始终处在动物性食品安全事件的阴影下。尽管党中央、国务院高度重视食品安全，各级政府近年来不断加强食品安全工作，但是，频频发生的动物性食品安全事件引发的食品中毒、死亡及其他事件，激发了受害者与国家政府机关、生产企业之间的矛盾，从而影响了社会稳定，使社会公众对政府的执政能力产生了质疑，政府的公信力也因此受到了影响。

三鹿奶粉、液态奶曾被确定为国家免检产品，并获"中国名牌产品"荣誉称号，国家免检荣誉称号其实是在用质检部门作为政府机构的权威和公信力为企业做担保和宣传。但是，三聚氰胺事件严重打击了消费者对政府的信心。很多消费者怀疑地方政府受地方利益集团所左右，对政府发布的食品安全信息持怀疑态度。三聚氰胺事件发生后，人们并没有从其阴影中走出来，因为此后仍然不断爆发多种奶制品及其他动物性食品安全事件。广大人民群众抱怨"政府监管不力",对党和政府的认同感、信任度也大大降低。

三、影响动物性食品市场

动物性食品行业,是高度关联的一体化产业链条,涉及养殖、兽药、饲料、屠宰加工、销售等行业,一旦发生质量问题,很容易引起整个链条的崩溃。动物性食品安全问题的出现,将会打击消费者对国产动物性食品的消费信心,进而减少动物性食品消费数量或寻找其他的替代消费品,受到影响的不仅仅是某个供应商或生产商,其引发的信任危机将会波及整个行业,直接给国家、食品从业人员和消费者个人带来经济损失。

2003 年,央视《每周质量报告》揭露了个别金华火腿生产厂家为生产"反季节火腿",使用农药敌敌畏浸泡猪腿防止蚊苍和生蛆的内幕,一时间使得金华火腿的销量量几乎为零。2004 年、2005 年,我国发生高致病性禽流感,居民不吃禽肉。2006 年,央视《每周质量报告》报道河北不法商贩将石家庄等地含有苏丹红的鸭蛋假冒白洋淀鸭蛋出售的消息,使得白洋淀正宗红心鸭蛋大批积压,几乎遭遇灭顶之灾。2008 年,三聚氰胺事件后,全行业减产停产,数万名职工下岗,240 多万户奶农杀牛、倒奶,大量城乡居民的就业、收入受到影响。中国民众人心惶惶,许多人不敢吃国产奶制品,据统计,我国奶粉销量因此下降九成以上,婴幼儿奶粉市场几乎完全被国外品牌占据,国内乳制品市场需求低迷,直接威胁到本土奶农,奶农纷纷"杀奶"解困,致使我国的制奶行业遭受毁灭性打击。外国奶粉销量开始上升,大陆居民甚至到金门或马祖购买台湾奶制品,或到香港购买奶粉。2009 年,我国乳制品进口量从 2008 年的 35 万吨猛增到 59.7 万吨。此后,很多洋奶粉频繁涨价,每次涨幅在 10%—15%,广大消费者也为此付出了很大代价。2011 年,"瘦肉精"事件后,双汇股票市值蒸发 50 多亿元,涉嫌使用瘦肉精的生猪及 134 吨猪肉制品全部被封存处理,直接损失估计有 3000 多万元。"双汇"出问题了,农民因饲养含瘦肉精的猪也遭受了惨痛的经济损失。

动物性食品安全事件不断强化消费者的食品安全意识,使消费者形成了国产动物性食品质量不如进口动物性食品质量的思维定式后，国产动物性食品的市场空间就会不断受到国外动物性食品的挤压，在市场竞争中败下阵来。

四、减少动物性食品出口

由于我国一直没有重视兽药残留、农药残留和重金属残留等造成的动物性食品质量问题，自 2002 年"入世"以来，我国的多种畜禽产品在一些国家和地区频频遭到禁运和退货。2002 年初，由于出口欧盟的蜂蜜中含有的氯霉素超标，欧盟停止进口中国的蜂蜜，使中国蜂蜜不能再进入欧盟市场。2002 年 1 月 25 日欧盟通过决议，因中国畜禽产品抗生素残留超标，全面禁止进口中国动物性食品。随后，日本、韩国、美国等国也相继限制中国动物性产品进口，使动物性食品出口全面受阻，出现出口欧盟的蜂蜜、水产品被大量销毁，各海关的退货单剧增的情况。2003 年，山东出口瑞典的禽肉被查出含呋吗唑酮和呋喃唑酮残留遭封。由于"禽流感"等原因，欧盟尚未解除对我国主要动物性食物源及禽类产品的进口禁令，日本、韩国等也没有恢复对我国冻鸡等禽肉生品的进口，俄罗斯不仅继续对猪肉、牛肉和禽肉进口实施关税配额管理，而且在 2004 年 9 月宣布禁止我国肉类产品输入。2005 年，我国肉类产品出口的形势依然严峻。

2008 年，三聚氰胺事件发生后，包括加拿大、英国、意大利、法国、俄罗斯、日本、马来西亚、越南、印度、印度尼西亚、不丹、缅甸、马尔代夫、科特迪瓦、尼泊尔、巴布亚新几内亚、苏里南、多哥、加纳、菲律宾、孟加拉国、文莱、中国台湾、新加坡、坦桑尼亚、加蓬、布隆迪等多个国家和地区开始全面或部分禁止中国奶制品及相关产品（糖果、咖啡、巧克力等）的销售或进口。

2008 年 9 月 11 日，美国食品药品监督管理局（FDA）发出警告说，"中国婴儿奶粉不要购买不要食用"，并将发警告提醒民众不要在网上买中国乳制品。

2008 年 9 月 18 日，香港食物安全中心样本检测结果公布，五批次伊利雪条和四批次伊利奶品含不同浓度的三聚氰胺。另外，食物环境卫生署食物安全中心也公布，八款伊利牌产品的样本被验出含有三聚氰胺，要求业界停止售卖有关的产品，并要求入口商全面回收伊利牌的全部奶类产品。

2008年9月20日，日本主要食品公司丸大食品公司表示全面回收五种有肉馅或奶油馅的包子和点心，原因是产品的成分中有中国的伊利牌牛奶，担心可能受到污染。新加坡农业粮食与兽医局的化验结果也显示，伊利牌酸奶雪条及中国制子母牌草莓味牛奶含有三聚氰胺，要全面下架，所有存货销毁。子母牌牛奶产品生产商宣布，回收所有在香港及澳门发售的子母牌胶樽装牛奶。香港食物安全中心宣布回收盒装"日清美味宝喳咋糖水"，日清食品有限公司曾使用伊利牌纯牛奶（1升装）做原材料，而该产品早前曾被验出含三聚氰胺。

2008年9月21日，香港食物安全中心公布，在雀巢牛奶公司于青岛生产的餐饮业用1升装超高温灭菌（UHT）纯牛奶中发现三聚氰胺，检出值为每公斤1.4毫克。香港特别行政区政府已要求业界停止售卖及回收该产品。21日晚间，新加坡农业粮食与兽医局公布，一批在中国上海生产的大白兔奶糖受到三聚氰胺污染，呼吁公众不要购买和食用。新加坡的海鸥集团也决定延后引进"蒙牛"生产的所有牛奶及乳酪品，直到引起争议的三聚氰胺事件获得彻底解决为止。新加坡在伊利一款雪条及内地制子母牌草莓味牛奶验出三聚氰胺后，宣布全面回收及禁止中国奶制品进口。

2008年9月23日，香港食物安全中心验出一款草莓味的四洲蛋糕含有三聚氰胺，其含量超标一倍半，同时证实香港市面上出售的大白兔奶糖三聚氰胺超标近一倍，而另一批次的奶糖更超标逾五倍。

2008年9月25日，印度下令在三个月内禁止进口中国生产的牛奶和奶制品。印度尼西亚卫生部发表声明宣布，在该国出售的19种中国产奶制品和含奶产品中，有12种三聚氰胺检测呈阳性。

从2008年9月26日起，欧盟禁止自中国进口含有任何牛奶成分的婴儿及儿童食品，而且所有自中国进口的产品，只要含有15%以上的奶粉成分，将在进入欧盟时进行检测。欧盟执委会在9月26日发给会员国的紧急通报中清楚地指出，所有三聚氰胺含量超过2.5毫克/公斤（2.5ppm）的产品应立即销毁。

2008年10月8日，巴西宣布禁止中国食品进口。这些事件的发生，严重影响了我国动物性食品的出口。

　　此外，很多国家对来自中国的食品采取了严厉的监管措施——不仅针对我国的牛奶和奶制品，而且针对其他食品。2008 年，根据我国海关统计，多种食品出口数量锐减，花生、包馅面食、烤鳗、紫菜、豌豆等商品出口量均下降一半以上，鸡肉制品、魔芋及鱿鱼、苹果汁、干香菇等商品出口降幅也在 20% 以上。在第 104 届广交会上，我国食品出口成交额下滑了三成。与此同时，我国食品进口呈现高速增长态势，月度同比增速均在 30% 以上。2008 年，由于"毒饺子"等食品安全事件的出现，我国输日企业从原来的 4772 家下降到 4107 家，同比减少了 13.9%。国家质检总局 2009 年 6 月 25 日发布消息称，2008 年我国有 36.1% 的出口企业受到国外技术性贸易措施不同程度的影响，全年出口贸易直接损失 505.42 亿美元。在 2011 年第 109 届广交会上，不少参展企业反映，食品安全状况堪忧对出口企业打击甚大，并出现用国产原料生产加工的食品没人敢要的尴尬情况。[1]

五、威胁消费者健康

　　动物性食品安全问题会对国民健康产生较大影响，可能会诱发各种慢性病，加大致畸、致残、致突变的风险，影响人体正常生长发育。1998 年初在上海发生的因市民食用受到污染的毛蚶而爆发的甲肝大流行事件，当时患者多达 31 万例。2004 年，安徽阜阳爆发劣质奶粉危害婴幼儿的事件。劣质奶粉对婴幼儿的主要危害是由于蛋白质摄入不足，导致营养不足，症状表现为"头大、嘴小、浮肿、低烧"，由于以没有营养的劣质奶粉作为主食，出现造血功能障碍、内脏功能衰竭、免疫力低下等情况，还有的表现为脸肿大、腿很细、屁股红肿、皮肤溃烂和其他的幼儿严重发育不良特征；由于症状最明显的特征表现为婴儿"头大"，因此又称为"大头娃"。阜阳 2003 年 3 月 1 日以后出生、以奶粉喂养为主的婴儿中因食用劣质奶粉造成营养不良的婴儿有 229 人，其中，轻度、中度营养不良婴儿 189 例，因食用劣质奶粉造成营养不良而死亡的婴儿共计 12 人。全国各地因为劣质奶粉问题导致严重致病、夭折的个案不断

①　胡晓辉：《浅议食品安全问题对国家安全的危害》，《铁道警官高等专科学校学报》2011 年第 5 期。

涌现；到 2004 年 4 月 25 日，已在山东、成都、江西、太原、广东、兰州、辽宁、海南、武汉、长沙、深圳、浙江、河北等地发现其踪影，甚至北京、广州也出现了怀疑吃劣质奶粉导致的严重发育障碍婴儿。

2008 年，三鹿三聚氰胺奶粉事件，给众多家庭造成了巨大的痛苦。截至 2008 年 9 月 21 日，因食用婴幼儿奶粉而接受门诊治疗咨询已康复的婴幼儿累计 39965 人，正在住院的有 12892 人，此前已治愈出院 1579 人，死亡 4 人，截至 9 月 25 日，香港有 5 人、澳门有 1 人确诊患病。食品安全问题的存在，不仅损害国民个体身体健康，甚至可能影响国民群体——种族——的繁衍存亡，这并非危言耸听。钟南山院士曾警告说，"食品安全（问题）日趋严重，50 年后广东的大多数人将丧失生育能力"[1]。据调查，广州肠癌、妇女宫颈癌、卵巢癌的发病率呈现快速增长的趋势，这种病和农药、防腐剂等的过量使用有很大关系。由于近年来食品安全问题越来越突出，男性的精子浓度比 40 年前下降了将近一半。[2]

第三节　动物性食品安全风险特征

在进入风险社会之前，我国的畜禽养殖业在相对狭小的地域内进行，养殖规模小，养殖数量少，养殖科技水平低。水产动物基本是自然生长，几乎没有人工养殖。当时，如果说存在动物性食品安全风险的话，则其特征表现为如下几个方面。

首先，动物性食品安全风险的成因具有简单性特征。在进入风险社会之前，特别是改革开放之前，我国动物性食品面临最大的风险就是动物性食品供应不足。正如贝克所说的："阶级社会的驱动力可以概括为这样一句话：我饿！"[3] 1978 年，中国农民肉类消费的平均水平是 6 公斤，城镇居民人均肉类消费 18 公斤，[4] 城镇居民，肉蛋奶要凭票供应。面对这种

---

① 周勍：《民以何食为天——中国食品安全现状调查》，中国工人出版社 2007 年版，第 22 页。
② 陈卫洪、漆雁斌：《不安全食品生产的社会危害及对食品出口的影响》，《消费导刊》2009 年第 9 期。
③ ［德］乌尔里希·贝克：《风险社会》，何博闻译，译林出版社 2004 版，第 57 页。
④ 王志、滕军伟：《中国人均肉类消费 60 年来增长近 13 倍》，http://news.xinhuanet.com/fortune/2009-09/04/content_11998388.htm，最后访问时间：2013 年 11 月 19 日。

风险，应对方式比较明确，各级政府可以通过各种政策和行政手段，增加动物性食品的供给，尽可能地满足人民群众的需要。

其次，动物性食品安全风险的发生具有局部性和区域性特征。在进入风险社会之前，动物性食品安全风险只在局部区域发生，不可能从国外引入，也不可能蔓延到全国很多地区。例如，马传染性贫血是由马传染性贫血病毒引起的一种马属动物的严重疫病，被国际兽医局列为重点疫病之一，曾于1959年和20世纪60年代初分别在广西壮族自治区贵港市和武宣县发生过军马的马传染性贫血疫情，由于当时及时采取隔离扑灭病马（骡）和疑似病马、严格消毒等措施，所以该病在当地未引起扩散流行。"七五"期间进行的全国动物疫病普查中，广西曾查出2匹马血清为马传染性贫血阳性（未见临床症状）。此后，广西再未见有该病的发生，也从未用过马传贫疫苗。[1] 进入风险社会之后，畜禽饲养集约化、规模化发展、养殖经营范围不断扩大、畜禽及其产品流通渠道增多，这些为疫病的流行创造了客观条件，导致猪瘟、奶牛布氏杆菌病、结核病等已经被控制了的疫病又重新抬头，且某些疫病呈扩散蔓延之势。目前，我国流行性动物疫病有120多种，其中病毒病60多种，细菌性病害40多种，寄生虫病20多种。通过动物及其产品调运流通以及候鸟迁徙等途径，这些疫病不断扩散到各地畜禽养殖地区，流行范围很广。近十年来，虽然我国畜牧业的产值平均以10%的速度增长，但是因疫病造成的畜禽死亡率，比西方国家高出至少1倍多，严重制约了现代畜牧业的发展。例如，猪传染性疫病中因呼吸道引起的疾病特别突出，发病率为30%—60%，死亡率为5%—30%。[2]

最后，动物性食品安全风险的影响具有局限性和低弱性特征。在进入风险社会之前，动物性食品安全风险的影响范围小、影响程度较低。其影响只限于局部地区，一般不会对整个社会或国家造成威胁，不会改变人们的生活方式。进入风险社会之后，动物性食品安全风险的危害增大。2013年4月初，农业部确认在鸽子及鸡的样品中检出H7N9，我国家禽业受到冲击，禽类产品市场急剧萎缩。根据中国畜牧业协会初步测算，截至4月

① 黄夏、胡杰、磨龙春、陆文俊、覃芳芸、赵国明、刘棋：《广西马传染性贫血病综合防治总结报告》，《广西畜牧兽医》2005年第6期。

② 鲍伟华、鲍训典、孙泽祥、陈军光：《动物疫病的危害现状及其防治对策》，《宁波农业科技》2011年第2期。

15 日，禽流感波及企业和农户 4400 多万户，全国肉鸡鸡苗直接损失超过 37 亿元，活鸡及鸡肉产品销售损失超过 130 亿元，禽流感疫情的发生与蔓延，对家禽养殖行业造成重创，使得我国家禽业受到巨大冲击。截至 2013 年 4 月 15 日 20 时，全国禽流感确诊病例为 63 人，14 人死亡，而截至 2013 年 4 月 16 日 20 时，全国禽流感确诊病例为 77 人，16 人死亡。随着 H7N9 禽流感病例和所涉及的省市陆续增加，禽流感对经济、社会各方面的影响也愈加明显，家禽业、餐饮、旅游、航空、物流，甚至体育行业（羽毛球）都受到影响。不少对十年前非典仍心有余悸的人，甚至选择不再消费禽肉食品。公众的恐慌情绪已对养殖业和餐饮业产生巨大的负面影响。[1]

进入风险社会之后，随着各种饲料、兽药以及养殖等领域的科技进步的成果不断叠加，动物性食品安全问题日趋复杂。吉登斯指出，"在某些领域和生活方式内，现代性降低了总的风险性；但它同时也导入了一些先前年代所知甚少或者全然无知的新的风险参量。这些参量包括后果严重的风险，它们来源于现代性社会体系的全球化特征。晚期的现代世界，即我所称的高度现代性的世界，是启示性的。这不是因为它不可避免地导向灾难，而是因为它导入了前代人不会去面对的风险"[2]。

风险社会中，科技发展造成的动物性食品安全问题，不同于传统社会的动物性食品安全问题，也不同于工业社会可由统计学加以描述和计算的动物性食品安全问题，而是呈现"无法感知"、"不可计算性"和渐进性、严重性等特征。

一、"无法感知"特征

（1）科技的大规模应用使得动物性食品安全风险更加隐蔽。随着科技的发展与进步，各类兽药和激素类药物在畜牧业和水产养殖业中的违规违法使用造成肉食及水产品安全问题；这些可能造成食品安全风险的科技手段，导致食品安全风险的非传统不确定性因素大大增加。我国农业部于 2002 年公布的《动物性食品中兽药最高残留限量》，允许动物性食品可以

---

[1]　张璐：《禽流感蔓延重创家禽养殖生态链》，《企业家日报》2013 年 4 月 22 日第 2 版。
[2]　［英］安东尼·吉登斯：《现代性与自我认同》，赵旭东、方文译，生活·读书·新知三联书店 1998 年版，第 4 页。

有近100种兽药的残留,其中包括允许抗生素、激素、农药和潜在致癌物的残留。就农药残留来说,如表4-1所示,允许动物性食品含有滴滴涕、敌敌畏、林丹、敌百虫、马拉硫磷、氰戊菊酯、蝇毒磷、乙氧酰胺苯甲酯

表4-1 动物性食品中农药残留

农药种类	动物种类	动物组织	残留量($\mu g/kg$)
滴滴涕	所有食品动物	肝	5000
敌敌畏	牛/羊/马	脂 肪	20
		肌 肉	20
		副产品	20
	猪	脂 肪	100
		肌 肉	100
		副产品	200
	鸡	脂 肪	50
		肌 肉	50
		副产品	50
林 丹	牛/羊/马	脂 肪	7000
	猪	脂 肪	4000
敌百虫	牛/羊/马	脂 肪	100
		肌 肉	100
		副产品	100
马拉硫磷	牛/羊/猪/禽/马	脂 肪	4000
		肌 肉	4000
		副产品	4000
氰戊菊酯	牛/羊/猪	肌 肉	1000
		脂 肪	1000
		副产品	20
	牛	奶	100
蝇毒磷	牛/羊/猪	脂 肪	1000
	禽/马	肌 肉	1000
		副产品	1000
乙氧酰胺苯甲酯	禽	肌 肉	500
		肝	1500
		肾	1500

资料来源:农业部 第235号公告《动物性食品中兽药最高残留限量》。

等农药。每公斤动物肝脏允许含有高达 5000 微克的滴滴涕，每公斤牛、羊、猪、禽、马肉允许含有高达 4000 微克的马拉硫磷、1000 微克的蝇毒磷，每公斤牛、羊、猪肉允许含有高达 1000 微克的氰戊菊酯。但是，我们根本没有办法知道某种动物肝脏的农药残留是否超标，有几种农药超标；没有办法知道肉类含有多少种农药，是否有农药超标。这种"无法感知"的特点，使得大众难以主动、自觉地防范食品安全风险。

（2）科技的大规模应用使得动物性食品中的兽药残留要依靠科技才能检测。科技不断进步造成的食品安全风险，又只能依靠一大批设备仪器，才能检测出人类的感觉器官根本无法感知的风险因素。贝克就举例道："我可以买蘑菇吗？出自这个或那个地区的色拉凉拌菜有毒吗？食物会因此变成危及生命的毒药吗？那时，在这样一些极其一般的问题上，人们时时刻刻就跟瞎子似的一无所知，并且完全依赖于专家们种种相互矛盾的陈述。"① 有些有毒有害物质，需要高科技手段才能检测出。如二噁英这种毒性最强、非常稳定又难以分解的一级致癌物，世界上只有几个国家能够检测。

二、"不可计算性"特征

这些年来，国内外爆发的食品安全事件摧毁了以科学和法律制度建立起来的风险计算的逻辑基础。"伴随技术选择能力增长的，是它们的后果的不可计算性。"② 换一种方式说，在风险社会中，科技可能造成无法预料的食品安全后果，成为人类头顶上高悬的"达摩克利斯之剑"。2008年，三鹿三聚氰胺奶粉事件就造成难以统计和计算的风险。第一，导致全国 29.6 万名婴儿的泌尿系统出现异常，住院治疗 52898 人，重症患儿 154 人，死亡 11 人。数十万家庭和孩子承受的巨大痛苦甚至终身疾病，这些损失应该如何计算？第二，导致三鹿集团破产，众多乳品企业因被查出三聚氰胺而亏损巨大，对经济造成的负面打击，又该如何计算？第三，导致国民对"洋奶粉"的需求急剧膨胀，"洋奶粉"不断提价，又让国民付出

---

① ［德］乌尔里希·贝克：《关于风险社会的对话》，载薛晓源、周战超主编：《全球化与风险社会》，社会科学文献出版社 2005 年版，第 10 页。

② ［德］乌尔里希·贝克：《风险社会》，何博闻译，译林出版社 2004 年版，第 20 页。

多少本不必付出的成本？第四，从深层次看，消费者失去对国货、对本土品牌的信任，失去对市场生产、准入、流通、监管和退出等诸多管理环节的有效性的信任，失去对包括媒体在内的社会监督的信任，该如何计算？第五，严重影响了我国食品的形象和信誉，很多国家不再进口中国奶粉，其他食品的出口也受到影响，损害了中国的国际形象，这个代价又该如何计算？所有这些代价，我们根本难以给出一个准确的数字。

三、渐进性特征

（1）新型动物性食品安全风险的出现是未曾期望的、未被察觉的、强制性的，它紧紧跟随在现代化的自主性动态过程之后，采用的是潜在副作用的模式。以动物性食品为例，为了不断满足人们对动物性食品的需求，先是用人工授精和激素促使畜禽和水产动物提高怀胎率，再用兽药催使畜禽和水产动物提前生产，接着用含有多种添加剂的饲料促进动物生长，还要用多种疫苗和兽药预防动物疾病和防止动物死亡。在此过程中，动物性食品安全风险不断增加并且越来越大。

（2）我们每天吃的肉类、鱼类、蛋类和奶类，品种很多。这些食物中含有多种大剂量的残留抗生素、激素、农药、重金属、潜在致癌物甚至禁用兽药等危害人体健康的成分。这些危害人体健康的残留物质集中在一起，会对人体产生复合性危害。有些食品添加剂本身无毒，但它与动物性食品中的某些正常成分或混入食品中的杂质发生作用，形成对人体有害的化学物质。例如，用于肉制品防腐和发色的食品添加剂亚硝酸盐和硝酸盐，会与肉中的氨基酸和胺发生化学反应，生成严重致癌的物质亚硝基胺化合物。这些有毒有害物质对人体健康的危害是潜移默化、日积月累的。随着时间的推移，其危害会越来越明显。但由于这种动物性食品安全问题险的危害往往要经过较长的时间才会被发现，不易及时发现，才不为人们所重视。

四、严重性特征

吉登斯曾经说："在人们的许多生活中，他们已经食用了包含大量添加剂和上过化肥的食物，这样的后果对于健康来说，好的一面尚不为人所了解，但是其糟糕的一面可能会是加速产生某种致死的疾病。"① 同样，大量的兽药和饲料被用于动物养殖，提高了动物性食品的产量，但是，其中的兽药残留却也导致人们患上某些疾病。尽管很多食品中的有害物质不可能让人马上中毒，但是，造成的危害实际上还是比较大的。例如，动物性食品中的兽药残留给人的健康造成如下危害。

（1）具有致癌、致畸、致突变作用。兽药中的某些化学物质可引起基因突变或染色体畸变，对人体造成潜在危害。如链霉素具有潜在致癌作用，磺胺二甲嘧啶能诱发人的甲状腺癌，苯并咪唑类抗蠕虫药能造成人的细胞染色体突变和畸胎，磺胺类药物能破坏人体的造血系统，等等。

（2）导致中毒。添加多种兽药甚至违禁兽药，如瘦肉精、三聚氰胺等，使人出现多种中毒症状，成为危害人类健康的隐形杀手。

（3）产生过敏反应。现在，我国每年使用近 10 万吨抗生素饲养动物，青霉素、磺胺类药物及四环素等抗生素通过动物产品进入人体，使部分人产生过敏反应。

（4）导致耐药性。长期食用抗生素残留的动物性食品，造成细菌耐药性问题，不仅使抗生素的疗效减弱、使用剂量增大、疗程延长、复发率高，而且还易引起并发症，甚至使抗生素失去疗效。

（5）促使性早熟。动物性食品中的性激素残留对儿童、青少年的生长发育极为不利。很多专家认为大中城市孩子性成熟期提前，与动物性食品中的激素残留有很大关系。②

第四节　动物性食品安全风险分配逻辑

人类社会发展到古典工业社会之时，财富分配一直是社会发展的主导逻辑，风险分配则受制于财富分配。造成这种状况的原因是由于生产力不发达，使物质财富成为稀缺资源，再加上财富分配不公的影响，财

---

① ［英］安东尼·吉登斯：《现代性与自我认同》，赵旭东、方文译，生活·读书·新知三联书店 1998 年版，第 134 页。

② 圣海：《向肉食说 NO》，世界知识出版社 2009 年版，第 48—87 页。

富分配及与之相关的冲突占据历史的前台，物质财富的生产和分配就成为人们思考的核心议题。为了改变物质财富短缺的状况，人类利用先进的科学技术，并以工业化为手段、以市场化为机制实现了对自然无节制的掠夺和改造，创造了巨大的物质财富，使人们的物质需要得到了极大的满足。在这个阶段，风险是以"潜在副产品"的形式合法地存在着，以"延伸的副作用"逐渐显现。随着生产力的指数级增长，风险达到了一个我们前所未知的程度，风险分配逐步取代财富分配成为社会发展的主导逻辑。贝克认为，"在发达的现代性中，财富的社会生产系统地伴随着风险的社会生产。相应地，与短缺社会的分配相关的问题和冲突，同科技发展所产生的风险的生产、界定和分配所引起的问题和冲突相重叠"①。

一、风险分配的两种逻辑

贝克的风险社会理论提到两种不同的风险分配模式。一种是"依附于阶级的"、"不平等"的风险分配模式。用贝克的话来说："风险分配的类型、模式和媒介与财富分配有着系统的差别。但并没有排除这样的情况，即风险总是以阶层或以阶级而定的方式分配的。在这种意义上，风险社会和阶级社会存在着很大范围的相互重叠。风险分配的历史表明，像财富一样，风险是附着在阶级模式上的，只不过是以颠倒的方式：财富在上层聚集，而风险在下层聚集。"② 由此可见，这种风险分配模式具有明显的"不平等"特征，即有权有势的人比无权无势的人承受更少的风险。然而，贝克认为，这并没有触及风险分配的核心。

另一种是"超越阶级的"、相对"平等"的风险分配模式。在贝克看来，现代社会中的风险具有"飞去来器效应"，"风险在它的扩散中展示了一种社会性的'飞去来器效应'，即使是富裕和有权势的人也不会逃脱它们"。③ "在现代化风险的屋檐下，罪魁祸首与受害者迟早会同一起来。……这里变得明确的是地球变成了一个弹射座椅，它不再承认富裕与

① Ulrich Beck, *Risk Society*, *Toward a New Modernity*, London: SAGE Publications, 1992, p. 19.
② ［德］乌尔里希·贝克：《风险社会》，何博闻译，译林出版社 2004 年版，第 36 页。
③ ［德］乌尔里希·贝克：《风险社会》，何博闻译，译林出版社 2004 年版，第 39 页。

贫穷、黑人与白人、北方与南方或者东方与西方的区别。"它"以一种整体的、平等的方式损害着每一个人"。① "自来水管中的污水不会因为谁是总裁而在他家水龙头前停止流淌。"即使你拥有财富，也不可能逃脱风险，因此风险分配的逻辑主要基于民主的同一原则，"贫困是等级制的，化学烟雾是民主的"。② 在风险面前，"他人终结"了。所以，从实质上说，风险分配是民主式的。

从总体上讲，贝克有关风险分配模式的论述涉及两种逻辑：一是"差异"逻辑；二是"平等"逻辑。他更为强调这种"平等"逻辑，认为它主导了风险分配的逻辑。

二、国内学者对"风险分配"的研究

国内学者对"风险分配"的研究主要分为两大类。一类是根据风险社会理论对风险分配问题进行的理论探讨。例如，李友梅辨析了财富分配与风险分配的不同逻辑，强调风险分配的核心内涵还是以"平等"逻辑为主，它会在一定程度上打破旧有的阶级、阶层区分；她还认为风险分配可能会成为中国社会结构重组的一种新路径。③ 杨亮才认为财富分配与风险分配是现代性的两种不同路径，而财富分配与风险分配问题是当代中国现代性建构中的突出问题。④ 刘群⑤、姚伟⑥等则从"风险分配"的不平等出发，对贝克风险社会理论中有关分配的理论要素进行了深入探讨，并且做了一些修正。另一类是对"风险分配"的应用研究。例如，景军以"泰坦尼克号定律"为分析框架，分析了中国的艾滋病风险，指出无论是对客观风险还是主观风险的认知，中国艾滋病风险的分配在不同社会等级与社会群体之间存在显著差异，与风险社会理论强调风险分配的平等性做了区分。⑦ 张玉林则对山西的环境问题进行了深入分析，并得出环境风险

---

① ［德］乌尔里希·贝克：《风险社会》，何博闻译，译林出版社 2004 年版，第 40 页。
② ［德］乌尔里希·贝克：《风险社会》，何博闻译，译林出版社 2004 年版，第 38 页。
③ 李友梅：《从财富分配到风险分配——中国社会结构重组的一种新路径》，《社会》2008 年第 6 期。
④ 杨亮才：《财富分配与风险分配：现代性的两种进路》，《学术交流》2011 年第 5 期。
⑤ 刘群：《透过风险分配的逻辑看和谐社会的构建》，《理论界》2007 年第 9 期。
⑥ 姚伟：《论社会风险不平等》，《湖南社会科学》2011 年第 5 期。
⑦ 景军：《泰坦尼克号定律：中国艾滋病风险分析》，《社会学研究》2006 年第 5 期。

与灾难会向农村地区以及底层弱势群体倾斜，从而造成"另一种不平等"的结论。① 刘岩、赵延东发现在社会转型期，中国公众的主观风险感知具有地区差异和多重复合等特点，公众普遍对低不确定性的单重风险的感知程度最高，对高不确定性的三重风险的感知程度最低；受教育水平较高、社会地位较高的群体对高不确定性的三重风险的感知程度较高，底层社会群体则对低不确定性的单重风险的感知程度较高。② 吴雪明、周建明指出，中国农村居民面临的社会风险已与城市居民面临的社会风险基本趋同，而农村居民拥有的抗风险机制却远远弱于城市居民，以收入水平表征的抗风险能力也远不及城市居民。可见，国内对风险分配的研究也是从"平等"与"差异"这两方面着手的，但更多地强调一种分配逻辑的"差异"与"不平等"。③

三、动物性食品安全的"风险分配"

在风险社会，面对风险的分散与整合，人们更关心如何预防更坏的东西。贝克说："阶级社会的驱动力可以概括为这样一句话：我饿！另一方面，风险社会的驱动力则可以表述为：我害怕！焦虑的共同性代替了需求的共同性。"④ 面对潜在的动物性食品安全风险，处于转型期的中国，风险责任的分配逻辑相当混乱。随着市场化改革中出现的财富、地位分化，以及收入、权力、教育及其他因素的影响，社会风险的分配因职业状况和受教育程度的不同而遵循明显的不平等逻辑。在面对动物性食品安全问题时，那些接近资本、接近权力或者受过良好教育的强势群体有可能得到更多的安全保障，而普通的劳动者不仅获利机会少，而且不得不承受更大的社会风险。这就带来了中国式"风险社会"中的风险分配与责任承担失衡的问题。

（1）动物性食品安全风险的分配具有阶层差异性。面对普遍的、潜

---

① 张玉林：《另一种不平等：环境战争与"灾难"分配》，《绿叶》2009 年第 4 期。

② 刘岩、赵延东：《转型社会下的多重复合性风险 三城市公众风险感知状况的调查分析》，《社会》2011 年第 4 期。

③ 吴雪明、周建明：《中国转型期的社会风险分布与抗风险机制》，《上海行政学院学报》2006 年第 3 期。

④ ［德］乌尔里希·贝克：《风险社会》，何博闻译，译林出版社 2004 年版，第 57 页。

在的动物性食品安全风险，由于社会阶层不同，或者经济条件不同，消费者的应对方式也有极大的不同，所以，承受的动物性食品安全风险存在极大的差异。在动物性食品安全风险的实际分配过程中，社会上层人士可以吃非常安全的"特供"食品；富裕阶层会专门购买国外进口的动物性食品，或者购买价格昂贵的无公害动物性食品和有机动物性食品。这些动物性食品经过严格的检验检疫，没有或者只有很少的农药、兽药残留和有毒有害成分，远比市场上出售的普通动物性食品安全。社会底层的消费者或者经济条件差的消费者，则只能根据动物性食品的价格做出自己的选择，而且，尽可能地选择那些价格便宜的动物性食品，最后，承担较多的动物性食品安全风险。例如，航天员食用的动物性食品，是基地专门养殖的专供猪。仔猪是基地仔猪繁殖中心自己繁殖的，为了确保猪种优良，挑猪时必须有防检部门的官员在场。择优"录取"出来的猪崽，会被安排在专门圈舍中进行特别饲养；采取自然养猪法，全程无公害、无污染，只喂食玉米和麸皮，不喂食任何饲料。玉米和麸皮也是生产基地自己种植、生产的，确保从源头上就不受农药等的任何污染。然后，发射中心防疫部门和航天员中心医监医保部门都要来选待宰的生猪。挑选的第一关是观察活猪的精神状态，还要从吃食、四肢力度、皮肤色泽等方面进行综合考量。宰杀完毕后，检疫人员还要从头到尾对猪进行全身检查检疫，包括下颚、内脏、腹股沟淋巴、肌肉纤维密度等项目。航天员食用的鲤鱼、草鱼、鲢鱼等鱼完全在天然水域自然生长，不投放任何饲料。为了确保没有污染，燃油船被严禁航行。鱼要经过寄生虫、农药残留等数道重点检验后，才能给航天员食用。在航天员到达发射基地的头三个月，奶牛场会从几十头奶牛中选出几头精神十足、皮毛光亮的奶牛，隔离饲养。奶牛被隔离后会有一个月的休药期，目的是让奶牛把体内的药物成分充分分解排掉。经过这些程序后，所产的奶还要经养殖基地卫生人员、发射中心防疫部门、航天员中心医监医保部门三级把关，确保牛奶的比重、酸碱度、蛋白含量都符合标准后，才能供应给航天员。① 一些特权部门也纷纷建立自己的特供基地。浙江一些权力部门在浙西南山区"林海仙县"遂昌另辟蹊径，把绿色农产品基地变成其"特供农场"，让土法饲养、不用添加

---

① 崔木杨、杨华军：《散养牛羊野生鸭蛋特供航天员》，《新京报》2012 年 6 月 13 日 A08 版。

剂、不施农药化肥的猪鸡菜鱼沿着"特供渠道"流向其餐桌。①

2004 年阜阳假奶粉事件、2008 年三聚氰胺事件，给数万婴幼儿带来巨大的身体痛苦，给数万家庭造成巨大的心灵痛苦。这些家庭，绝大多数是经济基础比较差的农村居民家庭或收入较低的城市居民家庭。在多次发生牛奶和奶粉的食品安全事件之后，国内经济条件好的家庭，都不再购买国产奶粉给自己的孩子喝，而是购买昂贵的进口奶粉或者亲自到香港、澳门等地购买进口奶粉，或者出国时从海外零售市场购买婴儿奶粉，造成当地奶粉市场出现供应紧缺。德国、新西兰、澳大利亚等国已推行婴儿奶粉限购政策。香港特别行政区于 2013 年 3 月 1 日起实施《2013 年进出口（一般）（修订）规例》（以下简称《规例》），根据该《规例》，在没有申报的情况下，离开香港的 16 岁以上人士每人每天不得携带总净重超过1.8 公斤的婴儿配方奶粉，这相当于普通的两罐 900 克奶粉，违例者一经定罪，最高可被罚款 50 万港元及监禁两年。

（2）动物性食品安全风险的分配具有知识差异性。对食品安全知识掌握的多寡不同，也就是掌握相关知识的人与根本不了解相关知识的人，动物性食品安全风险的分配差别很大。现代社会是一个高度分工的社会，知识的专门化、个人学习领域的有限性使得人们"隔行如隔山"。随着养殖科技的日新月异，新名词和新技术层出不穷，消费者根本不可能完全了解所有兽药、饲料添加剂存在的风险。贝克就指出，"茶里面是否有滴滴涕或者蛋糕里面是否有甲醛，以及在哪里发生的污染这样的问题，就像这些物质是否并且达到多大浓度时会导致长期或短期的有害作用这些问题，仍旧超出人们的知识范围。然而，对这些问题如何确定决定了一个人以这样或那样的方式经受苦难。无论是还是否，人们受危害的程度、范围和征兆，在根本上是依赖于外部知识的"②。吉登斯也认为，"每当某人决定吃什么，早餐用什么，是饮用不含咖啡因的饮料还是普通咖啡时，这个人都是在相互矛盾的、容易改变的科技信息背景下做出决策"③。消费者所了解的只是食品的色、香、味等直接体验信息，即使通过消费，仍然无法判断动物性食品中是否含有抗生素、重金属、有毒有害化学物质等。因

---

① 李力言：《特权圈地造就特供农场》，《京华时报》2011 年 9 月 17 日第 12 版。

② ［德］乌尔里希·贝克：《风险社会》，何博闻译，译林出版社 2004 年版，第 61 页。

③ ［英］安东尼·吉登斯：《现代性：吉登斯访谈录》，尹宏毅译，新华出版社 2001 年版，第 200 页。

此，只有那些了解养殖业内幕的消费者，才可以做出规避动物性食品安全风险的选择。笔者在田野调查的过程中，多次听到过了解相关知识的人员如何规避相关食品安全风险的例子。D 省 Y 市一位领导告诉笔者：Y 大学一位教授，专门研究开发新的水产品饵料。因为知道自己研发的饵料的潜在危害，所以自己从来不吃水产品。S 省 B 市一位领导给笔者讲过一个故事：医生以前建议她吃甲鱼补气，但是，有一次，她去视察当地一家大型甲鱼养殖企业时，看到甲鱼池里面的水非常污浊，甲鱼在里面爬来爬去。她就奇怪地问企业老总："水这么脏，甲鱼不会生病啊？"企业老总很自信地说："没事！我每天喂它们七种抗生素。"她听说这种情况后，再也不敢吃甲鱼了。笔者曾经请朋友帮忙联系 X 省 C 市的一家大型养鸡场，可是，该养鸡场的老板拒绝了，但是他告诉笔者的朋友说："我养鸡十多年了，可是，我从来不吃鸡蛋。你让我还说什么呢？"

（3）动物性食品安全风险的分配具有地区差异性。贝克认为风险分配存在地区差异性问题。发达国家凭借自己的经济实力，将资源高耗费以及高污染的工业假借带动欠发达国家/地区经济发展的名义，转移到这些经济欠发达国家/地区。风险便通过这条途径在这些欠发达国家/地区扩散和蔓延。由于风险扩张的无目的性，全球化的高度发展，风、空气、水等媒介的作用，发达国家并未成功逃避风险，风险又重新回到了它的制造国。而核辐射的扩散、生物细菌的传播是没有国别限制的，贝克据此判断当代风险社会已发展为全球风险社会。

与核辐射等风险不同，食品安全风险从发达国家转移到欠发达国家/地区，再加上欠发达国家/地区人们的风险意识淡薄，进一步强化了食品安全风险，使得这些欠发达国家/地区承受的食品安全风险远高于发达国家。为了防范不安全的食品进口，许多发达国家制定了繁多的技术标准。欧盟的技术标准有 10 万多个，美国有 2.5 万个，英国有 2.2 万个，德国有 1.6 万个。日本有 25 个认证体系，并利用复杂的进口手续和苛刻的检验方法对农产品设置壁垒，凡进入日本的农产品必须经过农林水产省及其属下部门进行质量认证，对某些易于残留有害物质或易于沾染有害物质的食品逐批进行检验。欧盟有 9 个认证体系，进入欧盟市场的产品至少要符合 3 个条件：①符合欧洲标准（EN），取得欧洲标准化委员会 CEN 认证标志；②与人身安全有关的产品要取得欧共体安全认证标志

（CE）；③进入欧盟市场的产品厂商，要取得 ISO 9000 合格证书。美国目前有 55 种认证体系，美国国家标准学会（ANSI）负责对第三方认证体系的认可、质量认证机构的注册认可、实验室的认可工作。外国食品进口商向美国市场销售某些产品必须向对应的认证机构申请认证。美国农业部食品安全检验局（FSIS）要求对向美国出口肉类产品的出口国的防疫体系、入港检验情况、农药兽药或化学残留物等进行审查，并每年复查一次。欧盟对在食品中 22 种农药的最高残留量制定了新的标准；美国不仅规定了药物残留的标准，而且制定了禁止对食用动物使用的兽药清单。俄罗斯对冻肉类 59 种农药残留检测的标准中可以有残留限量的为 24 种，其余的 35 种不得检出。由于我国海洋环境不断恶化，欧盟已不再进口我国贝类产品。1994 年以来，中国的牛肉、猪肉几乎不能出口美国，欧盟也全面拒绝中国的牛肉及冻鸡肉进入。现在，我国每年出口的少量水产品，完全按照出口国的标准生产，而且要经过严格的检验检疫。这样的水产品，消费者根本不可能在国内市场上购买到。

第五章 "有组织的不负责任"与动物性食品安全风险责任

第一节 关于"有组织的不负责任"

"有组织的不负责任"（organised irresponsibility）是贝克风险社会理论中一个重要概念。贝克指出，"在风险时代，社会变成了试验室，没有人对实验的结果负责。'有组织地不负责任'实际上反映了现代治理形态在风险社会中面临的问题，使其在风险社会来临时无法应对，无法承担事后承担的责任。"① 贝克认为，"有组织的不负责任"，其含义在于，第一次现代化所提出的用以明确责任和分摊费用的一切方法手段，如今在风险全球化的情况下将会导致完全相反的结果，即人们可以向一个又一个主管机构求助并要求它们负责，而这些机构则会为自己开脱，并说"我们与此毫无关系"，或者"我们在这个过程中只是一个次要的参与者"。在此过程中，根本无法查明谁应该负责。② 这就造成了事实上"有组织地不承担真正责任"的局面。

贝克认为，"'有组织的不负责任'的概念有助于解释现代社会制度怎么样和为什么必须不可避免地承认灾难的真实存在，同时又否认其存在，掩盖其起源并排除补偿和控制。换一种方式说，风险社会的特征是愈来愈多的环境退化的矛盾——被感知到的和可能的——伴随着关于环境的

---

① ［德］乌尔里希·贝克：《风险社会》，何博闻译，译林出版社2004年版，第22页。
② ［德］乌尔里希·贝克、约翰内斯·威尔姆斯：《自由与资本主义》，路国林译，浙江人民出版社2001年版，第143页。

法律和法规的扩张。然而同时，没有一个人或一个机构似乎明确地为任何事负责"①。风险只要一出现，就必然会产生责任问题。但是，制造风险的人在处理这些风险的过程中总是想方设法回避责任问题。1988 年，贝克在《解毒剂》（1988）一书中指出，公司、政策制定者和专家结成的联盟制造了当代社会中的危险，然后又建立一套话语体系来推卸责任。迷宫式的公共机构和一些公司就是这样安排的，即恰恰是那些必须承担责任的人可以获准离职以便摆脱责任。

这种状况既反映了工业社会的治理形态在风险社会中面临的困境，也彰显了传统的发展模式使人类生存环境在今天面临巨大威胁。正是在传统的社会管理体制和价值观下，政策制定者、公司法人、专家、媒体结成精英联盟，以物质财富的增长作为发展的根本评价指标，高歌科技理性，打造"消费社会"，从而累积、制造了当代社会中的风险，然后又凭借传统的制度机制和由他们掌控的话语体系来推卸、转嫁责任，让全社会共同分摊风险，造成社会发展的不公正和生态环境的严重损害。

在思考为何风险社会中会出现"有组织的不负责任"的现象的时候，贝克指出，"解释这种状态的关键就是，在风险社会、在后工业社会产生的危险或人为的不确定的特性与结构和内容植根于以前世纪性质的不同的普遍的'定义关系'之间，出现了错配"②。之前，风险的定义体系是针对工业社会所面临的风险建立的，面对当代丛生的风险，它已经脱离了原有的定义范围，原有的风险定义体系和当今时代的风险特点的不对称，使"有组织的不负责任"得以产生。就法条而言，在关于风险责任的陈述上，只要无法明确指明其中的因果关系，便不存在风险。可见，法律也在帮助风险制造者摆脱相应的责任，从根本上就否认了风险的存在，因而造成风险全民化的现状。

第二节　兽药政策与动物性食品安全风险

贝克认为，社会风险仅限于技术专家的描述；描述的结果宰制着人们

①　［德］乌尔里希·贝克：《世界风险社会》，吴英姿、孙淑敏译，南京大学出版社2004年版，第191页。
②　薛晓源、周战超：《全球化与风险社会》，社会科学文献出版社2005年版，第145页。

的风险认知，这种技术专家主义和自然主义弱化了现代社会风险的程度。譬如，其一，科学界定的"可接受水平"包含对风险的漠视与对世人的欺诈。它意味着不同程度的污染、毒害被允许，甚至以"零污染不可能"为由拒绝接受对环境污染的批评。如此一来，主张限制污染的人也被迫赞同污染。贝克认为，对单一污染物设定"可接受水平"是一个骗局。其二，采用"平均量"论调，即超过平均量是危险的而在平均量以下则是安全的。但"一个询问平均量的人，已经忽略了社会上不平等的风险地位"①。其三，用"风险不是现代的发明"掩盖和削弱人们对危险的认知程度。风险被传统数学公式和方法论争执的魔术帽子变得不可见了，结果在科学的特许下风险有增无减。同时将风险的维度局限在技术的可管理性上则暗含着可计量的风险才是风险，而当风险无法计量时就被认为不存在，这是否意味着科学只不过是测量风险的一件"皇帝的新衣"？坚持科学分析的纯洁性导致对空气、食物、水、土壤、植物和人的污染。我们因而得出一个结论：在严格的科学实践与其助长和容忍的对生活的威胁之间，存在一种隐秘的共谋。②

　　在农业部批准将大量的兽药用于促进畜禽和水产动物生长、防范畜禽和水产动物疾病后，动物性食品中的兽药残留越来越多。我国作为动物性食品生产大国，1949年后的大部分时间都被用来解决人民的温饱问题，科研力量大多数也集中在提高食品产量的研究领域，所以我国食品卫生安全工作起步较晚。近年来，我国因为兽药残留超标问题屡屡发生出口农产品被查禁和销毁事件，才使兽药的安全问题被提到议事日程上来。我国兽药最高残留限量标准的修订与发达国家相比不够及时，通常是在出现安全问题之后才制定相应的限量标准，或者是国外提出某项安全限量标准、设定技术壁垒后，我国有关部门才开始被动地着手建立相关标准，使我国在国际贸易中常常处于被动地位，人民的身体健康无法得到保障。为了防止兽药残留太多，危害国民健康，农业部允许动物性食品中有一定量的兽药残留。而这个"残留限量"就是所谓的科学界定的"可接受水平"。

　　与国外相比，我国的兽药残留标准，增大了动物性食品安全风险，表现在如下几个方面。

---

① ［德］乌尔里希·贝克：《风险社会》，何博闻译，译林出版社2004版，第24页。
② ［德］乌尔里希·贝克：《风险社会》，何博闻译，译林出版社2004版，第73页。

一、兽药残留限量增加

1994 年,农业部制定并发布了 43 种兽药的最高残留限量标准。此后,分别在 1997 年、1999 年和 2002 年以公告的形式发布了三个修订版兽药最高残留限量标准。

但是,与 1999 年的 17 号文件相比,2002 年的 235 号公告修订后的标准,除了安普霉素、氮哌酮、克拉维酸、红霉素、尼卡巴嗪、泰妙菌素、敌百虫、泰乐菌素等少数兽药的标准呈现减少外,很多兽药的标准都比 1999 年的标准要宽松! 这就为动物性食品安全留下了隐患。

表 5 - 1   2002 年与 1999 年相比较最高残留限量修订情况列表

药物名称	动物种类	组织	1999MRL(μg/kg)	2002MRL(μg/kg)
阿维菌素	牛	脂肪	10	100
		肝	20	100
阿苯达唑	牛/羊	肝	1000	5000
		肾	500	5000
氨苄西林	所有动物	奶	4	10
头孢噻呋	牛	肌肉	200	1000
		脂肪	200	2000
		肾	2000	6000
	猪	肌肉	500	1000
		脂肪	600	2000
		肾	4000	6000
克拉维酸	牛、羊、猪	肾	200	400
二氟沙星	牛、羊	肝	800	1400
多拉菌素	猪、羊	肝	50	500
苯硫氨酯/苯硫苯咪唑	牛、羊	奶	10	100
	牛、羊、猪、马	肌肉	50	100
		脂肪	50	100
		肾	50	100
氟苯咪唑	鸡	肌肉	50	200
		肝	400	500

续表

药物名称	动物种类	组织	1999MRL(μg/kg)	2002MRL(μg/kg)
氟甲喹	牛、羊、猪	肌肉	50	500
		脂肪	50	1000
		肝	100	500
		肾	300	3000
		奶		50
	鱼	肌肉+皮	150	500
	鸡	鸡肉	50	500
		皮+脂	50	1000
		肝	100	500
庆大霉素	牛猪	肝	200	2000
		肾	1000	5000
拉沙洛西	鸡	皮脂	300	1200
	火鸡	皮脂		400
		肝		400
林可霉素	牛、羊、猪、禽	脂肪/皮+脂	50	100
新霉素	牛、羊、猪、鸡、火鸡、鸭	肾	5000	10000
沙拉沙星	鸡	脂肪		20
链霉素	牛、绵羊、猪、鸡	肌肉	500	600
		脂肪	500	600
		肝	500	600
替米考星	牛、羊、猪	肌肉	50	100
		脂肪	50	100
	猪	肝	1000	1500
三氯苯唑	牛	肌肉	100	200
		脂肪		100
		肝	100	300
		肾	100	300

资料来源：农业部1999年17号文、2002年第235号公告。

从表5-1中我们可以清楚地看到，2002年的修订版，很多兽药的标准反而降低了。例如，阿维菌素在牛脂肪中的限量，2002年的标准是1997年标准的10倍，阿苯达唑在牛、羊肝脏中的含量，2002年的标准是1997年标准的5倍，在牛、羊肾脏中的含量，2002年的标准是1997年标准的 10 倍。也就是说，2002 年牛脂肪中的阿维菌素、牛羊肾脏中的阿苯达唑含量增加 9 倍之后，仍然是安全的食品。显然，动物性食品安全风险增大了。尽管有些动物性食品中的兽药含量没有超标，但是，对消费者身体健康的影响已经产生了。

二、我国兽药最高残留限量标准低于发达国家

我国的兽药最高残留限量标准与发达国家存在明显差距，这就为动物性食品安全风险埋下了伏笔。

第一，我国动物性食品质量安全标准落后。目前，国际通行的食品质量安全标准是 CAC——由联合国粮农组织制定的 8000 个左右与食品相关的标准，包括农药、兽药残留物限量标准，添加剂标准，各种污染物限量标准，辐照污染标准，感官、品质检验标准，检测分析方法标准，取制样技术设备标准以及检验数据的处理准则，等等，其中大部分涉及动物性食品质量安全。20 世纪 80 年代初，英、法、德等国家采用国际标准已达80%，日本有90%以上的标准采用国际标准，有些发达国家的某些标准甚至高于现行 CAC 标准。中国只有 40% 左右的标准等同采用或等效采用国际标准，覆盖面远远不够。

第二，我国兽药最高残留限量标准低于发达国家。欧盟兽药最高残留限量标准体系制定过程严谨，修订频繁，规定得非常具体和严格，这对保障欧盟地区人民身体健康、欧盟畜牧业健康发展以及国际贸易良性循环起到了不可忽视的作用。美国每年都对兽药最高残留限量标准做全面整理和修订，将不用或废用药物在限量列表中及时去除。另外，很多兽药品种经历了多次修订，这反映出限量标准制定需要长期、持续的研究，限量标准制定的科学依据随着资料和数据的不断完善而逐渐完善。

我国对兽药最高残留限量标准做了三次修订，一方面是为保障我国动物性食品的出口贸易；另一方面则是希望能够建立与国际接轨的兽药限量标准。与发达国家相比，我国的很多标准都是在贸易摩擦出现之后才制定或修订的，这种制定/修订方法不够科学。由此，对我国畜产品市场、畜产品进出口贸易和畜牧业发展产生了一系列负面影响。

通过我国与欧盟、美国的最高残留限量物质的比较表，我们可以看出，我国规定限量的品种最少。

表5-2 美国、欧盟与我国规定的最高残留限量的物质比较列表

	欧盟	美国	中国
抗生素类药物数量	52	21	36
青霉素类药物数量	9	4	6
头孢类药物数量	9	2	3
沙星类药物数量	5	2	4
抗虫类药物数量	23	34	32
兽用农药	8	3	10
规定限量的兽药数量	118	108	96

资料来源：笔者根据相关资料整理。

此外，国外禁止的兽药，很多仍然在我国继续使用。欧盟规定的禁用兽药及化合物有31种，禁止将喹乙醇、杆菌肽锌、螺旋霉素、维吉尼霉素、磷酸泰乐菌素用作饲料添加剂，禁止将二硝托安、氯羟吡啶、氨丙啉、尼卡巴嗪用作兽药。我国对上述兽药都没有禁用。美国规定禁用的兽药及化合物包括氟喹诺酮类药物等12种，其中，泌乳牛禁用磺胺类药物（除磺胺二甲氧嘧啶、磺胺溴甲嘧啶、磺胺乙氧嗪）。日本禁用磺胺喹恶啉、磺胺甲基嘧啶、磺胺二甲嘧啶、磺胺-6-甲氧嘧啶。美国禁用氟喹诺酮类（沙星类）物质，因其可导致产生耐药变异的多重耐药菌株，对其他抗生素的耐受性也随之提高，包括四环素、氯霉素等。日本禁用恶喹酸，其他国家和组织没有规定。我国对这些兽药都没有禁用。

欧盟对所有的激素类物质发布了各种禁令。我国只规定禁止将其中的己烯雌酚、甲基睾丸酮、丙酸睾酮、苯丙酸诺龙、苯甲酸雌二醇、玉米赤霉醇、去甲雄三烯醇酮、醋酸甲羟孕酮8种物质用作生长促进剂。对于硝基咪哇类药物，欧盟禁用其中的甲硝咪哇，美国禁用其他硝基咪哇类，我国禁止将硝基咪唑类的甲硝唑和地美硝唑用作生长促进剂。对于硝基呋喃类药物，欧盟禁用，因其具有致突变效应。美国禁用呋喃唑酮（外用除外）、呋喃西林（外用除外）两种物质，日本禁用双呋喃哇酮，我国禁用硝基呋喃类的呋喃唑酮、呋喃它酮、呋喃苯烯酸钠。

我国的兽用农药数量最多，这说明我国兽用农药种类较其他国家多，包括有机磷、拟除虫菊酯类药物。美国兽用农药非常少，因为美国已经逐渐取消将农药用于食品动物。对于动物体表杀虫剂，美国采用了很多非农药类的化学物质来代替农药，而且其限量规定为"不得检出"。而农药对

人体健康的危害是比较大的。[①]

另外，欧盟的兽药最高残留限量标准比我国要求更为严格，残留限量低于我国的药物共 25 种：阿灭丁（阿维菌素）、阿苯达唑、阿莫西林、氨苄西林、氮哌酮、杆菌肽、溴氰菊酯、苯硫氨酯、芬苯达唑、氰戊菊酯、氟苯咪唑、氟甲喹、氢溴酸常山酮、伊维菌素、拉沙洛菌素、林可霉素、安乃近、新霉素、辛硫磷、沙拉沙星、大观霉素、链霉素/双氢链霉素、替米考星、三氯苯唑、泰乐菌素。如阿苯达唑，中国规定在牛的肝脏、肾脏中的最高残留限量是 5000μg/kg，而欧盟规定在牛肝脏中的最高残留限量是 1000μg/kg，在牛肾脏中的最高残留限量是 500μg/kg。我国的标准要比欧盟的标准宽 10 倍甚至 20 倍。

三、保障兽药最高残留限量标准实施的法律法规和标准不健全，检测技术水平低

首先，虽然我国的最高残留限量标准较多地采用欧盟标准，但由于我国在动物性食品安全方面的法律法规多数属于部门性法规，各法律法规之间相互分割，没有有机地整合到一起，不能互相支撑、互相保障，致使我国兽药最高残留限量标准执行起来非常困难，不能落到实处。

其次，我国的检测标准不健全或达不到国际水平，致使我们很难保障动物性产品的安全。目前，我国兽药残留检测的方法、标准主要有国家标准、农业部标准、中国商业联合会标准、进出口检验检疫部门兽药残留检测方法标准四大类，还有一部分兽药残留检测方法标准以公告、通知、附录等形式出现。而且，长期以来我国对动物性产品的兽药残留检测均实行对外和对内两套检测方法标准。在实际操作中，中国的动物源性产品被分为内销产品和出口产品两种，其卫生标准和质量检验的严格程度都不同。以兽药磺胺二甲嘧啶为例，对相同动物源性产品中相同兽药的检测，出口标准为 5μg/kg，内销标准为 20μg/kg。对出口产品检测要求的严格程度明显高于国内产品。这种内外有别的做法，无疑进一步加剧了国内动物性食品安全的风险。

---

① 李琳：《国内外动物源性食品中兽药最高残留限量标准的对比研究》，硕士学位论文，中国农业大学，2005 年，第 25—33 页。

最后，我国检测技术和实验室检测能力有限，可能对很多欧盟禁用或残留量要求很低的物质无法检出。近几年，我国发生的几起重大食品安全事故，如苏丹红、三聚氰胺、孔雀石绿等，基本上都是国外先发现，国内接着采取行动，很少是我国自己的食品安全检测机构先发现问题所在。由于检测机构的检测能力不强，我国的食品安全监管往往是事后收拾残局，事前预防变成了理想。因此，我国应构建有效的食品质量检测机制，重点是加强对食品生产过程中不安全因素的检测，而不是依据标准开展几项常规检测。其实，这些食品抽检合格率指标并不能反映食品安全的真实情况。

以上这些因素决定了我国的兽药最高残留限量标准，仅仅是停留在文件上，并没有落到实处，也难以起到保障动物性食品安全的作用。

第三节　饲料政策与动物性食品安全风险

湖北省宜昌市政协委员林汇泉曾经说，不少农村养殖户向他反映，近年来有许多骑摩托车的流动商贩向他们推销一种蓝绿色的粉末，这些粉末被掺入猪饲料后，猪就会食欲大增，也不容易生病，体形一天变一个样，生长的速度很快。而这些粉末，其实就是含有铜、锌、铅、镉、砷、汞、铬等重金属元素的添加剂。一位饲料生产厂家的负责人私下向他透露："饲料中的重金属超标问题比'瘦肉精'问题更可怕！你要是不加，养殖户们就不会选择你的产品，如果饲料生产厂家想争夺市场，就必须在饲料中过量添加一些重金属，这已经在我国的养殖业中渐渐成为通用的潜规则。"①

一、国家饲料标准允许含有重金属、农药等有毒有害物质

动物性食品中的重金属残留，对人体健康的危害比较大。那么，饲料中的重金属究竟是饲料厂违规添加的，还是应养殖户的要求被迫添加的？事实上，国家标准化管理委员会颁布的《饲料、饲料添加剂卫生指标》允许饲料中添加或者含有砷、铅、铬、汞、镉等重金属，以及非金属化学

---

① 林汇泉：《饲料重金属超标比"瘦肉精"更可怕》，《人民政协报》2011年4月18日第B03版。

表 5 - 3　饲料、饲料添加剂卫生指标

序号	卫生指标项目	产品名称		允许量	试验方法	备注
1	砷(以总砷计)的允许量(每千克产品中)/mg	矿物饲料	石粉	≤2.0	GB/T 13079	
			磷酸盐	≤20.0		
			沸石粉、膨润土、麦饭石	≤10.0		
		饲料添加剂	硫酸亚铁、硫酸镁	≤2.0		
			硫酸铜、硫酸锰、硫酸锌、碘化钾、碘酸钙、氯化钴	≤5.0		
			氧化锌	≤10.0		
		饲料产品	鱼粉、肉粉、肉骨粉	≤10.0		
			猪、家禽配合饲料	≤2.0		
			牛、羊精料补充料			
			猪、家禽浓缩饲料	≤10.0		
			猪、家禽添加剂预混合饲料			
		添加有机胂的饲料产品[a]	猪、家禽配合饲料	不大于 2mg 与添加的有机胂制剂标示值计算得出的砷含量之和		
			猪、家禽浓缩饲料	按添加比例折算后,应不大于相应猪、家禽配合饲料允许量		
			猪、家禽添加剂预混合饲料			
2	铅(以 Pb 计)的允许量(每千克产品中)/mg		生长鸭、产蛋鸭、肉鸭配合饲料	≤5	GB/T 13080	
			鸡配合饲料、猪配合饲料			
			奶牛、肉牛精料补充料	≤8		
			产蛋鸡、肉用仔鸡浓缩饲料	≤13		
			仔猪、生长肥育猪浓缩饲料			
			骨粉、肉骨粉、鱼粉、石粉	≤10		
			磷酸盐	≤30		
			产蛋鸡、肉用仔鸡复合预混合饲料	≤40		
			仔猪、生长肥育猪复合预混合饲料			

续表

序号	卫生指标项目	产品名称	允许量	试验方法	备注
3	氟(以F计)的允许量(每千克产品中),mg	鱼粉	≤500	GB/T 13083	
		石粉	≤2000		
		磷酸盐	≤1800		
		肉用仔鸡、生长鸡配合饲料	≤250		
		产蛋鸡配合饲料	≤350		
		猪配合饲料	≤100		
		骨粉、肉骨粉	≤1800		
		生长鸭、肉鸭配合饲料	≤200		
		产蛋鸭配合饲料	≤250		
		牛(奶牛、肉牛)精料补充料	≤50		
		猪、禽添加剂预混合饲料	≤1000		
		猪、禽浓缩饲料	按添加比例折算后,应不大于相应猪、禽配合饲料的允许量		
4	霉菌的允许量(每克产品中),霉菌数×10^3个	玉米	<40	GB/T 13092	限量饲用:40—100 禁用:>100
		小麦麸、米糠			限量饲用:40—80 禁用:>80
		豆饼(粕)、棉籽饼(粕)、菜籽饼(粕)	<50		限量饲用:50—100 禁用:>100
		鱼粉、肉骨粉	<20		限量饲用:20—50 禁用:>50
		鸭配合饲料	<35		
		猪、鸡配合饲料	<45		
		奶、肉牛精料补充料			

序号	卫生指标项目	产品名称	允许量	试验方法	备注
5	黄曲霉毒素 B_1 允许量（每千克产品中），μg	玉米	≤50	GB/T 17480 或 GB/T 8381	
		花生饼（粕）、棉籽饼（粕）、菜籽饼（粕）			
		豆粕	≤30		
		仔猪配合饲料及浓缩饲料	≤10		
		生长肥育猪、种猪配合饲料及浓缩饲料	≤20		
		肉用仔鸡前期、雏鸡配合饲料及浓缩饲料	≤10		
		肉用仔鸡后期、生长鸡、产蛋鸡配合饲料及浓缩饲料	≤20		
		肉用仔鸭前期、雏鸭配合饲料及浓缩饲料	≤10		
		肉用仔鸭后期、生长鸭、产蛋鸭配合饲料及浓缩饲料	≤15		
		鹌鹑配合饲料及浓缩饲料	≤20		
		奶牛精料补充料	≤10		
		肉牛精料补充料	≤50		
6	铬（以 Cr 计）的允许量（每千克产品中），mg	皮革蛋白粉	≤200	GB/T 13088	
		鸡、猪配合饲料	≤10		
7	汞（以 Hg 计）的允许量（每千克产品中），mg	鱼粉	≤0.5	GB/T 13081	
		石粉	≤0.1		
		鸡配合饲料，猪配合饲料			
8	镉（以 Cd 计）的允许量（每千克产品中），mg	米糠	≤1.0	GB/T 13082	
		鱼粉	≤2.0		
		石粉	≤0.75		
		鸡配合饲料，猪配合饲料	≤0.5		
9	氰化物（以 HCN 计）的允许量（每千克产品中），mg	木薯干	≤100	GB/T 13084	
		胡麻饼、粕	≤350		
		鸡配合饲料，猪配合饲料	≤50		
10	亚硝酸盐（以 $NaNO_2$ 计）的允许量（每千克产品中），mg	鱼粉	≤60	GB/T 13085	
		鸡配合饲料，猪配合饲料	≤15		

续表

序号	卫生指标项目	产品名称	允许量	试验方法	备注
11	游离棉酚的允许量（每千克产品中），mg	棉籽饼、粕	≤1200	GB/T 13086	
		肉用仔鸡、生长鸡配合饲料	≤100		
		产蛋鸡配合饲料	≤20		
		生长肥育猪配合饲料	≤60		
12	异硫氰酸酯(以丙烯基异硫氰酸酯计)的允许量(每千克产品中)，mg	菜籽饼、粕	≤4000	GB/T 13087	
		鸡配合饲料	≤500		
		生长肥育猪配合饲料			
13	恶唑烷硫酮的允许量（每千克产品中），mg	肉用仔鸡、生长鸡配合饲料	≤1000	GB/T 13089	
		产蛋鸡配合饲料	≤500		
14	六六六的允许量（每千克产品中），mg	米糠	≤0.05	GB/T 13090	
		小麦麸			
		大豆饼、粕			
		鱼粉			
		肉用仔鸡、生长鸡配合饲料	≤0.3		
		产蛋鸡配合饲料			
		生长肥育猪配合饲料	≤0.4		
15	滴滴涕的允许量（每千克产品中），mg	米糠	≤0.02	GB/T 13090	
		小麦麸			
		大豆饼、粕			
		鱼粉			
		鸡配合饲料,猪配合饲料	≤0.2		
16	沙门氏杆菌	饲料	不得检出	GB/T 13091	
17	细菌总数的允许量（每克产品中），细菌总数×10⁶个	鱼粉	<2	GB/T 13093	限量饲用：2—5 禁用：>5

注：1. 所列允许量均为以干物质含量为88%的饲料为基础计算；

2. 浓缩饲料、添加剂预混合饲料添加比例与本标准备注不同时，其卫生指标允许量可进行折算。

3. 表中序号"1（砷）"、"2（铅）"、"3（氟）"项的内容来源于 GB13078 - 2001《饲料卫生标准》第1号修改单。

4. 其中ª系指国家主管部门批准允许使用的有机肿制剂，其用法与用量遵循相关文件的规定。添加有机肿制剂的产品应在标签上标示出有机肿准确含量（按实际添加量计算）。

资料来源：国家标准化管理委员会颁布的 GB 13078 - 2001《饲料卫生标准》及其修改单。

元素氟。氟化合物对人体有害，少量的氟（150mg 以内）就能引发一系列的病痛，大量氟化物进入体内会引起急性中毒。因吸入量不同，导致出现不同的病症，例如厌食、恶心、腹痛、胃溃疡、抽筋、出血甚至死亡。而且，《饲料、饲料添加剂卫生指标》还允许含有农药六六六、滴滴涕，甚至允许含有致癌物黄曲霉素、剧毒物质氰化物。

从《饲料、饲料添加剂卫生指标》看，每公斤石粉、硫酸亚铁、硫酸镁中最多允许含 2 毫克砷；每公斤磷酸盐中最多允许含 20 毫克砷；每公斤沸石粉、膨润土、麦饭石、氧化锌、鱼粉、肉粉、肉骨粉中最多允许含 10 毫克砷；每公斤硫酸铜、硫酸锰、硫酸锌、碘化钾、碘酸钙、氯化钴中最多允许含 5 毫克砷；每公斤猪、家禽配合饲料中最多允许含 2 毫克砷；每公斤猪、家禽浓缩饲料中最多允许含 10 毫克砷。这么多的成分都含有砷，那么，动物每天通过饲料会吃进多少砷？动物饲料含有砷，那么，动物肉里面一定会有砷的残留！以砷化合物作为饲料添加剂，过量添加到畜禽食用的饲料中，就易使畜禽体内积砷，食用了这种畜禽的肉制品后，就容易造成中毒。

砷侵入人体后，除经由尿液、消化道、唾液、乳腺排泄外，就蓄积于骨质疏松部、肝、肾、脾、肌肉、头发、指甲等部位。砷作用于神经系统、刺激造血器官，长时期地少量侵入人体，对红血球生成有刺激影响，长期接触砷会引发细胞中毒和毛细血管中毒，还有可能诱发恶性肿瘤。

铅是一种严重危害人类健康的重金属元素，它可影响神经、造血、消化、泌尿、生殖和发育、心血管、内分泌、免疫、骨骼等各类器官，主要是神经系统和造血系统。更为严重的是，它影响婴幼儿的生长和智力发育，损伤认知功能、神经行为和学习记忆等脑功能，严重者造成痴呆。特别是对于儿童，只要血铅水平超过或等于 100 微克/升，不管有没有临床症状、体征，都可以确诊为儿童铅中毒。国内外的大量研究表明，婴幼儿和儿童的血铅水平与智商显著相关。铅引起的智力损害是不可逆转的，即使经过驱铅治疗后，血铅下降，但智力损害却无明显恢复。铅中毒危害以神经系统受损最为严重，可导致小儿烦躁不安、易冲动、腹痛、食欲下降、注意力不集中、性格改变、反应迟钝、智力下降、记忆力下降等，严重者可出现铅中毒脑病，甚至死亡。

《饲料、饲料添加剂卫生指标》中允许含有这些重金属，无疑为饲料企业滥添加重金属打开了一扇方便之门，造成动物性食品安全风险。

二、饲料工业标准体系不健全

虽然我国从 20 世纪 80 年代开始制定、发布了一系列标准，包括饲料分析检测方法、饲料添加剂质量标准、饲料标签、饲料卫生标准等，但是，目前我国饲料行业的质量标准体系仍然不够健全，对动物饲料的检测手段落后，而且我国动物饲料质量安全标准未与国际标准接轨。饲料工业标准体系不健全表现在如下四个方面。

一是标准老化。针对饲料行业，国家质量技术监督局和饲料行业行政主管部门已发布了不少国家标准与行业标准。但标准发布的周期偏长，且这些标准已远远不能满足飞速发展的饲料工业的需要。现行的标准大多制定于 20 世纪 80 年代，尽管一些标准冠以 90 年代的年号，但多数是多年前起草的，或把原来的老标准换上国家推荐标准号后重新颁布。标准体系不健全，有些标准相互矛盾，影响饲料安全监管执法，饲料标准体系建设总体滞后。

二是现有标准不配套。我国饲料检测技术与发达国家有相当大的差距，我国现行饲料行业的国际标准采标率不超过 20%。已制定的饲料标准数量远不能满足饲料工业质量检测的需要。例如，国家禁止在饲料和动物饮用水中使用的 5 类 40 种药物中，仅发布了"瘦肉精"检测方法的行业标准。不少药物检测方法的国家或行业标准尚未出台，如猪尿中莱克多巴胺检测方法的国家标准尚未出台，现有的检测结果不具仲裁权威性。迄今为止，我国允许使用的饲料添加剂品种中仍有不少没有制定科学、统一的标准和使用规范，影响饲料安全监管工作的顺利开展。虾饲料中除中国对虾饲料等几种品种外，其余都没有统一的标准。为了加快制定动物源性饲料产品的质量标准，一些高技术产品（如酶制剂、蛋白金属螯合物、促生长剂等）已经进入饲料市场，却缺乏精确、有效的测测技术。

三是企业标准水平较低。我国现行饲料标准有国家标准、行业标准和企业标准三大类，目前，农业部在《动物源性饲料产品安全卫生管理办法》中公布的 8 类 45 种动物源性饲料产品中，几乎没有国家质量标准或行业质量标准，仅有《鱼粉》（GB/T19614-2003）和《饲料用骨粉及肉骨粉》（GB/T20193-2006）有国家标准，《饲料用水解羽毛粉》的行业标准正在审批中。市场上动物源性饲料产品采用的标准绝大多数均为企业标准。由于企业自身科技水平较低，制定标准的能力和水平不高，有的企业借标准化转轨之机制定了一些水平低的企业标准，使生产劣质产品合法化，出现了合格产品不符合国家标准的现象。

四是饲料产品质量标准没有与国际接轨。我国《饲料卫生标准》（GB13078－2001）在微生物指标的表述方面与国际通行的做法存在较大差异。例如，我国饲料卫生标准对病原菌（如沙门氏菌）指标规定为"不得检出"，而国际上通行的做法是在确定某种微生物"不得检出"的要求下注明"在25g样品中"；又如，我国饲料卫生标准对细菌总数、霉菌总数等"污染指标"只规定了菌落计数限量，而国际上通行的做法是在规定菌落计数限量的同时，要求对该微生物指标应说明其采样方案，并从统计学意义出发，规定不同产品每批检样的数量，从而保证检验结论的可靠性。[①]

三、饲料监管的法律法规不健全

发达国家的食品安全法律体系均比较完善。美国是世界上公认的食品安全保障工作做得最好的国家之一，其只有一部《联邦食品、药品和化妆品法》综合性法律，但与其配套的专门性法规非常多，也非常具体，如《联邦肉类检查法》、《禽产品检查法》等。这些法律法规几乎覆盖了所有动物性食品，检测指标都已量化，执法人员与企业都容易掌握，很少有歧义情况出现。

虽然国务院于1999年5月18日发布了《饲料和饲料添加剂管理条例》并且先后做了修订，还有《新饲料和新饲料添加剂管理办法》及其他法律法规、行政规章和地方性法规或规章（如《产品质量法》、《行政处罚法》、《行政复议法》以及《饲料添加剂和添加剂预混合饲料生产许可证管理办法》、《饲料添加剂和添加剂预混合饲料产品批准文号管理办法》、《饲料药物添加剂使用规范》、《动物源性饲料产品安全卫生管理办法》、《禁止在饲料和动物饮用水中使用的药物品种目录》等）都对动物饲料质量监管提供了法律保障，但我国缺乏专门的动物饲料法，而且有些法律法规及规章的可操作性差，体系更新慢，建设滞后，成为提高我国饲

---

① 张兴伦：《饲料监管聚焦动物源性饲料产品》，《中国畜牧兽医报》2007年4月8日第13版。

料和畜产品质量安全水平的"瓶颈"。例如，尽管农业部早就发布了 176 号公告《禁止在饲料和动物饮水中使用的药物品种目录》，但饲料质检部门还能在饲料厂仓库内找到碘化酪蛋白、睡梦美（其主要成分是安定）、莱克多巴胺等，这说明还有饲料添加剂企业非法制造和销售违禁药品，制药企业非法向饲料企业销售违禁药物，还有很多公司地下制售"瘦肉精"，甚至有些公司仍然公开推销莱克多巴胺。这些违禁药物的制造商和供应商正是违禁药物流入饲料的源头。遗憾的是，由于这些违禁化学品生产企业属于化工和医药系统，饲料行政管理部门对其没有管辖权，给查禁工作带来很大的困难。目前在监管违禁药物方面可以依据的法律只有农业部、卫生部、国家药品监督管理局 176 号公告，该公告规定："生产、销售《禁止在饲料和动物饮用水中使用的药物品种目录》所列品种的医药企业或个人，违反《药品管理法》第四十八条规定，向饲料企业和养殖企业（或个人）销售的，由药品监督管理部门按照《药品管理法》第七十四条的规定给予处罚；生产、销售《禁止在饲料和动物饮用水中使用的药物品种目录》所列品种的兽药企业或个人，向饲料企业销售的，由兽药行政管理部门按照《兽药管理条例》第四十二条的规定给予处罚；其他单位和个人生产、经营、使用《禁止在饲料和动物饮用水中使用的药物品种目录》所列品种，用于饲料生产和饲养过程中的，上述有关部门按照谁发现谁查处的原则，依据各自法律法规予以处罚。"然而《药品管理法》第七十四条规定"生产、销售假药的，没收违法生产、销售的药品和违法所得，并处违法生产、销售药品货值金额两倍以上五倍以下的罚款"，但饲料中的违禁药物并不属于假药，适用该条款管理饲料中的违禁药物较为牵强。即使适用，处罚力度也很有限，因为这些饲料中用的违禁药物的货值并不高。2004 年新《兽药管理条例》第六十七条规定："违反本条例规定，兽药生产、经营企业把原料药销售给兽药生产企业以外的单位和个人的，或者兽药经营企业拆零销售原料药的，责令其立即改正，给予警告，没收违法所得，并处 2 万元以上 5 万元以下罚款；情节严重的，吊销兽药生产许可证、兽药经营许可证；给他人造成损失的，依法承担赔偿责任。"这可能是禁止违禁药物进入饲料的最明确的法律依据，但其处罚力度也很有限。① 《饲料和饲料添加剂管理条例》没有赋予饲料管

① 刘国华：《拿什么堵住饲料添加剂的"黑洞"？》，《中国畜牧兽医报》2007 年 4 月 22 日第 12 版。

理部门对违法行为采取查封、扣押等行政强制措施。如"瘦肉精"的检测、确认需要一定的时间，在检测过程中是否可以封存饲料厂或养殖场呢？如果检测结果为假阳性，因延误时间给生产者、经营者造成的经济损失由谁赔偿？如何赔偿？这些问题在法律法规上没有明确规定，给监管和执法带来困难。又如，在执法过程中，往往会遇到养殖户以防疫为理由拒绝执法人员入场抽样检查的情况，以"发生疫病你们赔不赔、负不负责任"来威胁执法人员。有时为了避免与养殖户发生更大的矛盾冲突，执法人员不得不放弃检查。《饲料和饲料添加剂管理条例》第十二条规定，企业生产饲料、饲料添加剂，不得直接添加兽药和其他禁用药品；允许添加的兽药，必须制成药物饲料添加剂后，方可添加；生产药物饲料添加剂，不得添加激素类药物，但对违反规定却没有相应的罚则。《饲料和饲料添加剂管理条例》第十三条规定，企业生产饲料、饲料添加剂，应当进行产品质量检验。检验合格的，应当附具产品质量检验合格证；无产品质量检验合格证的，不得销售。但对违反规定却没有相应的罚则。①

第四节　食品安全监管协作机制不畅

目前，我国食品安全监管体制是一种"分段管理为主，品种管理为辅"的模式，涉及的食品安全监管部门有农业部、卫生部、食品药品监督管理局、工商局、国家质量监督检验检疫总局等，除了以上五个主要责任部门，还有一些辅助部门也参与食品检测和控制。例如，商务部侧重于对整个食品流通中各个环节的管理，建立全面的食品安全监测体系；科技部主要负责食品安全科研工作；等等。各部门互相协作，共同保障食品安全。但各个部门之间职能交叉、职责不清，有利益大家争，遇到问题互相推诿，甚至有的互相掣肘，造成安全监管乏力和监管资源分散，食品安全监督管理出现条块分割、沟通不畅的情况，没有形成合力，也没有建立起长效监管机制。"九个部门管不好一头猪"是对这种监管模式弊病的最好写照。

---

① 杨建武：《饲料安全监管呼唤饲料立法（1）》，《饲料广角》2007 年第 11 期。

表 5 - 4　我国负责食品安全工作的行政部门

主管部门	主要职责
国务院食品安全委员会	综合协调、监督指导
卫生部	综合协调
农业部	监管初级农产品生产环节
国家质检总局	监管生产加工及进出口活动
商务部	管理食品流通行业
工信部	管理食品工业行业
商务部	侧重于食品流通管理
工商总局	监管流通环节
国家食品药品监督管理局	监管消费环节
公安部	打击食品安全犯罪

　　由于我国动物性食品种类繁多，食品生产者又大多为散养户或者中小型企业，导致监管难度大。近年来，很多学者对我国的食品监管特别是动物性食品监管中存在的问题做了深入研究。顺克巧的研究表明，个别地方兽药主管部门、畜牧主管部门存在不作为现象。首先，对进入其辖区内的兽药企业的产品（特别是省外企业的产品）要求缴纳市场准入费后，就不实行抽检，或根本不抽检；其次，定期向企业发函，等企业交纳罚款后就不上报其违法违规行为，导致流入市场的兽药产品良莠不齐，给兽药企业正常的兽药营销工作带来干扰和阻力；最后，目前针对兽药经营的 GSP 化，本身是一项保障养殖户购买到合法、安全产品的惠民政策和兽药经营法规，但随着验收和评估 GSP 的权力向市县级主管部门下放，出现了各地标准不一、政策宽严不一致的现象，甚至成了个别地方主管部门和验收人员的"敛钱"工具。这不但会使不具备合法经营兽药资格的兽药机构继续存在，更会扰乱正常的兽药经营环境。① 张洁、崔上元指出，动物性食品监管中存在兽药执法队伍不健全、监管力度不够等问题。一是执法力量不够。县乡两级兽药执法人员较少，有的县级兽药管理部门只有 1—2 名执法人员，缺乏交通工具和取证设备。二是检测设备缺乏。县级兽药执

---

① 顺克巧：《近年来兽药营销中新问题及解决之道？》，《中国动物保健》2012 年第 11 期。

法部门没有抽查化验的权力，也缺乏相应的设备，只有在省市统一部署下才能抽查化验。三是监管力度不够。对每年查出的违法违规企业的处罚力度不够，处罚较轻甚至不处罚，导致劣质兽药越来越多，层出不穷。[①] 李兴国的研究发现，实际上，行政部门主动、及时发现食品安全风险的比例占食品安全问题暴露途径的 30%，应当说是一个很低的水平。媒体作为第一暴露途径暴露的食品安全事件只占所有被暴露事件的 44%，除去行政部门主动监测的内容，仍有 36% 的食品安全事件第一暴露途径没有被纳入政府监测范围。例如，有 20% 的食品安全事件由医院暴露，就医信息本来应该是行政部门主动监测的信息，但是由于种种原因这一途径未被纳入监管，致使像阜阳奶粉事件、三聚氰胺事件这些原本能在食品安全问题发生初期就可以制止的事件，最终成为影响全国的大事件。[②]

笔者在调查中，也发现这种情况非常普遍。

H 省 S 市的养殖户 L 说，他们那里给猪打耳标，必须花钱。

地方的管理，像检疫检验，也是走样子，不是实在把责任负到。卖猪的时候，一般村里管得松，办理手续，一般到镇上办。当地宰猪，我不知道收猪的去办手续不，但是，你要出这个县界或者市界，必须有检疫证，到村里或者镇里的检疫站去办，一头猪一个证，还有个代表性的耳标。一般的耳标，也不知道国家怎么规定的。一开始，有的人和防疫站关系好，随便就可以拿出来，也不用花钱。但是，我们打一个猪的耳标，就得给一块钱。后来，我们就反映说，为啥有的人关系好，耳标不用花钱啊？人家一生气，说不给你打了，耳标给你，你交一块钱，看你能不能卖了猪。可是，我们卖猪必须有耳标。有时候，说良心话，耳标是代表注射了一种疫苗的保险，但是，注射了这种疫苗，猪还不能出售。要过一段时间才能出售；如果出售，就是违法。猪身上，有时候是过一头猪，打一个耳标。这样，一个证、一个耳标，就通过检疫了。[③]

S 省 B 市 C 区义天生猪养殖场唯一的养殖员告诉笔者，每头猪的耳号

① 张洁、崔上元：《基层兽药市场存在的问题及对策》，《养殖与饲料》2011 年第 2 期。
② 李兴国：《食品安全风险监控体系研究》，硕士学位论文，天津大学，2012 年，第 16 页。
③ 访谈 4。

在小猪时就打到猪耳朵上了，卖猪之前只要交了检疫费，就可以拿到防疫证明，没有人来真正进行检验检疫。

> 卖猪时不需要提供防疫证明。耳号是发的，在猪娃时就给打好了。装大车时需要检疫费，一头1元，原来2元，检疫费是在兽医站开的，他们去开，这是提前谈好的。①

S省B市C区某大型蛋种鸡养殖场老板G认为现在的检验检疫，光有制度，没有落实，结果演变为一个赚钱的制度。他说：

> 咱们国家的检疫制度，他给你发个检疫证，他是挣钱，他咋检疫？检疫是个非常复杂的过程。②

他还进一步解释说，我们的检验检疫制度形同虚设，因为基层的检验检疫部门根本没有相应的检验检疫设备、人员和资金，也没有能力进行检疫。

> 鸡的检疫制度，比如我们去买鸡苗，就要有检疫证，但是，我们这里附近有个省级的检疫站，但是它做不了检疫，甚至连证都不看，因为它就没这能力。一个人员配备不行，另外一个，它也没那个钱，没那个设备。一个车一个证。你看它这个检疫制度有，但是它只有靠平常对种鸡场的防疫监管了。比如，发生疫情了就扑灭疫情，或者暂时限制你出境。产品不能流通，那个时候，已经是疫情相当严重了。损失太大了，那国家要赔的。③
>
> 刚才是省级检疫站。从陕西拉到甘肃的话，看你有没有检疫证。省市、县乡镇之间，都有。检疫证在陕西境内就可以，出省就不行。

Z省J市清湖镇毛塘村"水岸人家"渔家乐老板J及其妻告诉笔者，

---

① 访谈8。
② 访谈14。
③ 访谈14。

以前，工商局等食品监管部门根本不进行监管。现在，才开始有一些监管。

这两年才开始说这个无公害养殖，以前都没有这个说法。大家只要骗老百姓钱，那些卖假货的都赚了好多钱了，谁管啊。他们现在赚了钱感觉良心都不好过了，那些工商局都不管。现在政府才开始管了，以前都不管。①

Z省J市某山区大型甲鱼养殖企业老板D明确地说，现在没有任何部门对市场上的甲鱼进行检测和把关，所以才造成鱼目混珠的混乱状况。

笔者：我们国家在食品检测方面，确实存在很多缺陷。

老板D：所以这个食品检测真的是个大问题，应该要先检测再上市场的。现在甲鱼一般是进大市场，市场里面有工商部门、质检部门，现在蔬菜都要检测的，检测以后都要有注册商标的。现在关键问题就是没人管，没人管就乱来了。现在像我们这种养殖户养的甲鱼，有当年的，有三年的，有五年的，有当年就能养出来的，这个根据品种，有大小的，还有五年以上的，到市场以后呢，它就论大小的，不论年份的，这个年份呢，比如说三年以上的甲鱼和当年的甲鱼是没法比的。②

笔者：甲鱼品质的差别主要是在年份上？

老板D：差别是在品质上的，年份越长它越补，营养价值越高。因为它在水里、泥巴里待了几个冬天，它的品质就不一样了。甲鱼到夏天它就解冻，含有胶原蛋白，它的营养价值就在里面。他们说管你养三年的还是五年的，都按斤买。养的年份越多成本越高，每年的死亡率基本上是10%—15%，你养六年基本上就没什么甲鱼了，就剩几个大的了，如果这个大的还是按斤卖这个价格，那就基本上赔钱了，所以现在要养五年以上的甲鱼全国都没人养了。买甲鱼是为了补，那现在市场上、结婚的酒席上我们吃的甲鱼都是小小的，那你说还补什么呢？我劝他们不要吃了，我养

---

① 访谈18。
② 访谈19。

这个的我知道。①

老板 D 还认为,对甲鱼进行检测,如果只是走过场,是检测不出来的。但是,现实的情况却是:

检测也不好检测,没有标准,它主要检测药物残留、抗生素、水质,我们养甲鱼要检测水质,我们也想水质好一点。所以说现代化的农业,要跟工业化生产一样,最好是有个标准化的生产,比如说我这个甲鱼,最好是养几年,给甲鱼吃多少饲料,用什么药,这些都要有个标准。②

Z 省 J 市水利局副科长 W 说,从监管者的角度来说,我国的水产品养殖数量太多,根本检测不过来。

你说的这个食品安全,现在开始越来越重视,政府开始抓了。现在信息透明了,都开始学欧美了。说到食品安全,大家都觉得政府部门没有监管好,我们根本就不懂。像美国就只养 3 个品种的鱼,我们 J 市就养了 40多个品种。全国你说有多少?检测哪里能够检测过来啊。③

她还进一步谈到监管中的一些难题,如兽药监管,根本不属于他们的责权范围,另外,水产品运输、销售过程中添加禁用兽药也不属于他们的监管范围;而且,检测也没有经费和设备,监管部门之间也缺乏协作。

笔者:可否说说水产养殖中存在的影响食品安全的因素?

W:我现在这一刻也讲不出来什么。那一般都是养殖户本身的意思呢,还是存在你说的那个传统的那种观念呢?再一个呢,就是现在我们的养殖环境受污染,说明这个也是一个方面。别的问题就是经费上的问题,还有渔药。我们以前从养殖户那里渔药销售这方面的监控,不是很好监控。

---

① 访谈 19。
② 访谈 19。
③ 访谈 18。

笔者：为什么不好监控呢？

W：因为这个渔药是属于兽药范围的，在我们这，兽药管理不属于我们水利局管理。本身我们渔业这边的质量监控，我们主要是抓初级水产就是生产那一摊的，如果他们在买的时候再加一点那个什么添加剂，可以让它不容易死的话，那我们就监控不到。如果发现问题的话，又好像是水产养殖这块的。运输、销售过程当中肯定有这些问题存在。现在就是一个追溯问题，就是养殖户本身的意识不强，如果真要追溯的话，有时候会断了。追溯，我们现在正在探讨正在做，我们本来，在养殖上记录都有，就是真的即使追溯这也是事后的事情，已经出现问题，养殖户本身已经受损失了，这说出去也不是很好，我觉得不是很好。

笔者：是不是应该从源头上加强监控呢？

W：对，关键是要在源头上把握，就是要把鱼种苗。种苗厂我们这里都是有许可的，咱们每次检查都是要去的。再一个是饲料厂，还有这个鱼料厂那边，我一直坚持这样的观点，就是要把它监管好。因为养殖户本身他就是一个弱势群体，从本身他们又不是专业的，对这些饲料又不是很清楚。

笔者：那咱们监管现在有些什么难题？

W：难题就是，一个是经费上的问题，再一个就是执法协调的力度上。因为各个部门的相互协调合作肯定有缺乏它那个联动啊，这些协调方面肯定存在问题的。没有专门经费，你想去执法什么的，肯定要这些东西。你想监测啊这些东西你肯定需要经费。

笔者：现在，你们水利局配备相关的检测设备没有？

W：设备我们现在暂时没有，你想要监测我们都是委托省里帮我们监测的。省里每年都要下来促检计划的，按照他们的计划来促检。这几年促检的力度也加大了，原来是一般一年五六个批次，现在都是十几二三十个批次。我们是每年年初要把养殖名额报给他们，他们一般都是随机抽样的。①

多头监管易导致越权执法、违规执法、消极执法、执政不作为等现象发生，严重影响食品安全监督管理的执法效果。三聚氰胺事件，是不法分

---

① 访谈25。

子在奶站违法添加三聚氰胺所致。这里的奶站的作用是储存从各个奶牛养殖户那儿收集来的鲜奶，然后卖给奶粉生产企业。奶制品的食品安全链条包括养殖、生产、销售和消费四个环节。奶牛养殖户属于养殖环节，由农业部门负责安全监管；奶粉生产企业属于生产环节，是质量技术监督部门负责安全监管；而奶站是介于养殖和生产这两个环节之间的一个特殊形式，不在任何食品安全监管部门的职责范围之内，是一个监管盲区。由于奶站无人监管，也就造成奶站经营管理的乱象，给违法犯罪分子提供了犯罪的温床。三聚氰胺事件也反映出我国食品安全分段监管制度的一些弊病，值得深思。

S省B市C区畜牧局副局长C专门谈到在长途贩运畜禽的过程中不同省份、不同部门之间缺乏协作监管的情况。

目前已经是定点屠宰。现在种畜禽实行的是畅通无阻。你把商品车调过来有啥好处呢？仔猪不够，从四川调过来，而且把疾病带来了。……以前有公路检查站，现在都走高速了，反倒没有检查站。从B市到甘肃，在高速路上都没有检查。这一块的管理跟不上，这是很大的一个风险。

……

（6）运输环节。猪贩子谁管理的问题？从瘦肉精事件出来后，都是经济的问题。这个环节谁去管理？（瘦肉精）事件后，我们把全区的饲料这一块都摸了一遍。我们把工商和市场等几个部门都召集来，谁都不知道谁该管这一块。①

笔者在Z省J市畜牧局设在贺村镇的一个检疫站调查时，工作人员也谈到，由于食品安全由农业、商务、工商等很多部门监管，最后，反而变成无人负责了。他们作为畜牧局下设的检验检疫站，只负责抽检猪，检测是否含有瘦肉精，对鸡、牛、羊则没有什么检测项目。

笔者：出省的话，你们开了检疫证，别的省还需要继续开吗？

工作人员甲：别的省就不收费了，像我们这，有外地的过来，就看他有没有当地始发地检疫证，就可以了。比如说像这个猪去宁波的，一般我

---

① 访谈16。

们给他 2—3 天的时间，那么他去了以后到当地的屠宰场，按规定他都是要看一下你这个检疫证，他到屠宰场以后又检测一遍。瘦肉精要检测的，到屠宰场也要检测的。就是说我们制度上还是比较完善的，就看执行的程度了。那么这边跟福建交接，比如说我们这边往福建方向去的话，我们这里过境到福建，福建那边也要看一下我们这边开过去的检疫证到底是对不对，一个头数，一个猪的规格，这些东西都是要检查一下的。基本上是晚上，24 小时做的，而且这些猪贩子习惯夜间，夏天比较凉爽一点，因为这些事情不能提前做的，因为它在收的时候，县下面的检疫员把它搞好以后，把所有的检查好，把这些手续带上来以后，再根据情况再把它开出去。不然，随便报一下 50 头就 50 头地开，那这个不是空啊。

笔者：食品安全监管，环节很多啊。

工作人员甲：所以说食品安全涉及的环节很多，其实我们中国的监管单位，管的人太多了，就像集体负责，到时候变成了无人负责。比如说，按理说我们这一段只管到养殖这一块，像我们乡下的，我们还是有太多检疫。按理说你送到大城市里，你就到屠宰场里就是我们的事。因为我们中国，你肯定在进入屠宰场后，就是件涉及商务的事情了；再上市场又是工商的事了，在前面又涉及兽药这一块，像抗生素超标，那没办法做到的。我们检疫，要按照我们动物防疫的免疫程序，做得比较详细的，比如说猪的发病、禽流感、猪的猪瘟、牛的传染病，也有免疫，没有免疫达标的，那我们就不可能给他出具产地检疫证。然后，我们这边平常的产地检疫证，还有尿检，三样。我们监控还算做得不错的，我们一个人做两个项目，甚至只做一个项目。

笔者：兽药残留，你们不能检测吧！

工作人员甲：那个药，兽药残留这块呢，我刚才说了，绝大多数，从饲养的规律来讲，大多数都比较好养，不太发病的，老百姓也不会这么傻，到好养的时候还拼命地投药，拼命去加什么保健药之类的，这是一个；然后第二个我们也强调，比如说不拿以前的，很多药出来以前，一个月甚至更长的时间就要休药，我们强调一个休药期的。像今年的行情，有些是可治可不治的，他都不治的，治活了他养着也不合算，前段时间都是不合算的。除了猪检测瘦肉精，别的没什么好检测的，牛羊没什么检测的，有时候检测一下免疫的抗体水平怎么样，免疫的效果怎么样，像奶牛里面还有布鲁氏杆菌病、结核病，每年的 4、5 月份检测 2 次。

笔者：是你们这里检测吗？

工作人员甲：不是这里检测。

笔者：家禽检测些什么呢？

工作人员甲：家禽是这样的，第一个就是了解它的产地；第二个就是了解它的免疫情况，再结合临床看一下，看有没有几种传染病。这个家禽我们现在规定嘛，就是禽流感，那就是临床检查嘛，看它的免疫情况，就看是不是病鸡、正常的鸡这个意思。①

S省B市C区南依秦岭，辖15个镇、3个街道办事处、332个行政村、13个社区居委会，总人口60万，总面积2580平方公里。就动物性食品安全工作来说，C区畜牧局的职责是：贯彻执行动物防疫和检疫的有关法规，承担区境内家畜家禽的防疫和检疫责任，负责疫情应急处置的组织协调和防控物资的储备管理工作；贯彻执行兽医医政、兽药医政方面的法律法规，负责动物诊疗机构、官方兽医、执业兽医的管理，负责兽药饲料及其添加剂生产、经营和使用环节的监督管理；负责全区畜产品质量安全的监督管理。下辖畜牧兽医技术推广站、动物疫病预防控制中心、动物卫生监督所、家畜良种繁育站、秦宝食品公司5个局直单位和14个镇级畜牧兽医站。全系统共有干部职工164人，其中专业技术人员44人，大专以上学历30人，高级职称5人，中级职称15人。笔者专门与C区畜牧局部分工作人员就动物性食品安全问题进行了座谈。

S省B市C区坪头检查站站长J跟笔者谈了很多真实情况，例如，兽药的销售渠道很混乱，造成现在用药很乱的状况。而且，由于养殖户众多，根本不可能都监管到，造成潜在的食品安全风险。

笔者：你们监管兽药的经营吗？

J：与前些年相比，现在兽药经营放开了，只要办下证来，谁都可以卖。前几年也碰到这些事情，兽药的个体经营，不太规范，经营户太多了，非法经营一些疫苗啦。兽药混乱得很，饲料厂也经营兽药，大型的养殖场，送药啊。监管，违禁药品还是经常出现。咱的经费，局长上来才把经费的问题解决了，我30年工龄了，以前纯粹自收自支，啥都不管，服

---

① 访谈20。

务体系也没有人管。把工作待遇基本上解决得差不多了，把办公场所建立起来，设备也配了，2011 年才解决。我 32 年的工龄，工资没有、房屋啥都没有，办公地方也没有。防疫站就这么坚持。

笔者： 那你怎么进行检查和监管呢？

J： 我管理 25 个村，以前是散户，喂几只羊、一头牛、几只鸡、两三头猪，打一头猪，2 毛钱，一只鸡，5 分钱，卖点兽药，靠这个生活。现在，办公设备都搞好了，后顾之忧没有了，感谢共产党，感谢局里。兽药销售渠道混乱，大型养殖场兽药也给你提供，疫苗也给你用，反正监管是混乱。假药也不少见。

笔者： 监管不到位，食品安全肯定保证不了。

J： 到处都可以买到药，可能乱用药。休药期就不要提了，纯粹做不到。食品安全，国家提得响得很，他根本做不到，落实不了。没有钱嘛，你也没有办法监管他做到没有。有些猪出栏，有的药打了要 28 天（休药期），要是猪价跌了怎么办？

笔者： 兽药销售管理方面有很多漏洞。

J： 现在这问题多，兽药管理上，审批不太严格。销售审批不严格，饲料厂、个体户拉车送药，谁有钱、谁有关系，就能够办，现在，规范就弄不成了，问题就少了。有良心、有意识说乱添加兽药害人害己的人，太少了。监管又不容易，散户又多。以坪头来说，3600 多户，家家户户都养着鸡，怎么监管？这几年还好点了，猪啦、羊啦、牛啦，散养的已经不太多了，300—500 只羊、300—500 头猪。鸡的话，大都 3—5 只鸡。规模化的话，就比较规范了。防疫站就在附近，今天打猪瘟了啊，明天打口蹄疫了啊。

笔者： 休药期能够保证吗？

J： 休药期这没有保证，保证不了。鸡才养 40 天，你的休药期就 28 天，鸡死了怎么办？咱们的国情就是这样。老百姓也不容易，咱也农村出生的。大型的养殖场也难保证休药期，谁都做不到。

笔者： 看来，动物性食品的安全问题，从养殖场就产生了。

J： 咱们的食品安全（问题）复杂着呢。这东西啊，人也太坏了，把钱弄到手就算了。你说喂那么多药，对身体能没有害啊？喂了饲料，长那么快，就不正常啊。吃上能对身体好吗？饲料也没有啥部门监管。食品安全还是要重视。①

S省B市C区畜牧局生活股Y股长谈到,他们作为职能部门,缺乏食品安全监管相关人才,也缺乏食品安全监管设备。

人力的技术方面,不管大场还是基础兽医站,这些方面比较匮乏。自己操作不了,知识层面也差。全区来说,放上10个兽医,技术力量都比较少,人医力量哪个方面都比兽医力量强。我们摸着石头过河哩,试着走路。在哪里栽倒了,就看病。在人的病诊断方面,比较快。好多病,拿到咱手里,胡乱打针,像蓝耳病,咱们以前学的技术也不扎实,咱们兽医站是手段上不行,人力上也掌握不了。基层需要很多设施。监管方面,没有安全监管人才,不知道是三聚氰胺。监管环节,从源头上,增加下面的监管环节,要不查不出来。还没有出现的问题,不容易掌握。②

S省B市C区畜牧局W股长也谈到,近年来,上级给配备了一些食品安全监管设备,但是,根本没有相应的人才,因此,也难以使用这些设备去监管食品安全。

畜牧站新设备都配备了,好多新设备,但是,硬件上去了,软件跟不上。好多站,好多东西都没有用上。说到底,还是技术的载体,人才跟不上。咱这个行业配设施和人比起来还是少。让专家说到底需要啥技术设施。这方面咱们的人太少,不是多。摸着石头过河,碰呢。硬件跟上了,软件不够。一方面,原有人员知识更新速度跟不上,大的方面培训国家办得比较少,给我们学习的机会少;另一方面,虽然国家说要依靠科技创新发展农业,但是,这方面我们这个系统是否需要高层次人才,包括研究员、研究生、博士生。实际上,我们需要的人进不来,进来的人他占岗位,但是他不懂专业。存在这个现象。

技术专业层次上,安全监管不够。三聚氰胺出来后,才知道。应该增加专业知识。另一个,从监管环节就不能让他用这些东西。所以要从源头

---

① 访谈15。
② 访谈16。

上要切断。等下面出问题了，就像地球上找虱子。查出来的问题，他们还不承认。所以从监管环节上重视，从咱们这个专业层次上先掌握。它还没出现，咱就知道了。普通农户就掌握比较好。①

S省B市C区繁育站站长L也谈到基层畜牧业管理部门缺乏人才，存在没有人掌握监管技术的情况。

全部畜牧业，我想说一下。第二个方面：基层技术这一块，我在这个行业20多年了，偶尔来一个毕业生。从大专院校毕业的学生，这么多年，可能十几个，有十个左右，1991年来6个，后面陆陆续续偶尔来一个，以后很少。这么多畜牧专业，这个现象在全国普遍存在。现在，基层特别（是）在乡镇一级，知识老化，连电脑都不会开。咱们国家这么多大专院校，这么多农学院大学，畜牧专业这么多，其实这个现象全国都存在。去开会相互交流，好多县级畜牧部门干部的知识都老化。现在唯一的手段就是培训，好多通过短期培训，10天或七八天培训解决不了问题，只能头痛医头，脚痛医脚。在县区这一级别，感觉到基层知识更新太慢，更不要说乡镇，乡镇这块在基层大都是90年代接班的，有的还是初中毕业。这一块，你看像教育系统每年招一些学生，就师范类毕业，安排几个。现在国家政策确实好，就配备在一些乡镇，都是设备、设施，要有新鲜血液来接班。

乡镇兽医站要配备好的设备。好设备，但不一定能够使用。要想解决全国畜牧业发展根本的问题，关键还是技术、人的理念问题。咱经常也下去培训，好像力不从心。但是还不够，就像教育系统一样，每年都到基层锻炼，最西部山区锻炼。畜牧业发展慢，最好能够每年进一些学生，可以考试。这么多年来，深深感到，知识更新，是咱畜牧业发展的短板。②

S省B市C区畜牧局副局长C谈到，作为基层的监管机构，职权很有限，兽药和饲料都由省里管，即使销售单位提供质量报告单，基层单位也

---

① 访谈16。
② 访谈16。

不知道真假，因此，解决食品安全问题不能依靠监管。

不能出了问题靠监管。咱们每天提心吊胆，不知道在哪里？质量报告单可以提供，但是我们不知道报告单的真假，只能做个记录，做到出来问题知道在哪个环节。兽药、饲料由省上管。作为我们下面不会随便在里面添加什么。办饲料厂由省上和市上管。有卖饲料的地点知道了就去检查。现在卖饲料都是品牌。C区只有一家饲料生产企业。①

N省L市药品监督管理局成立于2002年9月，2004年12月更名为L市食品药品监督管理局，下设9县（市）局、1个分局和市食品药品检验所、市食品稽查大队。全系统现有工作人员312人（其中公务员181人，事业编制131人），离退休人员112人。主要负责全市药品、医疗器械生产、经营、使用全过程质量安全的监督管理，负责餐饮服务环节、保健食品、化妆品质量的安全监管。2012年2月前，该局负责食品安全的综合协调工作，履行市食品药品安全委员会办公室职责。2月份后，该局的食品安全职能发生了变化，食品安全综合监管职能移交给新成立的市食品安全委员会办公室，接管了原市卫生局承担的餐饮服务环节、保健食品、化妆品的质量安全监管职能，组建了食品稽查大队。2013年6月，笔者到L市食品药品监督管理局进行调研。

副局长Y谈到食品药品监督管理局的工作，目前只负责监督餐饮服务环节的食品安全。现在，L市有10200多家餐饮单位，食品药品监督管理局直接监管163家，包括大型餐饮单位70家、学校食堂76家、企事业单位食堂17家。他们的监管方式就是到餐饮单位查看其购买食品的票据。

一个是，到那里之后，按照法律法规的要求，包括索证、索票，检查餐饮业是否合法的企业。另外，检查餐饮企业买东西的合法的资质，就动物性食品来说，就是检查肉的检疫合格证、肉品质量合格证，这两个证。这是最起码的要求。再一个是抽样，从消费环节、餐饮环节进行抽样，抽样后进行检验。省级也进行抽样，专项针对性抽样，日常监督，平时也有

---

① 访谈16。

示范性建设，起到引导作用、示范作用。①

当笔者了解到食品药品监督管理局只监管餐饮单位的食品安全，而且只是通过索要餐饮单位的票据作为监管方式，认为很难防范食品安全风险时，副局长 Y 就笔者提出的问题进行了解释。

笔者：抽样的时候，有没有抽查出不合格的食品？抽查出的问题是什么呢？

食品药品监督管理局副局长 Y：基本上也没有发现什么问题。因为米、面、油、酱油、醋都在生产环节抽查过了，人家都抽查过了。只要餐饮企业是从合法渠道进货的，应该没有什么问题了。即使出现问题，也是上游出的问题。

笔者：那动物性食品呢？

L 市反贪局局长 L：有些人弄点假羊肉卖给餐饮企业的情况。不在生产环节，在流通环节。

食品药品监督管理局副局长 Y：有这种情况，有人把一批假羊肉弄到上海，到一个批发市场后，食品行业到批发市场进货。但是，至于动物性食品的问题，比如，假羊肉啊、牛肉冒充马肉啊，究竟掺了多少，也看不出来，只能看你的渠道合法不合法，因为要进行 DNA 检测。

笔者：就是说我们的技术手段还达不到？

食品药品监督管理局副局长 Y：工商部门没有这样的技术手段，可能检验检疫部门有这样的技术手段，但是我们检验机构的整合程度达不到。

笔者：现在，你们局有专门的检验设备没有？

食品药品监督管理局副局长 Y：没有专门的检验设备。我们是食品药品监督管理，现在，才加上食品安全，现在还没有开始做这个方面的工作。上海那次，有的掺了马肉、有的掺了别的肉，究竟掺了什么肉，掺了多少，要检验出来，可不容易啊。另外，食品销售店并不清楚其中货物掺假，所以证据也不足，司法方面没有强有力的办法整治。

笔者：像这种掺假的行为，还不会危害人的健康，也不容易引起关注。

————————————

① 访谈27。

食品药品监督管理局副局长 Y：话又说回来，法律也没有规定要对这些情况进行检验，需要在销售环节卡住。另外，物流也要管理。手续齐全，如果通过正规渠道搞到各种票证，我们去检查的时候，也查不出什么问题来。

L 市反贪局局长 L：就像我们去买药，只能看是否合法生产的。你要再去检验合格不合格，成本很高。

食品药品监督管理局副局长 Y：检验，执法成本很高，现在根本达不到。①

副局长 Y 也谈到在实际的监管过程中，会出现不知道该哪个部门监管的情况。他举了一个例子：

前一段时间，有个举报，举报是啥？有一个人，核桃漂白。你说这该归哪个部门管？有的人说这已经进入流通领域，应该属于工商管。另外有的说，这是农产品，属于农业局管。有规定说，浆果属于农业局管，坚果属于林业局管。像这一类的问题，就弄不清了。②

L 市食品药品监督管理局食品稽查大队干部 J 则重点谈到国家对基层食品安全监管机构的人力、物力、财力投入不足。

为什么这个问题从媒体上看还是经常发生？我觉得食品安全是个很系统和综合的问题，需要方方面面参与。作为政府来说，领导很重视食品安全办，有的是市长挂帅。牵扯到食品安全的东西，领导批示也很快。国家机构改革规定很明确，具体执行时，有很多复杂的因素。餐饮单位有万家，落实到基层，如区里的机构，要么时间很长，要么人员不得力。不能说相关部门的认识不够、相关部门的思想怠慢之类。基层工作人员，他们没有含糊思想，责任追究这一块都受不了。上级部门、司法机关的追究，都是来真的。但是，能力和责任相适应的配备达不到，比如人员、工作经费、车子之类，能力和任务匹配是不是充足。对于基

---

① 访谈 27。
② 访谈 27。

层的投入——人员、经费的投入，没有与重要性匹配。没有相适应的能力、人员、检测手段、经费、工具。一方面口头说重要，另外又知道力不从心或者能力达不到。一个人监管几百家单位，哪里能够跑过来？配备达不到，那么基层人员的工作也没办法，责任超过其所能适应的限度。①

L市食品药品监督管理局食品稽查大队干部 J 还认为，食品安全不能依靠监管，而应该抓养殖业和种植业的源头，让企业切实负起责任。

食品安全根源在于国家将食品安全放在企业，企业是第一责任人。非常科学。为什么？安全是生产出来的，不是监管出来的，不可能 24 小时监管，你也看不住。从事食品经营的企业，假羊肉，往里面掺进去之后，饭店老板看不出来啊。有一些潜规则，比如，卖肉的往猪肉上抹碱。前一个星期，河南台报道，能够让肉的颜色变得新鲜。这么做是"互害"，种菜的不吃自己的，单独吃自己种的。种菜的、养猪的、养鸡的都不吃自己的，但是，不能不吃别人的东西，互相残杀。食品安全，各行各业都要去努力。

国家从道德领域，从自身做起。监管人员不懈怠，作为生产经营者，从自身做起。生产企业要讲道德，我不去害别人。大家都从自身做起，都做到我不害别人，那么我也不会被别人害。没有文化的人，意识到这个东西，是（需要）很长的时间。这是理想的状态。牵涉到老百姓对分配不均（的认识）、税收的问题、养猪饲料、化肥成本、上层设计之类的，都是阻碍。

······

咱检查饭店索证、索票是部门应该做的，根源在种植、养殖的地方。法律上没有规定饭店检测，但是要求索票。广州抽检发现大米镉超标。你不可能让饭店的老板去化验。他怎么知道合格不合格？我认为根本是冤枉的，饭店没能力去检验，进的是超市的大米，但是受处罚的是饭店老板。

应该推动食品生产企业集中化、产业化。监督大单位容易，体系比小单位健全。大单位出问题造成的影响也大，在资源有限的情况下，只能抓

① 访谈 27。

住重点，抓住源头的东西。我认为食品安全的根源还在农业、畜牧这两个领域，流通销售还是属于从属，根源不安全，所以以后的安全也要求不到。一定要树立一个重视的思想，在企业第一责任人，最后在源头，一定要抓源头。①

当笔者提到国家有关部门允许往饲料里添加抗生素等兽药很容易造成兽药残留超标的问题时，L市食品药品监督管理局食品稽查大队干部J就笔者的问题进行了解答。

食品稽查大队J：标准是谁定的？看看就知道是利益集团去制定的，不是老百姓制定的，集团化操纵了安全标准。比如前些日子的农夫山泉事件，国家标准低，是50分，但是其他是地标，浙江定到60分，比如农夫山泉用到90分，远远高于标准。媒体舆论影响力相当大，影响消费者，到底是真正维护正义，还是站在利益边进行竞争，互相诋毁？这样做的成本非常低。美国食品工业节目曝光美国的养鸡场操纵了整个国家的供应，鸡都是40天成，饲料用的转基因玉米，这些危害还是非常大的。标准是巨头定的，生产商有大有小，大的用这些标准，小的有的不用，到底是管谁方便？关于转基因方面到底有没有危害，我们无从证明，美国选择先不用，而我们国家又选择用。

笔者：关于农药、兽药也是这样的问题。

食品稽查大队J：所以，我们规则设计有问题，到底是谁开发出这样的东西？抓起来那不就解决了。根源在政府，农业部不批准转基因，那么转基因就不会进入中国，农业部幼儿园禁止转基因的油。个人判断食品安全形势很不乐观，这么多环节，都很棘手。也许会好点，但是要解决还是很难的，大的养殖场检查的人员进不去，拿防疫来做挡箭牌。

笔者：食品检测局有没有能检测出来的仪器？

食品稽查大队J：这些能够检测出来的仪器，要检测国家领导人吃的那类仪器才能检测出来。

笔者：快速检测不可靠，但是精确检测又没有，检验经费给拨多少？

食品稽查大队J：食品检验经费是有的，多或者少是不确定的，具体

---

① 访谈27。

不是太清楚。比如，我们对食品进行决策，要化经费买样，然后再拿去检测。而对药品进行检测，直接拿走样子就可以，不需要化经费购买。国务院说，再难也要保证基层的经费，但是，穷的地方是没有充足的经费，上海的人员、仪器，我们这里根本没法和人家比。[①]

贺亚雄等的研究发现，宁夏各市县（区）2008 年重新组建了饲料行政监管机构，但机构不统一，工作人员兼职多，并且经常出现岗位变动情况，造成基层监管经常缺位。在有固定监管人员的单位，也不同程度地存在影响监管工作的因素：①缺乏必要的执法、取证设备与检测器材等，日常性的执法检查工作只能凭经验或感官判断，往往对一些疑点不能采取及时有效的监管措施，极大地影响了执法监管的效果；②饲料监管经费严重不足，目前大多市、县（区）级政府很少设立饲料行政监管专项经费，既制约了行政监管部门的工作，又不能及时对有疑问的饲料进行采样取证，这些都与日益扩大的饲料市场和日趋隐蔽的违法行为与违法物的添加极不相称。[②] 任阎青等的研究发现：①对饲料企业监管不严造成市场上饲料品牌繁杂，名目众多，养殖业者不知道哪个是合法注册厂家，哪个是违法生产企业，饲料产品包装简单，而且某些企业为了经济利益制售劣质产品混入市场，给市场监管增加了难度。②检测手段相对落后。一是检测方法和指标落后。我国饲料产品质量检测技术与国外先进技术相比有较大差距。目前，我国兽药饲料检测仍以省级检测为主，而且检测以常量和微量项目为主，而国际上的兽药饲料卫生安全指标往往是恒量，甚至是超恒量级的。二是县级检测机构基本上缺乏检测设备，仅靠送检，而且资金投入不足，检测经费匮乏，致使检测覆盖面小，已不能适应行业监督管理和行政执法的需要。③监督管理和服务滞后，没有一套通用、权威的饲料管理法律标准，给监督管理及执法造成很大难度，同时执法人员的服务素质也有待进一步提高。由于人员变动和相关法律法规培训滞后，执法工作中失误和纰漏不断，给监督管理和行政执法带来一定的负面影响。[③] 在日常的

---

① 访谈 27。

② 贺亚雄、白庚辛、武晓宏、杨俊华：《宁夏饲料质量安全监管现状、存在问题及对策》，《农产品质量与安全》2011 年第 3 期。

③ 任阎青、刘记林、药双虎、张成叶：《浅谈饲料监管中的问题及对策》，《农业技术与装备》2009 年第 23 期。

季节性执法检查中，执法人员仅以查验兽药标签为主要检查内容。兽药的抽检以农业部认证的省级兽药监察所为执法行政主体，地方行政主体配合抽查且抽检后对假、劣、不合格兽药的公布有一定时间上的滞后，基层装备落后、检测手段不足，执法人员只能拿着省级抽检报告单前往查处，往往因信息闭塞、经营企业将兽药销售一空、无库存或得到相关人员的通报而提前隐藏货证和单据，使取证困难，难以核实，查处起来困难重重。即使在日常执法检查中，发现疑似假劣兽药，因其检测分析设备欠缺，特别是无资质机构，使检测结果难以得到法律认可，查处极易引起法律纠纷。虽然可以送到有资质的检测机构检测，但多因经费紧张、无力承担费用而放弃，造成市场销售混乱，经营伪、劣兽药猖獗。农业执法部门在执法过程中，遵循《农业行政处罚程序规定》，执法人员觉得按规定程序费事费时，多以简易程序处罚了事，对违法经营起不到处罚警示作用。①

　　云南省大理州动物卫生监督所人员编制与畜牧兽医综合执法职能的要求不相适应。大理州已下达人员编制的12个县（市）动物卫生监督所中，仅有7个县（市）人员编制在10人以上，其余5个县（市）的人员编制均在9人以下，人员编制最少的弥渡县仅为6人。人员编制少与动物卫生监督执法工作量大形成了巨大的反差，一定程度上制约着兽药饲料和畜产品质量安全监管工作的正常、有效开展。多年来，全州各县（市）都未将畜牧兽医综合执法工作经费和基础设施建设纳入财政预算，执法工作缺乏必要的经费支持，严重影响了动物卫生监督执法工作的质量和效果。②

　　笔者到Z省J市畜牧局设在贺村镇的一个检疫站调查，发现也存在像云南省大理州那样的情况。一个工作人员向笔者说了他们的很多不易之处：人员很少，检测经费非常少，待遇很低。

　　笔者：你们检疫站有几个工作人员？
　　工作人员甲：我们这个检疫点吧，每天都5个人在这里上班的，白天3个，等于是晚上也有2个值班的，就是24小时有5个人，每天在这

---

① 陈兴平、蒋庆军、路阳、鲁莹、付昶：《浅析基层兽药监管难点和改进措施》，《养殖与饲料》2007年第3期。
② 张艳华、宋建平、王利：《强化兽药饲料源头监管保障畜产品质量安全》，《中国畜禽种业》2010年第12期。

里上班。

笔者：你们的经费从哪里来？

工作人员甲：检疫呢，这个经费不是很多的，我们这一车就收 20 块钱的检疫费，我们这里，还有消毒药什么的，基本上经费不多的。我们下面呢，还有他们去到猪场啊，经常过去到猪场去督察啊，像我们今天一样啊，瘦肉精检测啊什么也要下去的。那么就是经费，我们现在呢，检测的话，政府里面拨过来的检测费是每头 3 块钱，就是你抽检 5% 的话，就是一车猪 100 头的话就 15 块钱，那么说经费是严重不足的。我们就 1 个人的话，像现在这样呢，我们这里是 2000 块钱 1 个人，工资，一个月 1 个人 2000 块钱，5 个人 1 万块钱。

笔者：也就是说，你们的经费来自检疫费？

工作人员甲：检疫费要上缴的嘛，检疫费现在我们都交财政。消毒费可以有一点钱，差不多 1 万块钱，差不多了，就是等于是 20 块钱 1 车嘛。你像收支平衡的话，就 2000 块钱的话，工资，我们在这里做得太低了嘛。我们就加班，连加班呢一个人一个月只有 2000 块钱，我们按照档案工资我们起码要 3000 多块呢，就是消毒费嘛，其他的都没有，就是说我们工资发不到了呢。我们没有，政府没有工资拿给我们的。消毒少的话，工资还少呢。

笔者：去下面检测，经费从哪里来呢？

工作人员甲：那个下面呢，还有检测费是政府里面拨过来，我们下面也有人去的，到那个猪场去，就是瘦肉精检测啊，最贵它就只有 3 块钱一头，跑一趟不够路费。以前他们只 5 个人，不是正式的编制，是临时的。他们是最早的一批兽医站的，乡镇里面的，乡镇兽医站的，现在的名字叫乡镇动物诊疗所，但是这一批呢是最早干我们防疫检疫的，就是动物那个畜产品的安全监管的，最早介入的，但是他们反而不是正式编制。我们乡镇政府里面有一个动物卫生监督站，那些人就正式进了我们事业编制，但是那一批人里面也有从我们诊疗所里考进去的，是这样的。就是经费这一块，他们平时有人举报，比如说没有检疫啊，这种情况，他们还要去检查的，到下面拿个秤，有人卖了猪还是什么啊，没有采地检疫都没做，他们还要下去检查。对，还要开车子出去，都是自己的车，像这个油费都是钱，应该要补贴的，是不是啊？就这个问题是普遍现象，可能不止我们 J 市。

笔者： S省也是这个样子。

工作人员甲： 其实国家的话，对这一块反正这些东西都有呢，但是真正的就是去，经费啊、编制啊，这些还是有一个过程，其实像他们肩负着好几个（项）责任，他们也有乡镇里面，它是动物诊疗所的所长兼着，就是整个它是青浦镇的，他是青浦镇诊疗所所有的防疫检疫这一块，包括养殖这一块他负责牵头，把它搞好。像我就是青浦人，像他们就是芋头那边的，几个乡镇合起来，然后还管自己的乡镇。

笔者： 你们的工资哪里发呢？

工作人员甲： 这里的消毒费返到我们乡镇里面去，我们到乡镇里面去领工资的，这里没有的。这里没有工资，这里返过去那边发的。我们这个财务管理，刚好今天也有财务管理在这里，乡镇里面我们这个财务管理这块呢，我们就到各个诊疗所，我们这里的消毒费也拨到我们自己那个诊疗所里面，我们到那里领2000块钱也是那里发的，不是我们这边直接发的，这里没有直接发过去的，这是我们乡镇诊疗所的那个财务管理办法。电话费补贴，这个我们乡镇诊疗所也有，其他的时候啦，这个是有补，没有的话就没有的补，这个看我们诊疗所的那个收支情况呢。医疗保险有我们社保所啊，我们诊疗所自己交啦，交了100（元），诊疗所那边交的。咱们上面有规定嘛，可能按月工资的3%，那个住院补贴费按医保那边规定的，在下面我们要交那么多养老费（21%），这些都有的嘛，单位交的，诊疗所交的。上面是这样讲的，诊疗所有防疫经费的。打防疫针啊，下放经费15%的提取，本来一个人上面是发3万（元）左右，15%提，那就是4500（元），还有交社保差不多8000多（元），这些费用差不多9000多（元）。我们这边的情况，全国都差不多的，其实他们这批还算年轻的，还有些年纪大的，他们待遇也很差的。最好是能为这些六七十年代的，这批人的待遇都很差的。我们信访啊什么的老是碰到这个问题。这个全国都有这个问题。这个问题你们社会研究所能不能过问一下？这问题也是很大的，特别是国家监管那么严，畜产品监管那么严，我们担的责任也很大，肩负的责任很大，取得的报酬比较低，不能成正比的。[1]

---

① 访谈20。

这个工作人员还说他们的工作量很大、责任很大，这与他们微薄的收入不成正比。

我们的工作量很大。我们 J 市有个养猪大县，有 10 万多头母猪，我们进行的检测检疫的工作量是相当大的，我们这里有本地猪，有其他地区的猪，每天都有很多，8 月份你看总共出去那么多头猪，它这一个点，还有其他几个分散的点没有统计上来，单单它这个点就统计了一下。有 8 个这样的点，这个地方最大，我们这个地方，1—6 月份的数据，出去 30 多万头，32 万多头猪，有的偏远一点不方便到这里来。

笔者：家禽的数量有多少？

工作人员甲：这个家禽是这么回事，本来出去的不止这个数字，远远不止这个数，现在是这样的啦，比如那个小的都不用检疫证明了，都省钱了。家禽有专门的家禽检疫点的，它那个数字没有统计到这里，是属于贺村镇的，我们这个点是属于我们畜牧局派下来的，那边是贺村镇的镇上派去的，有 2 个人，3 个人在那里值班。

笔者：有具体的数字吗？

工作人员甲：数字这边反映不出来，数字没有合计到我们这里，到畜牧局上面都有的。它那个量蛮大的，去年好像都有 1000 多万的。你如果要数字的话，你要到我们畜牧办公室、财务办公室那个地方搞得到的，他每个月都有统计的。因为在这里的话，只能反映一个问题，就是我这个点的问题。那个家禽主要在温氏公司，温氏公司可能一年有 100多万吧，不止，1000 多万、2000 多万。我们财务里都有的记账。以前他们更辛苦呢，没这个点的时候更辛苦，他们都要跑到下面去，比如在东就要跑到东区去，在西就要跑到西区去，东南西北跑的，那现在到这里来的话，一方面也方便他们，另一方面他们的工作量相对也少一些，不然的话，他们刚好在东边的话，西边又有检疫的话，那你这边还没搞好，又跑到那边去。因为他们晚上不能睡觉的，只能在凳子上随便睡一下。[1]

Z 省 J 市畜牧兽医局蜜蜂管理科的干部 H 说，J 市有 20 多万蜂农，由

---

[1] 访谈 20。

于蜂农常年在外地，畜牧局不可能都监管到，只能依靠养蜂合作社。

笔者：请问你们是如何监管蜂蜜的食品安全呢？

H：刚才讲有96个养蜂户是不是？然后他们这些J市的养蜂户都分别属于这些合作社的社员，因为他们都是常年在外面的。我们不可能跟踪去监管他那个食品的安全或者是蜂产品的质量安全这一块啊，有没有用药啊或者是药物残留之类的，只能是通过合作社这一块去监管他，然后我们再考核合作社的一些情况。

笔者：现在，有没有对蜂蜜质量的检测标准？

H：标准都有，有蜂蜜的标准啊，什么产品标准，国家标准都有的。他们这个要到上面去抽检的，平时都要去质监局抽检的。然后，其实嘛，说是说合作社的，合作社一般J市的蜂产品，都是要供给J市这些蜂产品企业的，像他们这些企业大大小小一般也有三十几家，他们企业里有检测设备的，基本的这些药物残留啊这些能检测到的。

……

源头监管嘛主要还是靠合作社他们，社长啊、组长啊起到监管作用，因为毕竟他们到处全国、本地的嘛，最后就是产品拿回来以后有质检的抽检啊，企业的一个抽检啊。

笔者：蜂蜜的检测标准，是否存在国内和出口不一样的情况呢？

H：蜂蜜的标准检测，国内与出口的要求不一样。出口的时候有个无抗要求，就是氯霉素、四环素之类，但在国内的话这一块是没有的。国内很难找到无抗的，因为国内的话一直沿承以前那种习惯。不过现在有改变，比如说现在使用的蜂药要固定，避免在外面随便乱买药，随便乱用药。但这个改变也需要一定的时间，一下子也改变不了的。国内蜂蜜存在的最主要的问题还是抗生素的残留。①

杜长乐的研究也表明，县一级大多未设立专门的饲料管理机构，而饲料产品的消费主要是在县以下，恰恰是饲料质量缺乏监管的地方。日常监管不够，往往靠事后组织临时性质量检查，其效果难以持久。另外，全国饲料行业现在虽由农业部门管理，但由于饲料安全工作涉及生产、流通、

——————
① 访谈22。

使用多个环节，特别是饲料添加剂主要涉及医药、化工、检疫等部门，农业部门很难担起饲料质量安全管理的全部责任。[①] Z 省 J 市畜牧兽医局兽医师 J 告诉笔者：

> 监管比较难。以猪病来说，国家购买的服务主要是高致病性的疫苗、口蹄疫疫苗和猪瘟疫苗。家禽是禽流感疫苗，用量也是比较大的。但是，养殖户对政府提供的疫苗不敢用，因为担心质量问题和效果。另外一个问题是死亡率比较高。现在，猪一般的死亡率都在 20% 左右，夏天，中大猪和母猪死亡率高，冬天的时候，小猪死得多。第三个是出入境的控制，重点监管瘦肉精中的盐酸克伦特罗、莱克多巴胺。
>
> 现在，瘦肉精的种类很多，其他的监管难度就比较大，现在，养殖场的饲料，弄不好就添加了，还有从兽药店买来药加到饲料里去。我们应该限制抗生素加到饲料里去，但是，如果不加，猪可能死得更加多。抗生素加上，对肝脏啊、对肾脏啊，影响很大。在我们中国养猪，饲料有时候也是一个问题。若重金属，铜啊、锌啊，加的量大。像这个鸡，大便和肉里，就会有重金属残留，肉里面可能就残留更加多。我们在饲料（方面）应该注意如何把无机的变成有机的，无机的添加量很大啊。[②]

目前，我国食品安全监督检验机构总体实力较弱，检测水平不平衡，检测技术缺乏，机构分散，仅检测国家标准规定的检测项目；针对性的或应急性的检测项目，多数机构不能检测。这种局面不能满足食品安全应急预警的需要，如 2005 年的苏丹红事件、2008 年的三聚氰胺事件，大部分检测机构都不能开展相关项目的检测。S 省 B 市 C 区的 G 为现在的监管状况做了辩解，对现在的监管状况感到无奈。

笔者：我们的食品安全监管制度方面呢？

G：也是一样。制度和经济是联系在一块的，你的技术、你的生产水平是这样，发展程度在这。把美国最先进的制度引进来，行不行？你能够制定个标准说 5 万（只）以下都不许养？不可能的事情。这个制度本身

---

① 杜长乐：《我国饲料安全体系的缺陷及完善对策》，《农村经济》2005 年第 9 期。
② 访谈 23。

和经济基础、经济发展水平有关，因为你的基础在这放着呢。

你说引进国外的制度，你引得起引不起？比如刚才说的畜牧兽医制度，你说你能够给坪头的兽医站，给它配上设备，给它配齐人员，让它一个鸡场一个鸡场去检测？300只去检测一下，5万只鸡也去检测一下，10万只、20万只也去检测一下，成本多大？

笔者：说实话，我们的检测能力跟不上。

G：你比如分离个病毒，得送到西农，咱市里能做吗？不能做。要设备，要技术。你说一个病毒，分离出来后，究竟是啥病毒？肉眼又看不到，普通显微镜也看不到，你没有一定的设备、一定的检测能力，根本不行。

检测出来，半个月已经过去了。该死的都已经死光了。对这群鸡来说，已经没有啥意义了。

检测的成本很大的，你又没有那财力。你凭啥说人家的产品不合格？你拿出个数据来。有没有能力跟每个鸡场都去做？所以，你没有能力，只能是随着发展水平，逐渐解决。制度的发展跟上经济的发展，这是个逐渐解决的问题。食品安全（问题）是个全面的问题，不单是个制度的问题，还是个经济发展的问题。阶段性的问题，有个逐渐完善的过程。人家美国可以去检测，咱中国千家万户，你做得起做不起？哪怕检测一只鸡和检测100鸡，检测1000只鸡和10万只鸡，要求都一样，设备都一样。全国得多少人？多少设备？你做不到！

笔者：就现在的监管能力而言，也仍然存在执法不严的问题。

G：当然，有执法不严，发现了不管。但是，有些与发展水平有关，着急不行，做不到，没有这个力量。发达国家还不停出事呢。你像美国监管那么严格，鸡蛋还出现沙门氏菌呢。①

由科技专家、政府和动物性食品生产者共同造成的动物性食品安全风险，对所有的国民都造成了潜在的威胁。"那些生产风险或从中得益的人迟早会受到风险的报应。风险在它的扩散中展示了一种社会性的'飞去来器效应'，即使富裕和有权势的人也不会逃脱它们。"②风险生产伴随着

---

① 访谈14。
② ［德］乌尔里希·贝克：《风险社会》，何博闻译，译林出版社2004年版，第39页。

"不可见的次级影响"，或可在某一时空骤然爆发成为风险生产者的梦魇，显然，置身其外的自鸣得意已经不可能。"在现代化风险的屋檐之下，罪魁祸首与受害者迟早会同一起来。"① 也许，养鸡的知道养鸡过程中有很多危害健康的因素，可以不再吃鸡，但是，他和他的家人总要吃猪肉、牛肉、羊肉，也要喝牛奶；同样，养猪的知道猪肉中含有一些危害健康的成分，不再吃猪肉，但是，他和他的家人总要吃其他动物的肉；科技专家们研发了各种促进动物生长的技术和药物，当他们吃各种含有药物残留的动物性食品时，也会受到危害；政府官员们批准将各种兽药和饲料添加剂用于促进动物生长，当他们吃各种含有药物残留的动物性食品时，也会受到危害。这样，动物性食品安全风险的制造者，也就成为动物性食品安全风险的承受者。

---

① ［德］乌尔里希·贝克：《风险社会》，何博闻译，译林出版社 2004 年版，第 40 页。

第六章 构建动物性食品安全风险规制体系

食品安全关系到广大人民群众的身体健康和生命安全，关系到经济健康发展和社会稳定，关系到政府形象和国家形象，关系到国家的经济发展和社会和谐。保障动物性食品安全，不仅仅是一个经济问题，更是一个社会问题、一个政治问题。因此，必须把保障食品安全摆在重要位置，积极学习发达国家有利于保障动物性食品安全的技术和经验，采取有效措施，从制度上重新设计养殖业的生产模式和监管模式，共同构筑一个强有力的动物性食品安全保障体系。

第一节 动物性食品安全的几个认识误区

中国《食品安全法》规定食品安全的法律底线是："食品安全，指食品无毒、无害，符合应当有的营养要求，对人体健康不造成任何急性、亚急性或者慢性危害。"按照这个标准，我们可以明显地看到，养殖业在源头加入的各种兽药和饲料添加剂，都或多或少地存在危害人体健康的风险，会对人体健康造成急性、亚急性或者慢性危害。

要保障动物性食品的安全，在动物性食品行业的发展思路上，必须澄清以下几个问题。

一、我国的动物性食品产量已远远超过国民营养需求

新中国成立初期至改革开放前，国家重点考虑的是如何让人们吃饱

饭，当时，各级政府部门更加关注如何通过对食品行业的控制，动员相应的经济社会资源，促进食品行业的发展，满足国民的食品需求。在政策的惯性运作下，改革开放至今，各级政府部门对动物性食品生产的观点，仍然是不断增加产量，并且把每年不断增加的养殖数量以及动物性产品当作政绩。

1980—2010 年间，我国的动物性食品产量年均增速高达 7.6%。其中，肉类、蛋类和水产品产量均居世界第一位，分别占全球总产量的 27%、40% 和 62%。很多人可能会认为，不通过工厂化、集约化的养殖模式，不依靠饲料添加剂和兽药等方面的科学技术，就不可能为我国人民提供足够的动物性食品。潜在的含义就是：先满足国民要大块吃肉的愿望，至于动物性食品安全，则只能让位于食品数量。然而，从营养学的角度来看，我国的动物性食品产量已经远超过国民的营养需求。

2008 年 1 月，卫生部发布了委托中国营养学会制定的《中国居民膳食指南》（2007），其中，就中国人的饮食结构，专门设计了一座五层的"中国居民平衡膳食宝塔"。

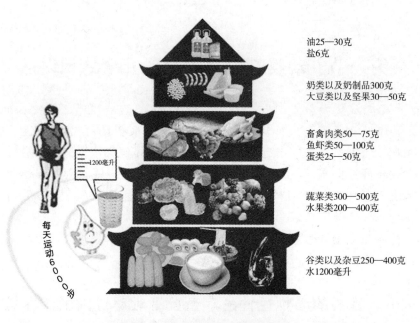

图 6-1　中国居民平衡膳食宝塔

资料来源：中国营养学会编著：《中国居民膳食指南》，西藏人民出版社 2009 年版，第 172 页。

从图 6 - 1 中可以看到, 最底层是谷类食物, 每人每天应吃 250—400 克; 第二层是蔬菜和水果, 每人每天应吃蔬菜 300—500 克, 应吃水果 200—400 克; 第三层是畜禽肉类、鱼虾类、蛋类食物, 每天应吃 125—225 克 (畜禽肉类 50—75 克、鱼虾类 50—100 克、蛋类 25—50 克); 第四层是奶类、奶制品以及大豆类食物和坚果, 每天应吃奶类及奶制品 300 克, 大豆类及坚果 30—50 克; 第五层是油脂类和盐, 每天的油摄入量为 25—30 克, 盐为 6 克。

2008 年全国肉类产量达到 7278.7 万吨、水产品产量 4894.9 万吨、禽蛋产量 2701.7 万吨、奶类产量 3781.5 万吨。人均肉、水产品、蛋、奶占有量分别达到 54.9 公斤、36 公斤、20.4 公斤和 28.5 公斤。此后, 我国的肉、蛋、奶和水产品的产量仍然不断增加。2010 年, 全国肉类总产量 7925 万吨、水产品总产量 5611 万吨、禽蛋产量 2765 万吨、牛奶产量 3570 万吨。2011 年, 全国肉类总产量达到 7957.8 万吨、水产品总产量 5611 万吨、禽蛋产量 2811.4 万吨、牛奶产量 3656 万吨。2012 年, 肉类总产量 8221 万吨、水产品总产量 5906 万吨、禽蛋产量 2861 万吨、牛奶产量 3744 万吨。

按照中国居民平衡膳食宝塔, 我们会发现, 除了奶类食品之外, 我国动物性食品的产量已经远远超过国民营养需求! 以全国 13.4 亿人口计算, 即使全部按照最高的营养标准计算, 即每人每天摄入畜禽肉类 75 克、水产品 100 克, 全国每年需要 8559.25 万吨肉类食品和水产品、蛋类食品 2445.5 万吨。2011 年的肉类和水产品产量超过国民营养需要 5009.55 万吨, 蛋类产量超过国民营养需要 365.9 万吨。

卫生部还进一步根据每人每天需要的不同能量水平, 分别提出 7 个不同能量水平的人应该摄入的食物量。

卫生部提出, 6 岁以下的儿童, 男孩每天所需要的能量为 1700 千卡,

表 6 - 1　按照 7 个不同能量水平建议的食物摄入量

	1600 千卡	1800 千卡	2000 千卡	2200 千卡	2400 千卡	2600 千卡	2800 千卡
肉 类	50	50	50	75	75	75	75
蛋 类	25	25	25	50	50	50	50
水产品	50	75	75	75	75	100	100

资料来源: 中国营养学会编著:《中国居民膳食指南》, 西藏人民出版社 2009 年版, 第 176 页。

女孩为 1600 千卡；11 岁的儿童，男孩每天所需要的能量为 2400 千卡，女孩为 2200 千卡；60 岁到 70 岁的轻体力劳动者，男性每天所需要的能量为 1900 千卡，女性为 1800 千卡；中等体力劳动者，男性每天所需要的能量为 2200 千卡，女性为 2000 千卡。[1]

我国 13.4 亿人口中，0—14 岁人口为 222459737 人，占 16.60%；60 岁及以上人口为 177648705 人，占 13.26%。[2] 这 4 亿人口，根本不需要每天吃鱼虾类 100 克、畜禽肉类 75 克、蛋类 50 克。可见，我国每年肉类、水产品和禽蛋的产量已经远远超过国民营养所需！

2007 年 3 月 23 日，卫生部网站的一篇文章明确指出，"就膳食而言，我国居民的主要危险因素是能量摄入过高。根据最近的营养调查资料，造成中国居民能量摄入过高的食物主要是油脂和畜肉类。例如，2002 年大陆城乡居民每人每日膳食脂肪摄入量分别达到 86 克和 73 克，脂肪供能比达到 35% 左右，已经超过世界卫生组织推荐的 30% 的上限；城乡居民每人每日畜肉类消费量分别达到 104 克和 69 克，比 1992 年平均增加三分之一，而且排在肉类消费第一位的是脂肪含量很高的猪肉"[3]。能量摄入过多，已经危害到国民的健康。

二、过量动物性食品成为影响国民健康的重要因素

近年来，国内外有大量研究表明，过量食用动物性食品会危害健康。早在 1975 年，达纳·阿姆斯壮（D. Armstrong）和罗尔（R. Roll）就比较了世界上 32 个国家的环境因素和癌症发病率，发现结肠癌和肉类食品之间的关联是癌症与膳食因素间最具代表性的关系之一。摄入肉食、动物蛋白和糖较多而谷类较少的国家中，妇女的结肠癌发病率较高。[4] 威廉姆森

---

[1] 中国营养学会编著：《中国居民膳食指南》，西藏人民出版社 2009 年版，第 201 页。
[2] 2010 年第六次全国人口普查主要数据公报（第 1 号）。
[3] 《卫生部网站全文刊登 15 位专家驳斥"牛奶有害论"》，http://www.gov.cn/gzdt/2007 - 03/23/content_ 559260.htm，最后访问时间：2013 年 12 月 12 日。
[4] D. Armstrong & R. Roll, "Enviromental Factors and Cancer Incidence and Mortality in Different Countries, with Special Reference to Dietary Practices", *International Journal of Cancer*, Vol. 15, 1975, pp. 617–631.

（C. S. Williamson）等[1]和凯莱门（L. E. Kelemen）等[2]的研究表明，红肉是饮食中导致心脏病的可变危险因素，可引发的疾病包括冠状动脉粥样硬化性心脏病（CHD）、中风和心肌梗死。克洛斯（A. J. Cross）等通过对50万名50—71岁的美国人进行研究，发现摄入红肉和加工肉类与结肠直肠癌、肺癌有直接的关系，而且也与食道癌、肾癌有关。[3] 陈林祥、余泽洪的研究证明，过多食用红肉或加工的肉类食品（如油炸、腌、熏等加工食品）对心血管不利，而且会使肿瘤发生率以及老年性痴呆、胃溃疡病的发生率增加，从而使寿命缩短，加大死亡概率。[4]

2007年，世界癌症研究基金会（World Cancer Research Fund）和美国癌症研究所（American Institute for Cancer Research）综合现有证据后认为，肥胖会增加患癌症的风险，包括乳腺癌和子宫癌。多余的身体脂肪会增加罹患结肠癌、直肠癌、食道癌、胰腺癌和肾癌的风险。[5]

医学研究表明，导致血脂病的重要原因是动物性食品含有太多的动物脂肪。如果血脂过多，容易造成"血稠"，在血管壁上沉积，逐渐形成小斑块（就是我们常说的"动脉粥样硬化"）。这些"斑块"增多、增大，逐渐堵塞血管，使血流变慢，严重时可能中断血流。更可怕的是，这些斑块就像"不定时炸弹"，会在没有任何先兆时破裂，迅速堵塞血管，引发急性心肌梗死甚至猝死。这种情况如果发生在心脏，就会引起冠心病；发生在大脑，就会出现脑中风；如果堵塞眼底血管，将导致视力下降、失明；如果发生在肾脏，就会引起肾动脉硬化、肾功能衰竭；发生在下肢，会出现肢体坏死、溃烂；等等。此外，高血脂还可引发高血压、胆结石、胰腺炎，加重肝炎，导致男性性功能障碍、老年痴呆等疾病，甚至可能引

---

[1] C. S. Williamson, R. K. Foster, S. A. Stanner, & J. L. Buttriss, "Red Meat in the Diet", *Nutrition Bulletin*, Vol. 30, 2005, pp. 323 – 355.

[2] L. E. Kelemen, L. H. Kushi, D. R. Jacobs, & J. R. Cerhan, "Associations of Dietary Protein with Disease and Mortality in a Prospective Study of Postmenopausal Women", *American Journal of Epidemiology*, Vol. 161, 2005, pp. 239 – 249.

[3] Amanda J. Cross, Michael F. Leitzmann, Mitchell H. Gail, Albert R. Hollenbeck, Arthur Schatzkin, Rashmi Sinha, "A Prospective Study of Red and Processed Meat Intake in Relation to Cancer Risk", *PLoS Medicine*, Vol. 4 (12), 2007, pp. 1973 – 1984.

[4] 陈林祥、余泽洪：《红肉不利于心血管健康》，《心血管病防治知识》2009年第12期。

[5] World Cancer Research Fund/ American Institute for Cancer Research, *Food*, *Nutrition*, *Physical Activity*, *and the Prevention of Cancer*：*A Global Perspective*, Washington, D. C., 2007.

发癌症。

与国外的理论相互印证的是，我国人民在把这些含有多种残留兽药的动物性食品全部消化掉之后，健康状况正逐年下降。

2008 年，第三次居民死亡原因抽样调查结果显示：心脑血管疾病、恶性肿瘤和其他慢性退行性疾病已成为内地城乡居民最主要的死亡原因。中国城市前五位死亡原因依次是：恶性肿瘤、脑血管病、心脏病、呼吸系统疾病、损伤和中毒。其中，因脑血管病、恶性肿瘤死亡的人数分别占死亡总数的 22.45% 和 22.32%，前五位的死亡原因累计占死亡总数的 85%。农村前五位死亡原因依次是：脑血管病、恶性肿瘤、呼吸系统疾病、心脏病、损伤和中毒。① 卫生部部长陈竺指出，我国心脑血管病、糖尿病、癌症等慢性疾病的患病人数约 2 亿人，因慢性病死亡的人数已占到因病死亡人数的 80% 以上。②

而且，我国居民的看病人次和住院人次也在逐年攀升。2011 年，全国看病人次达 62.7 亿人次，比 2010 年增加 4.3 亿人次，增长 7.4%；住院人数 15298 万人，比 2010 年增加 1124 万人，增长 7.9%。不仅如此，从图 6-2 和图 6-3 可以看出，2000—2012 年，全国的看病人次和住院人次都在逐年攀升，而且几乎都增加到原来的 3 倍。

长期以来，中国人一直以低体重特点著称于世。但是，1992—2002 年的 10 年间，我国超重和肥胖患病人数增加了 1 亿人。2002 年，全国有近 3 亿人超重和肥胖，其中 18 岁以上成年人超重率为 22.8%，肥胖率为 7.1%。

2009 年，中国学生营养与健康促进会组织编写的《中国儿童少年营养与健康报告 2009：关注儿童肥胖，远离慢性疾病》（以下简称《报告》）指出，中国超重肥胖儿童少年已经达到 1200 万人，占世界"胖孩儿"总数的 13.1%。根据国际肥胖工作组的定义，1982—2002 年，我国 7—17 岁儿童少年超重肥胖率增加了 3 倍。其后几年此增长趋势更甚。《报告》认为，造成当前状况的主要原因是能量摄入过多。1992—2002 年，我国城市儿童少年膳食中脂肪提供的能量占总能量摄入的比例分别从

① 曾利明：《慢性非传染性疾病已成为中国居民主要死因》，http://www.chinanews.com/jk/kong/news/2008/04-29/1235352.shtml，最后访问时间：2013 年 12 月 15 日。
② 李祎：《陈竺：中国慢性病或面临"井喷"》，《东方早报》2010 年 6 月 15 日第 A04 版。

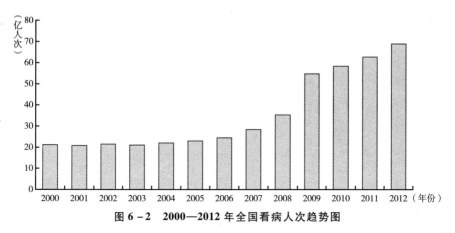

图 6 - 2　2000—2012 年全国看病人次趋势图

资料来源：中华人民共和国卫生部 2000—2012 年《我国卫生事业发展统计公告》。

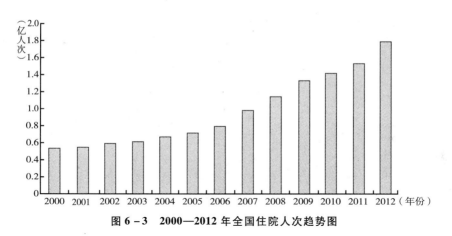

图 6 - 3　2000—2012 年全国住院人次趋势图

资料来源：中华人民共和国卫生部 2000—2012 年《我国卫生事业发展统计公告》。

24.4% 和 27.4% 增加到 35.9% 和 35.7%，超过了中国营养学会建议的
30% 的上限。过去一直认为只有在成人期才有的慢性病，如高血压、糖尿
病、血脂异常等，已经在超重肥胖的儿童少年中出现，并且比例也越来越
高，慢性病低龄化的趋势越来越突出。超重肥胖儿童少年患高血压的危险
是正常体重儿童少年的 3—4 倍，并且他们的血脂已经出现异常，成年后
患糖尿病和冠心病的风险也大大增加。[1]

_____

① 董伟：《我国超重肥胖儿童达 1200 万》，《中国青年报》2009 年 6 月 3 日。

可喜的是，国外已经有很多医学研究证明，减少动物性食品的摄入，可以改善国民的健康状况。

特洛克（B. Trock）等总结了 60 项有关纤维和结肠癌关系的研究，发现大多数研究结果都支持纤维可以有效预防结肠癌的观点。摄入纤维量最多的人和摄入纤维量最少的人相比，前者结肠癌的发病危险要比后者低43%，而摄入蔬菜最多的人和摄入蔬菜最少的人相比，前者结肠癌的发病危险要比后者低 52%。[①]

宾汉姆（S. A. Bingham）等收集了欧洲 51.9 万人的纤维摄入量和结肠直肠癌关系的数据，发现摄入纤维最多的人的结肠直肠癌发病危险要比摄入纤维最少的人低 47%。他们还发现，如果美国人每天从食物中（而不是服用补充剂）多摄入 13 克纤维，结肠直肠癌的患者数量可以减少 1/3。[②]

被誉为"世界营养学界的爱因斯坦"的美国康奈尔大学终身教授柯林·坎贝尔（T. Colin Campbell）认为，"所有数据都明确地证明，纯天然的以植物性食物为主的膳食可使结肠直肠癌的发病率显著降低。我们不需要知道哪种纤维起了作用，涉及哪些机制，甚至预防效果中有多少可以单独归功于纤维"[③]。"心脏病发病率较低的国家，其居民膳食中的动物来源的蛋白质和饱和脂肪的比例较低，天然的谷类产品、水果和蔬菜的比例较高。"[④]

莱昂（T. P. Lyon）等选择了一组患有严重心脏病的研究对象，让被试进食低脂肪、低胆固醇膳食。他们发现进食这种膳食的患者，死亡率比

① B. Trock, E. Lanza, & P. Greenwald, "Dietary Fiber Intake and Colon Cancer: Critical Review and Meta-analysis of the Epidemiologic Evidence", *Journal of the National Cancer Institute*, Vol. 82, 1990, pp. 650 – 661.

② Sheila A. Bingham, Nicholas E. Day, Robert N. Luben, Pietro Ferrari, Nadia Slimani, Teresa Norat, Francoise Clavel-Chapelon, Emmanuelle Kesse-Guyot, Alexandra Nieters, Heiner Boeing, Kim Overvad, et al., "Dietary Fiber in Food and Protection Against Colorectal Cancer in the European Prospective Investigation into Cancer and Nutrition (EPIC): An Observational Study", *Lancet*, Vol. 361, 2003, pp. 1496 – 1501.

③ ［美］T. 柯林·坎贝尔、托马斯·M. 坎贝尔：《中国健康调查报告》，张宇晖译，吉林文史出版社 2006 年版，第 171 页。

④ ［美］T. 柯林·坎贝尔、托马斯·M. 坎贝尔：《中国健康调查报告》，张宇晖译，吉林文史出版社 2006 年版，第 115 页。

不进食这种膳食的患者低 1/4。①

赫莱博夫斯基（R. T. Chlebowski）等进行的妇女营养干预研究（the Women's Intervention Nutrition Study），对近 2500 名先前已经经过治疗的患有乳腺癌的女士进行营养干预，要求其减少饮食中的脂肪。5 年之后，她们乳腺癌复发的风险减少了 24%。②

1985 年，美国最好的心脏病护理治疗中心——俄亥俄州克利夫兰专科医院的卡德维尔·埃塞尔斯廷（C. B. Esselstyn）医学博士，开始检验以植物性食物为主的膳食治疗冠状动脉疾病的效果。参与实验的患者，除了脱脂牛奶和脱脂酸奶外，尽量避免摄入任何油脂、肉制品、鱼类制品、禽类和奶制品。在坚持 5 年后，埃塞尔斯廷医生建议患者停止摄入脱脂牛奶和脱脂酸奶。在前 2 年中，5 名患者自动退出了，剩下 18 名患者。在参与实验的前 8 年中，这 18 人一共经历了 49 次冠状动脉事件，胆固醇水平为 246 毫克/分升。在研究过程中，他们的平均胆固醇水平下降到 132 毫克/分升。项目开展的 11 年内，18 名患者中只有一位偏离这种膳食长达 2 年的患者发生过一次冠状动脉事件。当患者重新开始食用以植物性食物为主的膳食后，再也没有发生过冠状动脉事件。这些患者的病情得到逆转，70% 的患者原来阻塞的动脉打开了。截止到 2003 年，所有接受植物性膳食疗法的 18 位患者中，只有 1 位死亡，其他 17 人都健在，而且他们的寿命都达到 70—80 岁。而最初退出实验的 5 位患者，截到 1995 年时，一共发生了 10 次冠状动脉事件。③

1990 年，迪恩·欧尼斯（Dean Ornish），一位哈佛医学院毕业的年轻外科医生，指导了历史上最令人惊讶的一个研究项目——"生活方式与心脏病"研究。在这个研究项目中，他用调整生活方式的办法对 28 位心脏病患者进行治疗，并把有 20 位心脏病患者的另外一组作为标准对照组。

---

① T. P. Lyon, A. Yankley, & J. W. Gofman, et al., "Lipoproteins and Diet in Coronary Heart Disease", *California Medicine*, Vol. 84, 1956, pp. 325 – 328.

② R. T. Chlebowski, G. L. Blackburn, & C. A. Thomson, et al., "Dietary Fat Reduction and Breast Cancer Outcome: Interim Efficacy Results from the Women's Intervention Nutrition Study", *Journal of the National Cancer Institute*, Vol. 98, 2006, pp. 1767 – 1776.

③ C. B. Esselstyn, S. G. Ellis, & S. V. Medendorp, et al., "A Strategy to Arrest and Reverse Coronary Artery Disease: A 5 – year Longitudinal Study of a Single Physician's Practice", *The Journal of Family Practice*, Vol. 41, 1995, pp. 560 – 568; C. B. Esselstyn, "Introduction: More than Coronary Artery Disease", *American Journal of Cardiology*, Vol. 82, 1998, pp. 5T – 9T.

他要求这 28 位患者进食以植物性食物为主的低脂肪膳食，除了鸡蛋清以及每天一杯脱脂牛奶或酸奶外，不能吃任何其他动物来源的食物。此外，每周至少要锻炼 3 个小时，并不用任何药物、手术治疗或其他技术。经过一年的治疗，实验组患者的胸痛严重程度、发作频率和强度都显著降低。82% 的患者的症状得到显著缓解，坚持最彻底的患者，动脉血管堵塞率下降 4%。而对照组的患者尽管接受了常规治疗，但他们的胸痛程度更严重，胆固醇水平更高，血管堵塞情况也更严重。其中，最不注意膳食和生活方式调整的患者，在血管堵塞程度上，其粥样斑块一年之中平均变大了 8%。① 到了 1998 年，大约 200 人参加了该项目，其结果也非常令人兴奋。经过一年的治疗，65% 的患者的胸痛症状完全消失。三年之后，大约 60% 的患者没有任何胸痛的症状。②

2003 年，加拿大多伦多大学的戴维·詹金斯（David J. Jenkins）博士证明，食物能够降低胆固醇水平，其功效几乎同降低胆固醇的药物相当。其诀窍就是食用植物性食物，然后特别增加已知能降低胆固醇水平的特殊食物，如燕麦、大麦、豆制品和杏仁。他的患者的 LDL（"坏"）胆固醇在短短 4 周里降低了近 30%。③

我国国民如果进一步减少食用动物性食品，也可以更加健康。卫生部原副部长王陇德在《中国人需要一场膳食革命》一文中指出："当前，我国居民膳食结构存在的主要问题，一是城市居民的畜肉类及油脂消费过多，谷类食物消费偏低；二是城乡居民钙、铁、维生素 A 等微量元素普遍摄入不足；三是城市居民蔬菜的摄入量明显减少，绝大多数居民仍没有形成经常进食水果的习惯。在摄入食物的数量方面存在的主要问题是，摄入的热量大大超过身体每日代谢所需的热量，多余的热量被身体转化为脂肪储存起来，因而超重与肥胖的人数迅速增加。"④

动物性食品摄入过多造成的多种健康问题，还与动物性食品中的各种

---

① D. Ornish, S. E. Brown, & L. W. Scherwitz, et al., "Can Lifestyle Change Reverse Coronary Heart Disease?" *Lancet*, Vol. 336, 1990, pp. 129 – 133.

② D. Ornish, "Avoiding Revascularization with Lifestyle Change: The Multicenter Lifestyle Demonstration Project", *American Journal of Cardiology*, Vol. 82, 1998, pp. 72T – 76T.

③ D. J. Jenkins, C. W. Kendall, & A. Marchie, et al., "Effecs of a Dietary Portfolio of Cholesterol-lowering Foods vs. Lovastatin on Serum Lipids and Creactive Protein", *The Journal of the American Medical Association*, Vol. 290, 2003, pp. 502 – 510.

④ 王陇德：《中国人需要一场膳食革命》，《中华医学杂志》2005 年第 18 期。

兽药、农药、重金属残留有直接关系，"近年来，人群中肿瘤发生率不断升高，人们怀疑与环境污染及动物性食品中药物残留有关。如雌激素、硝基呋喃类、砷制剂等都已被证明具有致癌作用，许多国家都已禁止这些药物用于食品动物"①。以牺牲动物健康和畜产品质量安全为代价换来了动物性食品产量的极大提高，但由此产生的食品安全问题对国民健康状况的恶化起到了推波助澜的作用。在我国肉类、水产品和蛋类产量已经远超过国民营养所需的情况下，我们应该改变重产量而轻质量的生产方式，转为以质量为主的生产方式。

第二节　改变政策，转变生产模式

贝克把"现代化"区分为"第一次现代化"和"第二次现代化"。第二次现代化和反思的现代性是对第一次现代化的提升和超越，这意味着从此以后，现代化和现代性走上了自觉发展的道路。反思现代化作为一种手段、作为意识形态领域的革命，是我们构建更能造福于人类、更好现代化的一种武器。反思现代化并不意味着我们要批判和打倒现代化；相反是为了更好地实现现代化。在贝克看来，所谓"反思性现代化"指的是现代性在创造工业社会的繁荣和发达的同时，也创造了毁灭这种繁荣和发达的条件，工业社会的繁荣和毁灭都来自现代性的极度扩张这一过程，对这一风险可以通过反思的途径来克服和化解。他倡导以反思性现代化来应对风险社会，而不是彻底废除现有的且正在运行的社会制度体系，这样既可以洞察现代性带给人们的风险，又可以运用反思的途径来化解这些风险。"面对当代风险的频发特点，我们当务之急是要建立健全风险应对机制，及时地规避、化解和治理风险。"②

吉登斯认为，"许多理论和理论家们没有认识到风险社会的'机会'"③，

---

① 曲径：《食品安全控制学》，化学工业出版社 2011 年版，第 173 页。

② ［德］乌尔里希·贝克：《从工业社会到风险社会——关于人类生存、社会结构和生态启蒙等问题的思考（上篇）》，王武龙编译，《马克思主义与现实》2003 年第 3 期。

③ ［德］乌尔里希·贝克：《风险社会再思考》，载李惠斌主编：《全球化与公民社会》，广西师范大学出版社 2003 年版，第 296 页。

风险社会本身的二重性决定了它除了具有"导致危害性后果的可能性"，也"是经济活力和人类创新，包括科学或技术类创新的源泉"①。对风险的态度"已经超越了乐观主义和悲观主义之分。风险既是我们生活的动力机制，也是我们面临的新两难困境的中心难题。……在机遇和风险之间，能否达到有效的平衡，就取决于我们自己了"②。因此，面对现代性所带来的各种严重后果，要辩证地对待理性和科学技术，即为理性和科学技术的运用设置一定的边界。吉登斯也曾特别提到对运用科学知识来化解风险的看法，他认为，"由于生态方面的危机，对科学产生敌对态度，甚至进一步对其他的理性思想也采取敌视态度，这种态度显然是不可取的。如果没有科学的分析手段，我们甚至不能认识到这些危机"③。同时，"对于科学技术的更为公开的处理方式并不一定会消除是公开还是隐藏的这种两难困境，但也许能使我们减少一些更具破坏性的后果发生"④。在风险社会中，不断衍生的风险使人们为了对其加以防范和控制而不断更新技术，从而一定程度上也扩大了人们的选择范围，拓展了人和社会发展的空间。

从前文可以看出，当前我国兽药业、饲料行业及相关产业在管理体制和管理手段等方面存在的一系列问题，是造成食品安全风险的重要原因。有关部门一方面出于预防和消除动物疾病、促进动物生长的目的，批准使用两三千种兽药和众多的饲料添加剂，而没有考虑到其对人体健康的潜在危害；另一方面又要求兽药残留不超标。打个不恰当的比喻：前面放进狼来，然后又要监管着狼不要吃羊。这几乎是一件不可能的事情。如果不从源头改变这种依赖大量兽药和含有多种有毒有害成分饲料的养殖模式，仅仅依靠加强对兽药残留的监控与检测、加强对动物疾病的防控与检疫等，短期内动物性食品安全不可能实现。因为解决食品安全问题不仅仅需要国家制定一整套有关动物药残、疫病、档案管理的监控、管理措施，更需要

① ［英］安东尼·吉登斯：《第三条道路及其批评》，孙相东译，中共中央党校出版社2002年版，第139页。
② ［英］安东尼·吉登斯：《第三条道路——社会民主主义的复兴》，郑戈译，北京大学出版社2000年版，第196页。
③ ［英］安东尼·吉登斯：《失控的世界：全球化如何重塑我们的生活》，周红云译，江西人民出版社2001年版，第31页。
④ ［英］安东尼·吉登斯：《失控的世界：全球化如何重塑我们的生活》，周红云译，江西人民出版社2001年版，第31—32页。

投入大量的人力、物力、财力以及一系列健全的管理制度、体系以及技术上的更新与保证，否则就只是治标不治本。

一、缩小养殖规模，保障动物福利，减少动物疾病

在全球化过程中，我们的养殖业应该借鉴发达国家的经验，吸取发达国家的教训。这样才能够少走弯路，在发展养殖业的同时保障动物性食品安全。

一些发达国家特别是欧盟内部的发达国家，已经逐渐从工厂化、集约化养殖模式向保障动物福利的养殖模式转变。早在 1822 年英国就通过制定法律条文来保护动物免受虐待，并在 20 世纪 20 年代初陆续通过了《动物保护法》、《野生动物保护法》、《实验动物保护法》等一系列法律来保障动物的利益。欧盟、美国等发达国家在 80 年代也先后针对保障动物福利立法，甚至一些经济欠发达国家如印度、泰国、尼泊尔等也针对保障动物福利立法。到目前为止，已经有 100 多个国家建立了完善的动物福利法规体系，规定在饲养、运输、屠杀、加工等全过程中善待动物。在国际贸易中，也有越来越多的发达国家要求供货方必须能提供畜禽或水产动物在饲养、运输、宰杀过程中没有受到虐待的证明。

对于动物福利（Animal Welfare）概念的界定，并没有严格意义上的标准，且各国对此存在不同的观点，现选择国内外不同时期比较有代表性的观点进行分析比较。彼得·休斯（Peter Hughes）认为，农场动物福利指农场中饲养的动物与其环境协调一致的精神和生理完全健康的状态。[①] 布鲁姆（D. M. Broom）给出了动物福利几个维度的内涵：①福利是动物生而有之的一种特质，不是人为可以给予或是剥夺的；②福利有很差与很好两个极端，中间有很多种情况；③福利可以通过科学的方式进行度量，而这一度量过程并不会涉及道德上的考虑；④对动物是否成功适应了环境以及适应环境的程度的测量将为对动物所处福利状态的评估提供极为重要的信息；⑤对动物生理参数的研究通常可以为"什么样的条件能够使动物处于良好的福利状态"这一问题提供重要信息；⑥动物在对环境做出反应时会采取一系列的方式，而不能成功适应环境的表现也有很多种，不能以某一种

---

① 　[英] 考林·斯伯丁：《动物福利》，崔卫国译，中国政法大学出版社 2005 年版，第 32—40 页。

表现有没有失常来判定其动物福利状态的好坏。[①] 弗雷泽认为，动物福利的目的就是在极端的福利与极端的生产利益之间找到平衡点。[②] 蔡守秋认为，动物福利是指人类对动物利益的肯定，它表明人类应该维护动物赖以生存和发展的生境，包括水、空气、土地、营养和其他外界条件。[③] 英国农场动物福利委员会（FAWC，1979）[④] 认为，可将动物福利概括为动物的"五大自由"[⑤]。这就意味着，动物福利并非片面地强调保护动物，而是在对动物进行利用时，考虑动物的福利状况，反对使用那些极端的利用手段和方式。另一方面，对于如何判断动物是否达到与环境协调一致的健康状态，则可采用英国农场动物福利委员会在其相关报告中提出的"五大自由"原则来考量。具体包括以下内容。

（1）免受饥渴的自由——动物随时可获得清洁饮水以及维持健康和精力所需的食物；

（2）生活舒适的自由——为动物提供适当的环境，包括畜舍和栖息场所；

（3）免受疼痛、伤害和疾病的自由——提供预防或快速诊治措施；

（4）表达正常习性的自由——为动物提供足够的空间、适当的设施和同伴；

（5）免受恐惧和忧虑的自由——避免在动物的生活和对动物的管理中出现引起动物心理恐慌的因素。[⑥]

世界农场动物福利协会在2002年的报告中指出，由于动物被以非自然的方式喂养，生活在拥挤不透风的环境中，导致动物疾病增加，也危及了人类健康和食品安全。因此，关注动物福利，是减少动物疾病、降低兽药使用量、保障食品安全的主要途径。

---

① D. M. Broom, "Animal Welfare: Concepts and Measurement", *Journal of Animal Science*, 69（10），1991, pp. 4167-4175.

② 转引自杨作丰、董娜《动物福利壁垒及其对我国动物产品出口的影响》，《现代畜牧兽医》2009年第2期。

③ 蔡守秋：《环境政策法律问题研究》，武汉大学出版社1999年版，第3—10页。

④ 英国农场动物福利委员会，简称FAWC，其性质及功能见该委员会网站http://www.fawc.org.uk/。

⑤ "五大自由"即著名的"Five Freedoms"，其前身为Brambell's Five Freedoms，出自1965年12月的Brambell Report。该信息源自FAWC网站（http://www.fawc.org.uk/）。

⑥ "Five Freedoms"全文源自FAWC网站（http://www.fawc.org.uk/）。

2003 年，欧盟颁布了一项法令，要求农民必须在猪圈给小猪"始终"提供"足够的东西以保证小猪能够玩要或游戏，如麦秸、木头、锯末等"。英国政府据此宣布，给农民 90 天时间准备好这些东西，否则轻则将被施以 1000 英镑罚款，重则要被监禁 3 个月。此外，2004 年 1 月欧盟通过了在其成员国实施照顾猪情绪的指导条例，条例规定饲养者应逐渐取消小猪圈，扩大养猪场面积，并鼓励用放养方式养猪，逐步取消圈养，到 2013 年全部实现放养。① 欧盟通过的一项关于怀孕母猪和小母猪室内装置的法令，要求栏圈应满足下列要求："怀孕母猪和小母猪的栏圈设施必须包括共同的躺卧区，除了排便区和任何喂饲栏圈之外，每头母猪至少应有 1.3 平方米（小母猪应有 0.95 平方米）的无障碍地板区。如果母猪成群关养，任一栏圈最短的边长绝不能少于 2.8 米……。"② 欧盟规定从 2004 年开始，市场出售的鸡蛋必须在标签上标明是"自由放养的母鸡所生"还是"笼养的母鸡所生"，并要求目前通用的每个 450 平方厘米的鸡笼格，到 2013 年要被更大的鸡笼格取代。③ 荷兰的非笼养鸡蛋的数量逐年增加，1995 年为 2 亿枚，1999 年达到 19 亿枚，已经占到产蛋量的 20%。2004 年瑞士通过立法禁止蛋鸡笼养和出售或进口笼养蛋鸡。欧盟规定，在长途贩运活畜时，运输时间不得超过 19 小时，其中包括被运输的家禽要有 1 小时的休息时间。美国已于 2002 年启动了"人道养殖认证"标签，其作用是向消费者保证，提供这些肉、蛋、奶类产品的机构在对待家畜/家禽方面符合文雅、公正、人道的标准。通过这些"人道养殖认证"标签，消费者可理性地依据良知选择健康有益的肉、蛋、奶等食品，同时也向农业产业发出了强有力的信号，即要人道地关爱和处置家畜/家禽。许多超市已开始用这些标准要求供应商。2004 年，美国已经有两个州通过立法禁止蛋鸡笼养并停止强制换羽。2007 年 4 月 17 日，奥地利 Fourpaws 网站发布了一则消息，消息称"欧盟多个国家在肉兔养殖过程中存在动物福利问题，这些问题主要是在肉兔养殖中，兔笼矮小，而笼中肉兔数量较多，使肉兔没有足够的活动和生存空间，导致肉兔之间因拥挤

---

① 林蓉：《动物福利对我国国际贸易的影响及其法律对策》，硕士学位论文，华东政法学院，2006 年，第 14 页。

② 林蓉：《动物福利对我国国际贸易的影响及其法律对策》，硕士学位论文，华东政法学院，2006 年，第 9 页。

③ 何娣等：《动物福利对我国国际贸易的影响及对策》，《对外贸易实务》2003 年第 8 期。

而相互撕咬，自相残杀；笼子卫生状况堪忧，底部被粪便覆盖，肉兔粪便所产生的氨水味薰瞎了肉兔的眼睛；肉兔的爪子因笼子底端的网而受伤，死亡率很高"。这一消息在网站公布后，德国动物保护协会将相关情况告知肉兔产品的终端购买商，此举直接导致德国四家大型超市全面停止销售兔肉产品。然而事情并未就此完结，德国动物保护协会又接连召开三次会议，最终达成一致意见，要求输德兔肉产品来源地的肉兔养殖需获得专业机构的认证。认证条件较为苛刻，对种兔以及商品兔笼舍大小、配置均有明确要求，只有经认证符合要求的养殖场生产出的兔肉产品才能被允许进入德国市场。①

　　随着动物保护组织等有关团体的大力宣传，消费者的动物福利意识不断增强，特别是在发达国家，消费者越来越关心所购买的动物性产品的动物福利问题，他们愿意多支付一定的价格去购买那些按照国际动物福利原则和标准生产出来的动物性产品。② 如美国的调查显示，75.4%的被调查者非常反感采取限制饲养的办法对蛋鸡进行强制换羽，80.7%的被调查者愿意以高一些的价格去购买以人道方式饲养的蛋鸡所产的鸡蛋。在美国，2002年的一项调查显示，90%的人反对圈养鸡和其他动物。③ 英国2005年的调查显示，79%的被调查者表示他们希望通过立法禁止笼养蛋鸡的饲养方式。这些例子都说明消费者越来越关注他们所购买的动物性产品的动物福利问题。④ 无独有偶，欧盟也已针对动物福利做出了一系列的新规定。例如，根据一项在英国、冰岛、法国、德国、意大利的调查（Harper, 2001），平均有66%的人由于动物福利问题而减少消费家禽的数量。60%的被调查者认定他们会购买动物福利水平较高的产品（比如自由放养的鸡下的蛋）。⑤

　　随着对动物性食品安全和动物福利问题的日益重视，发达国家对进口动物性食品的动物福利要求也越来越严格和具体。2002年，乌克兰向法国出口活猪，经过60多个小时的长途运输把猪运到法国，却被法国有关

---

① 刘旭：《欧盟动物福利实践波及我兔业》，http：//newspaper. mofcom. gov. cn/aarticle/xinxdb/200708/20070805044995. html，最后访问时间：2013年12月15日。

② 林蓉：《动物福利对我国国际贸易的影响及其法律对策》，硕士学位论文，华东政法学院，2006年。

③ 林蓉：《动物福利对我国国际贸易的影响及其法律对策》，硕士学位论文，华东政法学院，2006年，第19—20页。

④ 王惜纯：《动物福利与食品安全》，《中国质量报》2008年4月23日第6版。

⑤ 参见唐凌《动物福利对国际贸易的影响及我们的对策》，《经济问题探索》2005年第7期。

部门拒之门外，理由是长途运输途中没有使猪得到充分休息，违反了法国有关动物福利的规定。2003 年，欧盟国家一位进口商到我国一家饲养了5000 万只肉鸡的公司准备购买较大数量的活体肉鸡，但是这位进口商经过一番考察后，认为鸡舍不够宽敞舒适，未达到欧盟规定的有关动物福利标准，这笔巨额生意仅仅因为动物福利问题而流产。鹅肥肝原来深受欧美国家消费者青睐，但由于生产鹅肥肝需要对鹅进行强迫灌喂、限制活动，侵害动物福利，越来越多的欧美国家开始禁止食用鹅肥肝。荷兰由于是鹅肥肝生产大国，经常受到动物福利组织指责，甚至遭到一些消费者的抵制。[①]

动物福利的提出是基于维护动物的尊严及其内在价值的考虑，体现了人类的情感，是人类进步的表现；同时，它也是基于人类健康的考虑，在饲养、运输、屠宰等过程中注重动物福利，可提高动物的生产性能、提升其自然品质，从而保证动物性食品安全。我国应在保障食品安全的前提下，先以行政建议、指令引导和推动养殖业重视动物福利，一方面要引导民众重视动物福利，使他们愿意为了食品安全购买享受动物福利的动物产品，同时向养殖者灌输动物福利思想，从产品价格上鼓励质优价优，树立动物性食品安全的理念；另一方面，限制不符合福利标准的畜禽产品进入市场，对违反动物性食品安全管理制度的养殖、屠宰、经营企业及个人实行重点监管并加以公示，对造成食品安全隐患或危害后果的养殖、屠宰、经营业者，根据其危害程度给予罚款、行政处罚；然后，逐步建立保障动物福利的法律体系。[②]

我国畜牧业整体生产力水平不高，饲养技术相对比较落后，特别是中西部偏远、落后的地区，如发展工厂化、集约化的养殖模式，较为缺乏资金和技术，但是，这些地方完全可以发挥自然资源丰富的优势，通过发展注重动物福利的无公害养殖和有机养殖，在投入较少、保障动物性食品安全的同时，获取较大的经济效益。对于东部地区，在向注重动物福利的养殖模式转变的过程中，实力薄弱的中小型养殖企业可能因无法承担高额的投入而退出，一定程度上会缓解发达地区养殖业用地与工业用地的矛盾，减少养殖业污染。而实力较强的大型养殖企业会在一定时间内承受较大的

① 张昌莲：《我国优势畜禽业应逐步转向有机养殖发展》，《上海畜牧兽医通讯》2006 年第 3 期。
② 赵英杰：《动物性食品安全视角下的动物福利问题研究》，《贵族社会科学》，2010 年第 6 期。

成本压力，最终，其生产的动物性产品会因安全系数很高、质优价优而获得更大的经济效益。

二、禁用有毒副作用的兽药和饲料添加剂，保障动物用药安全

要降低兽药残留，确保动物性食品安全，首先要大幅度削减兽药种类，禁止那些对人体有明显毒副作用的兽药，特别是发达国家已经禁用的兽药和饲料添加剂。

（1）禁止饲料添加抗生素、激素。很多国家对畜禽养殖中的抗生素有严格限制。1986年，瑞典全面禁止在畜禽饲料中使用抗生素，成为世界上第一个不准使用抗生素作为饲料添加剂的国家。1993年，英国报告从食用动物中分离出抗糖肽的肠球菌（GRE）。这个结果使人大感意外，因为糖肽并没有被批准用于治疗动物感染，但是糖肽类抗生素阿伏霉素（avoparcin）被用作抗生素饲料添加剂。基于此，1995年，研究人员用从常规和有机家禽饲养场得到的分离物进行了一项关于阿伏霉素耐药性的研究，结果导致许多国家禁止将阿伏霉素用作饲料添加剂。1995年，丹麦首先禁止在饲料中使用阿伏霉素。1997年，欧盟委员会在所有欧盟成员国中禁止将阿伏霉素用作饲料添加剂。1997年，联合国粮农组织（FAO）就要求停止或禁止使用抗生素饲料添加剂。1998年1月，丹麦禁止使用抗生素饲料添加剂维吉尼亚霉素。1998年2月，丹麦的养牛和养鸡生产者决定像养猪生产者一样，也自愿停止使用所有的抗生素饲料添加剂。1999年7月和9月，欧盟委员会决定禁止使用其他几种抗生素饲料添加剂，因为这些抗生素（泰乐菌素、螺旋霉素、杆菌肽和维吉尼亚霉素）也被用于人类，并被认为有不可接受的职业性中毒的风险。1999年12月，丹麦养猪业自愿对体重在35公斤以下的猪停止使用其余所有抗生素饲料添加剂。从2000年1月起，丹麦的抗生素只限于按处方用于治疗动物疾病，在家禽业仍允许使用抗球虫药。1994年禁用抗生素饲料添加剂前，丹麦食用动物抗生素的总用量为205686公斤，到2001年减少到94200公斤，减少了54%。2003年，世界卫生组织的一份报告介绍了10位来自英国、美国和中国的独立科学家对迄今为止"丹麦试验"的结果所做的回顾（WHO，2003）。他们发现，抗生素的总使用量下降了54%，

但并没有造成动物疾病汹涌而至，治疗特异性感染用的抗生素的用量几乎没有什么变化。此外，禁用抗生素生长促进剂并未明显影响动物的生产性能、健康和处方用抗菌剂用量，对成本效益的影响（约1%）完全被抗生素生长促进剂的成本弥补了。[①] 2006 年，欧盟成员国全面停止使用其余的所有抗生素饲料添加剂，包括离子载体类抗生素。欧洲禁止在饲料中使用促生长的抗生素后，最初猪场的现场用药有小幅度增加，但是不久，用药量便稳定到与以前一样，而在房舍建筑、温度控制及管理上加大投资的养殖场，在用药量上还有所下降。在饮水中加药的管理好的猪场，每千克肉所需要的用药成本在降低，对于那些重视购买健康种猪的猪场，其每千克肉的用药成本也在下降。法国猪场最近两年抗生素用量减少 5% 左右。总之，随着新技术的涌现及对养猪各环节的重视，在养猪过程中减少抗生素的使用是可行的。[②] 此后，日本、韩国相继立法抵制抗生素在饲料中的滥用。

2006 年，浙江大学附属第一医院传染病诊治国家重点实验室肖永红教授调查发现国内每年生产抗生素 21 万吨，其中 9.7 万吨用于动物养殖。五年后，有业内人士根据中国抗生素产业发展趋势预测，现在年产 40 万吨，[③] 大量的抗生素残留通过动物性食品进入人体。我国每生产 1 公斤猪肉所用的抗生素是美国的 4 倍，远远超过治疗动物疾病所需要的数量，极易造成动物性食品中抗生素残留，导致动物性食品被污染，影响到人们的身体健康。切断在饲料中添加抗生素这个源头，能够有效地解决抗生素滥用的问题。欧盟从来不允许使用改善动物生产性能的激素，而我国仍然允许将部分激素用于动物，此外，还有很多养殖户滥用激素类药物，危害了人们的健康。我国应该效仿发达国家，禁止将抗生素用于饲料添加剂，严禁使用激素。

早在 2011 年农业部就表示，为提升消费者对畜产品的信心，计划全面禁止在动物饲料中添加抗生素。但是，该项计划一直没有落实，主要有

---

① 参见 Lode Nollet, "EU Close to a Future without Antibiotic Growth Promoters", *World Poultry*, Vol. 21 (6), 2005, pp. 14 - 15.〔Lode Nollet:《欧盟正走向无抗生素生长促进剂的未来》，吴昌新译，《国外畜牧学（猪与禽）》2006 年第 1 期。〕

② Emmanuel Broukaert:《在饲料中禁用抗生素、高锌、高铜后欧洲猪业的生产变化及其营养策略》，《北方牧业》2010 年第 12 期。

③ 《农业部将全面禁止动物饲料中添加抗生素》，《上海农村经济》2011 年第 12 期。

两大顾虑：一是担心禁用抗生素饲料添加剂之后，畜禽死亡率大大提高，影响畜禽的产量，造成肉、蛋、奶等动物性食品的紧缺；二是担心对饲料中抗生素饲料添加剂的禁止，可能加剧养殖户对抗生素的滥用，最终未必能够减少养殖业中抗生素的使用量。

关于第一大顾虑，从那些禁用抗生素饲料添加剂的国家来看，这种担心完全是多余的。欧盟地区的示范效果表明，猪的繁育和肉鸡生产并没有因禁用抗生素而受到不良影响，经过一段时间的适应后，肉鸡和仔猪的健康状况和生长性能与禁用抗生素饲料添加剂前相当，并没有出现原来所担心的动物健康问题。

关于第二大顾虑，动物饲料中禁止添加用于保健的抗生素饲料添加剂后，尽管治疗性抗生素的用量增加了，但总体来看，抗生素的总消耗量仍然减少很多。以丹麦为例，2000年，丹麦政府下令，对所有动物，不论大小，一律禁用一切抗生素饲料。在刚刚实施这项政策时，断奶仔猪和小猪的发病率和死亡率明显上升，导致治疗性抗生素用量急剧上升。不过，经过几年的努力，到2008年，丹麦每生产一头猪所使用的抗生素比之前减少了82%。1994年，丹麦食用动物的抗生素总用量为20多吨，到2001年减少到9吨多，减少了54%。

2009年，加拿大学者Susan Holtz基于对瑞典的抗生素用量情况的调查，发现2004年瑞典的抗生素用量比1986年减少了65%，从而得出"现代养殖业禁用抗生素生长促进剂是可能的"的结论。

从全球范围看，为了保障食品安全，在动物饲料中减少并最终全面禁用抗生素饲料添加剂是大势所趋。我国的情况是，即使饲料中已经添加了多种抗生素，养殖业者仍然要继续给畜禽饲喂各种抗生素类药物，因而造成我国养殖业的抗生素使用量远远高于国际水平，影响了我国动物性食品的安全，损害了我国的国际形象。对此，我国应该尽快与国际接轨，全面禁止将抗生素用作饲料添加剂，提高我国的畜禽养殖水平。

（2）禁止生产和销售有致癌、致畸、致突变作用的兽药。如链霉素具有潜在致癌作用，苯并咪唑类抗蠕虫药能造成人的细胞染色体突变，并有致畸胎作用，喹乙醇有致突变、致癌、致畸作用，苯并咪唑类药物具有潜在的致癌和致突变作用，磺胺类药物会引起人的过敏性反应，且可能有致癌性，如在人体内蓄积到一定程度，将会有严重的毒副作用，破坏人的正常免疫机能和造血系统。①

（3）禁止饲料添加危害人体健康的成分。1999 年，欧盟已明令禁止使用"洛克沙肿"作为鸡的饲料添加药物。但是，我国农业部于 1996 年把"洛克沙肿"列为动物用药品，并广泛用于养鸡业和养猪业，现在仍然允许使用。我们应该慎重地使用所有有毒有害的添加剂，包括重金属。

三、推广副作用小的环保药物和添加剂

欧盟各成员国禁用抗生素饲料添加剂之后，有机酸成为抗生素最主要的替代品。荷兰对饲料企业的一项调查表明，饲料厂普遍使用有机酸和酵母来替代保健用抗生素，此外，还有一些新研发的产品诸如益生菌类产品。近几年，欧盟地区已经研发出更高效的专用有机酸替代品，例如安息香酸、二甲酸钾、已酸、辛酸和羊蜡酸等产品。另外，将有机酸进行有效混合后的混合物也可以作为抗生素的替代品，并在实际养殖中成功应用。这些新开发的饲料配方使欧盟和其他地区在禁用抗生素饲料添加剂后，动物和动物性食品的产量仍然保持稳定。

我国自 20 世纪 90 年代以来，先后研发出一系列无副作用、无残留的新型绿色饲料添加剂，可用来替代抗生素、重金属等。主要有酶制剂类、微生态制剂类、低聚糖类、中草药类、有机微量元素类、氨基酸和生物肽类。②

益生素是一种无毒、无副作用、无残留的绿色饲料添加剂，能有效地克服抗生素和防腐剂所产生的各种副作用，且具有防病、增强动物机体免疫力和促生长的效果。大量的生产实践证明，益生素在猪、鸡、牛、水产动物等的养殖中已经取得了很好的社会效益、生态效益和经济效益。③

寡糖的主要作用是维持体内已建立且健康的消化道菌群，选择性促进消化道中有益微生物的优先繁殖。1994 年，日本市场上约有 40% 的仔猪和 90% 的婴儿食品中都含有寡糖，欧美一些发达国家和地区已将寡糖广

① 张志刚：《鲜猪肉中磺胺类抗生素残留的检测与分析》，《肉类研究》2012 年第 5 期。
② 李鹏、齐广海：《饲料添加剂中常用的抗生素替代品》，《中国畜牧兽医文摘》2007 年第 2 期。
③ 郑德富、冯艳忠：《科学开发益生菌饲料添加剂降低畜产品药残》，《中国畜牧杂志》2010 年第 6 期。

泛应用在仔猪饲料中。我国在 90 年代后期才接触到这类饲料添加剂,目前一些企业也开始小批量生产。

中草药是天然物质,安全可靠,副作用小,不会出现抗药性,克服了抗生素的缺点。中草药作为新型、安全的生物饲料添加剂,具有促进畜禽生长、抑制病原菌、增强免疫力、提高抗病力等功效。[①] 有些中草药本身就含有丰富的蛋白质、维生素和矿物元素,兼有治疗和营养双重功能。目前,我国有 200 多种中草药用于饲料添加剂。

糖萜素是从油茶饼粕和茶籽饼粕中提取的,不但能有效地提高正常动物机体免疫和病鸡免疫能力,而且在调节神经免疫、抗病毒等方面有显著效果,能明显提高畜禽生产性能、畜禽的成活率,同时还有明显改善肉质的作用。

酶制剂可以提高饲料的消化率,减少消化道内养分残留量,缩短残留时间,间接减少病原菌生长机会,从而起到抗病防病的作用。目前全世界已发现 1700 多种酶,生产用酶有 300 多种,饲料酶制剂也有 20 种。我国对酶制剂的研究始于 20 世纪 80 年代,国内具有自主知识产权的饲料酶制剂创新成果也在不断增加,可用于饲料的酶制剂有 12 种,年产 2000 吨以上的酶制剂厂已有 40 多家。

饲用酸化剂包括有机酸、无机酸化剂、复合酸化剂。饲用酸化剂能使病原微生物的繁殖受到抑制,益生菌增殖,具有改善消化道酶活性和提高营养物质消化率的作用。

抗菌肽是生物体内诱导产生的一种具有强抗菌作用的多肽类物质,有较强的广谱抗菌能力,在动物的消化、吸收、矿物质代谢、抗癌、促生长、刺激产乳和提高免疫功能、调节神经、防治疾病等方面有重要的作用,对革兰氏阳性菌、阴性菌以及原虫、肿瘤有一定的杀伤作用。

以有机微量元素代替无机微量元素,可提高微量元素的生物利用率,促进生长,增强免疫功能,改善胴体品质,降低维生素矿物质预混料中维生素的分解和减少微量矿物元素对环境的污染。

这些绿色添加剂因缺乏政策支持,推广成效并不理想。建议有关部门积极引导,在政策与经费上予以支持,禁用抗生素饲料添加剂,建立以绿

---

① 吴超、张莉、吴跃明、刘建新、李彩燕、华卫东:《中草药添加剂对早期断奶仔猪生长性能和肠道菌群的影响》,《中国畜牧杂志》2010 年第 3 期。

色添加剂为基础的特色生态养殖模式，并将其纳入国家中长期产业发展规划，制定相应的发展纲要。

第三节　大力推广无公害养殖、有机养殖
以保障动物性食品安全

为了保障动物性食品安全，发达国家积极发展健康养殖技术，进行健康养殖管理。以美国的淡水鲴鱼养殖与挪威的大西洋鲑养殖为例，具体步骤如下。第一是深入研究这两种鱼的养殖生物学、生态环境基础理论；第二，科学育种，不断进行品种选育，以保证养殖良种化，如挪威大西洋鲑的人工选育品系已占该国网箱养殖产量的 80% 以上，使用的健康鱼苗、商业养殖用苗，基本由良种培育中心供应；第三，建立严格的养殖防疫体系，包括鱼病监测系统。开发疫苗与强化鱼体免疫功能的免疫增强剂，如多糖类药物，从亲体、幼苗，直到养成各阶段均可使用，使养殖成活率大幅提高，并减少了药物使用量。1987 年，挪威生产 1 吨鲑鱼平均需 1 公斤抗生素，而到 1993 年，已经很少使用抗生素。第四，开发使用高性能饵料，使用配合饲料的饲料系数达 1.1—0.9，降低了成本，更主要的是减轻了污染。第五，制定了一系列法规和健康管理办法，如控制养殖规模、建立疫病防疫体系等。

欧盟出于减少畜禽、水产品供给量和保护环境的考虑，对畜牧农场因粗放化经营而导致的经济损失进行弥补，鼓励降低单位面积的载畜量。同时，各国的各级财政为养殖业发展提供各种服务性费用，包括养殖业科研、疫病控制、农民培训、推广和咨询、检验检测、市场服务和基础设施服务等。此外，政府也对主要畜禽和水产品进行投保，与农民分担风险。保险的基本形式有补给保险机构和补给投保农民两种。

为确保动物性食品安全，保障人民身体健康，提高我国动物性食品在国际市场上的竞争力，2001 年，农业部正式启动"无公害食品行动计划"，推动无公害农产品的认证评价工作。2002 年，全面推进"无公害食品行动计划"，对农产品质量安全实施全过程监管。如今，此项工作已走过了 13 年，"无公害农产品"在市场上所占的份额仍然很小，并没有走

进千家万户，尚未达到保障国民食品安全的目的。

　　无公害养殖是指在动物养殖过程中遵循无公害食品生产技术规范，限量使用限定的化学合成物质，采用一系列可持续发展的养殖技术，维持农业生态系统持续稳定的一种农业生产方式。在畜禽、水产动物、蜜蜂的无公害养殖中，产地必须得到省级农业行政主管部门的认定，获得无公害农产品产地认定证书；生产过程中必须科学、合理地使用限定的兽药、饲料添加剂，禁止使用对人体和环境造成危害的化学物质。养殖的特点是标准化、规范化、无污染、无公害，其产品优质、安全。无公害养殖必须遵循严格的操作规程和技术规范，产地必须具备良好的生态环境，合理地使用兽药，将终端产品中有害物质的残留降低到最低限度，从而提高动物性食品的卫生质量水平，确保其食用安全。

　　无公害养殖的要求包括以下 5 点。①为畜禽创造优良的生长环境。首先，要选择在生态环境优良、没有工业"三废"污染的地方建养殖场，同时，空气、水、土壤必须经专门机构监测达到规定的标准；其次，要选择在非疫区、防疫条件好的地方建养殖场。②选择抗病能力强的优良品种。饲养品种应选择适应当地生长环境的优良品种；引进品种时，应该符合检疫要求，种畜（禽）应无疾病，不携带病原体。③保证饲料安全。饲料供给必须与畜禽的生理需求一致，从营养和饲料配方上保证畜禽的健康生长。饲料中可以添加无残留、无毒副作用的免疫调节剂和抗应激添加剂以控制疾病的发生，但不得添加防腐剂、开胃药、兴奋剂、激素、人工合成色素以及国家禁用的抗生素、安眠镇静药等添加物。④切断病菌传播途径。为保证畜禽健康生长，饲养过程中必须提供新鲜空气、天然光线和适宜温度。粪便应及时清理并进行无害化处理，使畜禽生活在无污染、无公害的生态环境中。避免使用剧毒农药等违禁药物，不得使用具有潜在毒性的建筑材料或是有毒的防腐剂。采取全进全出的饲养管理模式，切断疾病传播途径，减少细菌、病毒的感染机会，严格控制疾病的发生。⑤严格按标准使用兽药。兽药使用将是绿色养殖的关键技术。用药过程必须严格遵守药物使用种类、剂量、配伍、期限及休药期等规定，严禁使用违禁药物或未被批准使用的药物，不得使用喹诺酮类药物、四环素类药物及磺胺类药物，不得使用人类专用抗生素。在使用药物添加剂时，不得将原料药直接拌喂，应先制成预混剂再添加到饲料中。在对畜禽进行预防接种之前，必须明确该疾病已在该地区暴发过，而且在使用其他方法不能控制的情况下，才可采用预防接种的防疫措施。①

2002 年，我国全面推进"无公害食品行动计划"。政府对畜禽无公害标准化养殖非常重视，早在 1992 年就做出了大力发展高产、优质、高效农业的决定，特别是近年来不断加大这方面的工作力度。在加强舆论宣传的同时，出台了一系列相关的法规标准，推进兽医管理体制改革，实施了"动物保护工程"、"饲料安全工程"，并增加经费投入、开展队伍培训，开始了兽药残留检测工作，建成了一批无公害畜产品生产基地，取得了显著的成效。然而目前，我国畜禽无公害养殖形势仍不容乐观，经过产地认证的无公害畜产品生产基地还不足 5%，贴上无公害标识上市销售的动物性食品更是微乎其微。②

有机养殖是完全建立在有机农业基础上的一种全新的养殖模式，主要是指在畜禽饲养过程中不使用生长激素、兽药、抗生素、饲料添加剂等物质，以及基因工程生物及其产物，而是使用有机饲料并遵循自然规律和生态学的原理，创建能够保持畜禽健康和自然行为的生活条件的一种畜禽业生产方式。它完全按照有机认证标准进行生产，建立从品种选择、养殖过程、屠宰、储藏到加工和销售的全过程质量控制体系。

有机养殖的根本目标是：环境友好生产，保证动物健康的持续性，关注动物的福利，生产高质量的产品。具体要求：一是创建持续的养殖系统。二是禁止使用化学饲料或含有化肥、农药成分的饲料。当畜禽生病时，也尽量不使用滞留性有毒药品，以免人们食用畜禽肉类及其制品之后有损健康。三是具有严格的养殖环境影响监测网络和管理系统。四是采用合理的放养密度、抗病畜禽品种、保护动物福利的措施，最大限度地保持畜禽健康，达到少用药甚至不用药的目的。五是在屠宰、运输、加工和销售过程中，使各种形式的污染最小化。六是考虑畜禽在自然环境中的所有生活需求和条件，使畜禽的福利最大化。

生产有机畜禽产品的养殖场，应保证饲养的畜禽数量不超过其养殖区域的最大载畜量，畜禽的饲养环境（圈舍、围栏等）必须满足下列条件，以满足畜禽的生理和行为需要：①足够的活动空间和时间，畜禽运动场地

① 刘晓：《绿色养殖基本要求有哪些》，《畜牧市场》2003 年第 11 期。
② 王新芳、马云、杜占宇：《浅谈畜禽业的无公害标准化养殖》，《猪业生产与食品安全》2009 年 4 月增刊。

可以有部分遮蔽；②空气流通，自然光照充足，但应避免阳光过度照射；③保持适当的温度和湿度，避免受风、雨、雪等的侵袭；④足够的垫料；⑤足够的饮水和饲料；⑥不使用明显有损人或畜禽健康的建筑材料和设备；⑦采取必要的保护措施，避免畜禽遭受野生捕食动物的伤害；⑧群居性畜禽不能单栏饲养，但患病的畜禽、成年雄性家畜及妊娠后期的家畜例外；⑨确保所有畜禽能在适当的季节到户外运动，但在特殊的畜禽舍结构使得畜禽暂时无法到户外运动或圈养比放牧更有利于土地资源的持续利用时除外。① 按照有机养殖模式生产出的畜禽产品，完全没有污染，是纯天然、高品质的食品，对人体健康和环境保护最有益，可以说，有机食品代表了未来食品行业的发展方向。

近年来，随着全世界对有机食品消费需求的增长，通过有机畜牧业生产的肉类平均每年以20%的速度增长，对有机副产品的消费量也与日俱增。1995—1997年，用有机牛奶制成的冰淇淋的消费量猛增293%。1999年，全世界有机畜牧产品的销售额已超过了1760万美元，得到国际认可的有机牧场已有350万公顷。美国在发展有机牧业方面处于领先地位。有机牛奶生产部门是美国畜牧业中发展最快的部门。在美国，每个有机牧场平均面积达75.6公顷。欧洲共同体对发展有机畜牧业也相当重视。2000年，欧盟投入2.27亿欧元，专门发展有机畜牧业及其产品。目前，在欧洲市场，有机牛奶的价格要比普通牛奶价格高37%。

拉美国家紧跟其后，在有机畜牧业方面也取得了长足进展。阿根廷、巴西、乌拉圭是有机畜牧业发展最快的国家，其中阿根廷尤为突出。1999年，阿根廷得到国际认可的有机牧场面积已经超过23.1万公顷，其中20.8万公顷用于放牧。1995—1996年间，阿根廷向欧共体出口了21.1万吨通过有机畜牧业生产的"有机肉"，其价格比普通肉类高出30%。②

我国有机农业的提法始于20世纪80年代初，到80年代后期才逐步开展有机食品基地的建设、标准的制定以及产品的出口等工作。2001年，辽宁省大洼西安生态养殖场在原有生态养殖的基础上，启动有机猪养殖计划，当年通过国家环境保护总局有机食品发展中心（简称OFDC）有机养

---

① 顾宪红：《实行畜禽福利饲养是有机畜牧业的基本要求》，《中国家禽》2008年第8期。

② 孙振钧：《畜牧业环保与有机养殖（一）》，《中国家禽》2006年第7期。

殖场认证,这是中国第一次通过有机养殖场认证,标志着中国有机畜牧业已经进入实施阶段。2003年,北京天地生有机食品有限公司生产的有机猪通过德国BCS有机认证,实现了中国畜产品通过欧盟有机认证的零突破。此后,贵州、新疆、吉林、青海、云南、江苏、浙江等地先后发展有机畜牧业,并获得了有机认证。目前,我国通过有机认证的畜禽包括鸡、羊、猪、牛、马、骆驼、驴、鸭和兔。

发展有机农业、有机养殖业是世界潮流,是新兴的朝阳产业。中国资源丰富,为有机食品的生产提供了便利的条件。特别是中西部地区在发展有机养殖业方面有很大优势。这些地方污染较少,化肥和农药等工业产品投入相对较少,土壤与水资源污染程度低或几乎没有遭受污染,劳动力资源丰富,有充足的自然资源和地方动物资源,这些都为有机动物性产品的生产提供了便利条件。与此同时,发展有机农业、有机养殖业,还将带动有机食品加工业、生物农药、生物肥料和有机废物资源化产业以及相关第三产业的发展。

无公害养殖、有机养殖把污染物尽可能消除在产生之前,其核心是从源头抓起,即从饲料安全、绿色养殖、科学使用兽药等生产全程进行把关,以预防为主的策略来监控生产的全过程。各地各部门应将无公害养殖和有机养殖当作养殖业和保障食品安全的一件重要事情来抓,积极鼓励和推广无公害养殖、有机养殖,最大限度地降低有毒有害物质的添加。政府也应尽快制定相关的投资扶持政策、税收优惠政策、销售政策等,给予转化为无公害养殖、有机养殖的养殖场/养殖户提供政策扶持,并提供财政支持以弥补转化初期的经济损失,促进无公害养殖业、有机养殖业的发展。此外,可鼓励各科研院所参与无公害养殖、有机养殖生产技术的研究和推广,扶持一些科技含量高、效益好、有影响、有品牌的动物性产品初加工龙头企业,发挥他们的带头作用,努力扩大我国无公害养殖、有机养殖的规模,以求最终实现食品安全与经济效益"双赢"。同时,在生产过程中要切实加大科技投入,加强对无公害食品生产加工技术和食品市场的研究,为无公害养殖、无公害食品加工提供切实可行的技术和信息服务。除此之外,也要尽快制定无公害养殖产品、有机养殖产品的市场准入制度。无公害养殖产品和有机养殖产品是经认证合格的食用农产品,产地环境、生产过程和产品质量均符合国家相关标准和规范要求。通过实施市场准入制度,规范产品在市场上的流通与销售,将"不合格"的产品拒于市场之外，不仅能够保证消费者的利益，而且可为安全优质的无公害养殖产品、有机养殖产品提供更大的销售空间，以增强养殖户开展无公害养殖的积极性和主动性。

第四节　以严格监管制度遏制动物性
食品安全风险

要防范和化解科技造成的动物性食品安全风险，迫切需要政府充分认识到现代科技已成为影响动物性食品安全风险的重要因素，并制定法律和政策促使动物性食品生产和加工行业减少对有副作用科技的应用，完善法律以防范危害食品安全的科技研发，严格执法以惩处滥用科技危害食品安全的人员和企业，最终鼓励和引导食品技术向生态化、安全化转变，从源头上化解科技造成的食品安全风险。

一、以法律遏制危害动物性食品安全技术的开发和滥用

安东尼·吉登斯指出，"为了避免严重而不可逆转的破坏，人们不得不面对的，不只是科技的外部影响，而是也包括限制科技发展的逻辑"①。法律不仅是传统社会的风险管理方法，也是风险社会重要的风险管理办法。对于那些滥用科技危害食品安全的始作俑者及受益者，应该依法惩处。我国的《科技进步法》第二十九条明确规定："国家禁止危害国家安全、损害社会公共利益、危害人体健康、违反伦理道德的科学技术研究开发活动。"同时，第七十三条规定："造成财产损失或者其他损害的，依法承担民事责任；构成犯罪的，依法追究刑事责任。"这就成为有关部门依法严厉打击以科技危害食品安全的肇事者的利器：一方面可威慑不法商家，使其不敢滥用非食品领域的科技进行食品生产、加工、储藏和销售；另一方面也为食品安全的受害者拿起法律武器维护自己的生命和健康权益提供了保障。只要严格执法，加强执法，严厉打击危害食品安全的科技滥

---

① ［英］安东尼·吉登斯：《现代性的后果》，田禾译，译林出版社 2000 年版，第 149 页。

用，就可以大大减少危害公民生命和健康的食品安全事故，从源头杜绝科技滥用的潜在危害。

二、实行从养殖场到餐桌的全程监控

借鉴国外食品安全监管的 HACCP（Hazard Analysis and Critical Control Point）管理体系，传统的食品安全控制流程一般建立在"集中"视察、最终产品的测试等方面，主要通过"望、闻、切"的方法去寻找潜在的危害，而不是采取预防的方式。在 HACCP 管理体系指导下，食品安全重点在于预防，使食品生产最大限度趋近于"零缺陷"，而不是传统意义上对最终产品进行检测。因而，HACCP 体系能起到一定的预防作用，并且能经济地保障食品安全。部分国家实施 HACCP 体系的实践表明，实施 HACCP 体系能更有效地预防食品污染。例如，美国食品药品监督管理局的统计数据表明，在水产加工企业中，实施 HACCP 体系的企业比没有实施的企业的食品污染概率降低了 20%—60%。该体系的具体内容如下。

（1）加强对兽药、饲料等投入品的质量安全监督管理工作。完善管理制度，制定兽药和饲料生产企业审批许可条件和资质标准，规范审批程序，建立严格的市场准入制度；继续推行兽药行业 GMP 认证、开展饲料行业 HACCP 管理试点，提高兽药和饲料行业的整体素质和管理水平。进一步规范兽药和饲料添加剂的使用，完善兽药和饲料检测体系，通过加强兽药、饲料生产环节的统检和抽检以及对饲料超量、超范围使用兽药的检测工作，确保动物性食品安全。

（2）加强对动物性食品产前环节的监控。对种畜、饲料原料和饲料生产企业、兽药和兽药企业、养殖环境和水源、动物性食品加工企业等主要因素进行控制。首先严把种畜引进关；其次，确保水源、环境达标；最后，对饲料、兽药进行监控。不仅要抽查产品质量，而且要经常检查生产过程，只有过程规范，产品才能合格。

（3）加强对饲养、加工环节的监控。第一，加强对畜禽生产企业规程的监控。要求养殖企业在生产技术和管理方面都要符合规范，运用良好作业规范（GMP）、危害分析与关键控制点（HACCP），从原料开始对生产环节进行监控，确保不符合标准的动物产品不出厂。将多种规范整合起来加以运用，以 ISO 质量管理体系作为推广平台，用 GMP 做保证、

HACCP进行监控和纠正,从而保证动物性食品的质量。第二,加大对散养户饲养来源、生产条件和动物免疫的控制。要依靠基层站点,加强对散养畜禽的免疫服务,控制疫病传染。加强对圈舍卫生的指导和检查,预防病害,同时要指导养殖户科学地饲养、用药,减少兽药残留。

三、以检测手段防范科技造成的动物性食品安全风险

食品安全检测技术及方法的产品化,也是保障动物性食品安全的重要环节。具体做法如下。

（1）建立健全兽药残留监控体系,完善动物性食品安全法规。一是把依据农业部2002年第235号公告《动物性食品中兽药最高残留限量》进行的监控纳入法制管理轨道,要在加工、销售环节设立准入"门槛",限制兽药残留超标的动物性食品进入市场。同时,借鉴欧盟和美国的经验,实行动物性食品的追踪和召回制度,一旦发现兽药超标的动物性食品,可以马上启动召回制度,确保不安全的动物性食品不会流向百姓餐桌。二是严格制定检测标准,完善兽药残留的检测方法。尽管我国已经于2002年制定了《动物性食品中兽药最高残留限量》,但对这些兽药残留进行检测的标准还没有完全建立。而且,目前的检测方法以高效液相定量检测为主,缺乏快速筛选和确认方法,一定程度上制约了兽药残留检测工作的全面开展。因此,应在兽药残留检测方法的研究、仪器、人力等方面加大投入力度,尽早研制出快捷、准确、简便的检测方法,并尽快制定国家或行业标准。三是提高检测技术水平和更新设备。分子生物学和生物技术的飞速发展以及边缘学科新技术的不断发展,使得国外的食品安全检测技术日益趋向于高技术化、系列化、速测化、便携化。虽然我国大部分检测部门在食品分析上采用了GC、HPLC、AAS等设备,但国际公认的GC-MS、HPLC-MS还远未普及,且超痕量分析等高技术检测手段也十分缺乏。应该尽快提高食品检测技术水平,更新设备,防范不法企业利用科技造成食品安全风险。

（2）提高基层监督检测机构的科技水平。建立层次合理、布局广泛的检测网点。基层监督检测机构的作用十分重要,它是防范动物性食品质量安全隐患的关键环节。提高基层组织的科技水平,一要注重对技术人员的培训工作,通过学历培训、后续教育培训、专项培训等方式,使检测人

员了解动物性食品质量安全问题的发展动态，掌握检测的新方法，保证基层网点具有足够的技术水平；二是加快检测设备的更新，装备一批具有比较先进水平的设备，改变地市以下无残留检测能力的技术真空局面，使动物性食品质量安全监控力度更大、范围更广。

四、建立动物性食品质量安全追究机制

从我国食品质量安全政策的现实情况来看，以政府为主导的食品质量安全认证制度很大程度上是以政府信誉为私人部门的收益埋单，同时损害了消费者对食品质量安全体系和政府的信任。尽管我国政府明显加大了对食品质量安全的管理与控制的力度，如成立国家食品药品监督管理局、推进"食品放心工程"、实行食品质量安全市场准入制度，以及强制性实施"无公害食品行动计划"等，但是消费者对国内食品质量安全状况的评价仍不容乐观。一方面可根据动物性食品质量安全信息可追踪系统，对造成动物性食品质量安全事故的行政领导、生产者和检测机构进行责任追究，尤其是加大对不法生产经营行为的惩罚力度，直至追究刑事责任；另一方面也必须增强企业承担社会责任的意识，通过制定相关的法律来促进企业履行社会责任。对积极履行社会责任的企业，政府可以给予一些优惠政策，而对违反动物性食品质量安全管理制度的严重失信企业实行重点监管并公示，对造成食品安全隐患或危害后果的养殖业者、动物性食品加工销售者，根据其危害程度给予罚款、行政处罚甚至追究刑事责任。企业社会责任意识的增强有助于其社会资本的积累，从而使其积极地参与到动物性食品质量安全危机的治理中来。

附录 访谈录音整理

访谈 1
访谈对象：某大型养殖场合伙人
访谈时间：2012 年 6 月 20 日
访谈地点：X 省 C 市某养猪场
访谈内容：养猪过程中存在的影响食品安全的因素
（略）

访谈 2
访谈对象：牧源养殖有限公司技术员 Z、老总 X
访谈时间：2012 年 6 月 21 日
访谈地点：X 省 Q 县交口乡官军村
访谈内容：鸭子和蛋鸡的生长情况、患病情况、经济效益
（略）

访谈 3
访谈对象：X 省 Q 县官滩乡人大主席 W 及崖头村、活凤村等四个村
庄的村委会主任
访谈时间：2012 年 6 月 22 日
访谈地点：X 省 Q 县官滩乡崖头村、活凤村等四个村庄
访谈内容：当地黑山羊自然养殖情况

笔者：请先介绍一下官滩乡黑山羊的养殖情况吧。
乡人大主席 W：官滩沟到集庆县，34 里路的沿线有 6 个村，人口占

全乡的 60%，1700 人。每个村又都有自然村，最大的一个村有 4 个自然村。老百姓以种植和养殖为主。种植以玉米、山药、小杂粮为主，全村的主要产业收入以养殖为主。以崖头村为例，有 4 个自然村，想搞试点舍饲圈养，为什么呢？国家有封山禁牧的要求，这是大势所趋；另外，老百姓有积极性，能够多养，能够改良。今年，孟婆的载畜量还没有达到，但是，陈家峪已经超载了。陈家峪全年卖羊的收入有 200 万（元）。今年春天，陈家峪的一个村就死了好几十只羊，损失四五十万（元）。羊羔都被外地人收走了。收走干什么了呢？一个是找绒，再一个是搞皮。现在，产业发展已经达成共识。政府搞封山育林，培育生态，也减轻了护林防火的压力。去年，这里着了大火，放羊的在山上烤东西吃，结果引起了大火。在林区，一年四季都会着火，护林防火压力很大。三是老百姓从长远考虑，怎么办？只有符合本地特色的，才能长远。如果引入其他地方的先进经验，老百姓以合作化的方式，类似于原来的合作社，以能人大户带动，以村干部带头，逐步按照适度的（规模）搞，今年，组织村干部一家一户地看过。

笔者：圈养的话，青饲料从哪里来呢？

乡人大主席 W：原料呢？计划辟出一部分山地和二元地（也就是那些效益低的地），用来种植一些青饲料。现在，周围的村有的有 2000 只羊，有的有 1000 只，都是黑山羊。总共人口都不多，一般百把口人。载畜量已经达到极限，就是因为超过载畜量，把草吃光，饿死了。

笔者：现在，很多地方搞集约化养殖，实际上也出现很多问题。

乡人大主席 W：是。走得慢了，反而好；走得快了，反而不好。

村支书 A：山羊舍饲圈养可以扩大规模，还能提高效益，政府也支持，我们也愿意。可是，山羊放养的话，每只羊每年只给放羊人交几十块钱就行了，也没有其他成本，舍饲圈养要增加很多投入，羊圈啊、饲料啊，都要钱，可是，政府也没有支持。弄虚作假就能够挣钱，实干的就挣不了钱。有些地方说有几万只羊的规模，实际上根本没有，就是为了获得政府资金支持。我们的话，三五百块钱的支持也不容易拿到。还有，山羊在山上，吃的都是没有污染的野草，它爱吃什么就吃什么，而且有很多种不同的野草，这样，山羊肉才好吃。山羊成天爬山，没有什么肥肉，也没有什么病。圈养的话，羊除了吃就没有啥活动了，只喂饲料再加干草、秸秆什么的，羊会长得很快。山里放养，大概 2 年才能长大，圈养半年就长大了。这样，可能会影响到黑山羊的质量，影响到我们县黑山羊的牌子啊。

笔者：大型的养殖企业交税吗？

乡人大主席 W：不交，它也交不起，国家也不收。好的出发点并不能够带来好的效果。这也是没有办法的事情。一个人他也想好好干，但是，好事不一定能够办好啊。想好的目的，但是，走错路了。这也是其中的代价。改革就要付出代价，这可能就是代价吧。

笔者：政府也没有从大型的养殖企业获得税收等经济效益？

村支书 A：主要是靠大型的养殖企业带动老百姓。现在的好事，没有得到老百姓认可，而是领导认可。办一个场子，老百姓不能沾多大的光，但是领导高兴。

访谈 4
访谈对象：H 省 S 市有 16 年养猪经验的养殖户 L
访谈时间：2012 年 7 月 7 日
访谈地点：N 自治区 B 市某宾馆
访谈内容：养猪历程及影响食品安全的因素

笔者：您养猪已经 16 年了，最多时曾经有 400 多头猪。那么，能够谈谈原来那种传统养殖方式下的情况吗？

L：（采用）传统自然的养殖方式养殖了 5 年多，在家一个是种地，最多养 2 头，少的时候 1 头。那时候，农村家家户户都会养猪。自然的养殖方式，一年能够长 100 多斤，长 200 斤的，就要一年半。都是第一年的秋天买上小猪崽，到第二年喂一年，到腊月的时候杀掉，才能长 200 多斤。那个时候也没有饲料，养的肯定放心，吃的也放心。注射疫苗啊、病毒啊，农村根本接触不到。公社人员给你免疫，也只是进去扎一针。

后来，我到 S 市开了半年饭店，听人家说养猪很赚钱，半年就可以出栏，有人就拉我们饭店的泔水。那时候，也不是说卖，你能够把我餐厅的垃圾拉走，就把泔水送给你，这才接触到养猪的行业。我不弄饭店后，就在郊区找到一个废弃的农场，有 6 亩大，就又开始养猪，大概在 1998 年左右。

笔者：这个时候，就开始喂饲料了吧？

L：先是买了20头猪，死亡率低，还要割野草，喂猪草吃。那时候，也喂一点饲料，因为自己的经济能力比较弱，没有大量资金购买饲料。后来，逐渐扩大到100多头猪，自己忙不过来，就雇了2个人，长期清理猪圈。最多的时候，400多头猪，雇了7个人。

喂了饲料，如果猪不得病，还能够挣点钱。一旦得病，就根本挣不了钱。我感觉花在免疫上的钱，真是很多。有一次，猪得病，我一个月就花了18000多元，那时候200多头猪不到300头。我有记录，每个月投入多少，消耗多少，我有记录。

笔者：饲料对猪的生长有多大的促进作用呢？

L：一般低档饲料的，9个月、10个月也出不了栏。里面对人体危害的成分肯定少。但是，中档的呢，出栏时间就能够往前提一个多月。比如，低档饲料9个月才能出栏吧，中档饲料7个月就能够出栏。高档的就还能够提前一个多月到2个月的时间。养猪特别有意思，冬天的话，即使是高档的饲料，也长得慢，环境必须跟得上。猪对温度特别敏感。用的是强化饲料，实际上也不是饲料，而是一些激素类的药物。在正常的饲料中把这种东西添加进去。强化饲料根据自己含量的多少，根据价格，价格越高，里面含的药物越多，再配相应的粮食。在猪出栏前一个月，会大量地喂这种饲料，它长得就是快。小的时候，集约化养猪，温度必须达到猪的生长温度。

很少的时候，有3个月就能出栏。这与猪的品种也有关系。像杂交猪，4个月出栏，那是很好的了。他们叫猪都是外国名字，比如杜克，是美国进口的；比利时猪，是比利时进口的；大白猪，自己的，特别纯的猪种，长得就是快，必须是高技术、高投入的养殖，才能养殖。

笔者：规模化养猪再喂上饲料后，猪长得快多了，那么，猪的健康状况怎么样了？

L：养猪吧，专门对猪有个说法。"应急猪"跟现在的人猝死有同样的症状。比如，有的人走着走着就死了，还有的从床上往地下一掉，就死了。有一次，刮大风，我大棚里面养的猪从来没有听过这种声音，就在猪圈里面跑，就死了。还有一次，把猪从圈里（往外）赶，自动出来的死了，没有自动出来的也死了。因为它们不愿意被抓，就乱跑和挣扎。即使你把它们抬到了秤上，或者把猪放到车上，也会死了。为此，我们和收猪的多次发生争执甚至打官司。后来，就达成协议，在抬到秤上之前死亡的，算我们养猪的；抬到秤上才死亡的，算收猪的。后来，就是我们和收猪的都不敢去抓猪了。猪呢，怎么也不肯出圈，因为不愿意被抓走。我觉得可能是猪的基因已经不适应这种情况了。是这种公猪交配出来的，不管是二元猪还是杂交猪，都会出现这种情况。

笔者：听说，养猪还会喂一些激素类药物？

L：我们都是买人家的种猪，为了刺激公猪，还要喂激素刺激它们发情。一般每头公猪和20头母猪交配，我喂到36头母猪的时候，喂了2头公猪。感觉它的交配能力弱了，就再买小的公猪。催情激素有的时候不写催情激素，而是写什么多情多子之类的名字。我不养猪的时候，我的养猪场还有很多这种药品，现在，具体名字我忘记了。给猪吃上这种药品后，猪就发情。有时候，猪一个月一次发情。发情前，注射这种药物或者喂袋子里的这种粉末，受胎率高，下的猪崽也比较平均。这个是喂母猪的，公猪用很少。现在，你到兽医站看，这种药很多。生育时间缩短的药，现在也有，一般是114天怀孕，如果100天就不正常。但是，如果愿意早，还可以注射另外一种药物，让小猪3个月就可以下。

笔者：现在，养猪要打各种疫苗、喂各种药物吧！

L：小猪喂药是为了管理。一个月小猪出栏，从出生第一天就赶紧注射疫苗。一开始是补血啊什么的，还没有吃奶就注射猪瘟疫苗，在一个月内，那个疫苗啊，要注射很多种的疫苗。出栏后，还要注射疫苗，在出售小猪之前，光猪瘟疫苗就要注射3次。一般是一个礼拜一次。在这个礼拜期间，可以注射其他提高免疫力的药物。不是单独预防猪瘟，有时候，也要预防链球菌病啊、布氏杆菌病啊、伪狂犬啊、水肿啊、乙脑啊、细小病毒啊这些病，都是疫苗。那个疫苗说起来（有）很多种呢。

现在的疫苗有的一次就100多块一支，有的2块钱，有的5块钱。现在没有这么便宜。有10块钱的、20块钱的。有一年，猪蓝耳病那年，全国的猪死得就没有办法养了。那个疫苗出来的时候，我买过，一瓶就180块，可以用于20头猪。

有的不会多用疫苗，正规的养殖场肯定按照正规的程序来免疫和接种。

笔者：可以说，从小猪开始就注射各种疫苗，还要喂其他药物？

L：实际上，喂的饲料里面就有药。另外，我们还自己买，配置很多药物。比如，饲料袋上说有药物残留，就是指抗生素。在停喂饲料这

7天，因为养猪不好养，我们还会另外配药物。比如，磺胺类药物吧，上面明显地写着"停药28天"。我们根本没有按这个规定去做。

药物，从猪生下来要卖掉，都离不开药，可以说，离开药就没法生长。药从小护航，一直护到它出栏。在4—5个月之间，通过药物、针剂和饲料中的药物让猪活着，让猪长得快。

笔者：这么说的话，养猪的成本很高啊。

L：是啊。有时候，一年下来就白干。如果猪得病死得多的话，还得赔钱。我们有个口诀，说：两年挣，一年赔，还能干；两年不挣，第三年还不挣的话，就不能干了。有的时候，猪场的猪全部死掉的话，连多年挣的钱也得赔进去。

在10年多的规模养殖过程中，能够养家过日子。养猪时间短的，赔钱都不养了。这些年来，我这边那么多养猪的，有的因为养猪赔钱，改成养鸡，后来，养鸡也赔钱，就不养了。现在，就剩下一家还在养猪。但是，他也整天担惊受怕。没有听说一个养猪户能够发大财的，最多能养家糊口。怎么都发不了财！国家还有一年给母猪补贴每头100块呢，还真到我们手里了。第二年，到了我们养猪户这里，真没有几个钱了。

笔者：真没有想到，你们养殖户会不赚钱甚至赔钱！

L：没有办法，猪的病实在太多了。比如说，口蹄疫也叫五号病，这种疫苗，我简单说一下。口蹄疫传染得非常厉害。因为养猪的都知道，养猪的不能和养牛的在一块。牛很容易得口蹄疫，一旦附近的牛得了口蹄疫，不出3天，猪也会得口蹄疫。口蹄疫利用空气就可以传播，你从养牛场走过，你的猪就得了口蹄疫了。另外，到得了口蹄疫的养猪场去一趟，回来自家的猪也就得了口蹄疫。

高热病的疫苗也叫蓝耳病的疫苗，不是一种病构成的。三种病综合在一起或者加上其他很多病的时候，（就是）这样的病。

现在的猪一得病，拿到当地的农科院都说不清楚究竟是啥病。现在，高科技制造的药物吧，根本治不了猪病，也控制不了猪得病的速度。稀奇古怪的病就有了。我也化验过几次猪血，专家也说不下个啥。

传统养殖业的时候，一家养一头猪的时候，很少听说你家的猪死了。这样的话就听不到。听到的不过就是猪圈不结实塌了，砸死猪了。今年，我农村的熟人给我打电话都说，今年农村的猪死得很厉害，都死得就剩下一头猪了，现在散养养猪都不容易养了。

笔者：为什么养猪业使用的兽药和疫苗越来越多了，猪的疾病反而越来越多？

L：什么原因呢？据我个人的看法，买猪的时候，肯定买到有这种基因的猪，现在的猪吧，只能靠严格地把关、严格地免疫、严格地控制疾病。必须在什么时间用什么疫苗或者药控制，否则就养不了。我们养猪的，就有一个专门的免疫程序和用药程序。

我们配药配得多，给小猪免疫，大猪就用药和注射（针剂）。罗红霉素、泰乐菌素啊什么的，现在有，程序很多的青霉素、链霉素综合性的药物，螺旋霉素，很多。要看药厂给你推荐的，有几百种。你真买不起。

买药也是，识别能力差的时候，不管用。药物含量少。

养殖户免疫和防病，免疫人指导。我估计大型的养殖场有专业人员。我就是自己免疫、自己接生、自己劁猪，全部自己干。用不起别人了，只能自己干。

死猪的时候，没人管，等到行情好点的时候，你也来免疫了，他也来检查环境各方面不合格了，那个过来再看看，有事情就太多了。当地一些想喝酒的人，也来找碴。

我了解到很多猪病，有 26 种，人和猪接触后，人也得病。我养了这么多年猪，猪一死，就知道死于什么病。猪全身发黄，肯定是得了严重的病，它的肝胆有问题了。猪全身发白，肯定是血（吸）虫病。如果全身发红，是付红细胞（体病），也是红皮病。弓形疾病来自猫。

笔者：你的损亡率多高？

L：平时一般不多。100 头猪死 30 头、20 头都是正常的，这是自繁自养的。如果买外头的猪崽，就没有底了。

不用饲料，长不快；不用药，死了。养猪的太受罪了。挣钱了，不对；赔钱了，没有人管。最痛苦的，就是养猪的，但是，承担责任的，还是养猪的。本来，人的眼睛是黑的、心是红的，现在，人的眼都红了，心都黑了。

笔者：我看到很多关于贩卖死猪肉的报道，你经历过吗？

L：猪肉里面带的很多病毒，重金属铜、铁、镁都要加。猪肉里面重金属残留，农药残留。我举个例子，中毒死亡的猪，有几个方面。一个是吃老鼠药死的，收猪的和养猪的造成矛盾之后，收猪的就不择手段，把老鼠药给你的猪吃上，只有这个给你下毒的，才敢收你的猪。

有一次，农药药死好几头猪，我割了几车野草（喂猪），猪中毒死了。

还有是饲料变质了，不管配什么饲料，不能腐烂、变质，如黄曲霉素，母猪吃了都不繁殖了。有一次，我们买的玉米，造成猪死了。

大量地用药。比如有一种药带碱性，禁止超量，一次，我媳妇注射超量后，猪就不正常了，结果又注射一次，把猪弄死了，一次给弄死好几头猪。

像这样的猪能吃吗？养猪的倒霉，现在，收猪的也是集团化的。第一个你不卖还不行，后面来的，一个比一个出价低，你只能卖给第一个收猪的。

我感觉死猪一年的数量不比活猪少。有一个四川的在我们当地养，把好几年打工挣下的钱都赔进去了，猪都死了。有人全部收走了。干啥了？

我也卖过很多死猪，我感觉害人，才不能养了。如果是自己的孩子，你说能这样吗？

有一次，我看到一个孩子比他父亲还高，我还以为是大学生了，一问，才11岁。我还问他："爱吃肉吗？"他爸爸说："这孩子，一天三顿肉，离开肉就不行。"

老母猪喂了几年，咬不动，弄点嫩肉粉，就能吃了。

最好的品种，瘦肉率71%多，杂交的一般60%多。达到60%，就差不多了。用了瘦肉精，杀了猪，你看，根本就没有白肉。

新闻报道了，抓住了，大家知道了。没有人发现，还不是照样？

政府也管，是我们太缺德了，我们就想方设法躲避。我亲眼见过开着面包车装死猪。现在养猪没法养了，养猪的只怕你把人家给感染了。

笔者：从你的经历看，你觉得食品安全问题究竟是谁造成的呢？

L：从食品安全的角度看，实际上是由整个链条造成的。我觉得根源在于饲料和药物，我们养猪，离开饲料和药物，就不能干了，只能依赖这些才能养猪。只有方方面面都按照合情合理的方法，肉才能健康。问题是：现在小猪的病就那么多，不用药真养不了猪。只要这个药对人没有危害，就可以；这个药对人有危害，肯定肉就不安全了。还有，兽药有假的，就只会买人用药给猪吃。很多养猪场就用人用药。人用药还能控制了病，兽药控制控制着猪死了。知道人用药不能养猪，只要猪不死就好了，也没有人用药不能养猪的理念。

地方的管理，像检疫检验，也是走样子，不是实在把责任负到。卖猪的时候，一般村里管得松，办理手续，一般到镇上办。当地宰猪，我不知道收猪的去办手续不？但是，你要出这个县界或者市界，必须有检疫证，到村里或者镇里的检疫站去办，一头猪一个证，还有个代表性的耳标。一般的耳标，也不知道国家怎么规定的。一开始，有的人和防疫站关系好，随便就可以拿出来，也不用花钱。但是，我们打一个猪的耳标，就得给一块钱。后来，我们就反映说，为啥有的人关系好，耳标不用花钱啊？人家一生气，说不给你打了，耳标给你，你交一块钱，看你能不能卖了猪。可是，我们卖猪必须有耳标。有时候，说良心话，耳标是代表注射了一种疫苗的保险，但是，注射了这种疫苗，猪还不能出售。要过一段时间才能出售；如果出售，就是违法。猪身上，有时候是过一头猪，打一个耳标。这样，一个证、一个耳标，就通过检疫了。

现在出售药的，我开玩笑说，我不是养猪的，我是接待站，有一天，来了十来个人，有河南的，哪里的都有，有卖饲料的，有卖兽药的，而且，他们相互之间还说对方的不好。销售饲料的和销售兽药的，每天都能够把门槛踏烂。都说自己的饲料好、兽药好，谁知道呢？介绍的资料花花绿绿的，都说自己的多好多好，咱也没有什么仪器检测。像我听说的那种高蛋白饲料，我听说是用什么化肥啊、骨头啊乱七八糟的东西，再加上转基因的黄豆豆粕做成的。有的含42%、有的含38%的蛋白。有时候，你买饲料吧，豆粕根本不够，只有几块。就算蛋白高吧，猪也吸收不了。

笔者：你在前面讲到低档、中档和高档饲料以及强化饲料，它们有什么差别？

L：低档的，大豆少，杂东西多，赖氨酸、矿物质等少。

一种浓缩料、一种预混料。因为浓缩料假的多，都不敢买了。

不可能靠饲料让猪长那么快，饲料里就加了金霉素啊，这个啊，那个啊，他就给你加了。配方就说了，还要你停药多少天。

停药期28天，是自己加的。比如，预混料里面说它什么药都含了，我们根本就不敢相信。我一开始还用了一种药物，写着停药期41天，人家写着呢，41天内，药物残留着呢。咱缺德呢。磺胺类（药物）写着停药期28天。专门买磺胺类的（药）粉预防。不预防就根本过不了关，稍微气候变化，就可能得病。不喂饲料，它不长；不用药，它得病。离开这两项，真是养不了。你问哪个养猪的，他都离不开。不用药，是不可能的，人还会生病，还会死呢，也会用药，怎么猪会不用药呢？

如果环保养殖，猪肉的价格绝对不是现在的猪肉价格，否则肯定赔钱。我以前还想养那种猪，我也担心养出来没有人要，怎么办啊？

笔者：你为什么不再养猪了呢？你觉得怎样才能够提高食品安全程度呢？

L：我学了传统文化之后，如果人人都知道我造出来的这种食物，对人有危害，每个人都不做缺德事了，就不会这么干了。中国一家人，大家都是一家人，再加上大家也认识到猪肉不能吃了，养猪的也提高自己的品德（修养）、职业道德，把养猪的职业道德和个人品德（修养）提高了，人人都合理合法，遵纪守法，出发点都是为了大家的健康的话，才能解决这个问题。我觉得是人们的欲望太多了，人们不吃这么多肉了，兽药就不要那么多了，饲料厂也不会生产这么多了，吃吃吃，吃成癌症了。让人们少吃肉，不吃肉，倒逼着人们少养，不吃肉，健康还身体清净。人们的良心发现，不养了，不制假药了，不制造假饲料了。最终，人们不吃肉，生产的东西没有人要了。

人们已经开始初步对肉有认识了，有了恐惧感了，并非良心的因素，是真的不敢吃、不能吃了。我为什么不吃了？因为我自己感觉到不敢吃了。

笔者：听说你曾经买过猪吃一斤饲料能够长3斤肉的饲料？

L：我也不知道那种饲料里加了什么药，我亲自搞过实验的。正好是春天到夏天的季节，温度也适宜。人家卖料抓的时机也好，卖料的告诉我说，哪怕你用这点料做个实验。我就另外弄了一圈猪，喂了28天，每天长了3斤3两。有的都200多斤了，体型又圆又胖，老往胖里长，人家就说是强化饲料。第二次卖给我的时候，人家说买得多，便宜，就买了很多。结果，就没有效果了。人家就是骗你一次就算了，好几千块呢。

成本中开支大的，就是饲料和药。不喂这些饲料，得病也少，养10头、20头的，人家不用饲料，自己粮食、泔水和着饭店的泔水，人家的死亡率还真不高。你说一天长3斤，肯定不正常，骨头架子都不正常，所以，猪就不敢推，怕死了。

笔者：现在的食品安全问题是否与科技的进步有关？

L：科技的进步与食品安全问题肯定有关系。没有高科技，养猪的根本不会研究出来一天长3斤的料，就是知识界懂这个的人制造出来的。

访谈 5
访谈对象：S 省 B 市 C 区某村一位 60 多岁的养殖户
访谈时间：2012 年 7 月 15 日
访谈地点：S 省 B 市 C 区某村
访谈内容：生猪养殖情况

笔者：请问你是从哪一年开始搞养殖的？

养殖户：我从 2001 年开始养牛，承包了一个农场共有 300 亩地。那时粮食价格太低，所以光靠种地没多少收入。我刚开始养黄牛，也就是肉牛。现在不用牛来种地了，主要是为了宰杀。我养的牛大部分都运到西安去了。我觉得总结的话，养牛一是好养，二是没有什么毛病，再者市场价格也基本平稳。后来养牛的地质条件不太好，开始养羊，共养了 20 多头。羊不能圈养，因为要雇人放牧、照料，散养又不提倡。羊的价格这几年有所上涨。养羊既费人又费时，养了 3 年没有赚钱。牛病少，好养。我从凤翔的大市场买来的瘦牛只要精心喂养，两个月内就可以长膘。

笔者：你养牛的时候喂饲料吗？

养殖户：主要是用粮食、草来喂养。牛需要的精饲料少，一头牛一个月平均 100 斤玉米、100 斤麸子就足够了，再喂点玉米秆、高粱秆、麦秆、杂草等粗饲料，很快就能长膘。我承包了很多地，玉米秆、高粱秆、麦秆等产自我承包的地里，可以循环利用。麦草平时摞好，闲暇时把这些秸秆用铡草机弄好，装在大袋子里储存，可以一直喂到第二年七八月。喂牛不用花很多时间，早起和睡觉前给它们添点草料就行。喂牛也不用成本，秸秆就产自我承包的地里。我平时种自己承包的 60 多亩地，闲暇时喂牛。我一个人共养了 12 头牛，一直保持这个数。一头牛平均一个月 100 斤玉米、100 斤麸子，不喂浓缩饲料。那时玉米三毛七一斤，麸子两毛五一斤，这是 2006—2007 年时的价格。我主要从集市上买瘦牛或体型不太好的牛，买回来后主要是育肥，然后卖掉，牛育肥后价格也较高。西安原有 170 家肉牛屠宰厂，现在关闭剩下不到 70 多家。一头小牛喂养三年要卖将近 10000 元。喂浓缩饲料成本太高，连一年的费用都负担不了，根本不赚钱。以前买来小牛或瘦牛用粮食、草喂养，有的喂半年，有的喂一个月或几个月长膘就行。牛贩子来买时，看中哪头就买走哪头。养牛周期短，成本低，劳动力不算钱。

笔者： 那你养猪赚钱吗？

养殖户： 养猪的人今年都赔了。我现在养了33头，不想再养了。为什么呢？我有瓦工手艺，干一天活可以赚135元钱，6点就可以下班回家，没有风险。而喂养猪，要5个半月甚至6个月后才知道赚钱不赚钱，成本高，风险大。由于这个原因，关闭的养猪场很多，很多人出去打工了。

目前猪价不上涨，35—36斤的猪崽，430元买来还是人情价。前些日子有人卖猪崽，有22个猪娃，是40斤左右，每个430（元）；其他20多斤不到30斤的，380元一个。

饲料呢，一头母猪一顿就要吃6斤料。要喂养，还要配种，喂奶时需要精心照管，一不小心母猪躺下时会压死猪娃。母猪下崽后半个月内要特别精心。有的人因为要照顾老人、小孩，不能出去打工，就养几头猪。饲料成本方面，饲料金豆王220元/袋，这还是便宜的呢，40公斤重，刚才的15公斤200元。如果配1000斤料，需600斤麦，每斤1元，400斤玉米，每斤一元三，加上饲料共1320元，还有70公斤豆粕260元，共1580元；150斤麸子，七毛钱一斤，需100元，粉碎这些料3元一袋，共粉碎15袋，加在一起共1700多元。以普通猪100斤为例，一顿吃3斤，一天2次，1000斤料，30头猪，才吃一个星期，就需饲料1800元左右，而且猪肉价比较低，最近5.8—6.0元。卖猪时肉价较低，等涨价再卖，又延长了周期，成本无形就增加了。

笔者： 那你养猪不赚钱与喂饲料有关吗？

养殖户： 浓缩饲料太贵，大猪小猪都有料。小猪饲料是颗粒的，20公斤装70元，代价高，一公斤7—8元，不配料，直接喂，这没办法。小猪出生一个月后才能吃小颗粒，另一方面还要吃母乳，要吃20天，最快的15天。每天吃一斤料没问题。猪娃从满月到45天，45天后大概长到17—18斤，之后食粮增加。买猪娃的时候要买超过45天的，可以吃大猪的饲料，中间还要喂半大猪的饲料。这一时期用200斤玉米拌1袋浓缩饲料喂，吃一段时间就行，太久了喂不起。吃到仔猪超过50斤到60斤后，然后就吃大猪饲料，这样成本便宜一些。我今年正月二十一，买了一窝，13个猪娃，已经超过2个月了，喂了5个半月，到卖猪时最轻的178（斤），最重的278（斤）。

笔者： 同一窝猪，吃同样的饲料，五个半月能够差100斤？

养殖户: 它们还是一窝的相差就这么大,可见猪同吃不同长。仔猪吃全价料需四到四个半个月,即只喂买的料不添加其他粮食,这种猪不长肚子,该圆的地方圆,属瘦肉型的猪,喂养成本高但周期短。这种猪肉一斤卖 12 元才能回本。我喂的料都超标,小麦比例大,浓缩饲料比例小。比如金豆王,一袋料(80 斤)、200 斤玉米、40 斤麸子,按标准,现在都超标,小麦比例放大些,浓缩饲料少一些,这样可以降低成本。按照标准一袋浓缩饲料,配 200 斤玉米、40 斤麸子,因为原来粮食便宜。现在,喂300 斤玉米都是少的,甚至到 400 斤,麸子喂 80 斤甚至 100 斤。因为猪长得慢了,延长生长期,成本相对低了。

笔者: 你的猪生病多吗?

养殖户: 猪生病这是因为管理不善。平时喂猪时应多观察,勤照料,加强管理。今年,猪娃死得比较多,死一个猪娃,损失 400 块钱的成本。

笔者: 听说有人买卖死猪?

养殖户: 猪娃死了,太小,没人要,只能埋了。大猪死了才有人要,但是,你说给多少钱呢?1996 年的时候,我的猪因为打了质量不好的疫苗,2 天就死光了,大猪长到了 120 斤,小点的也有 80 多斤。人家收死猪的,一头才给 10 块钱。那时候,猪娃买来都要 120 块钱呢。我和人家搞价,人家 10 块钱都不要了。后来,好说歹说,人家才拉走。也有人把死了的猪娃挖出来卖,有专门收死猪的,也有专门卖死猪的。有人图便宜,就专门去买死猪肉,利润可观。

他们都有暗语,比如说,我这里有死猪肉,你和我打过交道,就问有货没有,我就说有,不说是多少斤,提前装好的分量。然后,卖给专门加工水饺的工厂,提前把肉馅搅好了。再一个是泾阳有家食品加工厂。2009 年 11 月,猪口蹄疫严重时,我养的猪 230 多斤,共 7 头。我当时凭观察,有的猪爱吃,有头猪不爱吃,有点无精打采,就赶紧叫兽医给它打了一针。第二天大清早,我和朋友去杨凌赶农高会,因走得匆忙没去看猪,回来时已是晚上 7 点多了,去猪圈里一看,才发现那头猪已死,急忙趁天黑拉出来,最后只好以 200 元卖掉了。其他的猪我精心喂养,平均每头卖了 1640 多元。

笔者: 你的猪需要喂药、打疫苗吗?

养殖户: 买来的猪先喂养 3 天左右,然后打猪瘟疫苗,产生抗体需一星期,这已是 10 天后;接下来打另一种疫苗,防止猪腿上长疙瘩,需一星期;接下来打肺疫疫苗,防止猪咳嗽,一星期后打防痢疾的疫苗,共打

5 种疫苗，而且必须打。平时多观察，多留意。猪打的针比人用的针还贵，而且打针喂药时一圈猪都要打，都要喂，这样才能彻底预防。常用的有青霉素粉、阿莫西林粉、利菌停等。猪常见的病是痢疾，一支需 2 元，一头猪打疫苗、吃药需 20 多元。猪长到超过 100 斤，患病也就少了，抵抗力也就强了。从 100 斤长到出栏需 60 天，猪有的吃得多，有的吃得少，吃得多的长得快，吃得少长得慢。如果延长出栏期利润就会降低。出栏时市场价上涨就很好。比如，去年冬天毛猪价是 9 元，有的人想等价格再上涨些卖，结果价格降到了 8 元多，猪已经出栏不得不卖，赚的钱相对就少了些。

笔者：这么说起来，养猪的成本还是很高的。

养殖户：是。养猪需要把成本（饲料、人力、疾病防疫防治等方面的成本）降下来，加之粮食价格稳定，毛猪价格稳定在 7 元多的话，就能赚钱。前几天，我养的 14 头猪以 6.2 元出售了，共卖了 18852 元，但是赔钱多了。为啥呢？我给你算算，猪娃钱、玉米钱、猪饲料钱，共花去 18600 元，另外还有打防疫针、吃药的钱 100 多元，阉割猪的钱几十块，自家的麸子几百斤的钱、水电钱，自己的劳动力这些都没算钱，这样算下来赔大了。我有个朋友，在酒糟厂养了 800 多头猪，也赔钱大了。他那里养猪，从猪娃、设备、雇用工人、水电、饲料等都要投入，所以赔多了。养猪不赚钱，干活的环境差，吸不到多少新鲜空气，整天和猪粪、苍蝇在一起，穿不了一件干净衣服，还不如给别人打工。

访谈 6
访谈对象：S 省 B 市 C 区某村一个家庭饲料加工厂的主妇
访谈时间：2012 年 7 月 15 日
访谈地点：S 省 B 市 C 区某村
访谈内容：生猪养殖情况

笔者：我听说养猪最快 3—4 个月就可以出栏了。

主妇：养猪最起码得 6 个月，4 个月出栏是 2007 年以前的事。以前听说喂饲料一天可以长 3 斤，现在没有这样的事了。这或许是饲料的原因吧。现在 4 个月有的猪才长了几十斤，这主要是种猪和饲料的原因。饲料价格没有涨，但质量不好。饲料一袋还是 200 多元，人工成本高，豆粕价格也上涨了。以前，饲料里面有赖氨酸，有豆粕，猪吃了长得快，疾病也少，现在饲料里这些很少。

笔者：今年，猪病多吗？

主妇：现在猪病比较多，尤其是去年。发病时有时候每天都要打针，有的拉稀，有的发烧。今年还没有高热病，去年5月份高热病厉害，症状与人发高烧相似，今天打针，明天猪又发烧。发现猪得病，赶紧自己打退烧的针，因为兽医忙不过来。今天打针见效果了就好，如果效果不明显，三天后再换成另外的针，不换针猪就有可能死掉，卖药的也是根据养猪户的描述给的药。

笔者：听说还是有买卖病死猪的情况？

主妇：去年，猪长到150多斤快出栏时得了病，赶紧给它们打针吃药，清早醒来却发现猪死了，抬都抬不动。如果卖掉就让人吃了，对别人也不好，还是埋了算了，也有怕麻烦卖掉的。摊上这样的事，你说能赚钱吗？

笔者：为了预防猪病，是不是要给猪喂很多兽药？

主妇：猪病很多，平时喂猪时就拌上药。买来的药上有说明，按照说明上的喂就行。一般喂药分季节，1—4月份为一个季节，4—6月为一个季节，不同的季节喂不同的药。比如每年12月到新年，猪的痢疾就会发作，猪拉稀的很多，眼看猪快出栏了却成这样，打针吃药都不见效，猪拉稀到一个星期会慢慢停止。去年10月份，季节性的口蹄疫比较严重，症状看起来是发烧，由于猪蹄烂导致猪虚热，如果退烧就可能导致猪死亡。去年，有的人50头猪死了20—30头，我买的杨凌的猪娃20头死了10头，一头猪娃280—300元，从2月开始喂，喂了3个月，死了10头，都赔了。如果卖的话只给50—60元，猪长到快100斤了，真可惜呀。村上好几个养猪人都是这种情况。如果算药钱，一盒针10支，40元，100毫升装。小猪需要几毫升，大点的猪需要15—20毫升，买一盒药喂不了几头猪。100克装的药一袋30元、60元。如果里面有添加剂，一盒25—40元，一盒药只吃一星期。去年猪病特别多，也吃了好多药，药的种类太多了，药店效益好得很，一年能赚十几万元。去年，口蹄疫出现后，有的人一次要买2箱药，一箱药几百元。人们唯一的愿望是想把猪治好或者让猪痊愈，所以都是用最好的药。

笔者：看来，猪的疾病非常厉害，造成养猪成本增加很多。饲料成本高吗？

主妇：去年猪苗的成本和药的成本高，原料成本不太高。麸子50—

60 元，玉米 1.1 元。今年麸子 0.9 元以上，玉米 1.25 元，一斤小麦才 1 元左右。喂浓缩饲料的效益不太好，人们喂得也较少。去年猪价好，为了抢高峰期的猪价，很多人买全价料。因为吃全价料生长周期短，很快就能出栏。全价料里面的油脂少，属膨化食品，猪吃了比较干燥，也导致高热病，给养殖户增加了不少麻烦。玉米里面的油脂多。不过全价料是高温消毒的，大猪、小猪吃了不拉稀。去年猪价好，养猪的人很多；今年猪价低，很多猪圈都闲着。喂得多赔得多，猪价低喂的全价料也就少了，出栏的时间长了，只好慢慢等价钱了。猪病多而且每年不一样。

笔者：有兽医给你们指导怎么用药吗？

主妇：我们没有专门的兽医做防疫指导，只能根据自己多年的养殖经验来喂养。猪常见的是瘟疫，必须打三回针，才能彻底预防。其他常见病还有三联、链球菌，必须打疫苗。今年养的猪少，病也较少。养得少，猪圈的环境较好。小的养殖户风险只能自己承担；如果是大的养殖户（有 1000 头以上的猪），国家有适当的补贴，风险相对减小些，利润也有保证。

笔者：为什么赔钱还要养猪？

主妇：小户自己养猪，赔也得养。如果今天赔了你不养，明天涨价了，你就赶不上了。赔钱的话可以少养一些。我养猪快十年了，总体而言，养猪是赔三年赚一年。不过要瞅准市场，多少可以赚一些。一般上半年不要出栏，赔的就少些。每年过年后 3—6 月天气热，吃肉的人少，吃得也慢。从下半年 9 月、10 月开始，有国庆、春节等节日，加之还有办喜事的人，对猪肉的需求量会加大。猪一天长不到一斤，猪超过 120 斤后生长得快些。如果喂全价料成本太高，赚的钱都给饲料厂或者药厂了，利润太少。

笔者：你们在家里常备给猪用的药吗？

主妇：药价特别高，一般用的时候才买药，不常备，因为不知道该常备哪种药。

笔者：养猪赚钱还真不容易！

主妇：因此散养户风险很大，今年如果供个大学生养猪就不划算，大学生走的时候都没学费。虽然今年猪病少，粮食价上涨，但猪价太低，成本提高了，一斤要高 1 毛钱。去年这个时候，毛猪快 10 元了，今年现在才 6 元。去年同期一头小猪 200 元，今年小猪 400—500 元，毛猪才卖 6 元。如果养母猪，三五年都可以养，猪价好得养，不好也得养，没有回旋余地。养育肥猪的话，如果价格好就多养些，不好就少养些或不养。根据规律，既养母猪又养育肥猪的，猪价不好。每年9—10月养育肥猪的人就歇着，圈里不养猪，过春节时歇着，2—3月时养一批猪，到时出栏卖掉。因为养母猪的人，7—10月母猪下的猪娃没人要，只能赔钱自己养。养母猪的话，猪娃成本小，别人赔钱我不赔钱，因为卖的猪娃已经赚钱了。养育肥猪可能6个月后赚不到200元，还要赔200元。

访谈7

访谈对象：S省B市C区虢镇一家兽药店老板

访谈时间：2012年7月15日

访谈地点：S省B市C区虢镇

访谈内容：养殖户用药情况

笔者：今年的生意怎么样？

兽药店老板：今年猪病少，今年的生意就不好。去年，猪多病也多，今年猪少、密度小，猪病也就少些。

笔者：你这里卖的兽药主要有哪些种类呢？

兽药店老板：药有抗生素类、解热类、消毒剂类。按剂型分三类——散剂、水针剂、粉针剂。抗生素类像板蓝根，副作用少一些。

笔者：从你卖兽药的情况看，猪病的情况如何呢？

兽药店老板：我开店十几年了，猪的病种不太多，可趋势是越来越复杂了，治疗难度也增加了。过去的一些病像仔猪副伤寒、猪肺疫、猪丹毒等没有了，但新增加了一些病，如口蹄疫、胸膜肺炎等，特别难治。

访谈8

访谈对象：S省B市C区义天生猪养殖场养殖员

访谈时间：2012年7月16日

访谈地点：S省B市C区某村

访谈内容：生猪养殖情况

笔者：你们的养殖场有兽医吗？

养殖员：没有兽医，自己打猪疫苗。猪刚来放到圈里1—2天先打猪瘟疫苗，7天后等猪稳定进行防虫，7—10天后阉割，阉割后猪稳定了再打疫苗。疫苗都是按头份打，一群里有多少头份。我们买时按50头份买，第一次打5头份，第二次再打5头份，挨个打。标准是2头份，我们打5头份。

笔者：也就是说，你们用的疫苗量比较大。

养殖员：是，因为现在的药效差。一个月后打三联，接下来打细小病毒疫苗。猪稳定的话一般共打三次疫苗，猪小工作量不大。

笔者：喂猪全部用饲料？

养殖员：嗯。饲料不用粉碎，买的是全价料，整袋子喂就行，再供应些水就可以。

笔者：你一个人饲养好几百头猪？

养殖员：我一个人喂养这些猪完全可以，闲时间也多。早上5点起床，到7—8点就已喂完这些猪。主要的工作是清理猪粪。喂猪必须自己喂，猪的毛病在吃食时最明显，此时要仔细观察，不能错过，等吃完食就看不出了。主要是（靠）量体温来判断病情，常见病有感冒、发烧。发现猪生病马上给它打针，下顿就好了。

笔者：猪生病严重吗？

养殖员：猪生病看年份，有一年病多，有一年没病。猪病少时猪不拉稀，只打疫苗就行；猪病多时要天天打针。猪病多这跟气候有直接关系。去年上半年可以，一头猪利润1000元。过完年我养了300头猪，只死了两头——一头被咬死，一头是猪娃期得病死了。下半年秋季雨特别多，猪病也多，冬季有口蹄疫。口蹄疫来别怕，让它卧着，不打针，不瞎弄，喷点药，7—10天就过去了。冬季有冬痢，不用理会，一个礼拜自动就过去了。这几年，我养的猪几乎都得口蹄疫，有时一年得两回——冬季、春季。我认为，只要不打针、不瞎弄就会好。这些病量体温都是发烧，越是打针死亡率越高。口蹄疫不传染，是一种毒，你得让它发出来。小养殖户不懂，有恐惧心理就会盲目打针，这是一个兽医朋友告诉我的。猪有两种情况：一种是针不对症或过量，被针打死；另一种是猪生病不吃食，把自己饿死。猪病不多，碰上年份死几头，很正常。

笔者：你们养殖场的死亡率是多少？

养殖员：猪场死亡率不高，按标准是8%—10%。

笔者：猪好养吗？

养殖员：养猪是你能给猪吃多少，猪就能给你长多少。有时，你降低了成本，但猪的长势不好。比如前几年玉米贵，我喂猪时麸子多、玉米少，看起来猪的个头挺大，卖猪时别人的毛猪卖9.8元，我的卖9.3元。算下来别人赚钱了，而我赔钱了。

笔者：为什么呢？

养殖员：我养的猪出肉率低，别人的猪出肉率高。一头猪净肉200斤左右，如果出肉率高那不用说赚钱了。别人喂是100斤加10斤浓缩料，我用全价料，不加其他东西，这样成本提高了。浓缩料后期每天要喂15斤，有人喂10斤，猪就长得慢了，再加点玉米、麸子，降低了成本，但猪的长势不好，出栏时卖不上好价钱。猪只要品种好，长势就好，像二元、三元猪，4—5个月可以达到180—200斤。散户养的品种不好。猪大了吃得少了。天气太冷或太热，猪就吃得少长得慢，最能吃的时候是育肥阶段，就像年轻小伙子，8—9头猪24个小时就要吃80斤料，也长得快，一天长一斤多，基本上吃3斤长1斤。饲料每斤1.67元，3斤饲料5元多，毛猪卖6元。算下来，猪娃期到全程的话2.4—2.5斤饲料长1斤，要算全程。

笔者：养猪成本大概每头多少钱？

养殖员：去年喂一头猪6个月需800元，买的猪娃，最高480元20斤左右重，小的400元左右，最后毛猪卖10元。今年能卖的时候毛猪8元，我想等等，看能否涨价，结果最近毛猪每斤6元。看趋势要涨价。养猪的主要成本是饲料和猪娃，因为饲料里有防病的药，养殖另外花的钱主要是买疫苗。猪场政府没有补贴。卖猪时主要是散户来收，打个电话说明猪的情况，就有中介介绍，大车可装180头，拉到外地去了；也有本地来要的，一次买10—20头。中间人专门介绍。收猪人有的人手松，价格给的高；也有的人很细心，专挑好品种。今年是养得多赔得多，去年赚的赔进去还不够。饲料主要是有人推销，饲料价格差距不大，如果太假了用一次就不用了，厂子也没法生存。

笔者：饲料还要添加别的东西吗？

养殖员：喂饲料就够了，不用加其他的。还有一种是浓缩料，里面有豆粕等成分，买回来再加麸子、玉米，这三种一起喂。还有一种是预混料，里面不含豆粕，买回来后自己加豆粕、玉米、麸子。现在的粉碎机带着搅拌机带呢，机器直接可以拌好。这种饲料现在基本很少有人用，这种要买豆粕，还要拌匀，太麻烦。过几年都用全价料了，因为玉米买不到好的，这些工作都会交给饲料厂。这些饲料除了那三样（豆粕、玉米、麸子），其他成分都有了。浓缩料主要是比例，刚开始是 25%，就是 100 斤全价料配 25 斤浓缩料，以后逐渐减少——20%、15%，一直喂到出栏。我养猪一年出栏 1500 头左右，养的时候一批一批养。

笔者：卖猪要提供防疫证明吗？

养殖员：卖猪时不需要提供防疫证明。耳号是发的，猪娃时就给打好了。装大车时需要检疫费，一头 1 元，原来 2 元。检疫费是在兽医站开的，他们去开，这是提前谈好的。我养了好多年了，猪场没建设好之前我就自己养了，每天回家吃完饭再来，晚上住这里。500 头猪需要一个人每天分饲料，精心喂养，养了多年猪自己都成兽医了。

访谈 9
访谈对象：S 省 B 市 C 区某中型养猪场老板 W
访谈时间：2012 年 7 月 16 日
访谈地点：S 省 B 市 C 区某村
访谈内容：生猪养殖情况

笔者：你已经养猪 30 多年了啊，现在的养殖规模有多大？

W：现在的规模每年出栏 1500 头。政府扶持偶尔有，风险个人承担。前十几年都是用苞谷、麸皮养，养一头猪需 8—9 个（月），将近一年时间。

笔者：现在用饲料吧！用饲料就缩短了猪的生长期吧！

W：有了饲料以后就可以提前 2—3 个月，5 个多月养一头猪。买来饲料，配上玉米、麸皮，就可以喂。过去一头猪养一年达到 200 斤，现在 5 个月就 200 多斤。过去风险小，成本低，原来养猪的人少。自己种的苞谷，苞谷价格低（工业用量少），猪的疾病少，死得少，喂药少。现在猪的损耗量大，像去年猪的市场很好，有的人花 500—600 元买来猪娃后，因管理不善猪娃死了，那就赔多了。现在饲料价格高，玉米价格高，病也多，喂药成本高。

笔者：为什么现在猪病就多了呢？

W：病因主要是养猪人多，疾病传播快，防疫、药的质量都没以前好。以青霉素为例，原来打针后很见效，现在的药品价格高，看说明治疗的范围很广，一旦猪有病，打针吃药下去不太管用。虽说风险高，但作为农民，只要有经验，把握好市场，就能生存。正常年份，一头猪的成本是 1200—1300 元，包括猪苗、饲料、药等，卖价 1400—1500 元，纯利润也就 200—300 元。往往是市场行情好时，疾病也多。

笔者：这是为什么呢？

W：原因有几个方面。如果小猪卖得快，还没有断奶就被买走，当然抵抗力弱，疾病也就多。母猪不健康，一些疾病也就在仔猪身上潜伏下来。去年我买的仔猪 40—50 斤大，死亡率在 10% 以上。当时我买的猪娃一头需 600—700 元，这样猪娃病少，好管理。如果专门请个兽医，养活不起。不过自己有养殖经验，一般病症可以自己对付。只要药没问题，猪吃了就会好。遇上疑难杂症就要请兽医专家。预防工作要做好，不管它是否有病，先预防着，因为猪的成本很高，等猪发病再治疗就晚了。如果不发病，一头猪的正常预防需 20 多元，这个钱不包括疫苗。保育就是加点药粉在饲料中，疫苗就是买成品疫苗给猪打。有些疫苗价格更高，一头猪就要 20—30 元。一般猪打的疫苗有猪瘟、五号病、高热病（疫苗），这样下来一头猪也就是 10—20 元疫苗费。这样算下来一头猪需 40 多元钱。如果要打喘气病（疫苗），四酮体，费用会更高，也更麻烦。饲料里不配药，全价料喂起来省事。以前自己也配料，但猪场大，需要雇人，而人工价太贵，只好用成品料。虽然成本高，但安全系数大。因为饲料厂进料时都经过检测、化验，自己买的玉米肉眼检测不出毛病，也没那高级设备。用成品料喂养肯定成本高，比如别人喂养一头猪可赚 150 元，我只赚 100 元，但自己省事放心。

笔者：饲料的成本很高吧？

W：今年一头猪的饲料占到 1000 元。后期料一袋 130 元，平均一头猪要吃 7 袋料。前期猪娃料有的 3 元多。平均下来，猪娃料、中猪料、后期料（1.5 元多）需要近 2 元，一头 200 斤的猪需 500 斤饲料，500 斤饲料需 1000 元，加上猪苗（200—600 元），一头猪至少 1500 元成本。今年猪肉 6 元多，即使喂到 300 斤也要赔钱，因为后期吃得多。养猪是这样算的，今年一头猪最少要每斤7元成本，卖6元肯定要赔钱，赔钱也要卖，猪大了吃得特别多，没钱喂了。

笔者： 为什么很多人赔钱还要养猪呢？

W： 我就喜欢养猪，设施在这里放着呢，没办法呀。像今年的现状只能少养点，本来一批要养七八百头，今年只养了两三百头，减少一些数量。今年赔进去的人很多。如果感觉今年市场不好，就少养一些，风险小一些。哪怕少赚一点，等好了再多养。

养殖户没办法防范风险。比如去年市场好，但是国家又打压，调控市场。由于打压，去年最后毛猪卖8元多的，买的猪娃都是六七百元的，算下来赚不到多少钱。如果是早期100多元买的猪娃，最后毛猪卖9—10元的，可以赚些钱。去年也有不赚钱的。国家要保持大的市场稳定，只能牺牲一小部分人的利益。如果不调控，不进口，去年的养殖户能多赚点，今年就能有更好的承受亏本的能力。

笔者： 猪价贵时国家就打压，等赔钱时就不管了？

W： 今年亏本国家就不管了，前段时期猪肉只卖5元。现在钱都让卖肉的人赚了。国家要调控市场，让肉价下调。比如去年我们这里最好的肉1斤15元，农民如果买10斤肉也就100多元，打一天工就能挣到100元左右。今年市场这么差，肉价1斤10元，相比去年便宜了5元，买10斤肉便宜50元，对别人来说没什么，但是对养殖户来说，却是亏得厉害。根据我多年的养殖经验，国家没法稳定养殖市场。货多了谁都没办法，猪肉储存需要地方，到时候投放市场还得亏。养殖市场是猪价、肉价高，猪病也多，养殖户也不想养了，他们觉得赔钱，就把母猪宰杀了，市场就脱节了，而继续坚持养的就赚钱了。其他农民看到养殖市场好，一窝蜂开始养，进入这个行道，养多了自然价格就又降下来了。消费量不会变化，像去年肉价那么高，今年肉价这么低，消费量却变化不大。去年如果不外调肉，肉价还会涨，人们不嫌贵，照样吃。散户没法把握这个规律，只能赚几年亏几年，有些人慢慢就（被）淘汰了。像我这样养30年的很少。

笔者： 能够坚持下来，真不容易！

W： 现在有的人养不起猪，为什么？100头猪最少要15万元呀，200头就30万元呀，30万元摊在里面，喂上半年猪不一定能赚钱。像今年的行情不但不赚还要赔2万—3万元。有些人一想，这30万元钱如果借给朋友做其他生意很稳当，光利息一年就不少，风险很小。这活不是个好职业，又脏又臭又累，风险很大。有的人养猪，如果猪生病了，压力特别大，晚上没法睡。有的人亏本了，赔光了，猪全死了，自己想不通，还搭上命了。因此心小的人干不了这活。有些大规模搞的人就是套国家的钱。像上次买猪的人说，有一个猪场占地 200 亩，可进去里面只有几十头猪；我的猪场虽然占地少，可一次卖的猪就有百十头。政府只是鼓励宣传图门面，他们检查一般不进到里面。像我们这里的一个养牛场，检查的时候看起来里面的牛很多，其实都是从别的养牛户处拉来凑数的，等检查结束，牛就又发回去了。那些人其实赚钱了，我们这些真正养的人只能赚个辛苦钱。钱都让那些人套走了，风险国家承担了。我们只能自己承担风险。

笔者：政府对散户没支持？

W：依我看，那些跑项目的人可以得到一些钱，不跑就没人给，没人问。政府对养殖业采取放任的态度，养不养是自己的事。说起来政府对养殖业挺关心的，比如发放疫苗，如果猪死了每头补贴 80 元让深埋了，这点比以前好。但是发放疫苗是对国家资源的浪费，上次畜牧局来搞调研我也反映过。因为养殖户对发放的疫苗不相信，担心疫苗在运送（过程）中失效了，不敢用。上次我就说，不如用这些钱，给当地畜牧局、畜牧站配备冷藏车发放，哪怕是放在这里适当收些钱（比市场上的便宜些），因为需要插电、保护疫苗等，让各养殖户来买，这样放心，也会比较好。比如上次我去拿疫苗，他就没放在冰箱里，你说能放心用吗？很多人把发的疫苗扔了没用。如果国家订购些好的疫苗，设立固定点和设备专存，专车配送，在固定点发放，养殖户再去买，这样大家都放心，效果会更好。现在虽说在药店买疫苗，可有的是假货，有时他们为了利润，把电源拔掉。只要把药卖给你，他们才不管你有效没效呢，要想知道效果就要做抗体检测，哪有那工夫。因此猪病多也与这有关系，养殖户虽说打了疫苗，也许根本就没防住疾病。要想猪病少，国家就要从严管，疫苗上把关，专点专用，这样就能逐步好转。国家为这也不好办。

笔者：好在国家开始给病死猪一点补贴了。

W：病死猪需要深埋，要挖 1.5 米深的坑，既要雇人挖，撒石灰，还要拍照，雇一个人一天就要 70—80 元，麻烦得很。

访谈10
访谈对象：S省B市C区新野良种猪繁殖场老板Q
访谈时间：2012年7月16日
访谈地点：S省B市C区慕仪镇齐东村
访谈内容：生猪养殖情况

笔者：你的养猪场设备很先进啊！

Q：这个圈是全自动化的，它有一个网巢，母猪、小猪放在网巢里，育肥猪放在上面，粪料直接就下去了，下去就发酵了，不用管它，买来抽出去可以直接上地。一年清理一次粪，喂2次猪清一次粪。请了一个人管1200头育肥猪，包括粉饲料和进料，这活最轻松。喂母猪、产房、保育社（的活）就不轻松。一个人照顾200多头母猪，需要精心照管，产床包括限位栏里都是高架床，采暖用的是锅炉地暖。这种育肥猪的模式比较少见，一般都是圈里平地养，C区这种模式我是第一个。成本高，1200头猪投资90多万元，一个大猪舍里分三个单元，这样节省人力。

笔者：我在调研中发现，养殖业其实并不需要雇用很多工作人员。

Q：这个行业干的人少。基层人员不好用，老头子不识字，还要看配料，有的干活不操心。喂料时走进去，几十头猪直接就可以看到，一个猪圈里40多头猪，一个猪舍400多头，有技术的人一眼就可以看出来哪头猪有问题，猪是自由采食。目前我喂养的猪的品种是2.35—2.4两饲料长一斤肉。不管行情如何，内部管理是最主要的。只要成活率高，料比别人低，这样成本就低。

笔者：这就是你比散养户有优势的地方。

Q：散养户的基础设施、技术上、环境上达不到，决定不了品系。一方面容易得病，另一方面技术上达不到。散户喂养100—200头，无非看看书，听听课。咱们的技术人员是有专业水平的。散养户靠自己摸索，用药很随便。人的观念很重要。

笔者：你们的兽药使用量如何？

Q：从安全角度，咱们算全程用药，出栏前20天禁药期不用药，没有用药残留，出栏食品安全就没问题。去年，我们区让我做食品安全示范场时，我就是按照这个程序做的，最后成功与否，评审时区上也没怎么重视，因此没挂牌。不过我一直是这样做的。从原始料订购、药物订购到防疫，东西、资料齐备。用好药不会提高成本，药贵可以一次投资到位，比如投资 1 万元可以解决问题。如果用药效差的一次 2500 元，没效果，再投 2500 元还没效果，还得再投资，投资时间过长，猪会有死亡，这样损耗就大了。100 斤以前主要是保健，100 斤以后基本不用药，因此一个人可以管理 1200 头猪。我主要是近期防疫，几乎不打针。猪长到 100 斤以后不用针和药。疫苗防疫到位，温度、湿度到位。一旦不注意，就会生病。

笔者：疫苗呢？

Q：主要是防疫、疫苗这一块。母猪有 8 种疫苗，小猪就很健康。有的人用一些不法手段，是为了赚钱。最快 200 斤到四个半月，五个半月就是 230 斤左右。散养的猪品种不好，出栏就达不到瘦肉标准，只能达到 60%，为了追求瘦肉率加瘦肉精可以达到 70% 以上。

笔者：也就是说，国产的猪，不喂瘦肉精的话，瘦肉率最高也就是 60%？

Q：是的。他的猪的品种是英、美引进品种，就目前市场，别人卖 6.6—6.7 元，我卖 7.1—7.2 元。出肉率高，瘦肉率高，我的猪，一斤出瘦肉 6.9—7.0 两，别人是 6 两多一点。这样算来，200 多斤的猪，下来要多十几斤肉，一斤按 9 元算，每头猪要多 100 多元。肚皮小，每天吃 5 斤多，别人养的猪肚皮大，一天要吃 7 斤多，这样下来，我喂一头猪要 850 元，别人要（用）900 多元的饲料。本来瘦肉价钱就高，不用添加，批发进超市比较快。母猪用进口疫苗，德国和美国的，世界公认的，是最好的饲料、最好的药，390 元一袋饲料，别人用的（是）180—190 元一袋饲料。别人的饲料一斤 1.3 元，我的饲料自己配的成本达到 1.5 元/斤。虽然成本高，但是猪吃得少，长得快。我的料两斤多长一斤肉，别人的料三斤多长一斤肉。不管市场如何变化，我用的是最好的药，最好的料，猪健康，死亡率低，这样成本就下来了，能不赚钱吗？

笔者：今年，猪的疾病多吗？

Q：今年母猪病多，特别是腹泻造成小猪出生后的死亡率（在）50% 左右。到了育肥阶段死亡率为 2%—3%。去年，繁育阶段，死亡率在百分之十点几，几乎没有，抵抗力好。去年一窝猪下来死十头半，今年前半年死 5.7（头），我都是报了一半。每年有一次腹泻，老场死亡率低，新场死亡率高。一家南方的大型猪场一个月之内死了 8 万头。大猪死了，国家才补贴。如果下的小猪是死的，那就不算。政府补贴要深埋，无害化处理。病情慢慢就降低（控制住）了。我把这个月的数字报去，他们说我这么多。我报了200多头，别人报了300多头。你报得多，人家市上往回打，都想把工作做好。广东一家的猪场死了8万（头猪）。我一般是少报，不会多。数据没有问题，成活率高低要看年份。我已经卖了3000多头猪了，我按400元算。

笔者：病死猪会被卖掉吗？

Q：以前卖死猪，现在好多了。给人建设火葬场，也应该给猪建火葬场。我计划弄一块地来建，用电烧。你只要拉到这个地方来，我就给你钱。一个村或者一个镇一个就可以，否则死猪就被拉走卖了。深埋你要有地方。现在一般都是混合感染，对药产生抗体了，母猪是亚健康。现在建猪场前是没有检查，建好才检查。

笔者：猪的疾病增多，是否与从国外引种有关？

Q：广东一家猪场的病听说是从菲律宾传染过来的，流动性特别大，空气传播，人员流动也带动。以后建猪场应该提高门槛。散户不按拳路出拳，今年赚1000元，明年可能就全赔了。养猪投资大，风险大，行情非常重要，养得再好，碰不上好行情也不行。我现在每个月出栏300多头，九块一，后面是八块多。全年的猪价最高，只用这种方法应对的话，价格对我没有影响，养好猪就行，我今年平均在七元五角，甚至8元，三年又一个周期。固定一个月出栏多少头猪的场是没有问题的。肯定我不赔钱，我还赚，别人贴，我希望明年生猪卖7块。

笔者：这样，就有很多养殖户赔钱退出养猪业了？

Q：是。主要看你经营的能力，要考虑长期的利益，小场不扶持，自生自灭。80%死，20%活下来。散户他经常没人管——打疫苗等事情，我这里经常定期有人来检查，看看。你把它纳入企业来管理比较好，从政策上没有一个正确的管理。要不谁都不管，经营场的人还是比较好。畜牧局没有法，你如何管？一句话复制：一次性把钱给到位，不用管。政府补贴把60%—70%的人养得成了懒汉了。国外上百年的企业哪家不是靠标准化？我不是靠标准化。我说我不标准化，看谁撑下来？我希望明年猪价6元。养好猪就行，我可以保证10年还在，我都是自动化。长远来看，还是自动化好。

笔者：我们国家的养殖业尽管有监管，还是存在很多问题。

Q：我们有养殖的法律法规，有很多监控，为何不起作用？主要是搞养殖业的人太多了，动物也产生了抗药性，人也是动物，一样，从父母遗传下来就有抗体。但是疫苗这块主要是质量差，假冒的多。另外，现在建个猪场，没人管。江苏一个猪场发生疫情，没有隔离，结果影响很多猪场。他们没人管，门槛太低。我觉得今后谁要建设养猪场，应该先把100万（元）放着，验资，然后再办理开办养殖场的各种手续，才能建设猪场。提高门槛，就会把很多不具备条件的人挡在外面了。

访谈 11

访谈对象：S 省 B 市 C 区永丰牧业有限公司 W 经理

访谈时间：2012 年 7 月 16 日

访谈地点：S 省 B 市 C 区慕仪镇齐西村

访谈内容：奶牛养殖情况

笔者：请介绍一下你们养殖场的情况吧。

W 经理：从我们开设奶牛养殖场到今年，连续 3 年每个月有 9 万到 10 万的利润。现在，每天有 200 多头牛的产量。产的奶，公司自己搞加工了，我们生产了 17 个饮料奶的系列，主要在陕西、甘肃销售。

笔者：一头牛大概每天能够产多少奶？

W 经理：一头牛产奶 47 市斤左右。

笔者：产奶量很高啊！

W 经理：也不算高，一般是 18—20 公斤，我们是 23.5 公斤。在全国来说，平均有 40 多公斤的。

笔者：造成产奶差别这么大的原因是什么？

W 经理：主要是配料的问题，还有管理，第三个是经费的节约。现在产奶的牛，下小牛之后产奶，这中间有 2 个月的时间。等下一次发情时，就是干奶期。一般产 300 天左右的奶。怀孕期间也有奶，怀孕 7 个月期间有干奶。你养得好，让它发情，一年能够生一胎，有的 2 年生一胎，甚至 3 年 2 胎，一般胎间距长。一般小牛喝不了多少。产下的小牛最重 80 多斤，人家好的可以有 100 多斤。喂小牛六七十天，就停奶了。

笔者：听说有的地方用激素给奶牛催奶？

W 经理：这是让不怀孕的奶牛产奶，是失配之后，采取强行催奶的技术。催奶之后，奶牛的子宫能够恢复后怀孕。如果还不能怀孕，最后没有办法才采取激素催奶。后期打的，有的奶牛催不下来奶，是没有办法的时候才采用的。既然没有奶又不产牛，就赔了。为了让牛怀孕，从 1957 年就开始给奶牛人工授精了。但是，也存在技术问题，人与人的技术也不同，也会影响奶牛怀孕。

笔者：奶牛生病的情况如何？

W 经理：我们的医药费相对于其他牛场，有的一年的药费要一二十万，我们只要三四万。要减少奶牛的疾病，一旦得病，不仅要花药费，还不产奶，损失就大了。这就与兽医的水平有关。

我们有专门的兽医，按照规定，定期防疫。到时就自己执行，牛打的疫苗不多，一般是五号病和牛瘟。

养牛的疾病要预防，对猪来说，一发病，就不行了。牛病也不少。咱们这个地方，同猪病、鸡病比起来，相对牛的传染病比较少。大型传染病比较少，而且比较能够防治。我们对五号病，按照要求一年要防治 2 次，一年防治 3 次。流行热，可以治疗。鸡有鸡瘟，猪有猪瘟，牛有牛瘟。

笔者：一头奶牛每天吃多少饲料？

W 经理：对牛的饲养，按照多劳多得的原则：产奶量高的牛，一天吃 10 公斤饲料；每天产 28 公斤奶到 22 公斤奶的牛，一天给吃 9 公斤饲料；每天产奶 22 公斤以下的 7.5 公斤。10 天一测奶量，把同类产奶量的放在同栏。产奶用的（是）机械设备，机械挤奶。我们上的设备比较好，不太会让奶牛的乳房生病。奶牛有了乳腺炎甚至能挤出血来。

笔者：中国的牛奶质量标准是全球最差、最低的标准，如今中国牛奶质量标准，其中的细菌总数跟 2010 年前相比，每毫升增加了 150 万个，而蛋白质含量每百克降低了 0.15 克。你怎么看待这种情况？

W 经理：奶的质量与饲料有关。比如，脂肪，咱们一般都会超过标准，一般可以达到 3.6 以上。脂肪主要含在干草里面。蛋白质一般在 2.8 多、2.9 多。你不给人家吃好，怎么能够产出好奶？干草、草料、精饲料和粗饲料都解决好，肯定可以达到这个标准。

我们的标准低，还是出现在养殖环节，干苜蓿一吨 1900 块，麦草才四五百块钱一吨，肯定有差距啊。这些年来，奶的质量很大程度上与饲料有很大的关系。

笔者：那你们场给奶牛喂什么饲料？

W 经理：我们喂秸秆，再加上化肥。

笔者：为什么要加化肥呢？

W 经理：为了增加氮含量。

笔者：很多次，牛奶出现安全事件后，往往都把责任归（推）到散养户身上。实际上，是这样的吗？

W 经理：蒙牛、伊利（是）他们自己的问题，不是奶源的问题，你拿钱向农民收奶。直接收购饮料的公司，好多直接掺水。蒙牛、伊利垄断后，不要你的奶，你就没有办法。现在，如果你给的钱不高，我还不卖给你奶呢。奶农为了避免损失，没有散养的了。把牛都杀了。

笔者：前些年，曾经有企业打出"无抗奶"的宣传，说自己的牛奶没有抗生素。为什么现在不提这个概念了？

W 经理：据我所知，现在知道有抗奶的已经很少了。现在的牛奶质量已经高很多了。前几年，牛奶的质量，因为收的企业很多，质量就下降了。现在，好质量的牛奶还没有人要呢。再一个，国家管理越来越严格了。但是，咱们国家一次又一次的事故，让人们对牛奶的安全，根本失去了信心。我搞食品行业已经22年了，现在的食品安全质量好了很多。

笔者：但是，现在质量好，怎么还会隔几年出现一次牛奶的食品安全事件？

W 经理：并不等于原来没有食品安全事件，而是现在检查得严格了。当初的质检部门干啥的？职能部门干啥呢？咱们国家总是把事情搞大后，才开始处理。农民养牛也不容易，管理要严格。

访谈 12

访谈对象：S 省 B 市 C 区锦祥生猪养殖示范场监管技术总监

访谈时间：2012 年 7 月 16 日

访谈地点：S 省 B 市 C 区周原镇第一村

访谈内容：生猪养殖过程中兽药、饲料使用情况

笔者：你们区还专门给养殖场配监管人员啊？

总监：我们是区畜牧局派驻养殖场的技术员。2012 年，我们这里才开始建立监管站。周源在各个大的养殖场设了点。检查必须有药品许可证、技术总监、畜产品监管员、技术员，还有药品、饲料。

笔者：你们有 3 个人住在这里监管？

总监：一个场住 3 个人。我们专门给养殖场做用药记录。

笔者：怎么知道饲料里加什么了？

总监：饲料袋子上写着呢。养殖场自己加的兽药，要记录下来。这个饲料是预混料，然后，自己再加药，要记录下来。饲料厂家要提供许可证，才能进他的药。兽药要有批号，确保药是真药。我们这是对养殖场负责。防治不住疾病，猪会一死一大批啊。

笔者：我能看一下你们的监管记录吗？

总监：这是无害化处理登记表、兽药饲料添加剂登记表、消毒剂登记表。养殖场向畜牧局报项目什么的，要查这些记录。现在开始规范了。这对养殖场和政府部门都是好处。这个场子有 1000 多头母猪呢，如果一旦出问题，损失就太大了。

笔者：饲料怎么监管呢？

总监：每次提供质量检验报告单——预混料或者全价料的。区畜牧站有检验，市里有检验的地方。每次进饲料，抽检。这个工作量也比较大，从 2011 年 4 月份开始的。当时，一批猪吃的饲料有问题，就出事了。

笔者：你们在把关过程中，有没有发现一些问题？

总监：发现买的饲料有发霉现象，喂了猪造成猪发烧了。

笔者：你们负责瘦肉精检测吗？

总监：瘦肉精是区畜牧局检测，专门有人抽检。

访谈 13

访谈对象：S 省 B 市 C 区田奔农业发展有限公司经理 Z

访谈时间：2012 年 7 月 16 日

访谈地点：S 省 B 市 C 区周原镇赵杜村

访谈内容：肉牛养殖情况

笔者：你们企业有不少技术人员啊。

Z：还有专业技术员一共 19 个人，包括有职称的；也有兽医，那边还有技术员。

笔者：这样的养殖企业不多！

Z：企业中我们养牛基本是专业技术人员多一点。养牛这几年基本形成规模了。要把 22 个圈存满的话，就要 2000 多头。但现在由于资金不足，只能限于 1000 头左右，只能达到一半，目前存栏 904 头。除了技术人员，兽医就 3 人。现在那边就有种蔬菜（大棚）的 5 个人，也有饲养员。

笔者：就业人员 300 人指的多是饲养员？

Z：基本上一个饲养员照顾 20—30 头牛。喂牛工作量很大。那家喂牛人家饮水是自动的，一秒就出来了。但咱这里喂水是（用）槽，装龙头要在槽里喂。

笔者：给牛喂什么呢？

Z：西凤酒厂的下脚料——酒糟、做完豆腐的豆渣，以这两个为主。另外还有青饲料（玉米秆发酵的），这些搭配喂。每天精料配上玉米和麸皮，混合料每头牛吃 2 斤，那这样成本就低了，就是为了降低成本。这个牛在我们圈里面这个地方 4—5 个月，就可以出栏。买来 400 多斤，出栏的时候 800 多斤，5 个月长 400 多斤。

笔者：一天长 2—3 斤。

Z：这个生长速度在养牛业里面算快的。2009、2010 年以前，当时不知道怎么养，按传统方式养牛，除了成本就亏损了。

笔者：传统的养牛方式是怎样的呢？

Z：割些草，弄点啥，搭配喂。精料多，成本高，不划算。辅料就少，牛的肚子大，牛是粗物，不是细物。吃得多，它要配合来喂。4—5 个月达到最高峰了，再不能喂了。拉来的酒糟是热性，豆腐厂的豆渣是凉性的，我们把它们结合起来给牛吃。买来前一共喂了 4—5 个月，加上他们喂的，也就 9 个月到 10 个月。

笔者：以前养牛最起码要 2 年

Z：2009 年以前，我们按传统的习惯养殖，把草什么的喂，精料喂得特别少。传统的养牛至少 2 年。

笔者：传统的养牛至少 2 年，怎么现在就可以变成 9 个月？

Z：这一个是我们有自己的配方配料。要给牛吃酒糟，因为酒是热性的。酒糟是热性的，全部吃酒糟，吃多了眼睛就瞎了。豆腐厂的豆渣是凉性的，结合起来喂，就没有事。我们把豆腐渣加上，每头牛 4—5 个月的纯利润可以达到 1000 元左右，除了人员工资、饲料这些以外。喂得好，有的牛买来长得快，有的慢，基本上平均就是 1000 元左右。现在这种模式才把经验摸索出来了。从 2006 年到现在多少年了。在 2008 年以前都是亏损的。以前不知道，没有经验，一直全部喂酒糟，把牛的眼睛喂得看不见了。所以才分析原因何在，这是热性。现在才摸索出经验来。现在的饲料有玉米、豆渣、酒糟、麸子等，都有比例，还有浓缩料。

笔者：饲料是买的吧？

Z：浓缩料？浓缩料是买的，买后人家给送过来的，贵，成本大，但是，用量少，用搅拌机，100 斤玉米粉碎，加上 100 斤麸子，加 10 到 5 斤浓缩料，一头牛合起来一天吃 2—3 斤精饲料。酒糟、豆渣和青饲料就不停地给它们吃。尽量吃饱，吃完后再添。浓缩饲料一斤一块三毛钱。一吨2600 元，要配 2 万多斤饲料，平摊下来就不贵了，为了压缩成本。不赚钱就不养了。现在养牛确实有一套经验了。

笔者：牛得病情况如何？

Z：牛得病，有兽医，都有专业兽医证，这些都是上级批准的。兽医每天晚上都在这里住着呢，每天要查房，和病人一样，看这头牛啥病，吃啥药，那头牛感冒了，打什么针。每天要看病、吃药，每天都要查一次病房，像看病人一样。有些牛感冒，有的是痢疾，拉稀。有的牛得病是鼻子流清涕，比较厉害。牛的相互传染病也有。一旦发现传染病，隔离就得转移到其他地方。有隔离区，就不会传染。

笔者：兽药成本高吗？

Z：兽药的成本，有一阶段高，有一阶段低。一个月这么多牛就1000—2000 元。一头牛的药费成本，发现得早就花钱少，一旦加重，就花钱多了。要预防为主。咱们平时的料里面也得加药，开胃的药比较多，让它多吃。

笔者：开胃的药不是防病的药？

Z：但是胃有病也就得治疗了。除了开胃药，还有一般一个星期消毒一次。每个圈里面，消毒液给每头牛身上喷，特别是肺上。疫苗也得打，是区防疫站里来打。这个有规定，不能随便打。喂牛每天几点喂料、几点饮水，都有时间，还有记录呢。给哪头牛打针有记录，哪头牛有啥病都有记录。

笔者：牛病死的风险大不大？

Z：比养猪风险小。猪场传染病来了没办法。牛生病后牵去把它隔离开，牛就皮实一点，就说死呀死呀，也要死个十几天到 20 天呢。

笔者：你们采用良种繁育没？

Z：原来咱们养了母牛，就杂交。现在基本都没有了。前几年养的小牛都自己死了，因为酒糟和豆腐渣把牛给喂死了，母牛吃了后生下来的小牛就有问题，眼睛有问题了，只能喂青贮饲料和精料，这也是摸索的经验。有母牛但生不了小牛。

笔者：也就是怀孕的母牛就不能喂这些东西，要喂饲料和精料？

Z：育肥是为了长肉快，这也是我们摸索出来的经验。有母牛但不生小牛就是这么喂的。这个经验已经总结出来了。每天喂3次牛，其中一次喂青贮饲料。

笔者：你们还有牛肉加工厂？销路如何？

Z：我们有牛肉加工厂，B市还开有一个餐饮店。自己养的牛屠宰后给店里供应，基本都是自己用。

现在最好的经验就是产业链：就是把农民掰完玉米的玉米秆收过来，做成青贮饲料，这个可以存好多年，青贮几年都可以用。这个给牛就喂了，还有酒厂的酒糟。这些喂了牛以后有粪便，就可以产生沼气。产生的沼气、沼渣、沼液就可以供应到蔬菜大棚。这就是循环利用。环保局也推广咱们的这个模式。沼气供应给大棚蔬菜：一个可以起到消毒（作用），另一个可以喷肥，也能起到升温作用。这个比较实用。沼气也可以做饭。另外，沼气也可以用来给牛蒸豆渣，豆渣蒸熟以后，牛吃起来比较好一点。搞了这个循环。环保（局的人）几次来看，环保部（的人）也来过。如果养牛场没有这个循环农业，养牛场的污染程度国家就不允许。粪便没办法处理，那对水的污染没办法处理。沼气池300（平方米）的3个，600（平方米）的一个，50（平方米）的3个（自己弄的）。当初就是试一下，还特别好。现在我们搞的产业链就是这么2个，另外把牛屠宰了供应给食堂。食堂用不了的一卖，把牛也消耗了。搞了这么2个产业链，环保方面也推广。

笔者：传统养殖，就是喂草料、青贮饲料，就长得慢。现在，你是因为加了酒糟、豆腐渣就长快了，还是因为加了浓缩饲料的原因？

Z：现在是这两个配合上，牛吃精料后，长的速度特别快，牛刚来时毛发都很扎手，养了一个月以后，牛身上的毛发就很光滑了。这是几年来总结出的。一般农民养个啥，只要你吃够，长得快，另外能赚到钱就可以了。

笔者：给母牛喂豆腐渣、酒糟？

Z：直接喂青饲料和浓缩料，它长得肯定不快。因为豆腐渣养分好，含蛋白质；而酒糟含酒的能量，能热、能凉，还有消化作用。

笔者：实际上你的饲料省钱了。

Z：全部喂饲料成本太高。鸡和猪也要三四个月，现在一斤毛重卖到10元；牛就是4—5个月，毛重一斤十几元。

笔者：那你买小牛一般多少钱？

Z：小牛一般3000—4000元，卖7000—8000元。小牛主要是从西边的山区买的。前一阵到凤格岭买了50头，那里是散养的。原来牛是山上散养的长不了那么快。我们把牛拴住，让它吃完了躺下了，要不然在山上跑，营养就消耗了，咱们这吃完就地卧下了。一般到800斤以上，再养就不划算了。花的成本大，就长得慢了。

访谈14
访谈对象：S省B市C区某大型蛋种鸡养殖场老板G
访谈时间：2012年7月17日
访谈地点：S省B市C区坪头镇某村
访谈内容：蛋鸡养殖情况

笔者：你们养鸡场从养蛋种鸡到肉种鸡十几年了，最早采用传统的养殖方式吗？

G：我们一开始就不是传统的养殖方式，按照比较科学的办法养殖。不是像那种散养的方式，用原粮喂养。比较集约化的方式，采取防疫，环境控制上和现在差不多。只不过现在更加主动了，知道得更加多了。最早的（时候）几百只，最多可以养殖1万多只，我们现在的饲养量可以到8000—9000只。因为去年停了一年。养殖时间长了，病太多，停了一年。

笔者：为什么鸡啊、猪啊的病现在比十几年前多？

G：原因在于跟外界的交流，原来养鸡基本上是当地的、国内的、传统的品种。国内的鸡病也比较少，后来逐渐开放以后，引进了国外的一些优良品种后，病也就引进来了。比如法氏囊病啦、白热病啦，这几年，每过一段时间就暴发。咱们国家原来没有或者很轻。另外一个原因是养的人多了，人员水平参差不齐，管理上也（跟不上），兽医、生物安全、防疫等方面差很多，造成一些疫病的流行，在一个地区长期存在。主要就这两个原因。

笔者：高密度饲养是不是造成鸡的疾病增加的一个原因呢？

G：饲养密度是一个原因，但是，不是主要原因。规模化养殖场，人家能够投进去。比如圈舍投入、生活安全等方面，人家能投入。散户一个方面没有这个资本，另外一个方面没有这个意识。有些病在人家美国不算啥问题，在咱中国就很严重；有些人家已经消灭了，在中国还很厉害。人家的密度可比咱大。

笔者：在原来散养的状态下，鸡的疾病比较少啊。

G：以前，散养阶段也叫传统养殖阶段，病比较少。现在，交流比较多。咱们国家的禽蛋也出口，国外的品种也进口。而且，国内的流动也很大，全国大流动市场。这些都给疾病的传播创造了条件。另外，现在的养殖量也扩大了。现在，中国的鸡是世界第一，势必给疾病传播创造了环境。

笔者：饲料中乱添加各种药物，是否也是一个很大的问题？

G：咱们国家在食品安全上是不大注意，一些饲料厂在饲料里胡乱添加东西，什么抗生素了，没有限制，乱添加，像瘦肉精啊什么的，而且没有量的限制，给人造成了危害。但现在注意了。大的饲料厂添加的药都在国家允许的范围内，添加一些不容易被鸡吸收的、主要在鸡的肠道里吸收的药物，比如天气炎热的条件下，添加感泰欣啦、抗杀毒菌这些药物，这些药物都不容易吸收，更加不容易进入肉里面。小的饲料厂不敢说。大的饲料厂控制了我国主要的饲料市场。

有些事情，在国际和国内有争议。

兽药有个休药期，规定哪些药有个代谢过程，代谢到一定程度，降到一定程度下，就是安全的了。

笔者：欧盟已经禁止在饲料里添加抗生素了。

G：欧盟禁止预防用药，但是，不禁止治疗用药。而且，它的一些细菌病多了。散养的环境没有办法控制。规模养殖就可以有隔离带，有生物措施，切断病源。连欧洲的养殖业，不用药，就都死光了。在一定的量，就是安全的；超过一定的量，就不安全了。如果过量添加一些化学品，它肯定是不安全的。另外一个不安全的是生物安全问题。

一些病毒的安全问题，散养的，不喂药，不喂饲料，但是，它可能吃了感染沙门氏菌的食物，你说它安全不？

国外的饲料可以达到 1.6：1，即吃 1.6 斤饲料长一斤肉。

没有添加剂，就没有现代畜牧业。添加剂不仅是抗菌药物，而且大部分还是营养的元素。比如说吧，钙、铁、磷和一些微量元素、维生素。不仅指抗生素、违禁的生长激素，生长激素根本就不允许用。

我们现在用的饲料，都是我要求饲料厂不能加激素，有些原料不能用，因为要考虑到鸡苗的健康。

笔者：你们的饲料标准是根据什么制定的？

G：大部分是我们自己摸索出来的，国家的标准是基础。如维生素，我养的是美国的种鸡，维生素、矿物质都有要求，这和饲料厂做的饲料就不同了。每个育种都有要求。

笔者：防疫呢？

G：国家在兽医、防疫（方面）的要求，都要做到。我们防疫的方式，是一只鸡、一只鸡地防疫，而不是放到水里让鸡饮用。这样做保护率低，该注射的注射，该防疫的防疫。免疫程序，一个场子和一个场子不同的。负责任的疫苗厂子不会和你说，我的保险得很，用了我的疫苗保你如何如何，它给你个免疫程序，也是个建议。因为你条件不一样，执行的程度不同。大型的养鸡场切断病源后，鸡舍很干净，免疫就比较少，人家不需要做那么多。小鸡场就得做的次数多一些，程度多（高）一些，品种多一些，免疫量要加大，要不的话，就抗不住。有人说一个免疫程序适合所有的场子的。我只能给你一些建议。比如，咱们国家，新城疫，你得防；禽流感，你得防。还有其他一些病，比如你那里得过的病，就得防，你那没有得过的病，就不用防。比如，传染性鼻炎，一些地方流行，必须得防。我这里没有这种病，我就不用防。哪些是必防的？有些是地方性、区域性的疾病。

笔者：全国性的疾病是怎么造成的？

G：我养的时间长了，就必须采取这种措施，停养。你再消毒、防疫，只要有动物在里面，病毒就断不了。我是小场，为了长远地发展，可以停一下。那些大场，养几十万，不在一个地方，可以局部停，轮流停。但是，咱国家的大环境不好，很多地方前些年推广的养殖小区，为啥全失败了？猪集中了、鸡集中了，但是，技术上没有统一的规范，防疫啦、生物安全等方面，很短时间，就死了，弄得养不成了。

主要的原因还是咱们的技术，不在于你是规模化还是散养。

笔者：鸡得疾病主要原因在技术？

G：它的问题不在这。你看禽流感，大的养殖场就没有发生，主要是散养的和小型的养殖场。关键是管理水平太低。公路上拉着鸡到处流动。宁夏人做鸡的生意，把东北的鸡拉到广东去。这一路上，带毒不一定发病。咱们国家的检疫制度，他给你发个检疫证，他是挣钱，他咋检疫？检疫是个非常复杂的过程。那时候我们这里，一个鸡场的鸡发病了，为了确定病因，送到西农检疫，过了一个星期，才检验出是新城疫。来了很多兽医，卖兽药的、卖饲料的，说各种病的都有，那就是为了卖药。给他推荐了很多药，花了七八万，尽管后来控制住了疫情，但是，鸡也不下蛋了，只好淘汰，损失 20 多万。你像咱们国家目前这种现状，有法不依的问题，除了执法部门要加强检测、加强预防，同时，老百姓也得有这意识。比如，老百姓改变吃活禽的习惯，肯定好得多。但是，咱中国人改不了啊。

笔者：不过，早些年老百姓家家户户散养鸡的时候，可真没有这么多鸡病！

G：集约化养殖，很多鸡养到一块，病容易传播，这是一个问题。有没有办法解决呢？区域性的可以采取生物安全措施，你可以隔离，你可以消毒，进行检疫，可以把病原消灭掉。以前，咱们国家在没有引进外国的品种前，育雏的成活率非常低，主要是白痢。但是，人家国家在几十前从种鸡场就一只只检验，检验出来就淘汰，所以，白痢在国外就（被）消灭了。但是，咱中国现在还有，像新疆那些比较偏远的省份，还有。

白痢原来很严重，现在，它已经不是主要威胁了。技术的进步，主要是养殖的技术进步，引进国外的原种，种源确保没有传染病非常重要。隔离期检测没有病，才能够进来。一只只抽血检测，发现阳性反应，就把发现有病的鸡彻底淘汰、捕杀。一只鸡的一生，要这样做三次，这样，留下的鸡，就基本上可以消除了白痢。

笔者：即使这些鸡检测没有白痢了，也要用药防范，还是就不要用药防范了？

G：起码可以减少用药，还要用一些。因为不是在种鸡场的问题，而是你在食品鸡生产过程中的问题。鸡的好多病不仅仅是种带来的，好多病是你自己大环境造成的。如沙门氏菌，国外也没有消灭，有 2000—3000

种呢。有的对鸡没有害，有的对人有害。不可能全部消灭，在集约化鸡场，人家在局部环境把它降到最低。

有些鸡病，是引进后带来的。随着世界各国之间的交流，原来咱这里没有的病，现在也有了。比如说法氏囊炎症，在90年代非常严重，有的鸡场（是）毁灭性的。马立克氏病，原来很严重，随着新疫苗的出现和种鸡场的防疫做得好，有些疫苗是引进的，特别是这几年咱们国家的饲养水平还是提高很多。

鸡的检疫制度，比如我们去买鸡苗，就要有检疫证，但是，我们这里附近有个省级的检疫站，但是它做不了检疫，甚至连证都不看，因为它就没这能力。一个人员配备不行，另外一个，它也没那个钱，没那个设备。一个车一个证。你看它这个检疫制度有，但是它只有靠平常对种鸡场的防疫监管了。比如，发生疫情了就扑灭疫情，或者暂时限制你出境。产品不能流通，那个时候，已经是疫情相当严重了。损失太大了，那国家要赔的。

刚才是省级检疫站。从陕西拉到甘肃的话，看你有没有检疫证。省市、县乡镇之间，都有。检疫证在陕西境内就可以，出省就不行。

我国的养鸡场管理水平低，集约化程度还不够。

笔者：你们养鸡场停了一年，净化后，鸡场的病就很少了

G：年初，我们这里发生新城疫，养殖员不允许出来，外面的人不能随便进去，要换了工作服消毒才能给进去。大型的养鸡场根本不允许人进去。

管理科学不科学，绝对不可能回到原来的状态。过去的人，一年都吃不了一只鸡。现在，都离不开了。大家都要吃的话，你靠那种散养的土鸡？人家白羽肉鸡，人家的基因经过改进，生长速度很快。人家吃一斤六两饲料就可以长一斤。加了激素，增加成本，对鸡不起作用。

笔者：散养的鸡没有喂各种药物，就长得慢。

G：以前，散养鸡长得慢，一个是品种的问题。本身没有经过选育，比较落后，选育不出生长速度快的鸡（种鸡）。再一个是饲料的问题，比如玉米、维生素、矿物质，都不能满足鸡生长的需要，这样，长得就慢。现在就根据鸡的发育，增加能量，添加蛋白、氨基酸。

笔者：我在有的养鸡场调查，发现给鸡喂某种药物，鸡就可以下双黄蛋。

G：双黄蛋影响鸡的产蛋率，下一个双黄蛋，后面好几天不下蛋。作为养鸡的人来说，这样做没有好处。

笔者：大家还是觉得土鸡蛋比养殖场的鸡蛋香。

G：土鸡蛋吃着香，土鸡蛋下得少，土鸡一年下 100 多颗蛋，蛋里面的鲜味物质、呈味物质比较多，脂肪含量高，所以炒出来的蛋香，味道好。

笔者：我们国家还允许鸡的饲料中添加砷，这也会影响食品安全。

G：允许砷，一般用很少，它起抗菌作用，国际上也允许用，不能限制太死。我们制定标准，首先要考虑到食品安全，还要考虑方方面面，要考虑到产业链。所以，啥叫科学态度？什么都没有添加就是科学？饲料里还是要有一些促生长、发育的成分。一种是激素，说到底是为了改变营养分布，促使肌肉分配，少往脂肪分配。另外是减少细菌的数量。鸡的肠道里面，细菌占一个很大的比重。它有个正常的菌群，发病，是正常的菌群（被）破坏了。一旦平衡（被）破坏了，鸡的肠道就发病了。因此，允许添加，是为了维持肠道菌群的平衡。过去人不知道这些。

另外，一个考虑，目前咱们国家产业链的考虑。目前，技术水平还比较低，如果弄得太严格，整个产业就不存在了。如果小户不让养了，一年挣个三五万，你马上把他的活路断了。这也牵扯到相当一部分人的利益。你不可能一刀切，国家制定这个标准，要考虑方方面面的问题。

笔者：食品安全的问题，达到集约化程度就不存在吗？

G：如果控制得好的话，这个问题可能解决得好，不存在是不可能的。集约化程度越高，投入越大，它可以有力量做危害控制和风险控制。然后，对整个过程和环节（进行）分析，并且采取措施，投入、设备，这些做好了就可以保证食品安全了。但是，这个投入很大，很难、很难，不是引进一种技术、两种技术，引进种，而是差 100 年，是全面的技术进步，没有说找到一个关键点，就可以突破了。

笔者：我们的食品安全监管制度方面呢？

G：也是一样。制度和经济是联系在一块的，你的技术、你的生产水平是这样，发展程度在这。把美国最先进的制度引进来，行不行？你能够制定个标准说 5 万（只）以下都不许养？不可能的事情。这个制度本身和经济基础、经济发展水平有关，因为你的基础在这放着呢。

你说引进国外的制度，你引得起引不起？比如刚才说的畜牧兽医制度，你说你能够给坪头的兽医站，给它配上设备，给它配齐人员，让它一个鸡场一个鸡场去检测？300只去检测一下，5万只鸡也去检测一下，10万只、20万只也去检测一下，成本多大？

笔者：说实话，我们的检测能力跟不上。

G：你比如分离个病毒，得送到西农，咱市里能做吗？不能做。要设备，要技术。你说一个病毒，分离出来后，究竟是啥病毒？肉眼又看不到，普通显微镜也看不到，你没有一定的设备、一定的检测能力，根本不行。

检测出来，半个月已经过去了。该死的都已经死光了。对这群鸡来说，已经没有啥意义了。

检测的成本很大的，你又没有那财力。你凭啥说人家的产品不合格？你拿出个数据来。有没有能力跟每个鸡场都去做？所以，你没有能力，只能是随着发展水平，逐渐解决，制度的发展跟上经济的发展，这是个逐渐解决的问题。食品安全（问题）是个全面的问题，不单是个制度的问题，还是个经济发展的问题。阶段性的问题，有个逐渐完善的过程。人家美国可以去检测，咱中国千家万户，你做得起做不起？哪怕检测一只鸡和检测100鸡，检测1000只鸡和10万只鸡，要求都一样，设备都一样。全国得多少人？多少设备？你做不到！

笔者：就现在的监管能力而言，也仍然存在执法不严的问题。

G：当然，有执法不严，发现了不管。但是，有些与发展水平有关，着急不行，做不到，没有这个力量。发达国家还不停出事呢。你像美国监管那么严格，鸡蛋还出现沙门氏菌呢。

笔者：从源头看，食品安全是由散户造成的还是由规模养殖场造成的？

G：现在看来，这是个事实，养殖户他就没有社会责任感。只要我这头猪能多卖30块，我就可以违规做。奶也是。三聚氰胺咋弄到奶厂去？就是建了很多点收那些零散户的奶造成的，收奶点为了提高蛋白含量，就这么做。收奶的小点，监管跟不上。以后的奶厂自己收，不要散户；或者自己建奶牛场。饲料也是，大的场子成天盯的也是它们。监管有问题。你没有发现，就是疏漏。一些饲料厂，原来认为合理的添加物，现在都不添加了。现在，主要是媒体的报道。

笔者：你是养殖场场主，对散户就有看法。

G：散户代表了落后的生产力。把散户通过提高水平、规范饲养、规范管理，通过产业化，逐渐带进来，而不是简单消灭。这需要一个过程，不仅是东西（物资），还有个素质的（培养）过程。培养一些素质高的经营管理人员，还是要示范，以点带面，也是个过程。

访谈 15

访谈对象：S 省 B 市 C 区坪头检查站站长 J

访谈时间：2012 年 7 月 17 日

访谈地点：S 省 B 市 C 区坪头检查站

访谈内容：基层动物检验检疫、监管

笔者：你们监管兽药的经营吗？

J：与前些年相比，现在兽药经营放开了，只要办下证来，谁都可以卖。前几年也碰到这些事情，兽药的个体经营，不太规范，经营户太多了，非法经营一些疫苗啦。兽药混乱得很，饲料厂也经营兽药，大型的养殖场，送药啊。监管，违禁药品还是经常出现。咱的经费，局长上来才把经费的问题解决了，我 30 年工龄了，以前纯粹自收自支，啥都不管，服务体系也没有人管。把工作待遇基本上解决得差不多了，把办公场所建立起来，设备也配了，2011 年才解决。我 32 年的工龄，工资没有，房屋啥都没有，办公地方也没有。防疫站就这么坚持。

笔者：那你怎么进行检查和监管呢？

J：我管理 25 个村，以前是散户，喂几只羊、一头牛、几只鸡、两三头猪，打一头猪，2 毛钱，一只鸡，5 分钱，卖点兽药，靠这个生活。现在，办公设备都搞好了，后顾之忧没有了，感谢共产党，感谢局里。兽药销售渠道混乱，大型养殖场兽药也给你提供，疫苗也给你用，反正监管混乱。假药也不少见。

笔者：监管不到位，食品安全肯定保证不了。

J：到处都可以买到药，可能乱用药。休药期就不要提了，纯粹做不到。食品安全，国家提得响得很，他根本做不到，落实不了。没有钱嘛，你也没有办法监管他做到没有。有些猪出栏，有的药打了要 28 天（休药期），要是猪价跌了怎么办？

笔者：兽药销售管理方面有很多漏洞。

J：现在这问题多，兽药管理上，审批不太严格。销售审批不严格，饲料厂、个体户拉车送药，谁有钱、谁有关系，就能够办，现在，规范就弄不成了，问题就少了。有良心、有意识说乱添加兽药害人害己的人，太少了。监管又不容易，散户又多。以坪头来说，3600 多户，家家户户都养着鸡，怎么监管？这几年还好点了，猪啦、羊啦、牛啦，散养的已经不太多了，300—500 只羊、300—500 头猪。鸡的话，大都 3—5 只鸡。规模化的话，就比较规范了。防疫站就在附近，今天打猪瘟了啊，明天打口蹄疫了啊。

笔者：休药期能够保证吗？

J：休药期这没有保证，保证不了。鸡才养 40 天，你的休药期就 28 天，鸡死了怎么办？咱们的国情就是这样。老百姓也不容易，咱也农村出生的。大型的养殖场也难保证休药期，谁都做不到。

笔者：看来，动物性食品的安全问题，从养殖场就产生了。

J：咱们的食品安全（问题）复杂着呢。这东西啊，人也太坏了，把钱弄到手就算了。你说喂那么多药，对身体能没有害啊？喂了饲料，长那么快，就不正常啊。吃上能对身体好吗？饲料也没有啥部门监管。食品安全还是要重视。

访谈 16
访谈对象：S 省 B 市 C 区畜牧局部分干部及部分养殖企业负责人
访谈时间：2012 年 7 月 17 日
访谈地点：S 省 B 市 C 区畜牧局大楼某会议室
访谈内容：养殖业存在的问题、难题

鑫鑫良种猪场场长 S：今年国家出台的病死猪补助政策很好，但是真正给农民造成困难。猪死了以后，兽医站要下去给死猪照相，还要埋，要烧，不如给补助。猪这一块，比如有个人骑个自行车，说"收死鸡，收死鸡呢"。他是收去了卖给人吃。但是，现在"收死猪、收死猪"的都走了。可是，焚烧场呢？多少公里才建一个呢？在家里死了可以卖 500 元，但是到焚烧场可能才卖 200 元。我考虑病死猪的问题解决了，我考虑就不存在食品安全的问题了。

笔者：那您觉得怎么解决这个问题呢？

鑫鑫良种猪场场长S：焚烧死猪，建立焚烧场。根据猪的大小，焚烧死猪后给补助，就像给母猪买保险一样。20—50斤小猪给多少钱，50—100斤的猪给多少钱？100斤多少？大场子你自己送去，小场子一个、两个死猪。死猪给补助20—50块钱，最多100块，中间有差价。这样子就不会到处有死猪问题，而且不会到处有扔掉的死猪了，导致专门有收死猪的。这个，我考虑就不存在疫病了，而且对养殖户来说，也就不会说越养越难养。现在的人不怕市场价格，主要是疾病这一块，把好多养殖户整得没办法。你看这一批猪把钱赚了，高高兴兴的，下一批猪就不一定，尤其是小猪，你买猪的时候就买的有病的小猪——小猪的价格很高。这个要从中央来决定。我从安全的这一块谈这些。

我是从1986年开始养猪，病死率，现在多得是。2006年以前，是市场风险，不存在疾病风险。蓝耳、圆环都是现在的病。以前就是猪感冒、肠炎等，看兽医就好了，它不是毁灭性的。2006年以后经常出现的是毁灭性的，基本得了病就没办法。

笔者：为什么2006年以后疾病多了呢？

鑫鑫良种猪场场长S：这个不好确定，也许和外国进口有关。那一年的呼吸道疾病是从四川过来的，蓝耳病主要是从外地引进仔猪带来的。2006年以前没听说过。

我是1986年开始养猪的，开始根据养殖这么多年的情况看，现在的猪病比以前多得多。2006年以前没有毁灭性的病，为何2006年就多了？很多毁灭性的病，都（是）从外地引进小猪后出现的。蓝耳病是以前在猪瘟里面的，是虚肿，原来一直划分在猪瘟里面。呼吸道和生殖道疾病也多了。今年肥猪便宜，小猪不便宜。主要是产不了小猪，所以小猪不便宜。养了30多头母猪，才有100小猪，一年平均3.3头。猪现在发病率也非常高，死猪也很严重。

笔者：是不是和养殖密度大有关？

鑫鑫良种猪场场长S：养殖密度大不影响。2006年以后疾病多了，主要是杂交过程中把基因改变了。1999年以后才出现全国性大流行。现在是和大范围流通有关，和外国流通也有关。猪病多和大流通有关，主要是国内外。我就说这些。

区繁育站站长 L：说两个方面。第一个方面：区上、国家调整了政策，所以这几年得到了不少实惠。惠民政策实施过程中，母猪补贴 100 元，咱们下去核查，人员经费、行政成本太高。只给群众补贴 100 元，从上到下都不够。究竟政策到底起多大作用？去年我到西安几次培训，和几个人探讨这个问题：仅仅 100 元补贴，猪价格好的时候、市场价格好的时候可以；市场价格不好的时候，群众已经承受不了了，这个政策就没有用了，起的作用可能与上面的实际想法脱离。

全部畜牧业，我想说一下。第二个方面：基层技术这一块，我在这个行业 20 多年了，偶尔来一个毕业生。从大专院校毕业的学生，这么多年，可能十几个，有十个左右，1991 年来 6 个，后面陆陆续续偶尔来一个，以后很少。这么多畜牧专业，这个现象在全国普遍存在。现在，基层特别（是）在乡镇一级，知识老化，连电脑都不会开。咱们国家这么多大专院校，这么多农学院大学，畜牧专业这么多，其实这个现象全国都存在。去开会相互交流，好多县级畜牧部门干部的知识都老化。现在唯一的手段就是培训，好多通过短期培训，10 天或七八天培训解决不了问题，只能头痛医头，脚痛医脚。在县区这一级别，感觉到基层知识更新太慢，更不要说乡镇，乡镇这块在基层大都是 90 年代接班的，有的还是初中毕业。这一块，你看像教育系统每年招一些学生，就师范类毕业，安排几个。现在国家政策确实好，就配备在一些乡镇，都是设备、设施，要有新鲜血液来接班。

乡镇兽医站要配备好的设备。好设备，但不一定能够使用。要想解决全国畜牧业发展根本的问题，关键还是技术、人的理念问题。咱经常也下去培训，好像力不从心。但是还不够，就像教育系统一样，每年都到基层锻炼，最西部山区锻炼。畜牧业发展慢，最好能够每年进一些学生，可以考试。这么多年来，深深感到，知识更新，是咱畜牧业发展的短板。我就谈这些。

陈仓区畜牧站副站长 L：这是我以前写的论文，你看看。我上午听了你的，我谈 2 个问题：（1）病死猪的处理。我在 2010 年时，写过论文，从你们这方面把这些给政府建议完善一下。拨出一部分人，既搞检疫，无害化处理，又搞病死猪。专款拨给畜牧业和人员，这部分资金拨给畜牧站。建议每个乡镇建一个处理炉，一个县建设一个大型焚尸炉，每个防疫站配一个人，乡镇配一个人，还可以处理路上捡来的死猪。群众捡来一头死猪，你给群众多少钱呢？既能减少疫病传染源，能把这个问题处理了，又能解决我们基层人员的转变工作。每个乡镇配一个专人，现在这样一弄，路上扔掉的死鸡、死猪、死猫、死狗到处都是，专员负责收上来销毁掉，按烧毁的量给这个人发配套的工资。一个县能建一个大的无害化处理的车，比较重的病就集中处理。以乡镇为单位，原来我把这个提出来了。按照我们国家的计划经济，各乡镇设一个小的焚烧炉，县上设个大的焚烧死猪（的）炉子。给每个场设一个，它不一定有死猪；给乡镇设一个，就可以把周围的都收过来，一起处理。既能够保证处理质量，又能够保证处理效果，还能够促使兽医职能转变——上午检疫，下午没事干。你给我们这些人把工资发上。国家把火葬场也养着呢，这几个人算啥呢？国家从这个方面给农业系统把这个问题解决了。具体谈的意见，你把我的材料看看。

（2）传染病流行状况分析。每次来的毁灭性的病都是从外地传来的。好多猪圈，从我在下边多年观察看，我觉得全国一样，各个县区从行政拨款，都要对过往车辆加强消毒，一定要抓紧。上高速路的车，包括家畜品车辆一定要有检疫证。特别是省与省之间，严格地对车辆进行检疫和消毒，给猪身上喷药了没有？要像国与国之间的检验检疫。像辽宁、新疆等地都有标准。重要的品种，大的省与省之间，要有一个观察哨和观察点，这就避免把疾病带到县上。县之间及农户之间，国家给一些补贴，养猪户不用给国家拿钱。买个（辆）车，把补贴给到车上，像传染病不会蔓延。建立家畜交易市场来消毒，没有人到处消毒。你到 FX 交易市场去看，谁想进去都可以进去，有的明显有病。由国家出钱解决消毒问题，可以消除大规模的传染病。把这三个地方的消毒措施弄好，由国家出钱来解决，就没有问题了。从我这方面来讲，就这些。

田奔农业发展有限公司经理 Z：昨天说了，奶牛事情好多年了。三鹿事件之后，奶牛的局限性大，产品销路垄断。咱这里，就伊利和蒙牛，他们想收就收，不收就不收。奶牛养殖发展受（遇）到问题。当然，散户已经不存在了，现在要么小区，要么牧场，奶站直接挤奶，现场现挤，在私人户上没有任何问题。大的问题就是奶站或公司。最近，听说 9 月份以后会好起来。有些小区拒收奶只能拒收。现在实行无抗奶，这个是正常的。辽宁出现新的检测抗生素残留的技术和新的标准，检测黄曲霉菌残留。但是，咱们附近经常就是这两三家在收的，就存在这个问题。但是，奶的销路好没有问题，像蒙牛、伊利、三鹿销路不好，就有问题。相应地，在收购时多多少少会出现问题。按理来说，奶源进口占的比例太大，根本就不够。可是，为什么国产奶粉销路不好？就是咱们这几次事故出现了，让消费者心里感觉企业诚信有问题。还没忘掉，又出来了，谁说就像旧伤差不多好了，新伤又出来了。就算国外奶粉再不好，咱们没有信息，得不到证据，说人家不好在哪里。像有的一桶几百块钱，据我从基层了解，现在的质量好到哪里去了？和以前相比，确实好。但是有些奶厂蛋白含量不够，包括蒙牛、伊利事件后，他就拒绝收。从这一点说明质量比以前好多了。另一家，人家收购公司就有权力，化验了，说你的药物有残留，但是残留目前检测不出来，但人家说你有残留，也许给你出个报告，可是奶站的人是弱势群体，你自己看不到。现在制约发展问题，不容易发展。奶牛场不好发展。

笔者： 没有第三方的机构检测？

田奔农业发展有限公司经理Z： 你说这个很好，现在没有一个第三方很公正的监督作用。作为发展的话，这让龙头企业转过来把龙身就吃掉了。一天产3—4吨奶就倒掉了，就损失了，直接就是以销路定产量。如果奶销售不好，他就采取提高标准（的办法），但是没有正规标准。或者说是三元无抗奶，人家说你有药物残留，整得也没办法，联系让四川人拉走了。

大厂蒙牛、伊利垄断了，他觉得有利就收，没利就不收，如果销不好，就不收。养殖户损失很大。现在，你要给蒙牛交奶，就必须吃蒙牛招标的饲料，害怕饲料有黄曲霉菌问题。现在还这样搞，好几家在搞。从你这边给呼吁一下：对小型奶厂，对鲜奶，当天产当天吃的，或者两三天内就可以销售出去的奶，也就是国家对新鲜奶一直没有扶持标准，而且还是卡得很紧。

笔者： 国家不支持小型的奶企业，却支持大型的垄断企业？

田奔农业发展有限公司经理Z： 国家却支持垄断企业，小的奶厂没办法。比如我们在厂里加工炼乳，30天了也可以加点白糖就卖掉了，但是，现在加工是违法的。三鹿事件后，好多奶都倒掉了。我当时在南方，一直都在收呢。好的奶都交不了，他还能去掺假吗？奶户一分钱都没得到，他说倒掉了，把农户抢劫了。都是亏的农户，奶企却纯粹发了财。咱们国家在宣传上有一个歧视性的政策，城市人对畜牧业一些标准——要求不掺假——达不到。你想让如瘦肉率那么高，要根据国家标准，只能造假。我给你说个很简单的例子，我给同事介绍喝牛奶，掺奶的口感好，很香甜；但是真正的鲜奶，没有味道，有一股像脏水的味道。我告诉同事，你去喝那个老头的奶，他说不好喝。但这才真的是好奶。可是大家把真的当假的，把假的当真的。这就是国家的机制有问题。你应当扶持周围农户，国家要为农民减轻负担。

锦祥生猪养殖场场长 J：从国家补贴疫苗这一块来说，纯粹是国家浪费钱没起作用。发到基层的疫苗没有用，真正用的时候再去买。发的疫苗离得太远。花钱的就心疼，不花钱的不心疼。前几年，我在村上当过兽医，猪瘟和口蹄疫（疫苗）在用。环节上来说，发到下面去之后，禽流感疫苗发来，最早 2004 年领回去就放着，只在露天一放。有些村上的防疫员，或者大场的防疫员，在家里就发。6 月份就把 9 月份（的疫苗）都发了。好多人都知道这个问题。你说谁不知道？口蹄疫和猪瘟（疫苗）用着呢。其他（疫苗）你说有多少用着呢？浪费比较大，好多人都知道有问题。政府发的疫苗多少家猪场能用上？从省上到地方上，有些运输环节没办法检测。像精液送过来要 17 度，我们去取。疫苗温度有要求，有些可以说取消也罢。

笔者：政府购买的疫苗大都浪费了？

锦祥生猪养殖场场长 J：是啊。或者给补贴，村级的疫苗，都是浪费，没有多大实际意义。把强制性地发疫苗改成国家补贴，花钱的就心疼，不花钱的不心疼。花钱的就想怎么保存好；不花钱的，坏就坏了。那么热的天，疫苗自己没法保存。真正没有实际意义。禽流感那一年，我骑摩托车逐个打过疫苗。我这么做了，其他村子有没有做不知道。现在没有办法做，按道理说，应该把村上的疫苗资金给镇上，多补贴点都行，你下去给打疫苗去。

畜牧局副局长 C：我插一句，特别是周原、慕仪和阳平量大，村防疫员，咱们现在有专门负责疫苗的，有配送车。举例，一个村子，W 村子，我下去调查，养百头猪以上就有五六十户，你说，谁去干这些事？五六十户还算小户。就把这些人交流培训呀，让他们来填表，村级防疫员、技术人员缺乏，没有办法解决问题。希望养殖场能够进行封闭式管理，乡镇也设了检查站，把人员的待遇也解决了。站长对这些人说，现在咱们把问题给解决了，你给我一心一意干事业，咱现在有一个条件，咱区有职业兽医和官方兽医。乡镇上没有几个符合条件的职业兽医。基本上知识是断层的。拿畜牧局来说，我们的站长是西农毕业的，专业人员。像我们都是没有学过这个行业的知识。

锦祥生猪养殖场场长 J： 想要给咱辅导一段时间，都没有几个专业人员。我们虽说养猪这么多年，但是没有系统学习过养殖技术。都在摸索，边栽跟头边学，跟头一个接着一个。从养鸡，从 2000 年到现在，养鸡业全军覆没几次，又重新起来。养猪业全军覆没过。原先知道的，现在专门养猪，过去两个都养。觉得养猪简单，结果还是一样。感觉动物疾病越来越难防治。过去小猪生下来后，很简单，看病和防御。现在疫苗越多，病越难治疗了，主要是病越来越难了。以前损失点猪就好了，但是现在是毁灭性的。像 2006 年流感，感冒、拉稀，过去，死点就会好。现在，圆环、蓝耳等很多病。不要紧，能够治疗大规模性的肺炎。疫苗这些年，只有口蹄疫疫苗和猪瘟疫苗在用。猪瘟这个（种）病，猪场不好弄，另外就得掏点钱买点药。咱们很自信，每年我要拿到市上去做抗体检测。

畜牧局 W 股长： 畜牧业的制约因素很多，科技普及，人的综合素质提高，国家政策支持也很好。

总的来讲有三个瓶颈：（1）资金不足。农民的经济收入比较低，原始积累很少，特别是畜牧业市场风险大，标准化、规模化、设施现代化都要大了花钱。作为咱们西部农村的农民来说，西部大部分农民和养殖户的经济收入比较低，原始积累比较少，风险很大。国家不管怎么发文，怎么调控，市场风险没有多大改变。总体没有多大改革，我说的都是实话。普通农户他要建设现代化的场子，首先遇到的是资金不足，风险大。一般还不容易贷款，且信用社贷款利率高。要发展，一方面要承担市场风险，另一方面还有高额的利率。想扩大规模，都存在资金问题，难以把设施搞上去。

（2）技术（水平）不高。专业养殖户这么多年摸爬滚打，靠自己自学、政府的培训，大部分养殖户文化程度低，绝大多数养殖户科技水平参差不齐。虽然说好多大场都是从外行开始积累起来的，好多人在房地产行业或其他加工等行业赚钱之后才投入养殖业。这部分人有的是钱，但缺技术。但有一部分人脑子比较灵活、勤学，认为有发展前途，但是，他们缺技术。有的人出钱请技术人才，另外一部分人舍不得掏钱，不舍得请技术人员。技术人员感觉收入低，也不愿意尽心尽力（地）干。科技（发展）比较快，像我这样上过学的，专科出身的，如果长期知识不更新，跟不上时代，也得不到应用。所以迫切需要技术，也要把待遇提高。

（3）土地瓶颈。C区川道好多地方人均耕地不到半亩，有些只有三分地。想搞养殖业，如果在周围继续发展，就存在耕地不足的问题。现在倡导有资金、有经济实力、有远见的人搬到塬上发展，到交通方便的地方去发展。过去，几十块可以租一亩地，现在，川道要几百块、上千块一亩地，1000—2000元，负担很大。

还有几个风险：（1）市场风险。2010年、2011年，当时养猪的人大赚一笔。但从今年看来都亏了，进入这个行业的时机没有选对。要根据风险调控规模，否则肯定亏损。绝大部分农户跟风，看别人赚钱，自己看着眼热，就自己也养猪，往往造成风险很大，到出栏的时候，生猪价格下滑，对规模户来说，如果踏不准这个点，就会一蹶不振，爬不起了。

（2）疾病风险。由于品种引进数量大，运输量大，距离长，引起疫病病种增加，威胁比过去大。小猪也比较贵，死亡率很高。不管采取何种措施，但是疫病发生的时候，还是不以人的意志为转移。不像农业部要求的生猪死亡率必须控制在多少，在许多年份，在某个地方，根本做不到。这是实际情况。

（3）产品质量安全风险。以前出栏方面，国家重视，安排专项资金和人员加强食品安全监管。瘦肉精、三聚氰胺、苏丹红等，尽管国家重视，采取高压措施，由于监管人员人力不足，训练不够，还是反复发生。主要原因，就是作为一个市场大区来说，出栏数量大，在整个B市来说，占到了四分之一，靠这点人力、经费、交通设施，根本都跑不到每个地方，也就是心有余而力不足。C区效果比较好，没有出现过大的国家治理的问题。奶业发展辛辛苦苦十几年，在半年到一年中，能倒退十几年。国民对国产奶已经不信任了。由于这些因素，国内的生存环境很艰难。我也不是给龙头企业唱赞歌，2004年，我搞过一个发展规划，当时提出来农民的奶，包括奶厂的奶，建立一个质量监管局，现在这么多年了，没有人愿意搞。这就是如何保护好龙头企业，处理好生产企业和加工龙头企业之间的关系。国家在这一方面要多加研究。

（4）也不叫风险，可以说是来自这方面的压力。随着发展规模越来越大，机械化程度越来越高，副产品很多，像粪尿、死猪。根据环保部门测算，在相当一些地区，畜牧业的污染已经接近工业污染。现在好多企业也有想法，很多年以前，也想建立有机肥加工厂。理论来理论去，环保事业利于各方面，利于国家、利于环境、利于人民。但是，对于企业来说，无疑是很大的经济代价。现在好多养殖企业基本上微利，好多还没有利，负担不起，资金不足，他首先要赚钱。另一个死猪问题，今年以来，国家的政策操作性很差。特别是初期，他也不说多大的猪，也不说怎么个程序，我来搞觉得难度比较大。就像火葬场一样，搞一个地方，按照国家的设想，养殖户还要负担20%的费用。这样，实际情况是，养殖户自己埋掉了。农户自己散漫惯了，猪死了，怕人家笑话自己养得不好；还要负担，你还要让他掏钱。他不愿意去做。你如果要某个企业去做，要政策落实，怎么处理也搞不清。好久不知道怎么操作。到6月份之后，才不让农民掏20%了。此前，还要掏。按道理说，不应该说国家不对，就是政策不稳定、不持续、不配套。猪肉价格跌得农民承受不了了，才给补贴，有时候，不补贴，农民就不养了。等猪肉价格贵了，赚钱了，然后，国家又补贴。2008年，一斤2.8元生猪价格，给农民制定保护价格。今年猪价比较低，一方面因为消费，另一方面；因为国家补贴，他就多留母猪，场子就养得多了，价格就跌了。生猪还是在探索阶段。说了这么多，也许有些地方说得不对，请你指正。

笔者：都是大实话。

畜牧局生活股Y股长：人力的技术方面，不管大场还是基础兽医站，这些方面比较匮乏。自己操作不了，知识层面也差。全区来说，放上10个兽医，技术力量都比较少，人医力量哪个方面都比兽医力量强。我们摸着石头过河哩，试着走路。在哪里栽倒了，就看病。在人的病诊断方面，比较快。好多病，拿到咱手里，胡乱打针，像蓝耳病，咱们以前学的技术也不扎实，咱们兽医站是手段上不行，人力上也掌握不了。基层需要很多设施。监管方面，没有安全监管人才，不知道是三聚氰胺。监管环节，从源头上，增加下面的监管环节，要不查不出来。还没有出现的问题，不容易掌握。

畜牧局 W 股长：畜牧站新设备都配备了，好多新设备，但是，硬件上去了，软件跟不上。好多站，好多东西都没有用上。说到底，还是技术的载体，人才跟不上。咱这个行业配设施和人比起来还是少。让专家说到底需要啥技术设施。这方面咱们的人太少，不是多。摸着石头过河，碰呢。硬件跟上了，软件不够。一方面，原有人员知识更新速度跟不上，大的方面培训国家办得比较少，给我们学习的机会少；另一方面，虽然国家说要依靠科技创新发展农业，但是，这方面我们这个系统是否需要高层次人才，包括研究员、研究生、博士生。实际上，我们需要的人进不来，进来的人他占岗位，但是他不懂专业。存在这个现象。

技术专业层次上，安全监管不够。三聚氰胺出来后，才知道。应该增加专业知识。另一个，从监管环节就不能让他用这些东西，所以要从源头上要切断。等下面出问题了，就像地球上找虱子。查出来的问题，他们还不承认。所以从监管环节上重视，从咱们这个专业层次上先掌握。它还没出现，咱就知道了。普通农户就掌握比较好。

畜牧局副局长 C：我 2006 年调过来，我主要管防疫和质量安全。

（1）食品安全问题责任很大。国家对食品安全这一块，三聚氰胺、瘦肉精事件，都是畜牧业产品。作为咱们区上，养殖量占全市的四分之一，肉、蛋、奶（牛奶）只占一部分，原来咱这里占举足轻重的地位。原来咱们的奶站有 20 多个。以前普通农民谁都可以养，现在，养不了了。他的技术、规模上不去，就养不了，市场生产不下去，有雄厚的资金才可以。而且关键是技术方面。咱们好多问题，饲料呀、制度呀都不合理、不健全。咱们检验符合程序，种猪、母猪、育肥和仔猪都有程序。反复培训：第一，你可以去大专院校去学习、培训；第二个，你也可以请人来培训。把咱的技术问题解决了，把咱的管理水平提高层次了。我那一年培训比较多，把好多人员召集去培训，迁阳和陇县就派自己的技术人员去培训。短期培训也比较重要，知识是一个很重要的问题。

（2）监管问题。是各级的头疼事情，也可以说是掉脑袋、掉官帽的事情。我们做监管，从投入的饲料、生鲜肉、瘦肉精的问题开始监管。

（3）标准化生产问题——国家从立法角度。高科技带来很大的监管风险。我们在生猪调入环节，减少了疫病传染。今年前半年就 1 万多头病死猪，这是很大的安全隐患。

（4）诚信问题。你要拿出十几万来检查三聚氰胺，从市级别、区级。谁去操作？现在家家有检测，但是谁去认可你？没人给你发证，没人认可你。这一块问题没有考核，检查结果没有定性。三聚氰胺是化工原料，瘦肉精是医药问题。你怎么能把这个限制了？限制不了，这是高科技的东西。谁去弄？确实给我们的监管带来了很大的风险。目前已经是定点屠宰。现在种畜禽实行的是畅通无阻。你把商品车调过来有啥好处呢？仔猪不够，从四川调过来，而且把疾病带来了。咱们区已经形成自己繁殖，这可能慢慢降低了生猪的风险。以前有公路检查站，现在都走高速了，反倒没有检查站。从B市到甘肃，在高速路上都没有检查。这一块的管理跟不上，这是很大的一个风险。

刚才说了病死猪的问题，我也考虑要按照定点屠宰场，就要焚烧。咱们区前几个月，半年就要1万多头病死猪，如果把这些尸体放在下面，这是环境的污染，也是一大隐患。

（5）养殖户问题。养殖场，百头以上的养猪场占到了60%—70%。我就看你的饲料、兽药、技术和管理、服务水平跟上跟不上去。我检查你的档案、记录，你怎么来管理，主要看你的管理。这一块缺口很大。样板场还可以，其他的人都是想着，我只要把钱赚到就行。

（6）运输环节。猪贩子谁管理的问题？从瘦肉精事件出来后，都是经济的问题。这个环节谁去管理？（瘦肉精）事件后，我们把全区的饲料这一块都摸了一遍。我们把工商和市场等几个部门都召集来，谁都不知道谁该管这一块。

笔者：我看到你们在养殖场派驻监督人员，这种监管措施很有特色。

畜牧局副局长C：防疫员就是信息员。他们有报酬，所以很快就报上来。我们签订的合同就是食品安全责任书，一级对一级负责签合同。咱们C区从全省来说还可以。

奶站是一季度检查一次。兽药门店，全区还可以，80%都在城区。相当一部分都是B市卫校出来的，专门研究鸡这一类，而且发展了好多的用户。对全区所有的饲料要进行GSP认证。咱们全省有GSP认证。全省的兽药管理规范有17大项68个小项目，一大批标准。先发保证书，再给他办证，无证就是非法经营。这个工作才开始，这一块在管理上，对兽药问题，全区都要检查。目前这一块探索性的问题。C区的畜牧局以前是二级局，2010 年升级为一级局，16 个人，4 个是公务员，1 个干事，其他都是从事业单位借调过来的，工作量很大。

安全责任书都有。技术力量不到位，检查力量不够，但是就是靠细致的工作来加强监管。咱们监管的就是生产领域，进入流通领域就不管了，进入屠宰场就没办法了。有几十个部门，各有各的职责。咱们就管这一块工作，管理难度很大。"双汇"等批批检测、头头检测，说的都不可能实现。一头猪算下来一万多元，怎么卖呢？

笔者：现在的食品安全方面，养殖业是向规模化养殖发展，遇到这么多的问题，主要原因何在？出来问题怎么能够早点发现？怎么消除潜在的问题？

畜牧局副局长 C：不能出了问题靠监管。咱们每天提心吊胆，不知道在哪里？质量报告单可以提供，但是我们不知道报告单的真假，只能做个记录，做到出来问题知道在哪个环节。兽药、饲料由省上管。作为我们下面不会随便在里面添加什么。办饲料厂由省上和市上管，有卖饲料的地点知道了就去检查。现在卖饲料都是品牌。C 区只有一家饲料生产企业。

笔者：饲料和兽药出了问题，也不会怪罪到养殖户身上吧。

畜牧局 W 股长：畜产品安全出了问题，养殖户也就没有责任。

笔者：谢谢各位领导今天讲了这么多很详细的问题，也都是很真实的情况。

鑫鑫良种猪场场长 S：反正每次受伤的都是农民，都是养殖户。

笔者：那你既然每次都受伤，为何还要养呢？

鑫鑫良种猪场场长 S：现在退出来，我们投资那么大，怎么都吃亏。场子也开了，贷款也贷下来了，国家到时会想办法。大家吃到便宜的肉了，就笑着，不管了；高价吃上肉了，就想怎么管了。大家都是这样，大多数人看着好的，就不管了。应该让我们吃亏，好像心理不正常。猪肉贵的时候，我们应该赚点钱，国家就想办法进口，要把价格打下来；等我们赔钱的时候，国家就不管了。我们去年赚了钱，好多人今年还不够赔本。国家该进口就进口，价位低了就不管。

要不你就不管，靠市场调控。不靠市场，市场肉价这么低。肉价高的时候，肉制品加工企业可以限制它生产；肉价低时，让它放开去生产。我们养殖户没有定价权，我们都由市场说了算。国家考虑的是稳定，他不管别的。

肉制品价格企业有定价权，低了他不卖。肉贩子说我不害怕，我 6 元买去，6.5 元也可以卖。人家不赚钱不卖。我们 B 市的市场特别不稳定，每天在变化。按说我们区上的存栏量这么大，应该有肉制品深加工企业。如果把肉制品深加工企业引进了，就把这个产业稳定下来、保护下去了。肉制品加工企业要生存，就要定价。必须保证每天开足马力，要供应，要有效益，哪怕定个 7 元都可以。今天 7 元收的猪，明天可能卖 8 元。那次几个人坐在一起，觉得老受伤的就是我们。

笔者：猪的价格这样，是否其他的养殖好一些，比如鸡呀、羊呀、牛呀？

鑫鑫良种猪场场长 S：鸡过去我养过，鸡过去是 52 天，肉鸡现在是缩短到 45 天就出栏。每长一天，就赔了，再不出栏，还有伤亡。今年，猪的相同情况又出现了，就算养到了 400 斤，也是 6.3 元。猪可能等到了 400 多斤，还是那个价 6.3 元。

2003、2004 年，我们养的猪，能出一秤肉算好猪。现在，养一头猪，相当于过去养 2 头猪。现在，宰一头猪，这个下来要宰 300 多斤肉呢。2003 年时宰一头猪就 160 多斤肉，就算好猪，现在相当于过去的 3 头猪。这还是在陕西，其他地方人家就不要了。这段时间就说是牛猪。

访谈 17
访谈对象：Z 省 J 市山区一水库养鱼场老板
访谈时间：2012 年 9 月 4 日
访谈地点：Z 省 J 市山区一偏远的小水库
访谈内容：了解水库养鱼情况

笔者：你这个鱼喂不喂饲料呢？
养鱼场老板：喂啊，喂饲料。
笔者：那你这个鱼和饲料的比怎么样？
养鱼场老板：这个没有算过，像这个石斑鱼，最大的才 2 两、3 两，半斤的都很少见到。
笔者：在水库养鱼，鱼得病吗？
养鱼场老板：石斑鱼也得病，因为我这个水质好，鱼病比较少。将军鱼 2 年才能长 2 斤左右。我这还是喂饲料了，如果自然生长，会更慢。

笔者： 一个网箱大概有多少鱼呢？

养鱼场老板： 一个网箱养的鱼有 2000—3000 斤。

笔者： 每个网箱每天喂多少饲料呢？

养鱼场老板： 不同的池子里，养着不同的鱼。一般一天喂 2 次饲料，一个池子一袋饲料一天。饲料是人家送过来的，鱼也是人家来收。我的鱼得病少，和我的水质好有关系。网箱养鱼密度大，鱼病就多。一箱可以养 5000 条鱼，大些就分开了，密度还不算大。一般的密度是 3000（条鱼）。我这些因为鱼还小，还没有分箱。今年生长慢，可能和密度大有关。所有的鱼都是一种饲料，也省事。石斑鱼的饲料不一样，翘嘴红鲌，是肉食性的，它会把别的鱼都吃掉了。

笔者： 你养的鱼有几种呢？

养鱼场老板： 养的有石斑鱼、彩鲤、翘嘴红鲌、将军鱼等 5 种鱼。

笔者： 你在水库养的鱼，是不是比网箱里养的鱼价钱贵一些？

养鱼场老板： 是啊。水质好，鱼就好吃，就卖贵一点。大头鱼 15 块，草鱼 15 块。为什么贵呢？因为没有喂饲料，比外面的鱼要贵一点。我的鱼要好吃，它们吃的是自然的浮游生物。这个将军鱼，网箱里的和水库里的，味道就不一样，水库里的肉就嫩一些，网箱里的肉要结实一点。

笔者： 都在一个水域，网箱里面和外面就差别这么大？

养鱼场老板： 网箱外面的水质是活水，里面的水，有鱼的排泄物啊什么的。水库里的鱼不吃饲料，就吃水库里的东西。成本只要放点鱼苗就好了。

笔者： 水库有多大？

养鱼场老板： 水面 100 多亩，我承包了 10 年。养殖的投资比较大，收益回收（期）要长。我逐渐增加投资，不敢一下养那么多。

笔者： 养鱼有什么风险？

养鱼场老板： 发病，死。缺氧就会泛塘，就会全部死掉，这和天气啊、水质啊、密度高啊，都有关系。我这个水是活的，水质好。

笔者： 养殖密度大，是不是就容易生病？

养鱼场老板： 养殖密度高了，水质差了，肯定容易发病啊。我这些网箱养殖的鱼，下半年就分箱，要不就密度大，也长不大了。

笔者： 你有多少网箱？

养鱼场老板： 有 120 多个网箱，现在养了 60 多个网箱。

访谈 18

访谈对象：Z 省 J 市清湖镇毛塘村"水岸人家"渔家乐老板 J 及其妻、水利局副科长 W

访谈时间：2012 年 9 月 4 日

访谈地点：Z 省 J 市清湖镇毛塘村"水岸人家"渔家乐

访谈内容：了解养鱼情况

笔者：你们这个渔场有多大？

J：我们这里的水面 120 亩，养的是普通品种，青鱼、鲫鱼、鳜鱼。我们这里主要是垂钓。鱼不可能是自然生产的，也是用的饲料。像我们这些鱼，没有饲料的话，不会长。青鱼吃草，鲫鱼不吃草。

笔者：一般多长时间就可以长大了？

J：一般每年 2 月份放苗，10 月份就可以了。比如鲫鱼长到 1 斤到 1 斤半，草鱼和鳜鱼，大概长到 2 斤到 4 斤。一般的话，养殖周期都要两年，像我们放的都是 2 两、3 两的鱼，养了一年，从孵化出来到我们养，已经养了一年，长到两三两，一般都要长 2 年才能长这么大。

笔者：几个月就可以从两三两长到 2 斤到 4 斤啊。

J：应该是第二年生长速度最快，再到后面就慢了。这还是喂饲料了，不喂饲料长得更慢。像我们这种在流水里高密度养殖的话，只会越来越小，越来越瘦。因为这个水不像外面那个河里的水，没有营养。养鱼的话一定要有适当的营养。

笔者：要是天然养殖的话，就不可能长这么快吧？

J：像我们这种养鱼，以前都是用自来水厂来取水的水。很干净的水，水质很好，所以没有养分。所以你说靠天然养殖的话，我们靠天然养殖只是水库里适当地放些鱼下去，就是让它把水里的养分（吃掉），达到一定养水的目的，如果全部养鱼的话，养鱼而且不投食的话，那是养不成的。我们一亩放个 2000 尾、3000 尾的话，那密度是很高的，没东西吃就完了。

笔者：刚才我们看的网箱，每箱要放 5000 尾呢，它主要靠饲料。你这个饲料喂得少。

J：我们喂的饲料基本上每天都能吃掉。100 多亩最少的时候一天投放饲料一两百斤，多的时候 4000—5000 斤。像现在这个时候每天喂 5000

多斤，像我们这些，从上到下，大概有 30 万斤鱼。这段时间是鱼的生长旺季，要多喂一些。现在养鱼，饲料成本太高了。我们 2002 年开始养的时候，每包饲料 80 斤，70 多块，现在 150 多块。鱼的价格也是差不多，现在和 2002 年差不多。鱼的价格变化不大，都是一般的常规鱼的价格。

笔者：这么说，养鱼赚钱也不容易了？

J：现在效益就差多了。像我们这种模式，垂钓还好一点，我们场里还能赚一些。如果是这种模式养起来卖，那就基本没钱赚。现在，30 万斤鱼，算起来的话，鱼的成本、人工费，将近 6 块一斤了，卖才卖 6 块多一点一斤，垂钓就 10 块、12 块。池塘里养的鱼卖得很便宜的，基本没挣钱。

笔者：你们的鱼，死亡率高不高？

J：死的话，像我们这种，一般不大会发病的，我们是流水的。离这里不远的一家养鱼场，就今年它全部泛塘死了，损失好几十万。不是得病，它是缺氧，它那个情况比较特殊，因为是工业园区，它的净化水的设施（被）破坏掉了，它的净水和排水设施，因为搞这个工业园区，被破坏掉了。发现鱼缺氧已经来不及了，泛塘的话没办法了，几分钟就死了。死鱼根本没人要，要做无害化处理的。

笔者：我从新闻上看到有些地方是可以买卖死鱼的。

J：以前，死掉的话，有部分鱼粉厂还会收。现在不敢收了，要判刑呢。现在像我们这种搞养殖的也没有保险。比如说他们水库养鱼的那些人，因为有些水库在山里面没有电，缺氧的话只能看它死。养常规鱼它需要水质肥一点，但是一肥的话它又容易缺氧，所以得控制数量。但是要有经济效益的话，这个又很难控制。我们这都有增氧设备，每天一般都要开闸。增氧的话用电比较多，像我们每天增氧要开 6 个小时，3000 多瓦，耗电 18 度，一块多钱一度电。

水利局副科长 W：靠天然养殖，在水库里放一点鱼，就是让它把水里的养分吃掉，达到净化水的目的。如果不喂饲料，还不知道长到啥时候呢。

J：喂养模式不同，饲料的投放量也是不同的。鱼要养得好，就要富含养分；富含养分，就容易缺氧。一缺氧造成泛塘，很多鱼就会很快死亡。像我们这种高密度养殖，增氧机每天至少要开 6 个小时。

笔者：在养殖过程中，你们遇到哪些比较困难的问题？

J妻：饲料贵，鱼难养，草鱼夏天容易死。

J：像我们现在最主要是技术问题，加上地方比较小。

J妻：夏天的时候，草鱼就大批量地死。死的原因，可能是饲料太肥了，我说是饲料太肥了，他说不是，那个饲料蛋白太高，鱼吃得太饱。

J：像我们现在养的这种鱼，一个是污染，最主要是污染。

J妻：上游有个造纸厂和钢管厂，经常偷排污水，夜里你也抓不着，排的白白的、红红的，什么乱七八糟的东西，含有很多重金属。上面一家养鱼场受这种水质的影响，养的鱼根本没法吃，做起来有异味。等天气凉了，造纸厂不排废水了，过段时间就好了。鱼慢慢地自己把那些东西排出去了。

笔者：饲料里都掺加鱼粉。这鱼吃鱼，会不会造成什么问题？

J：现在，鱼饲料的市场也是很混乱的。比如说这些小厂的饲料，他给你弄30个蛋白或者35个蛋白，他用的都是那种不会消化、不会吸收的蛋白。我们用得比较多的，都不敢在小的厂买饲料，小厂便宜，不敢买。所以一般我们都要到正规厂去买。

现在这两年的养殖业，不好养，效益很差的。像鱼这种水产品，上市的时间比较集中，一般是第二年的3月份，你不卖，第二年就没有办法养。量太大，价格就上不来。总的来说，水产品还是供大于求。

我到现在总共投进去100多万，到现在，一分钱没有拿到。尽管政府有补贴，但是，我们一分钱没拿。你说我们问水利局要，水利局也没有这个钱，是财政拨款。所以养殖这个东西风险很高。

笔者：听说有些地方用激素喂鱼？

J妻：他们有人养鱼啊，不是用精饲料，有的地方用玉米加上秸秆粉碎，再加上激素，鱼看起来很肥，肚皮很大，很瘦，里面不知道什么东西，就像脓一样的东西，那个就是激素喂的。这种情况浙江这边少，江苏那边很多。

笔者：是吗？

J妻：它就用玉米加上秸秆磨成粉，再加上激素，它那个成本很低的，2块钱就能长一斤肉的。它长得快，但是，口感不好。

J：现在水产品就是这样，主要是很多人自己养鱼，把招牌给砸掉了，就是因为乱来。现在是这样的，比如像我们这样的鱼是无公害的产品，和那些普通的鱼，价格是一样的，不可能有自己的优势。

J 妻：鲫鱼的嘴巴红红的，下巴是黄黄的，他们都说这个鱼不好吃，而且贵。它那个是喂了激素，好像是四川过来的，他们自己配饲料才 2 块多钱就能长一斤。像现在水产品便宜，外面市场冲击我们，外面喂激素的便宜过来了，价格低，冲击我们本地的鱼。我们本地的鱼质量是很好的，J 市本地的鱼，10 块都买不到。

笔者：外地的鱼到你们这里，也没有质量检测或者关卡？

J：他们都是这样的，你控制不了的。比如说江苏的、湖北的、湖南的、江西的，他们这种鱼用大车子拉过来，拉过来他不到你这里来，他停在高速公路口，然后我们这边的鱼贩子到高速路口卸下来。所以，你根本抓不到他们。

像我们这种水产养殖，政府每年都要有钱下来的，像我们这种规模户吧，稍微有点。小的养殖户根本就没有，由他们自己承担风险。保险公司都是营利性质的。海上养殖，有政策性保险，外面就没有保险。养殖户投不起保险，一旦鱼死了，就只能自己承担了。像一家的鱼死了，损失几十万，那不知道几年才能挣到。反正这个东西就是运气好，赚一些；运气不好，亏一点。现在养猪的也是，一年赚两年赔。我们也整天担心，不论养什么都难，养鱼的不如贩鱼的挣钱。100 斤鱼批发商赚 1 块钱，零售的一斤赚 2 块钱，也不多。

笔者：你们无公害的水产品也没有优势？

J：在 J 市，我们的规模算大的。如果形不成规模，人家也没有人要。你是无公害的，也体现不出你的优势。无公害没有达到那个优势。你那个花鲢，我们的是无公害的，他们喂猪粪的、喂饲料的，价格一样的。

水利局副科长 W：上海这样的大城市，有个市场准入机制，你无公害的，就可以进入。在我们小地方，体现不出它的优势来，你也检查不出来，检测那个成本很高的。

J：也没有检测这个关，上市场前没有。人家河里大批量地用毒药毒死，然后用网捞起来拿到市场上卖的，也没有人管。

J 妻：这两年才开始说这个无公害养殖，以前都没有这个说法。大家只要骗老百姓钱，那些卖假货的都赚了好多钱了，谁管啊。他们现在赚了钱感觉良心都不好过了，那些工商局都不管。现在政府才开始管了，以前都不管。

水利局副科长 W：你说的这个食品安全，现在开始越来越重视，政府开始抓了。现在信息透明了，都开始学欧美了。说到食品安全，大家都觉得政府部门没有监管好，我们根本就不懂。像美国就只养3个品种的鱼，我们J市就养了40多个品种。全国你说有多少？检测哪里能够检测过来啊。

J妻： 我们Z省大家还是吃便宜的多，穷的多嘛，贵的东西，吃不起啊。钓鱼的人才稍微重视品种，他们说，我吃了你们的鱼，市场上的鱼真不敢吃了。市场上的鱼大多数不是我们J市的本地鱼，J市本地的鱼比较少，都卖到外地去了。到下半年出鱼的时候吧，开化那个地方的人来拉，他们那里出清水鱼这个品种，就我们这个品种，他们拉到杭州，当清水鱼卖。我们这个鱼，品质肯定好。他们的鱼都是我们J市的，我们那种鳊鱼，这里价格是6块，J市的一次来买两三百斤，开化他们做清水鱼的，他们一次来拉2000—3000斤。我们这里一般吃饲料的鱼，一般开化的拉过去，都当清水鱼卖。鱼的品质的好坏，最主要是水质的问题，不是吃什么东西的问题。把我们的鱼运到那边的清水里瘦身，不喂它。我们这里的青鱼、草鱼、鳊鱼，都是开化人拉去，他们拉过去，放他们的水里一两个月，就是清水鱼，都形成品牌了。我们6块、7块拿给他，他卖出去30多块。福建那边，他们都不养鱼了，累死了又不赚钱。

J： 现在像我们这边的鱼五块多，江西上饶那边卖三块五。我们这边吃饲料，它们吃什么呢？上饶那个地方有个屠宰场，杀鸡的，全部都是那些鸡肠子下脚料，鱼是什么东西都吃。他们那个鲳鱼，什么东西都吃，加工厂的地方，比如肚子里肠、肚都要的。鲳鱼是食肉鱼，我们养的驯化的，不会咬人，但是野生的就咬人。现在最主要的就是价格，他们三块五，我们5块。

J妻： 鱼吃下脚料，也解决了垃圾的问题。你说这个问题怎么解决？

J： 水产品这个东西，它的成本是没法计算的。比如说养猪、养牛，大家养殖差不多，肯定是要用饲料的，饲料的成本都差不多。但是，鱼的话，他们用下脚料喂，我们用精饲料喂，完全不一样的。像养鱼，至少要七八块，像草鱼多贵啊，他们才四块五，鳊鱼只要5块钱，因为价格低，大家只能想办法降低成本。

J妻： 那是，还是价格优势，我们中国人，都想买便宜的。

J： 像湖北那边的花鲢，拉到我们这边过秤，4块到5块钱，你说它那里几块钱？一块五吧！你说这么远的路运输过来，还有损耗，才4块多，那我们就不知道他们用什么东西养的。他们大水库里养蟹，他们养那个螃蟹赚了钱，养蟹之后（用）这些肥水来养花鲢，净水的。像鲈鱼这些高档鱼，现在养鱼都不赚钱，鲈鱼少了。

访谈 19
访谈对象：Z 省 J 市某大型甲鱼养殖企业老板 D、技术员 L
访谈时间：2012 年 9 月 4 日
访谈地点：Z 省 J 市某山区
访谈内容：了解甲鱼养殖情况

笔者：您先介绍一下养殖场的情况吧。

老板 D：我们这个养殖场总共到现在是第 4 个年头了，整个差不多三年多一点点。养了这里面甲鱼大的小的 10 万只左右吧。4 年了，刚开始的那几年养不了那么多的，因为我们刚开始搞建设也有一年多的时间，因为再一个这个甲鱼它有个时间段的，不一定什么地方搞好了、什么时候搞好了，都有甲鱼疫苗的。它有一个时间段的，一般正常的 5—6 月份这段时间有，大连也是这段时间有，5、6、7 月这段时间有，其他时间都没有的。我们这边养了这么多，因为还没有出去呢。从前两年因为第一年 1996 年的时候不可能有出去的，因为大连出去的甲鱼都不怎么样的。第二年也没有出去很多的，第三年呢，我们这个地方自然条件不太好，不说好吧也是好的，因为上面有水库，水库下来以后呢那天发大水了，涨水了把我们冲了很多，全部都冲掉了。我那个甲鱼都很大的，两三年的都跑了，全部都冲毁了。所以说呢，养了三年了，真的没赚到钱。今年呢，相对来说，我们小李他大学毕业是学这个专业的，鱼的专业的，来了以后呢，总体来说，现在目前的产量是上去了。那现在的关键问题是市场搞不准。规模呢，总的是 150 亩。水面的 100（亩）多一点点，因为我们还有种了一些果树啊，还有道路啊这些。

笔者：甲鱼好养吗？

老板 D：养这个甲鱼呢，我感觉到不是很好养，要把它养好，有个技术问题，有个自然条件问题。这个东西跟老百姓种田一样的，靠天吃饭的东西比较难。如果说今年这种温度天天下雨的话，甲鱼是养不好的。今年全国各地都没有好的，发病的很多很多。我就喜欢夏天温度高一点，天天都是天晴的。我们就喜欢这种天气，这种天气对甲鱼是最有利的。那今年从春节到现在基本上雨特别多，像这样长时间天晴的真的不多，所以说我感觉养甲鱼真的不好养，甲鱼这样的话生病多。

笔者：甲鱼生病的主要原因是什么呢？

老板D：生病呢，主要一个关键问题是我们的密度养得高了。比如说只几个你放在家里面塘里面不会生病的，没事的，跟养鱼一样的。你这次来主要是了解水产这方面的，是吧？我姓丁，没养过甲鱼，也不懂，刚刚在这里，就知道一点点皮毛，连皮毛都不知道。我就感觉养甲鱼现在对我们整个国家来说，我感觉就是对品种的保护，特别是对国家还有地方的品种保护，这个是关键的。养的甲鱼品种，总体来说是中华鳖，中华鳖里面体系又有太多太多，我们养的是日本品系的。再还有一种就是杂交鳖。第二个要保护的就是我们地方的品种，有特色的，像广西的华沙鳖，它自己养出来的。我就想通过他们那个新的品种拿过来以后，杂交以后，我们自己把它提升以后，看看我们能不能培养适应我们这个地方的新品种，因为我们这个地方环境啊、水质啊各方面跟全国各地都不一样的，所以我想培养地方性的品种，才适应我们这个市场。第三个我感觉就是比较乱的是甲鱼这个市场，是最乱的。现在呢，养甲鱼是赚不到钱的，贩甲鱼是赚钱的。比如说到10月份以后开始收甲鱼了，是贩甲鱼的说了算，他说多少钱就是多少钱。所以上次我就提出一个建议，我说能不能学习日本的那种体系，一个地方，比如一个省、一个省，你把它统一起来，搞一个地方专门收，收完以后，你把甲鱼按档次分开，其他地方要就到这个中心点来拿，价格就控制住了。所以说这要国家或者政府出政策就好一点。第四个就是饲料，我感觉现在饲料市场比较乱，饲料品牌看来很多很多，到我这来的每个人都说他的饲料很好，什么配方他都搞得很好。现在那个鱼料，加的是鱼粉，鱼粉加得多就蛋白高了，实际上我们这个甲鱼它不是光靠蛋白的，你把饲料如果调整一下，现在这个饲料价格反而在涨，涨到1万了。

笔者：这么说，养甲鱼也很不容易赚钱？

老板D：你说养甲鱼，甲鱼价格它控制以后，怎么也挣不到钱了。你还有存活率，有损耗，每年都有正常损耗10%—15%。因为它是在冬眠以后、春天上来的时候，那个温度它不适应了，跟人患感冒一样，都要生病的。所以我感到有几个问题需要整个社会来努力。

笔者：你养的是日本的品种？

老板 D：日本品系现在是目前全国最好的。因为国内的都是近亲结婚了，你拿到这来说是纯种的，也可能是第二代、第三代是纯种，再下去以后不可能是纯种的了。国内本土的品种已经不多了，湖南洞庭湖的，就是湖南汉寿的操作得比较好，它那个鳖，出来的中华鳖，是纯种的。我反正到那边看了以后觉得也不一定是纯种的，所以现在这个社会比较乱。原来国家保护的地方有三个：一个是江苏、浙江，还有一个湖南，现在没人保护他们了，这样搞起后整个社会就乱了。我们现在日本品系的蛋，可以说 Z 省的蛋，50% 是江苏的。那它孵化出来是不是纯种的？所以我们 Z 省人不敢到他们那边去拿。蛋呢，现在最多的还是集中在江西，那如果江西的蛋真正出去到全国各地以后，以后整个社会都麻烦了。湖南汉寿的中华鳖，那个鳖到我们这边养不大。我们小李是专家，我是外行，我就是这几年，特别是今年接触了以后我感觉到有这么几个问题，切身感受。

笔者：除了这些问题，你感觉养甲鱼的困难还有哪些？

老板 D：鱼病是个问题，还有一个就是甲鱼的检测，我总感觉到要维持这个检测是最好的，这个真的要动真格的，如果只是走过场，那检测不出来的。现在喂黄料的很多的，那甲鱼看起来挺漂亮的，我跟你说实话，这几天天天有人打电话，那些甲鱼贩子，要我给甲鱼喂黄料，就是加黄的一种激素，加上去以后呢，甲鱼看上去很黄，卖的价格很高，那对甲鱼是没好处的。黄料是允许添加的，现在像杭州的、绍兴的那几个厂在饲料里添加，它是一种天然色素，这个要搞清楚。现在关键的问题是，市场上卖的 800 块钱一公斤的是化学的，甲鱼（拿）到市场上卖出去有问题了，如果说今年养了，明年还想养就没办法了，所以这个添加剂我们一般是控制用的。

笔者：我们国家在食品检测方面，确实存在很多缺陷。

老板 D：所以这个食品检测真的是个大问题，应该要先检测再上市场的。现在甲鱼一般是进大市场，市场里面有工商部门、质检部门，现在蔬菜都要检测的，检测以后都要有注册商标的。现在关键问题就是没人管，没人管就乱来了。现在像我们这种养殖户养的甲鱼，有当年的，有三年的，有五年的，有当年就能养出来的，这个根据品种，有大小的，还有五年以上的，到市场以后呢，它就论大小的，不论年份的，这个年份呢，比如说三年以上的甲鱼和当年的甲鱼是没法比的。

笔者：甲鱼品质的差别主要是在年份上？

老板 D：差别是在品质上的，年份越长它越补，营养价值越高。因为它在水里、泥巴里待了几个冬天，它的品质就不一样了。甲鱼到夏天它就解冻，含有胶原蛋白，它的营养价值就在里面。他们说管你养三年的还是五年的，都按斤买。养的年份越多成本越高，每年的死亡率基本上是10%—15%，你养六年基本上就没什么甲鱼了，就剩几个大的了，如果这个大的还是按斤卖这个价格，那就基本上赔钱了，所以现在要养五年以上的甲鱼全国都没人养了。买甲鱼是为了补，那现在市场上、结婚的酒席上我们吃的甲鱼都是小小的，那你说还补什么呢？我劝他们不要吃了，我养这个的我知道。

笔者：大家都不太懂甲鱼的情况。

老板 D：对，现在关键问题是，社会上懂甲鱼的人不多，看不出来。甲鱼年份大小的判断，重量是一个方面，小李是专家。

技术员 L：其实甲鱼年份这个东西也不好说，根据大小看不出来，主要看它的品质，年份越长，品质越好。

笔者：这样的话，检测也不好检测。

老板 D：检测也不好检测，没有标准，它主要检测药物残留、抗生素、水质，我们养甲鱼要检测水质，我们也想水质好一点。所以说现代化的农业，要跟工业化生产一样，最好是有个标准化的生产，比如说我这个甲鱼，最好是养几年，给甲鱼吃多少饲料，用什么药，这些都要有个标准。

笔者：甲鱼的饲料有标准吗？

老板 D：现在主要的问题就是饲料都没有一个标准，现在饲料看起来大家的配方都一样，实际给你的是不是一样就搞不清楚。甲鱼是有饲料的，比鱼的饲料便宜。养这个鱼不好养，养了二三十年可能全军覆没了。甲鱼防病我们自己在摸索整理中，自己练一套拳。养殖本身就要不断地摸索，不断地有新的病。买蛋专家都看不出来。甲鱼一个要防跑，二个要防盗，甲鱼自己会跑，跑得很快，甲鱼是外滩养殖的，盗贼是穿着潜水服的，在塘里把它一个一个抓好，放进袋子拿着就走了，这也是个社会问题，差个5%是正常的损耗。我们曾经在15分钟内被偷了2000斤。

笔者：甲鱼主要有些什么病呢？

老板 D：现在我们这个甲鱼得的病主要是腐皮，也就是烂皮，这个是很常见的，主要是细菌感染。死甲鱼不能卖，是不能吃的。

笔者：那你怎么预防甲鱼生病呢？

老板 D：防病措施，我现在主要用中药拌在饲料里，尽量少用西药。这样成本就高了，相比西药还算便宜的。现在是谁赚钱呢？养甲鱼的都改为贩甲鱼去了，做饲料去了，卖药去了。养甲鱼辛辛苦苦能赚多少呢？这里投了三四百万，年年投，一年至少一两百万，所以他们劝我不要养了。我想培养自己的品种。

笔者：你前面说的黄料是怎么回事？

老板 D：现在买甲鱼的人只知道买黄的，颜色好看，价钱贵，他不知道那个黄色是怎么来的。有些买进来以后放在水里，那个水就变成黄色的了。还有些黑泥鳅买回来以后放家里眼睛都是黑的，它是黑色素染的，所以现在市场上的东西，除非是自己养的，不然真的不放心，科研手段越来越厉害了。所以现在要国家搞出一个标准来。现在收购甲鱼市场比较乱，管不了。

笔者：甲鱼有喂激素的情况吗？

老板 D：长得快的，就是用激素。这个又牵涉饲料行业、渔药厂家。因为养殖户自己也不知道，没办法检测。原来全国最好的饲料厂——福建的一家饲料厂，大家都在起诉它，人家吃了它的饲料，甲鱼死了。我现在的问题是，我想选择一个好点的饲料厂，都不知道哪家好。到处推销药和饲料的人太多了，地方的农业部它也管不了。渔药它是归类到兽药部门。养殖户真的是受害者，这个只有政府部门来管。养殖户不挣钱，风险很大。

笔者：L 技术员，您认为甲鱼养殖业存在的主要问题有哪些呢？

技术员 L：主要问题，一个是饲料，一个是药品。饲料里还要我们自己去添加维生素等成分，有的人会添加违禁药，抗生素等。再一个就是药，现在这个渔药乱七八糟的药太多了，什么病都能治的药，掺假的药太多，看起来都是什么国家论证，其实我看都不怎么样。现在养甲鱼的药都用人药了，怕用假药。因为它首先不会吃死，但是又不会起任何作用。这就是兽药厂管理的问题了。兽药没人管，最终还是回到人的问题了，最终形成恶性循环。现在人的药解决了，但是其他的不解决，又回到人的问题来了。有个朋友说，鸡养到一个半月就可以吃了，猪养到半年就可以了，小孩子吃了最不好了，真是害人啊。你了解真相你就不敢吃了。

访谈 20
访谈对象：Z 省 J 市贺村镇检疫站工作人员
访谈时间：2012 年 9 月 4 日
访谈地点：Z 省 J 市贺村镇检疫站
访谈内容：了解基层的动物检验检疫情况

笔者：你们检疫站有几个工作人员？

工作人员甲：我们这个检疫点吧，每天都 5 个人在这里上班的，白天 3 个，等于是晚上也有 2 个值班的，就是 24 小时有 5 个人，每天在这里上班。

笔者：你们的经费从哪里来？

工作人员甲：检疫呢，这个经费不是很多的，我们这一车就收 20 块钱的检疫费，我们这里，还有消毒药什么的，基本上经费不多的。我们下面呢，还有他们去到猪场啊，经常过去到猪场去督察啊，像我们今天一样啊，瘦肉精检测啊什么也要下去的。那么就是经费，我们现在呢，检测的话，政府里面拨过来的检测费是每头 3 块钱，就是你抽检 5% 的话，就是一车猪 100 头的话就 15 块钱，那么说经费是严重不足的。我们就 1 个人的话，像现在这样呢，我们这里是 2000 块钱 1 个人，工资，一个月 1 个人 2000 块钱，5 个人 1 万块钱。

笔者：也就是说，你们的经费来自检疫费？

工作人员甲：检疫费要上缴的嘛，检疫费现在我们都交财政。消毒费可以有一点钱，差不多 1 万块钱，差不多了，就是等于是 20 块钱一车嘛。你像收支平衡的话，就 2000 块钱的话，工资，我们在这里做得太低了嘛。我们就加班，连加班呢一个人一个月只有 2000 块钱，按照档案工资我们起码要 3000 多块呢，就是消毒费嘛，其他的都没有，就是说我们工资发不到了呢。我们没有，政府没有工资拿给我们的。消毒少的话，工资还少呢。

笔者：去下面检测，经费从哪里来呢？

工作人员甲：那个下面呢，还有检测费是政府里面拨过来，我们下面也有人去的，到那个猪场去，就是瘦肉精检测啊，最贵它就只有 3 块钱一头，跑一趟不够路费。以前他们只有 5 个人，不是正式的编制，是临时的。他们是最早的一批兽医站的，乡镇里面的，乡镇兽医站的，现在的名字叫乡镇动物诊疗所，但是这一批呢是最早干我们防疫检疫的，就是动物那个畜产品的安全监管的，最早介入的，但是他们反而不是正式编制。我们乡镇政府里面有一个动物卫生监督站，那些人就正式进了我们事业编制，但是那一批人里面也有从我们诊疗所里考进去的，是这样的。就是经费这一块，他们平时有人举报，比如说没有检疫啊，这种情况，他们还要去检查的，到下面拿个秤，有人卖了猪还是什么啊，没有采地检疫都没做，他们还要下去检查。对，还要开车子出去，都是自己的车，像这个油费都是钱，应该要补贴的，是不是啊？就这个问题是普遍现象，可能不止我们 J 市。

笔者： S 省也是这个样子。

工作人员甲： 其实国家的话，对这一块反正这些东西都有呢，但是真正的就是去，经费啊、编制啊，这些还是有一个过程，其实像他们肩负着好几个（项）责任，他们也有乡镇里面，它是动物诊疗所的所长兼着，就是整个他是青浦镇的，他是青浦镇诊疗所所有的防疫检疫这一块，包括养殖这一块他负责牵头，把它搞好。像我就是青浦人，像他们就是芋头那边的，几个乡镇合起来，然后还管自己的乡镇。

笔者： 你们的工资哪里发呢？

工作人员甲： 这里的消毒费返到我们乡镇里面去，我们到乡镇里面去领工资的，这里没有的。这里没有工资，这里返过去那边发的。我们这个财务管理，刚好今天也有财务管理在这里，乡镇里面我们这个财务管理这块呢，我们就到各个诊疗所，我们这里的消毒费也拨到我们自己那个诊疗所里面，我们到那里领 2000 块钱也是那里发的，不是我们这边直接发的，这里没有直接发过去的，这是我们乡镇诊疗所的那个财务管理办法。电话费补贴，这个我们乡镇诊疗所也有，其他的时候啦，这个是有补，没有的话就没有的补，这个看我们诊疗所的那个收支情况。医疗保险有我们社保所啊，我们诊疗所自己交啦，交了 100（元），诊疗所那边交的。咱们上面有规定嘛，可能按月工资的 3%，那个住院补贴费按医保那边规定的，在下面我们要交那么多养老费（21%），这些都有的嘛，单位交的，诊疗所交的。上面是这样讲的，诊疗所有防疫经费的。打防疫针啊，下放经费 15% 的提取，本来一个人上面是发 3 万（元）左右，15% 提，那就是 4500（元），还有交社保差不多 8000 多（元），这些费用差不多 9000 多（元）。我们这边的情况，全国都差不多的，其实他们这批还算年轻的，还有些年纪大的，他们待遇也很差的。最好是能为这些六七十年代的，这批人的待遇都很差的。我们信访啊什么的老是碰到这个问题。这个全国都有这个问题。这个问题你们社会研究所能不能过问一下？这问题也是很大的，特别是国家监管那么严，畜产品监管那么严，我们担的责任也很大，肩负的责任很大，取得的报酬比较低，不能成正比的。

笔者：不到基层，不知道基层工作的不容易啊。

工作人员甲：我们的工作量很大。我们 J 市有个养猪大县，有 10 万多头母猪，我们进行的检测检疫的工作量是相当大的，我们这里有本地猪，有其他地区的猪，每天都有很多，8 月份你看总共出去那么多头猪，它这一个点，还有其他几个分散的点没有统计上来，单单它这个点就统计了一下。有 8 个这样的点，这个地方最大，我们这个地方，1—6 月份的数据，出去 30 多万头，32 万多头猪，有的偏远一点不方便到这里来。

笔者：家禽的数量有多少？

工作人员甲：这个家禽是这么回事，本来出去的不止这个数字，远远不止这个数，现在是这样的啦，比如那个小的都不用检疫证明了，都省钱了。家禽有专门的家禽检疫点，它那个数字没有统计到这里，是属于贺村镇的，我们这个点是属于我们畜牧局派下来的，那边是贺村镇的镇上派去的，有 2 个人，3 个人在那里值班。

笔者：有具体的数字吗？

工作人员甲：数字这边反映不出来，数字没有合计到我们这里，到畜牧局上面都有的。它那个量蛮大的，去年好像都有 1000 多万的。你如果要数字的话，你要到我们畜牧办公室、财务办公室那个地方搞得到的，他每个月都有统计的。因为在这里的话，只能反映一个问题，就是我这个点的问题。那个家禽主要在温氏公司，温氏公司可能一年有 100 多万吧，不止，1000 多万、2000 多万。我们财务里都有的记账。以前他们更辛苦呢，没这个点的时候更辛苦，他们都要跑到下面去，比如在东就要跑到东区去，在西就要跑到西区去，东南西北跑的，那现在到这里来的话，一方面也方便他们，另一方面他们的工作量相对也少一些，不然的话，他们刚好在东边的话，西边又有检疫的话，那你这边还没搞好，又跑到那边去。他们晚上不能睡觉的，只能在凳子上随便睡一下。

笔者：瘦肉精怎么检测呢？

工作人员甲：猪的瘦肉精检测、尿检，我们下面也有去的嘛，他去检完以后就把这个带过来，这个瘦肉精检测，我们下面还有，像镇诊疗所也有去开检疫证到猪场去尿检的，像我们还有几个人要去尿检要到猪场去的，他把检疫证一起带到这边过来的。我们就凭这个给他开一个，开一个出县、出省的检疫证给他。

笔者：出省的话，你们开了检疫证，别的省还需要继续开吗？

工作人员甲：别的省就不收费了，像我们这，有外地的过来，就看他有没有当地始发地检疫证，就可以了。比如说像这个猪去宁波的，一般我们给他2—3天的时间，那么他去了以后到当地的屠宰场，按规定他都是要看一下你这个检疫证，他到屠宰场以后又检测一遍。瘦肉精要检测的，到屠宰场也要检测的，就是说我们制度上还是比较完善的，就看执行的程度了。那么这边跟福建交接，比如说我们这边往福建方向去的话，我们这里过境到福建，福建那边也要看一下我们这边开过去的检疫证到底对不对，一个头数，一个猪的规格，这些东西都是要检查一下的。基本上是晚上，24小时做的，而且这些猪贩子习惯夜间，夏天比较凉爽一点，因为这些事情不能提前做的，因为它在收的时候，县下面的检疫员把它搞好以后，把所有的检查好，把这些手续带上来以后，再根据情况再把它开出去。不然，随便报一下50头就50头地开，那这个不是空啊。

笔者：食品安全监管，环节很多啊。

工作人员甲：所以说食品安全涉及的环节很多，其实我们中国的监管单位，管的人太多了，就像集体负责，到时候变成了无人负责。比如说，按理说我们这一段只管到养殖这一块，像我们乡下的，我们还是有太多检疫。按理说你送到大城市里，你就到屠宰场里就是我们的事。因为我们中国，你肯定在进入屠宰场后，就是件涉及商务的事情了；再上市场又是工商的事了，在前面又涉及兽药这一块，像抗生素超标，那没办法做到的。我们检疫，要按照我们动物防疫的免疫程序，做得比较详细的，比如说猪的发病、禽流感、猪的猪瘟、牛的传染病，也有免疫，没有免疫达标的，那我们就不可能给他出具产地检疫证。然后，我们这边平常的产地检疫证，还有尿检，三样。我们监控还算做得不错的，我们一个人做两个项目，甚至只做一个项目。

笔者：兽药残留，你们不能检测吧！

工作人员甲：那个药，兽药残留这块呢，我刚才说了，绝大多数，从饲养的规律来讲，大多数都比较好养，不太发病的，老百姓也不会这么傻，到好养的时候还拼命地投药，拼命去加什么保健药之类的，这是一个；然后第二个我们也强调，比如说不拿以前的，很多药出来以前，一个月甚至更长的时间就要休药，我们强调一个休药期的。像今年的行情，有些是可治可不治的，他都不治的，治活了他养着也不合算，前段时间都是不合算的。除了猪检测瘦肉精，别的没什么好检测的，牛羊没什么检测的，有时候检测一下免疫的抗体水平怎么样，免疫的效果怎么样，像奶牛里面还有布鲁氏杆菌病、结核病，每年的4、5月份检测2次。

笔者：是你们这里检测吗？

工作人员甲：不是这里检测。

笔者：家禽检测些什么呢？

工作人员甲：家禽是这样的，第一个就是了解它的产地；第二个就是了解它的免疫情况，再结合临床看一下，看有没有几种传染病。这个家禽我们现在规定嘛，就是禽流感，那就是临床检查嘛，看它的免疫情况，就看是不是病鸡、正常的鸡这个意思。

访谈21

访谈对象：Z省J市天蓬畜业有限公司Z总

访谈时间：2012年9月4日

访谈地点：Z省J市淤头镇

访谈内容：了解生猪养殖情况

笔者：Z总，请您介绍一下天蓬集团的生猪养殖情况。

Z总：现在就做了养殖这一块，从1999年开始的，进入养殖这个行业。那么到2002年我们又发展了这个饲料行业，像工业这块，从2010年开始呢，就是要探索往现代化的农业去发展，建立了现代化的一个模式，也就是类似农业规划，工厂化的，跟国外差不多的，就是对于农业这块一个新的转型，主要是这么一个过程。然后，你主要是了解食品安全这一块吧？

笔者：对啊。

Z总：食品安全它也是类似这样一个过程，首先就是源头去控制，然后过程的监控还有监管。源头嘛就是饲料，过程是我们养殖这块，最后出去的也就是末端这一块。那我们怎么样进行检测，通过检测然后确保它的一个安全？主要做这么三块去控制的。那源头我们饲料厂这块呢，主要是从原料采购这块来控制，我们自己早就有这个检测中心了，当然刚开始建初期是没有这种概念的，以前的原料也不存在这么多问题，我们现在已经是很完善了，基本上，我们自己的实验室基本的一些都是能够检测的，然后也要通过送检，有一些还是自己不能检测，还要送检，送到像Z省饲料检测所去检测一些原料。饲料的问题，像现在的话一个就是霉变这块，我们自身还是检测不了。但我们现在呢，可能已经有意向在买这样一个设备，自己去检，因为要每批都送检的话确实不可能，我不能采购，我们量也比较大，有时候也要看行情，可能等你出来了这波都过了，现在，行情涨跌都很快，所以我们自己也想做这件事情。因为这一块对猪场的污染是很大的，特别是吃了霉变的饲料以后，那猪就容易发病，一发病的话对我们食品安全这块，首先猪都不健康，那你就更谈不上安全了。在营养这块的问题上会直接造成猪这块的不健康，不健康以后它自身的抵抗能力差掉以后，这些七七八八的，猪有很多病，那它就会乘虚而入，所以饲料是作为我们首要的一个控制点。

笔者： 从你这些年的观察看，饲料行业存在哪些问题？

Z总： 饲料这块我们这边是这样的，饲料这块我们是分部门的，可能就饲料这块了解得比较多的应该是我们这边饲料事业部、养殖事业部，可能都是分开的，可能他对这一块应该是比较熟的。就我们国内我简单的了解，从养殖这块呢，也会多少去关注一下，你国内的话可以说很多的，我们刚才讲了，像我们饲料厂，我们会检测合格的原料进来，但是很多，因为我们像养猪这行业啊，它都不是跟国外一样的，你饲料厂就饲料厂，我养猪场就养猪场，很多养猪场它都做配料，做配料以后呢它没有这些检测设备，都是凭感觉的。你像我们检测，我们是这样的，就通过检测以后不合格的原料一律退货。我们之前采购的时候就讲清楚了，那我们先放在我们自己这，饲料检测，自己先检，检了以后不合格呢，那么就不管你这个，你要说便宜处理啊，不管你降多少钱我们都是不要的，那你要放在别的地方处理可能就会有人要，但是这一部分我们是会退还回去的。那这部分的原料它没有销售掉，没有销售掉那它在哪里呢？它还是在其他人没有这个意识的人群里面去消费掉，并不是说不合格我就拿来都倒掉了，而且很多原料外观，你都看不出来，有的时候我们这种设备也检测不出来，还是要送到专业的地方去检测。最直观的就是拿来咬，现在都很先进了，它能够，霉变饲料通过什么饲料一搞以后，它出来都是很亮晶晶的那种，有的外观看上去很好了，它里面的话其实它营养成分就没有了。所以这个是直接影响我们养殖行业的，我们现在国内的每头母猪提供的营养是很少的，跟国外是没法比的，甚至可能只有它的一半，所以这个，这块是一个主要的问题。第二个问题就是我们养殖这一块。

笔者： 养殖环节又存在哪些问题？

Z总： 那这一块我就比较熟悉了，养殖这一块呢，它主要的一个问题就是，刚讲了一个自身抵抗能力下降以后，它疾病就乘虚而入，那我们现在目前生物安全这块，可能做得不是特别好。我们养猪这行业是跟那个生物安全有关系，一般人都觉得不可思议的，我们对人员、车辆这些要求是很严格的，就是说你要进猪场的话，一般来说是不准你随便外出的。它就防止一个（种）细菌对一个（种）病地带到猪场里面来，它这种流动环节还会造成对疾病的传染，这些疾病的传播途径它是通过你的人啊、车啊，或者鸟啊、老鼠啊七七八八的东西带进来的，所以在猪场这块的控制是很严格的，但是我们现在往往很多猪场都是开放式的管理，就没有什么消毒啊，没有什么人员隔离啊，特别是卖猪的，他是带病最厉害的，但是很多屠户你可以直接进去，直接进去抓猪看猪，这应该你比较清楚，往往这些人他是千家万户都要走的，所以一旦别的猪场有病的话，他就会直接把这些病带过来。这个是我们养殖场这块很关注的一个问题，但是很多猪场往往对这个环节都不会重视，因为他带进来的话他开始是不知道的，因为一些疾病的话都是有一个潜伏期的，它不是说我今天到猪场发病了，我到你这个猪场，你这个猪场也就发病了，不会这样子的，不会那么快，正因为这一块没有这么明显的一个影响，所以很多人都不会去注意，没有这种意识。那反而更多的问题呢是猪发病了，我怎么去治病，而没有把这个精力放到怎么防上，你跟他们讲，他们就观念这块转变不了，我经常给他们农户讲课，他们往往觉得，不会去做，你讲你的，他做他的，很难引起他们这样的一个共识，那么反而是把大部分精力放在去治病上、用药上，所以就造成我们抗生素这块的一个滥用，这块我想你肯定了解得很多。

笔者： 我们国家养殖业的抗生素等兽药滥用的情况非常严重啊！

Z总： 是。就是盲目地去用，猪不像人，人还要通过检测啊，七七八八地你能验出来它是什么病，猪都是凭感觉的，我怀疑是这个（种）病就用药，当然应该是要打疫苗，就跟小孩要打防疫针一样，但是往往我们这种疫苗，它的效果不是百分之一百的，一个是疫苗自身的质量问题，第二个就是我们防疫这块防疫员的意识问题，就是你打防疫针有没有打到位的问题，因为它会动啊，不仅仅是剂量，要看你的部位准不准，包括你的针头，这些都是很细的东西，因为它是猪嘛，所以它跑跑跑，我打进去了，至于到位了没有那都不清楚，那么像我们大猪场通常会检测，来了解一下我这个猪疫苗种下去的效果，但是小猪场他根本就没有这种意识，他就不知道问题在哪里，他自己感觉这个猪是这个（种）病，他就用这种药，或者别人跟他说是生这种病，他就用这种药，所以说变得非常复杂，非常的复杂，这个问题可能就是目前这种情况。

笔者： 猪病多是什么原因造成的？

Z总： 猪病多，刚才讲了嘛，一个是人为因素带进来的，第二个就是疫苗这块的自身一个质量问题，第三个就是刚才讲了，这个自身猪的抵抗能力比较差。刚讲了原料这块也有问题，原料这块是个问题啊，生物安全措施没做好，是直接传染进来的，你再健康的猪群，如果说你这块不注意的话，你如果人员、车子无消毒意识的话，即使你打了疫苗，你也抵抗不了它。我最早接触这个行业只有猪瘟、伪狂犬，这两个（种）病是主要的病，我进猪场是2000年的时候，12年前它就已经以这个为主，那现在早就发展了蓝耳啊、圆环啊，猪瘟、伪狂犬也是，现在一直还没有消灭掉，还有口蹄疫大流行，到现在从去年开始发的流行性腹泻。五号病就是指口蹄疫，我们讲五号病，其实它就是口蹄疫，就是那种猪发泡，然后造成它指甲脱落。这些都是病毒的，还有细菌的，像流行性腹泻它是，猪瘟、伪狂犬、口蹄疫、蓝耳、圆环，都是属于病毒性的，还有流行性腹泻也是属于病毒性的，还有传染性胃肠炎。那么细菌这块呢，细菌这块有副猪嗜血杆菌，还有大肠杆菌，就是猪的一般的拉稀，还有支原体肺炎，我讲的这些还都是现在主要的影响比较多的，其余的还有很多，今年的那个猪丹毒、猪肺疫又出来了，这个是在早些年的十几年前的一些病，今年又开始抬头了，它往往是这个（种）病没有了，另外一个（种）病又出来了，所以处于一个非常复杂的环境中，造成我们目前的话，确实，经常讲猪难养、猪难养。

笔者： 猪的疾病越来越多，是不是也与规模化养殖有关呢？

Z总： 那么为什么这么多的病会进来？除了我刚才讲的这些问题外，可能还有现在是规模的，就是大规模地上养殖场，然后我们属于比较散的，总体来说比较散，像我们 J 市的话，小户也占了很大的比例，现在应该 80% 是有的，散户的话整个的比较多，基本上这里一块，那里一块，基本上一个（种）病来了以后会迅速地传播，这些没做好的话它会迅速地传播，这个造成我们整体的养殖水平下降，这个是主要的因素。现在我们这两年的话，其实我们这个行业也在进行新一轮的洗牌，以前是没钱的养猪，现在是有钱人也逐步地跨入了这个行业，都是几万几万头地养，所以可能会经过新一轮的洗牌吧，也是对这行业进一步转型升级我觉得奠定了一个很好的基础。因为像有能力去做这些的应该是有实力然后观念比较新的，应该这些人他是能够接受得比较快，你像现在那些小养小打的农户，他是没有这种意识的，所以最终的话我认为还是要被市场所淘汰。只有等这些规模户成熟以后，我觉得他们应该是，我个人认为应该是逐步逐步地，他们为什么能够生存，猪价这一块的话可以说是相差太大了。

笔者：我在其他地方调研时，养殖户也谈到猪价太低，赔钱的现象很严重。

Z 总：行情好的时候，像去年 10 块多的行情，水平再差的他都能够赚钱，那么一旦，如果说他在赢利点在 50—100 之间呢，可能一些散养户他的价格根本就买不起，买不起这个价格他基本就面临亏本，然后亏本的话，他们自然而然地就会退出市场，所以呢，会有 5—10 年的时间，我们这个行业可能会有一个新的变化。

笔者：猪病的增多，是不是也与我们大量从国外引种有关呢？

Z 总：你这个问题问得很好。那么确实我说实话，像这种蓝耳、圆环，说真的应该还是国外，就我了解应该还是从国外引种进来的，那我们原先国内是没有蓝耳病的。就我接触这个（种）病的话应该在 2003 年，2003 年然后都不知道是什么病，它会出现发烧嘛，耳朵发紫，呼吸困难，后来说是蓝耳，到后来说是呼吸道综合征，后来才知道的；还有一个（种）圆环，蓝耳、圆环它都是合在一起的，就跟难兄难弟一样；还有一个（种）副猪嗜血杆菌，我刚才讲的，它感染了圆环以后，蓝耳呢会跟"副猪"结合在一起，就是细菌性病和病毒性病结合在一起，那么在治疗上是非常困难的，它如果是单一的，那还好一点。但是往往它一来都同时来，一个（种）来了以后另一个（种）又跟来了，或者蓝耳、圆环，或者猪瘟，其实多的话一头猪里面可能有四五种病，所以造成它这个呢非常的快，本身治疗，因为一般病毒性的话都是通过疫苗去控制的，但是疫苗如果说效果达不到的话，病毒性的靠药的话，我们药物呢只能对细菌性，对它能够控制它继发感染这块，那么一旦它病毒进来以后，基本上对我们治疗这块会增加很大的难度，所以它会出现死亡。

笔者：严重的话，会造成猪的全军覆没吧！

Z总：全军覆没倒是没这么夸张，因为它会通过治疗以后慢慢地恢复过来，恢复过来以后呢，那么对它生长这块、对它肉质这块就会有很大的影响。那确实像蓝耳病、圆环病是国外引进来的，我们自身是没有的，我们只有猪瘟、伪狂犬、口蹄疫这几个（种）病是有的，但是为什么、什么时候进来的就不知道了，反正一旦进来以后，那么就在国内大流行，因为当时蓝耳进来后，全国一片蓝耳，然后引发了圆环病，这个应该是非常有名的，作为你们是非常清楚的。这个（种）病，基本上很多猪场都是毁灭性的，那不夸张的，母猪流产，小猪大都死亡很厉害，所以造成猪场又一轮的损失。所以，我们公司呢，针对我们现在目前食品安全这块的这个问题，我们专门开发了优质猪肉，就是让它有更大的空间，然后我们不用药，增加猪的运动，给它玩玩具，然后通过我们饲料这一块，去增加生物发酵饲料，那么来改善它的肠道，让它吸收到好的营养，提高自身的抵抗能力，这样来减少，我们这个不用药。但是现在它目前，你要像大规模地去养呢，现在还是有些问题，涉及一个土地的问题，我们只能是做一小部分，不能作为全场这样去推广，确实，从这么用下来以后，确实能给猪这块首先是肉质这块收到一个非常好的效果。

笔者：是放养的吗？

Z总：那不是，我们增加运动场，不是说像那种放养的，不是，稍微有它的活动空间。最主要的是我们在我们自己的饲料这块去研发，通过生物菌种，增加生物的发酵饲料这块，其实我们很多的话，它营养的话，它造成营养这块问题的话，是因为它没有很好地去吸收，是肠道这块的问题。那我们通过这样的话，我们自己有个生物饲料厂，我们通过这种研发，确实感觉到猪的，首先它的猪粪都不一样，然后它的材质，然后它的一个消化功能，最终我们膳食的肉质这块。我们请北京农业大学帮我们检测的，确实跟原先的猪的肉质还是有些不一样。通过这个试验以后，我们对我们猪场，虽然说是大规模地养殖，那么通过饲料这一块的改善，确实是，我们从去年一年的话，光用药这一块就省了几百万。

笔者：光兽药的费用就节省了几百万啊！饲料中还添加兽药吗？

Z总：饲料可以添加，无非就是运动的场所没有那么多。以前是用药去控制，用疫苗，疫苗肯定是少不了的，原来是猪发病了用药，现在是我们把这种的用药这块呢，改为用发酵、用菌种来代替我们的药物，疫苗是不能省的，防疫是最起码要做的，小孩一生下来就要打防疫针，那我们猪也是一样的，我们最早的一针疫苗是在7—10天就要打的，然后也是在这个小猪阶段打疫苗，母猪打疫苗，这些防疫是少不了的，无非就是我们原来用抗生素，现在我们用生物菌种去代替、生物饲料去代替抗生素，这样的话确实可以说效果是比较好的。因为猪只要不发病的话，其实你什么损失都回来了，你死一头猪的话你就什么都没了，你这些成本都打水漂了。

笔者：现在，你们每年出栏多少猪呢？

Z总：年出栏我现在这边是4万多头，然后我县上的一个现代化的猪场是要达到7000头——1000头的种猪，加上6000头的母猪，年出栏要达到4万头。总共加起来的话，到明年年底我们就能达到10万头，10万头出栏数。所以就刚才你讲的国外引种的问题，那我们猪场为了杜绝一些病的传入，我们到国外引种的种，基本上是到种猪场去引的，那么就把病带回来了。那我们以前这块呢，对种猪这块呢，我们的思想观念，可以说是不知道的，不知道引种会带来这么多的问题，我们还不能到美国那边去，不会想到到国外去，那都是离我们很远的事情，我们都是到本地、本省或者到隔壁的省去引的种猪，然后通过引种呢，我们就发现，引一次种，猪就很难养，但是不知道什么问题，我们后来通过一次次经验教训知道了，原来是引一次种就把病毒带回来了。那么，那些种猪场的病是从哪里来的呢？可能是引种这个环节，那我们就不知道了，那么我们自己是从法国引进。

笔者：你们从国外引种怎么避免引入疾病呢？

Z总：今年，有了这个想法以后呢，那我们引过来，在他那边隔离场养的话它是没有问题的，我们在上海这边隔离场感受到它非常严格，那也不知道这个（种）病为什么会带进来，因为它相关的这种，甲类的传染病啊，那我们不清楚。没接触过这个行业时，因为我知道它就甲类的传染，它是一律扑杀的，它是百分之一百都要扑杀掉的，所以我们进来的，我们确保他那边都是先检测过，检测过都是合格的，再拿到中国的，到中国再隔离一个半月以后检测合格了，他才能给你。现在甚至它有种乙类的，比如说不是那种甲类的传染的，他都要扑杀的，他都要看情况扑杀掉的，所以从这一块来说应该是没问题的。那么，为什么造成这样的问题？我确实也不清楚。

笔者：猪的死亡率高，应该造成猪价上涨吧？

Z总：奇怪的是，今年年初的流行性腹泻也是死了很多，但是并没有造成我们的猪价这块上升，所以我也觉得挺困惑的，按正常化呢，七八月份会有一个新高，但是很奇怪，今年没有，所以这个，当时我们估计出来，我们估计今年行情会很好。但是事实上呢，到现在来看，包括到下半年也好不到哪里去。因为现在整体呢，猪已经上来了，死亡最高的是1、2、3月份，1、2、3月份呢，一般猪的出栏是6个月嘛，6个月就是7、8、9三个月，那现在8月份已经过去，已经9月份了，但是猪价一点上升的迹象都没有，所以，当时都觉得很奇怪。很多人都认为，原来前段时间有部分人就没有猪了，没有猪呢就把这个猪都养得很大，这个会有一定影响。本来245斤出栏的，甚至我们这边的农户，你知道养了多少斤。养了460斤，然后价格一直是，本身就处于饱满状态。猪它越到后面的话，一个是生长速度慢，第二个是料比高，它原来小的时候你可能是吃3斤饲料长1斤，到大了，到300斤以上它可能要吃3斤半长1斤，那这部分料你要折算到成本里去你就很不划算。基本上今年的话，可能很多猪场都赚不到钱，都把猪养得很大，所以这个影响很大。

笔者：我在一些地方调研，都反映养猪不赚钱。

Z总：这么跟你说吧，养猪赚钱不容易是怎么说呢，因为你不知道它，行情我们其实是不管的，就是说你就这么多的病，你就很难去解决它，很难去控制它，很多东西不是我们一个猪场能控制的，它必须由整个社会去做。你像这个猪，比如很多猪病的话，他们希望不要采取捕杀（措施），那我们是做不到的，那你不杀掉的话，这些传染病源的话，必然是留到这里，然后通过这些传播途径——车啊、人啊、鸟啊、鼠啊，它必须要去传遍每个猪场，特别是那个猪车这一块，它是到处拉猪，而你消毒这块的话，它也有局限性，你像拉猪的车子，他一来他就想装猪，那你按消毒有效性的话，它必须头天就开始消毒，然后在那里放着，要进行第二次消毒，那很多猪车现在清洗功课都做不到，那你像到处拉猪发病还是要卖掉的呀，卖掉以后你这个车的病毒还是在的，然后你到处啦，通过空气啊到处污染，主要是它这种传播途径太快了，它是流通环节太多了，所以你是防不胜防，因为这种疾病没办法控制。

我们公司当时为什么转行？因为一个呢是当时政府，养猪这块污染也比较大，政府也不支持，所以我们就去做工业，那么当时也没有一个很好的环境，有这样一个现代化的模式，那时候排污也是一个很大的问题，我们处理不了，我们董事长就觉得不能给政府这块造成更大的一个压力，因为我们是农业龙头企业，我们必须带头做好，不能够把这块产业做得更好的话他就决定往工业转行，等找到新的突破途径我们再回来，再回头，所以我们 10 年又回过来重新做这块养殖行业，就是因为找到了一个比较好的模式，所以我们再重新做。那时候为什么要离开？一个是当时的病毒，第二个是污染这块，处理不了。现在可以处理了，现在我们都是用沼气发电，然后再通过生物处理的一个模式，再让出来的水基本上做到能够回用。基本上在国内也算是成熟了（这些技术）。我们觉得现在可以做，才去做。

笔者： 为什么养猪不赚钱，还有这么多人养猪呢？

Z 总： 当时的话，因为确实猪病这一块非常难解决。为什么人家说猪难养还是要做这个行业？刚才讲就是猪病多，然后觉得养猪不容易，因为很多人，一旦病发了以后，基本上血本无归。但是为什么就这样子人家还想养猪？因为一个呢，说实话，养猪这块他都是现款交易，猪也不愁卖；行情这一块呢，基本上，按我们这种行业来讲，据说是一年赔的话，要好三年，好三年呢，猪一年死掉，要好个两三年，所以这种行情刺激的话，你像我们好的时候一头猪赚七八百啊。你像去年的话，像我们一头母猪一万块钱，养得好的话，一头母猪一万块钱是很好赚的，那我们养 1000 头、养 2000 头，也就几千万了，那这个回报也是很高的。而且它真正亏的时候其实是不多的，它行情就差几个月下去以后，跌到低谷以后，很多小散养户他们很灵活的，就杀掉杀光，杀掉以后行情又上来了，是这样的。杀掉杀光以后，就那么几个月行情下去了，那它就又上来了。他们上来的话是没这么快的，你从抓母猪到生母猪，有一年的周期，所以在此期间，它行情会上去，上去以后像那种，你赚一年都可以亏个两年。你像那种全军覆没的还是少，所以养猪基本上处于一个不会亏钱（的状态），只要你猪养得可以，基本上没有亏本的。那我们还有饲料这一块呢，而且现在很多行业这块都是欠款的，你像饲料厂，你说可能是赚钱有利润，但是一欠款，一收不回来它就是坏账，那你这么去比较的话，看上去这个行业可能比养猪更好，但实际上呢，你没收回来就相当于你没赚到钱嘛，那不是一样的啊。对啊，我们也对外的，我们正因为想把它做大，必须上猪场嘛。一方面呢，可以提高我们饲料的品质，你像饲料搞研发这块，需要我们去猪场去验证、去试验嘛；另外一方面呢，通过这样能够增加我们饲料这块的产量啊。你靠外面的话，外面的话占了三分之二，我们自己猪场占了三分之一，这样的话，你各方面的成本就降下来了。如果你光有饲料厂没有猪场的话，你量没上去的话，它猪饲料它是工业的，它因量你这些成本才能下来的呀，你量上不去的话，饲料成本这块的话（是降不下来的）。

笔者：自己生产饲料，也比买外面的饲料安全。

Z总：对啊，第三个就是安全，我们原料这块自己都能把握，然后一旦有问题的话，我们就便于去查找。像很多猪场，它都不知道它的问题在哪里，其实饲料这块也是一个主要的问题。对猪场这块来说，那我们自己就能够非常清楚，能够排除这些问题的存在。因为你不找到问题，你就不能对症；你不能对症，你就非常盲目；非常盲目你就解决不了这个问题；解决不了这个问题，你猪就必然要损失掉。

笔者：兽药也是一个大的问题。

Z总：还有一个兽药的问题。兽药呢，其实说实话，现在整体呢，我想现在国家也是非常严格的，原先的话，就是假冒假药比较多，甚至有些比较缺德的是有的药里面一点药的含量都没有，你比如说阿莫西林，拿去检测以后里面一点点阿莫西林的成分都没有，这块也是一块。但是这几年应该会好一些，这也是跟自己，农户这块也是有很大关系的，他想用便宜的，你说又要便宜的又要效果好，那天下也没有这样的事情嘛，他这种药生产出来是迎合市场、迎合农户的需求的。如果你农户说你要质量好一点的，那么我价格高一点也无所谓的，我想它这种药就没有生产的空间了。我认为应该是相对来讲的，像我们就不可能买到假药了。那如果大家都有一种意识，你假药哪有生产的空间呢？那必然要被淘汰掉，所以它这种厂家的话……我们进药是这样的，我首先要查你有没有批号，如果说你没有国家批号的话，你"三无"——什么厂家都没有，什么批号都没有，什么七七八八的都没有标明的话，那你自己进来，你不是自己找自己的事情嘛，对不对？所以我就觉得，我们采购这一块也是很有问题的。进药不会没法判断，那你上网一查就能够查到，它这个药有没有批号。我们是这样的，违禁的药物肯定是不用说了，我们是坚决不能进来的，所以他们就对这种判断啊，确确实实是一个问题，他判断不出来哪个（种）药是我可以进的，哪个（种）药是我不可以进来的。像我们都是，我们都是专业的人员在这里做，都是专业的兽医。那为什么我们的猪会有这么多病？也跟不是专业的人做这个事情，也是很有关系的。那都是农民，有些文化也没什么文化，你要让他知道猪的七七八八，他们根本不知道，连原理都不懂，这就是一个很大的问题，就是说我们的门槛太低了，真的太低了。按理说你要去搞猪场搞农场的话，你最起码这个兽医，你要不要兽医毕业的？你培训不培训就不说了，你专业要不要这个专业的？但是这个，以前你说就是很单纯地养猪，但现在不是这样的，所以这个门槛这块也是太低了。

笔者：以前散养的时候，对农民来说，养猪也还是比较简单的。

Z总：对啊，那是土猪，很好养的。现在是外来的商品品种的猪，它本身的话相对来说就稍微要娇贵一点，我们自己的以前国内自己培育出来的猪，相对来说它比较好养。国内的品种它是比较好养的，但很难推广的。

笔者：它为什么很难推广呢？

Z总：一个是，好像还不是肥肉多，主要的还不是这个问题，最主要的是因为它的生长速度慢，因为它肉质好嘛，生长速度慢，料肉比差，就是你的饲养成本会高，那么这样造成它没办法推广。同时，像刚才讲的，因为它肥肉多的一个问题呢，会造成它膳食的一个价格低，很多大城市人他都不吃肥肉，肥肉这块价格，差很多，所以我们养那种土猪的话，本地的要相差5毛/斤。除去前面的要增加这么多的成本以外，它有一个优点，它的肉质非常好，很多人他就不吃肥肉，它肉质非常鲜美。第二个就是，它的肉质真的挺好的，它是占这种品种的优势，像我们改善肉质是通过其他的途径，比如说我们通过饲料配方这块去调整，增加氨基酸这块来改善肉质，或通过我们饲养这块，尽量让它周期拉长点。猪是这样的，时间养得越长，它的肉质越好，肌肉脂肪会越多，就不会那么硬，吃起来会比较香，主要是这个造成我们国内品种保种。它有一个优点就是很能生，基本上像我们这种品种的话，平均生个12头算是好的了，哪像我们这些国内的品种，它生二十几头是很正常的，生育能力很强的。但还是没有办法，因为它后期的饲养这块的成本增加了，反而就让它很难在市场（上生存）。

笔者：大量引进国外的猪种，也造成国内猪种的消亡。

Z总：我最早2000年到公司来的时候，还有很多人都在养我们本地的猪，也有白的，本地的我们叫J市黑猪，现在都在保种了，现在只在保种阶段，我们国内的那么多品种估计像原来的话最起码六七十种吧，现在就不知道了，现在能保下来的只有一半，最多一半吧，能保住的，这种品种都慢慢慢慢消失掉了。

笔者：外国引进的猪比较难养，是不是也与水土不服有关？

Z总：外来猪水土不服，对，这是一个方面。第二个方面，是因为我们的条件跟不上，比如说它这种品种在它那里的条件下可能可以，那么到我们这边以后，我们以前是那种传统的养殖模式，所以我们去养那个猪呢，人家那个猪娇贵，你像美国的猪它就应激比较大，它就特别怕热，那如果你说夏天没有这些降温设备的话，它就会应激，就有很大的一个应激。猪处于应激状态以后呢，它就会病，病就会容易进来，确实是你说的一个水土不服。主要是它要那种环境生长，但是我们没有给它那种环境条件的话，它就会有问题。疫苗，国内呢，也不是说没有，现在研发出来了，但是有的呢，它也不是很成熟的，有的现在国际上也没有成熟的疫苗，你像现在的流行性腹泻，国际上都没有很好的疫苗去应对它。有的不是说病一出来，它就有苗去对付它，它会经过很长时间的研究，在它没出来之前猪都死掉很多了。那么即使疫苗，你的保护力能够有效的话，它还是要把生物安全控制好了，它的病才不能进来，所以我们现在新的猪场它都是全封闭的，鸟都进不去，它就能够大大减少病的传播。我们现在是想通过这些品种的引进，然后自己搞育种。现在国家不是提倡我们（我们自己也发现了这个问题），现在提倡搞联合育种吗？那我们也希望能够进驻联合育种这一块，那么，我们是跟华中农业大学合作的，然后通过我们自己去做，做以后呢，希望能够选育出我们自己品牌的这种种猪，那么让大家引种呢不要去长途跋涉啊。我们国内自己育出来的种猪，可以说它在适应性啊、性能啊方面肯定能够得到更好的发挥。你像它们长途跋涉过来，如果都能成功的话，那不是，育种的成本很高的。它这种的成本的话，大部分都是飞机这一块的，还有这些隔离检测啊，这些成本是很高的。那我们国内，为什么这么大的国家，为什么老是没有自己的品种呢？很大一个方面呢，在于我们的话，可以说是没有人。你像企业来做，都是急功近利的，没有人静下来去做选育，其实选育的过程会非常长，但是很多因为他考虑到他要兼顾效益嘛，他就等不及，等不及以后呢他就做不了这个，他就想直接引种。

笔者：你们还做肥料？

Z总：肥料呢，就是针对排污染这块，肥料厂基本上是，从我们做起来基本上是亏本的。然后J市政府就是非常好的，一直在帮我们推动有机肥这块，因为它本身就是为了把农户的这个猪粪问题解决掉嘛，我们到外面要做回收把它回收过来。有很多跟我们合作的——吃我们的饲料啊、买我们种猪的啊这些合作场嘛，我们有义务帮他们把猪粪处理掉。

笔者：现在，由于兽药的大量使用，猪粪便中也含有各种兽药和重金属。你们怎么确保肥料的质量呢？

Z总：有检测的，那现在都是要求肥料都要检测的嘛，是的，它是要检测肥料的。我们因为自己有肥料厂，我们对有机肥料这块特别关注，我们在做饲料配方的时候，像类似一些重金属的话是要尽量避免的，虽然不能说是百分之一百，但是只要有东西去代替它，我们就要去做的，否则我们肥料出去的话，你检测不合格的话，就不能拿出去。那现在对肥料这块也是检测很严格的。现在的话很多问题都没办法避免，确确实实，这个是一个社会的问题，也不是说靠一个企业、两个企业能够解决，它应该是整个社会这块怎么去解决的一个问题。因为像我们，我们只能说是自身去做好，这个是最起码的。所以我们公司，我们今天董事长没来，他是一个可以说对社会非常有责任感的人，他经常就会呼吁，有时候政府领导过来调研他会经常讲这些问题，确实是想能够把这些问题解决，但这些问题的解决，也确实不是一朝一夕能够解决的。特别是我们的生物制品安全这块，比如说像政府补了钱，那么招标的疫苗，这一块的话，确实是，有的生物制品厂家，它会出来两种苗——一种是商品苗用来卖钱，一种是政府苗。那么政府这块呢，它可能涉及一个价格比较低，稳定性这块可能会有点问题；然后它商品苗这块呢，因为涉及我们这边去抽检的嘛，那么相对来说，质量会好一点。

笔者：我在调研中，很多养殖大户都说不愿意用政府提供的疫苗。

Z总：是的。不过，很多农户他为了省钱，他都是用这一部分苗，免费发的疫苗。这是一个，然后一个就是，中途的储存这块也是很关键的，现在的话，农户这种意识还是蛮强的，以前的话，跟他们讲，他们是没这种意识的，疫苗的话，它的这种保存是很重要的，有的它是零下18度保存的，那你就要放在冷冻里面。现在的话，农户对疫苗这块的意识还是蛮强的，保存这块。这个生物制品的安全，也不是我们能够做到的，这也是要国家这块，对吧。我们呢，我自己做养猪这块的经验总结呢，我就认为就是说，这些我们不能去改变的，我是不去考虑的。我就考虑，我进来，进到猪场来的疫苗，我首先要检测合格不合格，合格以后呢，我就批量采购，我现在猪场里冰箱很多的，我就大批买过来然后放在我冰箱里，我随时，我冰箱里面我就肯定能保存得很好，那我基本上就在同一段时间基本上打的都是同一种疫苗，可以用到半年左右，而且我夏天从来不进疫苗，这是我们自己能够做到的。我们通过检测以后，我们让我们的猪打下去的疫苗确保是有效的，那这样的话，对我们场里的生产可以说是一个很大的提升。以前也是不懂的，慢慢慢慢自己去摸索的。所以在我们养殖这行业，你只要能够很清楚地认清这些，你赚钱还是没问题的，因为它必然是有人赚钱有人亏本，什么行业都是这样的。那你谁认识到了，谁就能够走到前面；谁认识不到，他就很难生存。抗生素无抗的企业，就是我们企业嘛，当时说无抗，现在没有这种提法，我们的一部分猪基本上是不用药的。我们是这样的，除了前面讲的，用运动啊这些方法提高它的抵抗能力之外，另外就是我们把它的饲养密度降低，同时呢，比如说这头猪真的有问题，那我们用过药之后就把它挑出来，我们就不放到这个猪圈里面。

笔者：你的意思是你把你的猪分成两类，价格就不一样了。

Z总：当然不一样，差一万呢。所以就是说，但是我们还是决定这么去做，它的这种推广，消费者对这一块的话，基本上没什么意识，他就看价格。他这种消费群体，我们养的这一小部分猪呢，只能被一小部分人接受，而且大都是那种小孩，给小孩子吃的，他们知道这种猪肉安全。有一个奶奶过来说"我给我的孙子吃"，所以我们这周六、周末的时候特别好笑。很多人，你像我家里的，我小孩的奶奶，她说我反正这个东西我分辨不出来，猪嘛，人家还不是照样吃，又吃不死，她就没这种意识，光顾眼前，因为从这个食品安全意识这块来讲的话，你说的也不光是猪肉这一块吧，他们这种意识是很淡薄的。亚健康，这个主要是环境啊、食品啊，你看从小孩开始吃的就是不安全的东西。真的不多，因为这个成本，我们基本上现在还是处于亏损的这样一个状况，因为它群体小嘛，如果说它能够跟我们这个普通的猪推广的话，那我们可以说是，可以把这个饲养量快速减少，我就养这个猪，因为效益高嘛，损失减少一半嘛，我还是这些土地嘛，我就能够做到我基本上不用药，只要被客户所接受，我就马上可以用这种模式，对吧。

笔者：你们这种高品质的肉，大概有多大的产量？

Z 总： 一年的话也就在 1000 头左右。那我要根据市场需求量的，像我们已经打到杭州。原来想得很简单，反正我们有健康的肉提供给人家，人家就愿意来买。但是事实上，市场不是这样的，就说为什么人家那个瘦肉精当时会卖得这么好，就是因为消费者的一个误导，他就说，瘦肉精因为它的颜色也很鲜艳嘛，他觉得这个猪肉是好的，又便宜，他就要那个猪，反而我这个猪出来，因为我的猪它要从煮的这块体现出来，它从肉质这块的话，可能还不如那个加瘦肉精的猪肉。

笔者： 加瘦肉精的猪，瘦肉率很高呢。

Z 总： 对啊，没办法跟瘦肉精猪肉比的。因为我这个的话，我是要把它周期养长，然后因为没有，又不能喂重金属在里面，它相对来说，它生产周期我养的是 8 个月左右，正常的是 6 个月就出来了，两个月以后它不是大了以后嘛，大了以后它的膘就厚了，这个是没有办法改变的，我们通过控料，减少它吃料，然后还是达不到，运动也不可能太大，瘦肉率，因为你猪大些以后它就会肥嘛，所以瘦肉率肯定没那么高。我们猪在两百三四十斤出去的话，瘦肉率挺高的，像一般的话，我们统计瘦肉率在 68% 左右吧。这是我们的要求嘛，我们会尽量让它，在料这块把控好，然后我们通过饲料里面添加氨基酸，提高它的瘦肉率和肉质，相对来说，它饲养成本会提高很多，因为毕竟我们是通过生物饲料这块来增加它的，让它少生病。但是后期的话，你要通过，一个少生病，一个你要让它看起来好看一点。

笔者： 要求不断提高瘦肉率，离开瘦肉精是不可能的。

Z 总： 瘦肉这一块，说实话，至今还没有什么能够代替瘦肉精，那我们只能通过饲料配方这块来改善。

笔者： 你们的猪肉出口吗？

Z 总： 我们出口的，想我们是想过的，但是呢，我们在杭州那边专门成立了一个贸易公司，我们出口香港过的，但是效益不高，然后我们取消了。我们本来做进出口好几年了，他是按他那种指标来分配的嘛，分配的话，他是这样子，他是按照他的配比，有时候呢就是说行情好的时候，他反而不要你出，就是他那边价格高的时候，他不让你出。然后我们这边价格高了，他就要你按照原来低的价格给他，他要拼命拉，那这样子就造成我们一车要亏一万多，所以就不敢做。因为企业你要生存啊，你不可能说我亏本我都要做。原来我们 J 市有 4 个猪场在做出口，后来现在都没有人出口了。我估计 Z 省出口的人也很少很少了，开始是蛮好的，因为他猪要求非常高的，他都是一头一头到你这里挑，一头一头挑过，然后在他出售之前就要检测过的。所以，我们食品安全，其实从那时候起我们就很注重了，因为他出口香港，他有一套很规范的一个程序，我们那时候就按照他那么去做的，所以就一直可能对我们场来说还是养成了一个比较好的习惯。瘦肉精检测，我们 Z 省还是很严的，估计基本上没有人敢用瘦肉精。

笔者：瘦肉精至少 8 种以上，J 市就检测两种，所以门槛很低。

Z 总：其实瘦肉精也是一种误导，正常添加的话它是没问题的，真的没问题。一个是内脏残留的一个问题；第二个就是我们乱添加，不规范添加。他那个初次的就当味精一样，然后一不小心你今天一不注意的话又搞多了，你就出问题了。所以这个食品安全问题，虽然说是关系到一个民生的问题，但是做起来还真是不容易。因为各个环节啊，包括消费者啊这块，也不能说完全归根于我们，我们生产这么不负责啊，不负社会责任啊，我觉得也不能这么说，消费者他喜欢便宜啊，他就喜欢瘦肉精的猪，如果他不喜欢这个，养殖的人也不可能加。其实，只能说是肥肉和瘦肉的比例达到一定的比例，再高就不可能了。可以说是城市越大，你吃肉越不安全。说实话，我们都是自己吃自己的肉，因为猪粮安天下嘛，国家对猪这块还是比较重视的。宁波那边靠海边的他都吃海鲜，也没有人检测。其实我们国内的东西检测门槛太低。

笔者：确实是，很多食品都没有检测。

Z 总：像我们做种猪也是一样的，做种猪也没门槛，像养个几十头的，他搞一头原种猪做种，也拿来卖，然后我们因为成本，我们卖的价格就要高，那他们问：怎么你的价格这么高啊？人家的价格怎么这么低啊？这都是一个很大的问题。

访谈 22
访谈对象：Z 省 J 市畜牧兽医局蜜蜂管理科干部 H
访谈时间：2012 年 9 月 5 日
访谈地点：Z 省 J 市畜牧兽医局蜜蜂办公室
访谈内容：了解蜂蜜安全相关情况

笔者：请问，你们是如何监管蜂蜜的食品安全呢？

H：刚才讲有 96 个养蜂户是不是？然后他们这些 J 市的养蜂户都分

别属于这些合作社的社员，因为他们都是常年在外面的。我们不可能跟踪去监管他那个食品的安全或者是蜂产品的质量安全这一块啊，有没有用药啊或者是药物残留之类的，只能是通过合作社这一块去监管他，然后我们再考核合作社的一些情况。

笔者：现在，有没有对蜂蜜质量的检测标准？

H：标准都有，有蜂蜜的标准啊，什么产品标准，国家标准都有的。他们这个要到上面去抽检的，平时都要去质监局抽检的。然后，其实嘛，说是说合作社的，合作社一般 J 市的蜂产品，都是要供给 J 市这些蜂产品企业的，像他们这些企业大大小小一般也有三十几家，他们企业里有检测设备的，基本的这些药物残留啊这些能检测到的。

笔者：给蜜蜂也使用兽药吗？

H：就是用药，用治病的药，蜂也会得病的。动物嘛，这个东西也属于昆虫动物都会得病的。现在的抗生素之类的药物是禁止用的，至少在你生产的季节就是取蜜季节，或者生长蜂王浆季节是禁止用抗生素类的药物的。那种中成药啊、中草药啊这种合成剂还是可以用的。就是不要在那个生产季节用就可以了。就是要通过合作社去做这个，因为合作社是有分组的嘛。组下面也有组长的，他们是长期一个组，都是走一条线的嘛，大部分都是在一起的，组长会经常到各个蜂场走动看一看啊检测那个。然后，我们是有养蜂日记的，这边我们现在正在做的一个东西就是这个养蜂日记，要登记的，到时候产品收购的时候有补助的，然后买蜂药的时候也有补助的，如果你这个东西不填的话，就是没办法掌握它的一个基本情况。但是相对蜂农来说有一点补助的话还是好的嘛。企业的也有二次返利，如果你质量达到他的要求标准，到时候会按收购的百分之几，有个比例的嘛。要看年成怎么样，如果是收成好的话比例会高一点。每年 J 市这些企业的二次返利有好几百万呢，就是返还给蜂农的这一部分钱。J 市有 20多万蜂农呢！

笔者：蜜蜂的病多吗？

H：蜜蜂的病虫害有美洲幼虫病啊、欧洲幼虫病啊、白蛾病啊这些，有些还有蜂螨，就是那个病害的一种螨类的东西，主要是这些。用药的种类，蜂螨就是用螨扑，然后像那个欧洲幼虫病啊、美洲幼虫病啊那些东西，现在没有有效的治疗药物，有些菌类的病，抗生素都不敢用。就是你要么把它隔离换箱子，把它给消灭了，像常规的按生物学的就是把蜂王给关起来不要让它产卵，不要让新蜂出来，就是这批老蜂比如得病处理后，人为地把它处理，要么如果实在患病很严重的话只能把它给隔离，让它自生自灭不要产卵。这是一个常规的东西，因为现在抗生素是严禁使用的。产蜜期间是一定要严禁使用的，平时按规定是要严禁使用的。

笔者：蜂农能够做到不用抗生素吗？

H：但是毕竟蜂农这个不可能。就是说他有时候这个东西也控制不了的，不可能看他大批的蜂箱几百几十箱都把它处理掉，他肯定不可能，他舍不得的。

笔者：给蜜蜂喂饲料吗？

H：饲料是要喂的，它本来是要吃的，本来这个蜂蜜花粉就是它采回来的，然后人为地把它给取出来。饲料有时候外界没花的时候，你要补助一些饲料喂的，因为本来人家储存在里面的，蜜蜂储存在里面的，人都把它给取出来了，没有了嘛。按正常季节，它有花的时候它就会采，采完了以后就储存在里面，到没花的时候它就吃里面的东西。现在，被人为取出来了，只能补助它一些食物在里面。蜜蜂饲料现在没有专门的饲料，现在有在研究这一块，现在有个蜂产业体系在研究这种项目，有几个在做这种课题，就是人为地把这个蜂蜜花粉调成一个比例，让它更好。但是，平时花粉这块，因为它主要是蛋白饲料补充蛋白饲料，有的地方是用豆粉啊也可以替代一些，部分替代。饲料是要喂的，白糖嘛，平时就是白糖，因为现在白糖比较贵了，像以前白糖比较便宜的时候喂点白糖。

笔者：白糖便宜的时候，他们会不会把白糖加到蜂蜜里卖？

H：那不会，蜂蜜里面加白糖那不会啦，那就是造假了。那是缺蜜的季节你要喂白糖那肯定是要喂的。那个时候没东西就不生产了嘛，如果你喂白糖去生产蜂蜜的时候那就是属于造假了。蜜蜂产蜜就是一个季节，就是从3月份开始到九十月份，全国各地跑的。冬天一般越冬了，都没有采了，都要喂的，也不生产了，所以说越冬季节嘛。一般都蜂群比较少，要紧缩啊，要减少蜂群的饲料消耗啊，因为要投入的嘛。像南方有的还可能有一点，像冬天我们这边油茶蜜啊、野桂花啊（山上的那种），北方是肯定没有蜜的，南方还有点野的花。然后如果养蜂的人取蜜的时候，如果不是那种把人家舀得一点都没有的话，也可以保证它正常地度过这个缺蜜季节。只能是这个样子，现在就是人为地把它取出来然后不断地让它去采。

笔者：蜜蜂也有从国外引种的情况吗？

H：现在养的蜂整个中国大陆的蜂主要叫意大利蜂，不是原种的那种，叫意蜂，意大利那边的蜜蜂。大概有 700 万左右蜜蜂，700 万是总的，500 万意蜂，200 万中蜂——中蜂就是中国的那个中华蜜蜂，以前大陆的这种特有的中华蜜蜂。现在，这个中蜂有种病是比较厉害的，其实在以前也是不发展的，自从引进了意大利的蜜蜂以后，它可能就有些抗体啊或者变异啊，就是现在意蜂不怎么发，但是中蜂发得很厉害。其实像土蜂，以前家家户户那种圆桶的或者摆在屋檐下的那种蜂。以前得病很少的，但是自从意大利蜂引进后，很多就是一些菌啊，所以说现在外面还要引进原种蜂王啊或者什么东西，都要经过海关检测，都要隔离的，就像不管什么动物引进的种王，或者是那个原种引进，都要经过隔离检查的。以前没这个意识，直接就引进来了。

笔者：看来，蜜蜂的疾病增多，也与从国外引种有关？

H：反正病大部分还是从国外引进引起的，像欧洲幼虫病啊、美洲幼虫病啊都是从国外来的。这个名字是叫一个这样的名字，用来区分欧洲幼虫病。有一点不同，它那个得病的症状有一些区别，主要还是由引进外来蜂种引起的。有蜂用药的生产厂家的。像这种蜂药，这是蜂产品的一个（种）药，现在犯得比较多的还是一个螨类，像别的幼虫病，如果管理得好，这个蜂群比较强的话，蜂比较多，它会自己有一个（种）清理的功能，得那些病的概率比较少（小）。

笔者：今年，蜜蜂的疾病多吗？

H：今年年初的蜂病是比较严重的。因为今年年初江南这边都是低温阴雨天气，蜜蜂飞不出去，飞不出去然后它要排泄的嘛，那个蜜蜂它不会在蜂箱里排泄，它一定要飞出去排泄，它情愿憋在肚子里，所以说今年年初那一段 J 市损失都很大的。大概我们统计了一下，很多人都死蜂了，有的基本上整场都灭绝了。有的是稍微出了点太远飞出去了，马上又遇上下雨或者低温，又飞不回来就死在外面了。大概统计了一下，今年上半年三四月份就 J 市蜂农的损失大概在 7000 多万，加上饲料喂的一些补助，平时按道理不用喂这么多的，因为外面当时下雨啊，油菜也没有开，都采不到蜜，只能用饲料去喂，损失 7000 多万元人民币。总的估算损失，多用饲料的损失，蜂群的损失，好几家蜂农的蜂都死光了，然后都转行了，不养了，赔得太厉害了。没有蜂了，家里的蜂都死光了，再去买的话当时很贵的，因为家家户户蜂都有损失嘛，蜂都没多少了嘛，要等到繁殖起来那时候蜂就很贵了。比如平时 300 块一箱的，那时候就要 600—700（元）一箱，就不会去买了。全国的蜂有 700 万群，如果那个采蜜的生产高峰的季节的话，四五月份的话，一群有几十万呢，因为有两层箱嘛。还有的像意蜂，一箱的话，有时候叫箱，有时候叫群，以前的一箱就是一群，以前都是一箱里面一个王所以叫一群，现在都叫箱。

笔者：现在的养蜂技术有很大进步吧！

H：现在有的是为了提高产卵率啊，增加出蜂的概率，有的时候一箱里面放两个王，现在都有这种的。按道理，以前一个蜂箱里面不可能有两个蜂王的，现在技术也先进了。以前放两个王肯定会（被）打死一个的。

笔者：现在放两个蜂王不打架吗？

H：现在也不是不打，现在就有采取一些措施把它们隔离开来嘛。但是它里面的那种工蜂——就是工作的那种小蜂——还是可以互相串、流动的，但是蜂王是见不到面的那种。

笔者：那为什么要放两个蜂王呢？

H：一箱放两个蜂王是为了让它提高产卵率，新的蜂出来的就多，繁殖起来就很快。因为工蜂的数量就这么多，你如果把它分开来放的话，那你这一点就可能减少（降低）工作效率。（所以）就要人为地提高它的效率，让它两边都可以伺候。现在科学发展了，技术也先进了，就是这个样子了。现在有的是两个王，有的是三个王，还有多王群的这种。像如果是产蜂王浆，蜂王浆就是要人为地根据蜜蜂育王的一个过程，把小的幼虫把它挑出来放在王浆杯里面，然后有个专门生产的王浆筐，蜜蜂就以为是要育王，就往里面吐蜂王浆，然后到了三天以后就人为地把它取出来，把蜂王浆给弄出来，这就是一个生产蜂王浆的过程。但是因为你三天一次、三天一次，你要很多的小幼虫嘛，如果你用两个王、三个王放在一起，它产卵率提高，你幼虫的供给量也就大了。

笔者：本来就一个蜂王的话，蜜蜂就吐一次蜂王浆。现在要这么多次地育王，蜜蜂有那么多蜂王浆吗？

H：只要你蜂群强势就可以的。就是你要不断地有新蜂出来嘛，因为它这是工蜂的 6 天到 12 天这个日龄的工蜂，它的王浆腺就是从 6 日到 12 天发育是最好的，就是分泌蜂王浆的时候是最好的，到了 12 天以后基本上就没有了，所以说你要不断地更新。

笔者：真不知道现在的蜂王浆是这么生产出来的。

H：新的工蜂出来，12 天之后它就出去采蜜了，它就不在箱子里，因为它的王浆腺已经退化了，就是要尽可能提高里面工蜂的数量，要提高它的蜜浆量。然后刚才讲的那个花粉蛋白质饲料，保证也是很充足的，像生产蜂王浆季节的时候，花粉是一定要保证。工蜂其实有一个很严格的流程操作，像 1—3 天，它就是做做清理蜂巢里的垃圾啊，出来做一些轻一点的活啊，清理巢房啊，扇扇风啊或者保温啊。3—6 天以后，它的蜡腺就开始发育了，然后就产蜜蜡，种巢、蜂蜡哪里破了、坏了就修修补补。6—12 天以后，就是一个蜜蜂这样一个过程。12—18 天，就是青壮年蜂了，身强体壮，这个时候就出去采蜜采花粉，然后 18 天到二十几天，就出去采蜂胶。到了快老了老龄蜂的时候，因为工蜂的生命的话，像生产季节是 30 天左右的，然后就是生命晚期来了，就是在家当守卫蜂。蜂箱门口那些站岗的都是那些老年蜂。

笔者：工蜂的生命才 30 天左右？

H：是的。工蜂就是前三天在幼虫的时候吃三天蜂王浆，以后都是吃蜂蜜啊、花粉啊这样的，像蜂王的生命是 3—5 年，它就是常年都是吃蜂王浆。所以说蜂王浆的功效比别的蜂蜜啊、花粉啊要好得多。像今年蜂王浆的价格都很贵。工蜂有那个王浆腺体分泌出来，王浆是腺体分泌出来，蜂蜡也是腺体分泌出来。像花粉、蜂蜜啊、蜂胶之类的都是在外面采集的。蜂胶是从树枝树芽里吸出来的，不是花里面出来的。12—18 天这段时间是采蜂蜜、花粉的，蜂蜜、花粉是可以一起的，蜂蜜是要吸到蜜囊里去的，蜜蜂有个蜜囊嘛，把蜂蜜吸进去以后到时候在回箱子以后再把它吐出来。花粉的话是它那个后腿上有两个花粉篮子样的，花粉它会自己把它弄到后腿上，让它把花粉带回去。蜂胶的话，就是 18 天的时候出去采那个蜂胶。蜂蜜要看的，季节它不分，18 天的要看的，蜂胶就是不在巢里面，有些是在专门的布上啊、筐子上啊，它会自己去，然后人为地把它铲下来。蜂胶是一种黏性的物质，它可以黏在上面，不是放在巢里，是放在箱子里有些筐啊、梁上啊然后人为地把它取出来。蜂胶的量是很少很少的，然后采蜜、舀蜜的话要看，如果外面花很好的话、采蜜很积极的话，一般两三天就可以舀一次。因为蜂王是天天都产卵的，每天都有新的工蜂出来，所以说持续采蜜或者蜂王分泌蜂王浆啊这些东西是不间断的。

笔者：听你这么一说，真长了不少见识。

H：蜂王是天天都要产卵的，一个意大利蜂的话大概是一天1200—1500（粒），中蜂的话700—800（粒），然后意蜂分泌蜂王浆的嘛，中蜂也分泌蜂王浆，但是量没有意蜂的大。中国是一个最大的蜂王浆生产国、出口国。中国蜜是没有区别的，其实如果同一种花的话，中蜂和意蜂的蜜是差不多的。引进意蜂就是因为它的生产性能要比中蜂高嘛，因为它那个蜂蜜的产量、蜂王浆的产量啊都比中蜂要高，经济效益你看得到的，所以才引进意大利蜂嘛。

笔者：科技手段对提高蜂蜜的产量，也起到很重要的作用吧。

H：科技手段提高产能的话，主要是要提高它的种性，育种，生产性能才能提高。源头监管嘛主要还是靠合作社他们，社长啊、组长啊起到监管作用，因为毕竟他们到处全国、本地的嘛，最后就是产品拿回来以后有质检的抽检啊，企业的一个抽检啊。

笔者：蜂蜜的检测标准，是否存在国内和出口不一样的情况呢？

H：蜂蜜的标准检测，国内与出口的要求不一样。出口的时候有个无抗要求，就是氯霉素、四环素之类，但在国内的话这一块是没有的。国内很难找到无抗的，因为国内的话一直沿承以前那种习惯。不过现在有改变，比如说现在使用的蜂药要固定，避免在外面随便乱买药，随便乱用药。但这个改变也需要一定的时间，一下子也改变不了的。国内蜂蜜存在的最主要的问题还是抗生素的残留。

访谈23
访谈对象：Z省J市畜牧兽医局兽医师J
访谈时间：2012年9月5日
访谈地点：Z省J市畜牧兽医局办公室
访谈内容：了解养猪业兽药滥用相关情况

笔者：您认为政府部门如何做好食品安全的监管工作？

J：监管比较难。以猪病来说，国家购买的服务主要是高致病性的疫苗、口蹄疫疫苗和猪瘟疫苗。家禽是禽流感疫苗，用量也是比较大的。但是，养殖户对政府提供的疫苗不敢用，因为担心质量问题和效果。另外一个问题是死亡率比较高。现在，猪一般的死亡率都在20%左右，夏天，中大猪和母猪死亡率高，冬天的时候，小猪死得多。第三个是出入境的控制，重点监管瘦肉精中的盐酸克伦特罗、莱克多巴胺。

现在，瘦肉精的种类很多，其他的监管难度就比较大，现在，养殖场的饲料，弄不好就添加了，还有从兽药店买来药加到饲料里去。我们应该限制抗生素加到饲料里去，但是，如果不加，猪可能死得更加多。抗生素加上，对肝脏啊、对肾脏啊，影响很大。在我们中国养猪，饲料有时候也是一个问题。若重金属，铜啊、锌啊，加的量大。像这个鸡，大便和肉里，就会有重金属残留，肉里面可能就残留更加多。我们在饲料（方面）应该注意如何把无机的变成有机的，无机的添加量很大啊。

笔者：饲料行业的监管也是个大难题。

J：这个饲料行业应该管管啊。如果养猪很多的话，对地下水的污染、对土壤的污染，最后危害人的健康。鸡粪再给猪吃，也危害了猪的健康。这个也是比较大的问题。此外，国家对禽畜粪便处理的设施跟不上，就乱丢，河道里面啊，道路上啊。以前，病死猪买卖比较厉害，现在，经过严厉打击，已经比较少了。这个病死猪问题究竟怎么处理，也是个很大的问题。我们Z省比较重视这个问题，前段时间，发文件规定给每头病死猪补贴80元，无害化处理之后，就给80元。我们一个是靠我们畜牧局；另外，我们下面还有监督站，但监督站的人员少得很，怎么监管呢？这也是个很大的问题。

笔者：我觉得咱们监管的难度还在于不仅是监管猪，还有很多的其他的养殖动物，如鸡、鸭等。

J：主要是猪。老百姓还是愿意把死猪拉到化尸池，夫妻俩把猪抬到车上，拉过去。

笔者：但是，死猪有的可以卖到200块？

J：有的就扔在江河边、水库边和池塘边。如果有尸体处理池的话，要好多了。

笔者：但是在散户为主的情况下，要做到难度也比较大。

J：如果我们有这个处理设施，他不把死猪弄来的话，我们抓到了罚他，就没有话可说。现在，他就可以说，你政府没有提供公共的处理地方啊。所以，这也是一个问题。我们现在也不知道国外是怎么处理死猪的，如果全部都埋掉了，也是一个损失。

我们应该以技术推广为主导，现在却变成以监管为主导。技术人员也少，没有办法去提供技术服务。技术人员的技术和能力，也是个问题。

总的（来）说，我们 J 市养猪农民也是很辛苦的，他们一年可能也没有赚到多少钱。肉价跌、饲料涨，也是很无奈的。

笔者：那您可否谈谈兽药使用过程中的一些问题。

J：兽药这块，由于我们的管理水平啊、基础设施啊，比较差的话，猪容易生病。养殖户首先想到的就是加药。加药，一个是饲料里，一个是注射，一个是加到饮水里。我们现在在推广尽可能地不要加到饲料和水里，最好是注射。但是，注射的话，增加了养殖户的难度。因为这么多猪要注射，难度很大。上万头猪就更加麻烦。但是，我们还是建议不要加到饲料里，有的加很大的量。饲料厂本身就已经加了兽药了。另外，养殖户自己还要加。这样，剂量就很大了。尽管影响一下子看不出来，但是，它是一个积累的过程，有时候，还与放到水里的药有冲突。另外，病理性的疾病，加药是没有效果的，一定得打防疫针。如果没有打防疫针，一定猪瘟疫来了，加药就没有用了，浪费了钱，环境更加污染了，还死得很厉害。

笔者：散户对怎么用药也不太清楚。推销药的很多，都说自己的药怎么怎么好。

J：药店会告诉他怎么用，那倒没有问题。这跟我们去买东西人家推销一样。

笔者：那你觉得兽药除了这些问题，还有些什么问题呢？

J：母猪加药加得很多，有的药也用得不对，对母猪的伤害比较大，使得母猪的肝脏、肾脏都比较脆弱，造成母猪的死亡率很高，有的时候，一天就有好几十头母猪死亡。因此，如何引导农民科学用药、谨慎用药，不要一有问题就加药。现在，政府对这块也慢慢重视起来。如果把环境整理好，再加上政府采购的疫苗质量能够上去，就好了。我们认为疫苗还是应该走市场的道路，接受市场的检验，质量比较放心，老百姓也敢用。政府采购的话，质量就难说了。有的用了之后，并不是大批死亡，而是长不大。人家的猪 6 个月就出栏，你的 10 个月、12 个月还没有出栏，这就是因为打了疫苗没有起到很好的保护作用。在我们中国，猪瘟啊、口蹄疫啊、伪狂犬啊、蓝耳啊，还是很泛滥的、很厉害的、很影响猪的健康水平的。而且，母猪不健康，生的小猪也不健康，猪病就传染开了。蓝耳和圆环是国外传进来的。

访谈 24

访谈对象：Z 省 J 市畜牧兽医局党支部 Z 书记

访谈时间：2012 年 9 月 5 日

访谈地点：Z 省 J 市畜牧兽医局办公室

访谈内容：了解动物性食品安全情况

笔者：Z 书记，据您看，动物性食品安全存在的主要问题有哪些？

Z 书记：食品安全呢，目前我们了解到的情况，就我个人了解的情况，食品安全方面的话可能主要是病死猪处理这块。那病死猪处理这块，其实我们抓的是比较严，应该是，从畜禽养殖这块，食品安全的话，现在应该说比前些年进步很多。前些年嘛，你可能说病死猪肉啊之类的上市有可能的，但是近两年呢抓得比较紧。包括我们今年处罚的那个，去年的时候破了一个案子，就是销售贩卖死猪肉的，这个去年处理过的。今年来讲，目前还没有听说这个情况。问题就是食品安全的话，因为我这边没有接触，不好去谈。我这边主要是污染治理，然后数据统计，全市的数据统计调查。这个没问题，这个统计是这样的，你分规模统计的，多少户啊这个东西，一般我们一年才统计一次。

笔者：J 市的生猪养殖规模有多大？

Z 书记：去年的数字是有的，我们这边主要以养猪为主。养猪的话，去年一年的话饲养量是 198 万头，出栏是 134 万，这个样子，估计今年的出栏量会略微下降一点。这个问题就是说，今年的价格行情不好，有些农户退市，这是一块。第二块的话，我们接下来在做的就是说，就是排泄物综合治理这块，以及生猪养殖的规范化管理，那么这块的话可能就是包括有些禁养区的啊，禁养区这块我们就搬迁或者是关停掉了。现在这步工作我们正在做，那刚刚启动，应该是没正式启动，刚刚在做这个事情，这个是我们市里面专门抽调了相关部门统一组织一个生猪养殖污染治理和规范办理的办公室，这个是市里面 4 套班子牵头的。这块的话应该是力度比较大的，这样的话应该会直接导致有一部分禁养区肯定是会退出来。搬迁呢，我个人估计是不多的，可能禁养区这块退出来的会比较多，退出来的话，那全市的话养殖量会下降一点。可能这块治理包括关停，今年不一定会见效，今年对养殖量影响不会很大，因为我们这个是有一个过程，今年刚刚启动，一个限期关停，你必须要给农户、给养殖户一定的时间，他要出栏掉那个猪——现在的小猪，比如它有可能养大了再出栏，不可能立马叫他关掉，半年，估计半年这个样子会见效。但是有一批的话，也可能会提前关，因为我们有考虑到这块，能提前关的我们是鼓励他提前关，我们对提前关的，可能是有一部分奖励，就是有一部分影响，会对饲养量会造成一定的影响，有可能下降，但是下降的量比较多的话可能要到明年。今年可能会初步有一点效果，就是生猪养殖这块。

笔者：限制养殖，J市走在前面了。

Z书记：限制养殖的话应该是按照国家的包括畜牧法这个里面是有的，就是规定哪些是禁养区，这个法律层面是有的，就是可能因为生猪养殖这块呢，前些年因为是鼓励的，法律在这里可能执行方面不是很严格，有的禁养区还是养上了，当年就是存在一个先上车后买票的情况，他都已经养上了。那么我们现在就是要把这一部分规范起来，因为现在整个的饲养量已经上去了，就对这个"菜篮子"工程（有）影响，把这部分禁养区的给去掉或者搬出来，对我们整个的"菜篮子"工程的影响不会很大了。因为我们就是跟整个的经济发展是一样的了，就是开始的时候可能是有点粗放型的发展，粗放型的发展呢可能会导致一部分问题。那我们，当经济发展到一定的过程（规模），那我们肯定要有一个转型升级的过程，那我们现在就在做转型升级的这部分工作，逐步把这个养殖畜禽，特别是，因为排泄污染一般是以生猪为主，其他的畜禽的话，加上养殖也不会很多，那禽类的话其实污染不会很大的，其他大的家畜我们这边很少，牛啊也很少，以猪为主，那我们这边治理也同样是以猪为主的。像这样的养殖场我们是要逐步让它们退出或者是搬迁到适合养的地方。

访谈 25
访谈对象：Z省J市水利局渔业发展科副科长 W
访谈时间：2012 年 9 月 5 日
访谈地点：Z省J市水利局办公室
访谈内容：了解水产养殖监管工作

笔者：可否说说水产养殖中存在的影响食品安全的因素？

W：我现在这一刻也讲不出来什么。那一般都是养殖户本身的意思呢，还是存在你说的那个传统的那种观念呢？再一个呢，就是现在我们的养殖环境受污染，说明这个也是一个方面。别的问题就是经费上的问题，还有渔药。我们以前从养殖户那里渔药销售这方面的监控，不是很好监控。

笔者：为什么不好监控呢？

W：因为这个渔药是属于兽药范围的，在我们这，兽药管理不属于我们水利局管理。本身我们渔业这边的质量监控，我们主要是抓初级水产就是生产那一摊的，如果他们在买的时候再加一点那个什么添加剂，可以让它不容易死的话，那我们就监控不到。如果发现问题的话，又好像是水产养殖这块的。运输、销售过程当中肯定有这些问题存在。现在就是一个追溯问题，就是养殖户本身的意识不强，如果真要追溯的话，有时候会断了。追溯，我们现在正在探讨正在做，我们本来，在养殖上记录都有，就是真的即使追溯这也是事后的事情，已经出现问题，养殖户本身已经受损失了，这说出去也不是很好，我觉得不是很好。

笔者：是不是应该从源头上加强监控呢？

W：对，关键是要在源头上把握，就是要把鱼种苗。种苗厂我们这里都是有许可的，咱们每次检查都是要去的。再一个是饲料厂，还有这个鱼料厂那边，我一直坚持这样的观点，就是要把它监管好。因为养殖户本身他们就是一个弱势群体，从本身他们又不是专业的，对这些饲料又不是很清楚。

笔者：那咱们监管现在有些什么难题？

W：难题就是，一个是经费上的问题，再一个就是执法协调的力度上。因为各个部门的相互协调合作肯定有缺乏它那个联动啊，这些协调方面肯定存在问题的。没有专门经费，你想去执法什么的，肯定要这些东西。你想监测啊这些东西你肯定需要经费。

笔者：现在，你们水利局配备相关的检测设备没有？

W：设备我们现在暂时没有，你想要监测我们都是委托省里帮我们监测的。省里每年都要下来促检计划的，按照他们的计划来促检。这几年促检的力度也加大了，原来是一般一年五六个批次，现在都是十几二三十个批次。我们是每年年初要把养殖名额报给他们，他们一般都是随机抽样的。

笔者：全部养殖户都纳入监管了吗？

W：这个养殖户很多，但是我们纳入监管的话，不可能全部都纳入。因为有些就是那么小小的几分水面养殖，也算养殖户的，我们目前就是把养殖规模 40 亩以上的纳入监管。40 亩以上的有七八十户，养的话有一个塘的一万多户，而且他们变化变动很多的，有些今年养，有些明年就不养了，有些就是他那个门前的水塘放一下，有些就是田里啊自己弄一下这样，这个变化很大的每年，反正一般都有一万多户呢，大大小小的。

笔者： 全市每年的水产养殖产量有多大？

W： 产量的话很少的，产量就 1000 万吨左右，看看去年的，1.2 万吨、1.1 万吨，哦，不是，说错了，是 1 万吨、1.2 万吨。养殖品种是 30 种，三十几种。养殖户 40 亩以上的，80 户。主要都是大大小小的小水塘，10 亩、5 亩的比较多。硬性要求的话，像我们都没有专职的专门抓这个水产质量安全的，我们都是兼职的，像我们科室里 15 个人就是对省局的厅级干部，所以不可能干得那么细的。我们只能就是规定工作的，你要说每次每天都去，每家每户都纳入进来的话是不可能的。我们其实也就是抓规模的，像那些小的塘的话，我想也不可能弄那些违禁药物，他们也不可能，反正他们大都就是养着自己吃啊。

笔者： 水产品现在的价格行情怎么样？

W： 价格主要是参考，也不是现在的价格。这段时间的价钱是最低的，刚刚问了一下，原来上半年七八块，最贵的是四五月份。

访谈 26
访谈对象：G 自治区 B 县农业局干部 W
访谈时间：2013 年 5 月 12 日
访谈地点：G 自治区 B 县
访谈内容：了解香猪工厂化养殖情况
（略）

访谈 27
访谈对象：N 省 L 市食品药品监督管理局部分干部
访谈时间：2013 年 6 月 23 日
访谈地点：N 省 L 市食品药品监督管理局办公室
访谈内容：了解动物性食品监管情况

笔者： 中国的鲜奶标准大大降低，每毫升鲜奶允许含有 2 万个细菌，这在国际上是个笑话。鲜奶质量下降，奶粉质量能高吗？

食品药品监督管理局副局长 Y：对，对。

L 市反贪局局长 L：前年，我在漯河，标准委的一个主任说，中国的国情，散养是绝大多数。如果把标准稍微提高一点点，大量的养殖户就达不到标准。农民不容易啊。在这种情况下，食品安全的标准，一方面照顾到农民，一方面要保证食品安全。他们也觉得很难。你比如说三聚氰胺事件后，把所有涉及的企业都依法惩处，法律上能够做到，但是，中国的奶产业怎么办？

食品药品监督管理局副局长 Y：这些年，有些新闻媒体的炒作，采访也是断章取义，也让人们对食品安全不信任。

笔者：那咱们平时进行食品安全监管的时候，采取什么手段呢？

食品药品监督管理局副局长 Y：2002 年 9 月，我市成立药品监督管理局。2004 年 12 月，成立 L 市食品药品监督管理局。主要是对药品质量的监管，药品的价格、广告都不属于我们管，主要是质量的监管。食品监管主要是综合协调职能，重大食品安全事故的处理，不具体执法。

2009 年，《食品安全法》从法律上明确了质检部门负责食品安全管理，食品药品监督管理局主要是负责餐饮管理，《食品安全法》颁布之后，卫生局负责餐饮环节监管，我们局从 2012 年 4 月才开始监管，原来我们的综合协调的职能归食安办。目前，L 市餐饮初步统计有 10200 多家餐饮单位。从市级层面逐渐到区县层面，各级政府逐步重视食品安全问题。

餐饮环节，你想一天三顿饭，都得吃。去年，我们进行食品安全专项整治，结合自己的特点进行学校食堂专项整治。目前，学校食堂的安全，社会关注度很高，一点问题都不敢出。再一个，围绕重大文化活动开展食品安全专项整治，如牡丹文化节、河洛旅游文化节，包括春节期间逛庙会、吃小吃等的食品安全整治，还按照省里的要求，进行滥用食品添加剂的整治，建筑工地、小餐饮等监管。餐饮环节的卫生安全，从去年 2 月到现在，L 市没啥大的食品安全事故。

在监管方面，一个是强调了机制建设，一个是餐饮服务环节量化评级管理。就是说餐饮单位进行评级的，动态评级，分为优秀、良好、一般，一年内动态评估。这样，从监管单位来说，一是监管单位可以提高效率，我们刚刚接管这个工作，人员比较少。从餐饮单位，告诉它一个目标和动力；从消费者来说，公示牌挂在显著位置的评级，消费者一看就知道你这食品单位到底什么样子，保障程度咋样，一目了然，可以做好选择。优秀的一年就去一次，其他的就多去监管几次，要求达到水平提高。再一个，我们进行百千万示范工程建设。各县区进行餐饮示范街、示范点建设。去年，L市的工作还做得不错，2个县获得省级餐饮示范安全点，省里命名了6个县区，L市占了2个。各区县都有餐饮示范街、示范点。另外一个是，搞了四大放心工程建设：放心米、放心肉、放心菜、放心豆类。监管总的要求是，一年到餐饮单位监督检查。总的（来）说，食品监管大的原则：地方政府负总责，企业主体责任，餐饮单位就实行属地管理。企业是第一责任人，各监管部门是各负其责。L市重大活动多，领导人来得也多，食品保障重要性高。技术监督、技术检验这一方面需要加强，部门之间、食品情况之间衔接没有达到无缝衔接、有效衔接，技术监督需要整合资源，执法监督才能做到有效监督。

笔者：各监管部门各负其责，有时候也会造成相互推诿。

食品药品监督管理局副局长Y：现在，存在的问题是各监管单位如何实行有效衔接的问题。原来，光去要求要求，那根本不行。

笔者：你们在食品安全监管中存在的难题有哪些？

食品药品监督管理局副局长Y：主要是，人员这一块，相对不完全到位。食品的重点在基层、在农村，如果没有人、没有机构干部的话，把监管人员向基层倾斜。乡镇的基层工商所必须存在，有人、有机构才能干活。再一个，技术检验还需要进一步加强。国务院的这次改革解决了不同部门的衔接问题，以前，没有达到无缝衔接。在实际监管过程中，遇到一些情况，到底应该由哪个部门管？

笔者：是否可以举一两个例子？

食品药品监督管理局副局长Y：前一段时间，有个举报，举报是啥？有一个人，核桃漂白。你说这该归哪个部门管？有的人说这已经进入流通领域，应该属于工商管。另外有的说，这是农产品，属于农业局管。有规定说，浆果属于农业局管，坚果属于林业局管。像这一类的问题，就弄不清了。

笔者：那么，食品安全监管机构整合以后，还会不会出现这类问题呢？

食品药品监督管理局副局长Y：应该要好很多。生产和流通环节都整合在一起，卫生部制定标准评估，发布风险信息。可以说，今年的食品安全机构改革，由九龙戏水，变成了二龙戏珠了。再一个，技术支撑，要是我光去看看，光去要求要求，要求索证索票，这些还不能够发现食品安全问题。现在，应该有更高层次的检验，不是去看。现在，国务院提出的机构的整合符合下面的情况。

笔者： 是，应该比以前的分段监管好。

食品药品监督管理局副局长 Y： 现在，是很多标准还存在差异。

笔者： 是啊。企业标准、地方标准等，应该尽快整合全部建立一个国标。现在，很多具体的食品都没有国家标准。

食品药品监督管理局副局长 Y： 像保健食品的监管，就没有法律依据，还只能把它归到普通食品这块。执法没有依据，保健食品条例出不来，法律相对落后，保健食品就没有法律进行监管，只能按照普通食品进行分类，基层问题太多，很具体。

笔者： 你们市的县、区里没有食品药品管理机构？

食品药品监督管理局副局长 Y： 区里没有，县里有。这么长的链条管食品，食品的重点应该在农村、在基层，应该有人、有机构。

笔者： 那你们市的食品药品监督管理局与县里的食品药品监督管理局之间的关系是业务指导？

食品药品监督管理局副局长 Y： 是。从省级是垂直管理，垂直管理能管住他。食品药品监督管理局的工作人员的编制还在地方上，按照国务院意见是往地方上放，为了是地方政府负总责，上级部门对下级部门是业务管理、指导。直接监管是地方一级政府。

笔者： 今年"两会"之后，国务院对食品安全监管机构进行了整合，下面还没有落实到位？

食品药品监督管理局副局长 Y： 它的要求是，3月底，在国家层次整合成立新的食品安全监管机构，国家食品药品监督管理总局已经挂牌。6月底以前，省里的食品药品监督管理局成立；9月底，市里；年底前，县里；逐步推进。

L市反贪局局长 L： 现在，人员划转就比较难。目前，市区级的正在考核，没有宣布，质检工商给的人比较少。

食品药品监督管理局副局长 Y： 我也觉得，到时间也未必会完全到位。去年2月份我上任以来，最大的体会是：行政执法是胆战心惊，整天担心出事。咱L市的重大活动特别多，特别是这一次，好几个国家领导人先后来了，都是在星期六、星期天；还有研讨会什么的。不说你人员不足、监管手段不足，一出了问题，就是你的责任。人员配置不到位，责任划分比较大，下一步进行机构改革，是一个非常时期，从上到下食品改革，反腐败的预防局，没有什么作用。去年"6＋1"考核，食品安全关注得最大，还有一个是人大评议、投票、重点科室进行评议等。落后的，要给出解释。

笔者：咱们局现在涉及食品安全监管的就是餐饮？

食品药品监督管理局副局长 Y：对，主要管制的就是餐饮行业。

笔者：那你们是定期检查还是随机抽查来对餐饮业进行监管呢？

食品药品监督管理局副局长 Y：属于经常地，一个是专项整治，重点地区、重点问题进行专项整治；再一个就是根据时期，每个时期开展一个，媒体曝光的也应该重点整治，食品有特殊性，末尾环节，食品问题的出现也体现了前边的流通等环节的问题。抽样，确定几个品种抽样之后检查，各部门形成合力重视。

笔者：你们去监管的话，是怎么评价它合格不合格呢？

食品药品监督管理局副局长 Y：一个是，到那里之后，按照法律法规的要求，包括索证、索票，检查餐饮业是否合法的企业。另外，检查餐饮企业买东西的合法的资质，就动物性食品来说，就是检查肉的检疫合格证、肉品质量合格证，这两个证。这是最起码的要求。再一个是抽样，从消费环节、餐饮环节进行抽样，抽样后进行检验。省级也进行抽样，专项针对性抽样，日常监督，平时也有示范性建设，起到引导作用、示范作用。

笔者：抽样的时候，有没有抽查出不合格的食品？抽查出的问题是什么呢？

食品药品监督管理局副局长 Y：基本上也没有发现什么问题。因为米、面、油、酱油、醋都在生产环节抽查过了，人家都抽查过了。只要餐饮企业是从合法渠道进货的，应该没有什么问题了。即使出现问题，也是上游出的问题。

笔者：那动物性食品呢？

L 市反贪局局长 L：有些人弄点假羊肉卖给餐饮企业的情况。不在生产环节，在流通环节。

食品药品监督管理局副局长 Y：有这种情况，有人把一批假羊肉弄到上海，到一个批发市场后，食品行业到批发市场进货。但是，至于动物性食品的问题，比如，假羊肉啊、牛肉冒充马肉啊，究竟掺了多少，也看不出来，只能看你的渠道合法不合法，因为要进行 DNA 检测。

笔者： 就是说我们的技术手段还达不到？

食品药品监督管理局副局长 Y： 工商部门没有这样的技术手段，可能检验检疫部门有这样的技术手段，但是我们检验机构的整合程度达不到。

笔者： 现在，你们局有专门的检验设备没有？

食品药品监督管理局副局长 Y： 没有专门的检验设备。我们是食品药品监督管理，现在，才加上食品安全，现在还没有开始做这个方面的工作。上海那次，有的掺了马肉，有的掺了别的肉，究竟掺了什么肉，掺了多少，要检验出来，可不容易啊。另外，食品销售店并不清楚其中货物掺假，所以证据也不足，司法方面没有强有力的办法整治。

笔者： 像这种掺假的行为，还不会危害人的健康，也不容易引起关注。

食品药品监督管理局副局长 Y： 话又说回来，法律也没有规定要对这些情况进行检验，需要在销售环节卡住。另外，物流也要管理。手续齐全，如果通过正规渠道搞到各种票证，我们去检查的时候，也查不出什么问题来。

L 市反贪局局长 L： 就像我们去买药，只能看是否合法生产的。你要再去检验合格不合格，成本很高。

食品药品监督管理局副局长 Y： 检验，执法成本很高，现在根本达不到。

L 市反贪局局长 L： 像你们买的快速检验设备要多少钱？

食品药品监督管理局副局长 Y： 5 万多。那是快检，可以进行亚硝酸盐、农药残留检测，没有法定效力。检察院追究要送到正规检验所。快检只是日常监督检查而已。

L 市反贪局局长 L： 特别是"两高"的司法解释，食品人员检查失职定重罪，有毒有害，不按渎职犯罪，渎职犯罪惩罚力度轻。行政执法，公安上的，最高人民法院、最高检察院，认定刑事犯罪。凡是正规渠道购进有假也没有责任，法定效力的要省级的检验所，检验所不注明假药，要公安去确定，希望行政执法加大力度。

笔者： 那你们现在有多少人负责餐饮行业的食品安全监管？

食品药品监督管理局副局长 Y：我们的食品执法大队有 20 人，只管市里 163 家大的餐饮单位，包括大学食堂、医院食堂。区级食品单位由监管所监管，谁发餐饮服务许可证，谁去管。一般是看加工场所，索票，如果有怀疑的话，再快检，抽查。食品生产许可证、食品流通许可证工商发。

笔者：快检发现的常规问题？

食品药品监督管理局副局长 Y：发现的问题不多，相当于目测，快检准确性低、人为性多一些，主观的多一些。能够具备法律效力的话，要精确检验。

笔者：农药超标问题发现也很少？

食品药品监督管理局副局长 Y：是的，农产品到销售环节的问题很少了，有几个大蔬菜市场，所有进到 L 市的蔬菜，农业部门在那里常驻检验机构，然后合格才能进入批发市场，才能进入零售市场，L 市对于蔬菜进入有一个管理办法

笔者：肉类呢？

食品药品监督管理局副局长 Y：肉类有定点的屠宰厂，牧业管理部门也有常驻人员，肉都是有盖章的，也进行"两索"，生猪是定点，牛、羊、鸡、鸭也进行"两索"。

笔者：如果票据作假呢？

食品药品监督管理局副局长 Y：那就是检疫人员渎职，不负责任了。质量不过关就发证，养殖场要畜牧局也去检验。H7N9 对于畜牧场启动预案，对鸡进行抽样，监管难度太大，监管职能对主流的养殖场等规模性养殖进行监管。农村散户也不能限制养鸡，对其进行检测也不现实，政府只能起到引导的作用，树立诚信的标杆，但是这个诚信的标杆不能法定，也不能强制。

笔者：食品安全是不是存在问题？哪些是主要问题？根源是什么？怎么解决？

食品稽查大队 J：至少七八年时间了，从上到下，各级各部门都重视，大家都认为非常重要，各级政府部门、各级从业者、消费者都认为重要。也采取了一些措施，如成立食品安全办、增加工作人员等。为什么这个问题从媒体上看还是经常发生？我觉得食品安全是个很系统和综合的问题，需要方方面面参与。作为政府来说，领导很重视食品安全办，有的是

市长挂帅。牵扯到食品安全的东西，领导批示也很快。国家机构改革规定很明确，具体执行时，有很多复杂的因素。餐饮单位有万家，落实到基层，如区里的机构，要么时间很长，要么人员不得力。不能说相关部门的认识不够、相关部门的思想怠慢之类。基层工作人员，他们没有含糊思想，责任追究这一块都受不了。上级部门、司法机关的追究，都是来真的。但是，能力和责任相适应的配备达不到，比如人员、工作经费、车子之类的，能力和任务匹配是不是充足。对于基层的投入——人员、经费的投入，没有与重要性匹配。没有相适应的能力、人员、检测手段、经费、工具。一方面口头说重要，另外又知道力不从心或者能力达不到。一个人监管几百家单位，哪里能够跑过来？配备达不到，那么基层人员的工作也没办法，责任超过其所能适应的限度。食品安全根源在于国家将食品安全放在企业，企业是第一责任人。

笔者： 根源在哪里？

食品稽查大队 J： 企业是第一责任人，非常科学。为什么？安全是生产出来的，不是监管出来的，不可能 24 小时监管，你也看不住。从事食品经营的企业，假羊肉，往里面掺进去之后，饭店老板看不出来啊。有一些潜规则，比如，卖肉的往猪肉上抹碱。前一个星期，河南台报道，能够让肉的颜色变得新鲜。这么做是"互害"，种菜的不吃自己的，单独吃自己种的。种菜的、养猪的、养鸡的都不吃自己的，但是，不能不吃别人的东西，互相残杀。食品安全，各行各业都要去努力。

国家从道德领域，从自身做起。监管人员不懈怠，作为生产经营者，从自身做起。生产企业要讲道德，我不去害别人。大家都从自身做起，都做到我不害别人，那么我也不会被别人害。没有文化的人，意识到这个东西，是（需要）很长的时间。这是理想的状态。牵涉老百姓对分配不均（的认识），税收的问题、养猪饲料、化肥成本、上层设计之类的，都是阻碍。

笔者： 还有一些学者声音是说监管只要对生产有问题的单位进行重重的处罚就不会产生问题了？

食品稽查大队 J： 这确实是一方面，但根源不是在这方面，国家从七个领域进行顶层的改革。其中，食品安全民众的呼声最大，很多环节，也是改革最容易突破的环节，现在，很多部门共同管，所以才机构改革，少一些。咱检查饭店索证、索票是部门应该做的，根源在种植、养殖的地方。法律上没有规定饭店检测，但是要求索票。广州抽检发现大米镉超标。你不可能让饭店的老板去化验。他怎么知道合格不合格？我认为根本是冤枉的，饭店没能力去检验，进的是超市的大米，但是受处罚的是饭店老板。

应该推动食品生产企业集中化、产业化。监督大单位容易，体系比小单位健全。大单位出问题造成的影响也大，在资源有限的情况下，只能抓住重点，抓住源头的东西。我认为食品安全的根源还在农业、畜牧这两个领域，流通销售还是属于从属，根源不安全，所以以后的安全也要求不到。一定要树立一个重视的思想，在企业第一责任人，最后在源头，一定要抓源头。

笔者： 规模化、产业化能解决问题？我个人觉得政策也有问题，国家允许饲料里边加入抗生素，超标难免的。

食品稽查大队J： 标准是谁定的？看看就知道是利益集团去制定的，不是老百姓制定的，集团化操纵了安全标准。比如前些日子的农夫山泉事件，国家标准低，是50分，但是其他是地标，浙江定到60分，比如农夫山泉用到90分，远远高于标准。媒体舆论影响力相当大，影响消费者，到底是真正维护正义，还是站在利益边进行竞争，互相诋毁？这样做的成本非常低。美国食品工业节目曝光美国的养鸡场操纵了整个国家的供应，鸡都是40天成，饲料用的转基因玉米，这些危害还是非常大的。标准是巨头定的，生产商有大有小，大的用这些标准，小的有的不用，到底是管谁方便？关于转基因方面到底有没有危害，我们无从证明，美国选择先不用，而我们国家又选择用。

笔者： 关于农药、兽药也是这样的问题。

食品稽查大队J： 所以，我们规则设计有问题，到底是谁开发出这样的东西？抓起来那不就解决了？根源在政府，农业部不批准转基因，那么转基因就不会进入中国，农业部幼儿园禁止转基因的油。个人判断食品安全形势很不乐观，这么多环节，都很棘手。也许会好点，但是要解决还是很难的，大的养殖场检查的人员进不去，拿防疫来做挡箭牌。

笔者： 食品检测局有没有能检测出来的仪器？

食品稽查大队J： 这些能够检测出来的仪器，要检测国家领导人吃的那类仪器才能检测出来。

笔者： 快速检测不可靠，但是精确检测又没有，检验经费给拨多少？

食品稽查大队 J：食品检验经费是有的，多或者少是不确定的，具体不是太清楚。比如，我们对食品进行决策，要花经费买样，然后再拿去检测。而对药品进行检测，直接拿走样子就可以，不需要花经费购买。国务院说，再难也要保证基层的经费，但是，穷的地方是没有充足的经费，上海的人员、仪器，我们这里根本没法和人家比。

中科院院士陈君石关于食品安全的整体情况，总体是安全的，啥都吃，啥都不多吃，吃下的东西我们肝脏也能解毒、不偏食。

笔者：群众主要是通过媒体来了解食品安全问题的，但是，学术类的文章对食品安全问题的研究表明，食品安全状况不容乐观。

食品药品监督管理局副局长 W：原来是以吃饱肚子为主，应该提高群众的意识，现在，普通老百姓对食品消费的能力、鉴别能力还不强。应该强化宣传，提高消费者的鉴别能力。

笔者：怎么提高？

食品药品监督管理局副局长 W：比如搞食品、药品宣传月，教给老百姓如何提高食品安全意识，发现食品安全隐患即时给社会提供信息。如果消费者提高了识别能力，自然，企业也不敢乱来。当然，这是一个长期的过程。大家都想健康长寿，对食品安全的形势也不用太悲观。现在，顶层设计开始了，这是一个长期过程，老百姓消费方面也注意。大家温饱没有问题了，才关注食品安全，这是发展的必然性，不用太悲观。现在，政府、行政执法人员和老百姓都去关注。一旦发生食品安全事件，尽快帮助企业整改，减少企业的损失。

笔者：地方保护主义也有责任。

食品药品监督管理局副局长 W：食品执法并不是不能严格执法，而是具体的情况不同。关于前段时间曝光的毒胶囊，2/3 的用毒胶囊的企业，没有检验设备，检验不出来，所以他有证就行了。但是现在用药厂家可以检测出来了，这样也能规避一些不必要的问题。如果食品的价格翻一番，然后质量就有了保障了。价格达到，质量也有保障。

参考文献

中文文献

1. ［英］安东尼·吉登斯：《现代性与自我认同》，赵旭东、方文译，生活·读书·新知三联书店 1998 年版。

2. ［英］安东尼·吉登斯：《第三条道路——社会民主主义的复兴》，郑戈译，北京大学出版社 2000 年版。

3. ［英］安东尼·吉登斯：《现代性的后果》，田禾译，译林出版社 2000 年版。

4. ［英］安东尼·吉登斯：《失控的世界：全球化如何塑造我们的生活》，周红云译，江西人民出版社 2001 年版。

5. ［英］安东尼·吉登斯：《现代性：吉登斯访谈录》，尹宏毅译，新华出版社 2001 年版。

6. ［英］安东尼·吉登斯：《第三条道路及其批评》，孙相东译，中共中央党校出版社 2002 年版。

7. 白卫东、肖燕清、李子良、钱敏：《广东省农村食品安全现状调查与思考》，《广东农业科学》2009 年第 12 期。

8. 白卫东、赵文红、阮昌铿、肖燕清、钱敏：《广东省城镇食品安全现状调查》，《食品科技》2010 年第 4 期。

9. 鲍伟华、鲍训典、孙泽祥、陈军光：《动物疫病的危害现状及其防治对策》，《宁波农业科技》2011 年第 2 期。

10. ［美］彼得·辛格：《动物解放》，祖述宪译，青岛出版社 2004 年版。

11. 卜颖华、韩建业：《浅谈兽药法规与中国兽药产品存在的主要问题和应对措施》，《经济研究导刊》2009 年第 36 期。

12. 蔡守秋：《论动物福利的基本理念》，《山东科技大学学报（社会科学版）》2006 年第 8 卷第 1 期。

13. 曹婧逸：《福建圣农缘何回避速成鸡质疑》，《中华工商时报》2013 年 1 月 8 日。

14. 曹志玲：《饲料对动物源性食品安全的影响及对策》，《养殖与饲料》2012 年第 10 期。

15. 陈怀宇、黄周英、林育腾：《泉州市售牛奶中抗生素残留的分析》，《泉州师范学院学报》2005 年第 4 期。

16. 陈剑英、陈忠熙：《一起食用乌骨鸡引起盐酸克伦特罗中毒的调查分析》，《中国公共卫生管理》2001 年第 5 期。

17. 陈林祥、余泽洪：《红肉不利于心血管健康》，《心血管病防治知识》2009 年第 12 期。

18. 陈世昌、周鹏：《一种神秘的黄色色素被违规用于水产养殖　甲鱼喂"加黄料"后就成"野生鱼"》，《梵天都市报》2010 年 6 月 10 日第 3 版。

19. 陈卫洪、漆雁斌：《不安全食品产生的社会危害及对食品出口的影响》，《消费导刊》2009 年第 9 期。

20. 陈晓舒、谢良兵、王婧、李赫然：《"土专家"群体推波助澜：从"蛋白精"到三聚氰胺》，《中国新闻周刊》2008 年 12 月 8 日。

21. 陈兴平、蒋庆军、路阳、鲁莹、付昶：《浅析基层兽药监管难点和改进措施》，《养殖与饲料》2007 年第 3 期。

22. 陈璇：《食品安全管理的社会学反思》，《食品安全导刊》2009 年第 5 期。

23. 陈瑶生、王翀、李加琪、刘海：《经济全球化条件下的猪种遗传改良及可持续发展》，《科技导报》2005 年第 3 期。

24. 陈永杰、王宁：《养猪农民都知道的秘密？猪肉里的重金属》，《北京科技报》2009 年 6 月 2 日第 18 版。

25. 陈雨生、房瑞景、乔娟：《中国海水养殖业发展研究》，《农业经济问题》2012 年第 6 期。

26. 陈兆永：《牛饲料中添加瘦肉精　42 头待杀肉牛被查获》，http：//www. people. com. cn/，最后访问时间：2012 年 2 月 9 日。

27. 成黎、马欣、李璐子、郑妍、刘易丹：《北京城区消费者对食品安全问题的关注调查》，《北京农学院学报》2009 年第 1 期。

28. 成黎、马艺菲、高扬、朱旭、古滢：《城市居民对食品安全态度调查初探》，《食品安全导刊》2011 年第 4 期。

29. 程凤菊：《德州市农村消费者对食品安全问题的认知及影响因素》，《农村现代化研究》2010 年 12 月专刊。

30. 程景民、卢祖洵、周芩、李志胜：《山西省城市食品安全现状的调查》，《中国卫生监督杂志》2006 年第 6 期。

31. 崔木杨、杨华军：《散养牛羊野生鸭蛋特供航天员》，《新京报》2012 年 6 月 13 日 A08 版。

32. 崔蕴霞：《食品安全意识与行为的社会学研究——以某大学在校大学生为样本的分析》，《临沂师范学院学报（社会科学版）》2010 年第 4 期。

33. 党艳：《疯狂的饲料——饲料添加剂大起底》，《华夏时报》2011 年 8 月 8 日第 20 版。

34. 丁冬：《风险社会语境下的食品安全保障》，《法治论坛》2012 年第 4 期。

35. 董伟：《我国超重肥胖儿童达 1200 万》，《中国青年报》2009 年 6 月 3 日。

36. 董志岩：《福建省外种猪选育主要问题分析与实践》，《福建畜牧兽医》2008 年第 6 期。

37. 杜长乐：《我国饲料安全体系的缺陷及完善对策》，《农村经济》2005 年第 9 期。

38. Emmanuel Broukaert：《在饲料中禁用抗生素、高锌、高铜后欧洲猪业的生产变化及其营养策略》，《北方牧业》2010 年第 12 期。

39. 《2013 年新西兰奶粉质量事件盘点》，http：//baby. ce. cn/qzzt/2013xxlnf/201308/26/t20130826_ 1057189. shtml，最后访问时间：2013 年 10 月 18 日。

40. 方建光、门强：《海洋水产动物集约化养殖模式概述》，2002 年世界水产养殖大会论文，北京，2002 年 4 月。

41. 冯骁聪：《风险社会背景下食品安全事件的刑法应对》，《湖南商学院学报（双月刊）》2011 年第 18 卷第 5 期。

42. 冯忠武：《兽药残留影响动物食品安全》，《农民致富之友》2004 年第 12 期。

43. 耿爱莲、李保明、赵芙蓉、陈刚：《集约化养殖生产系统下肉种鸡健康与福利状况的调查研究》，《中国家禽》2009 年第 9 期。

44. 公保才仁:《浅谈食品安全与饲料安全的关系》,《青海农牧业》2008 年第 1 期。

45. 巩顺龙、白丽、陈晶晶:《基于结构方程模型的中国消费者食品安全信心研究》,《消费经济》2012 年第 2 期。

46. 顾宪红:《实行畜禽福利饲养是有机畜牧业的基本要求》,《中国家禽》2008 年第 8 期。

47. 顾玉芳、罗一龙:《猪场抗生素使用情况及市售猪肉抗生素残留调查》,《长江大学学报(自然科学版)》2012 年第 1 期。

48. 郭彦朋:《透视食品安全问题中的社会学迷思》,《社会工作》2012 年第 7 期。

49. 《国际食品安全高层论坛将在北京举行》,http://news. xinhuanet. com/newscenter/2007 - 10/31/content_ 6984145. htm,最后访问时间:2007 年 10 月 31 日。

50. 国际食品安全高层论坛相关报道,http://www. aqsiq. gov. cn//forum. htm,最后访问时间:2013 年 11 月 25 日。

51. 《国家质量监督检验检疫总局办公厅关于印发〈动物源性加工食品抽样及样品管理方案〉的通知》(2008 年 6 月 19 日,质检办食监〔2008〕329 号,http://vip. chinalawinfo. com/newlaw2002/slc/SLC. asp?Gid = 108341),最后访问时间:2013 年 10 月 8 日。

52. 韩杰:《鱼类生长激素的应用研究进展》,《北京水产》2007 年第 3 期。

53. 韩乐悟:《13 省抽样确认假兽药 216 批》,《中国畜牧兽医报》2013 年 1 月 27 日第 3 版。

54. 何娣等:《动物福利对我国国际贸易的影响及对策》,《对外贸易实务》2003 年第 8 期。

55. 何坪华、焦金芝、刘华楠:《消费者对重大食品安全事件信息的关注及其影响因素分析——基于全国 9 市(县)消费者的调查》,《农业技术经济》2007 年第 6 期。

56. 何天骄:《六和捆绑兽药卖给养殖户 卖药毛利高达 60%》,《第一财经日报》2012 年 12 月 24 日。

57. 贺亚雄、白庚辛、武晓宏、杨俊华:《宁夏饲料质量安全监管现状、存在问题及对策》,《农产品质量与安全》2011 年第 3 期。

58. 贺银凤:《河北省食品安全的社会学思考》,《河北学刊》2009 年第 1 期。

59. 洪美玲、付丽容、王锐萍、史海涛：《龟鳖动物疾病的研究进展》，《动物学杂志》2003 年第 6 期。

60. 胡军华、查多、田鹏、王雨蓉、刘腾：《水产滥用抗生素 默认的行规?》，《中国市场》2011 年第 25 期。

61. 胡萍、余少文、李红等：《中国 13 省 1999—2005 年瘦肉精食物中毒个案分析》，《深圳大学学报（理工版）》2008 年第 1 期。

62. 胡卫中、华淑芳：《杭州消费者食品安全风险认知研究》，《西北农林科技大学学报（社会科学版）》2008 年第 8 期。

63. 胡晓辉：《浅议食品安全问题对国家安全的危害》，《铁道警官高等专科学校学报》2011 年第 5 期。

64. 黄旦、郭丽华：《媒体先锋：风险社会视野中的中国食品安全报道——以 2006 年"多宝鱼"事件为例》，《新闻大学》2008 年第 4 期。

65. 黄华恩、徐文林、陈小清、陈艳春：《湖北省食品安全公众满意度调查评价报告》，《中国食品药品监管》2008 年第 3 期。

66. 黄夏、胡杰、磨龙春、陆文俊、覃芳芸、赵国明、刘棋：《广西马传染性贫血病综合防治总结报告》，《广西畜牧兽医》2005 年第 6 期。

67. 黄艳平、杨先乐、湛嘉、吴小兰：《水产动物疾病控制的研究和进展》，《上海水产大学学报》2004 年第 1 期。

68. 霍永明：《对饲料监管的几点思考》，《畜牧与饲料科学》2012 年第 8 期。

69. 贾玉娇：《对于食品安全问题的透视及反思——风险社会视角下的社会学思考》，《兰州学刊》2008 年第 4 期。

70. 简清、白俊杰、马进、李新辉、罗建仁：《饲料中添加重组鱼生长激素对罗非鱼鱼种的促生长作用研究》，《淡水渔业》1999 年第 3 期。

71. 金微：《45 天喂多种抗生素 养殖户称不吃"速成鸡"》，http://env. people. com. cn/n/2012/1128/c1010 – 19718855. html，最后访问时间：2012 年 11 月 28 日。

72. 荆文进：《集约化养殖泥鳅常见病害及防治》，《吉林水利》2010 年第 4 期。

73. 景军：《泰坦尼克号定律：中国艾滋病风险分析》，《社会学研究》2006 年第 5 期。

74. ［英］考林·斯伯丁：《动物福利》，崔卫国译，中国政法大学出版社 2005 年版。

75. 李保明：《中国集约化养殖技术装备促进发展战略》，《农机推广与安全》2006 年第 3 期。

76. 李大海：《经济学视角下的中国海水养殖发展研究》，博士学位论文，中国海洋大学，2007 年。

77. 李玫、何天骄：《国外种鸡已占领中国绝大部分市场》，《农业知识》2013 年第 9 期。

78. 李洁、寸朝汉、桂祎、杨洪娟：《浅谈有机砷制剂在养殖业中的应用及危害》，《中国畜禽种业》2012 年第 1 期。

79. 李景山、张海伦：《经济利益角逐下的社会失范现象——从社会学视角透视食品安全问题》，《科学·经济·社会》2012 年第 2 期。

80. 李凯年、逯德山编译：《"工厂化"、集约化养殖方式何以受到质疑（续三）——"工厂化"养殖对动物健康与动物福利的危害及选择》，《中国动物保健》2008 年第 11 期。

81. 李力言：《特权圈地造就特供农场》，《京华时报》2011 年 9 月 17 日第 12 版。

82. 李琳：《国内外动物源性食品中兽药最高残留限量标准的对比研究》，硕士学位论文，中国农业大学，2005 年。

83. 李梅、周颖、何广祥、陈子流：《佛山城乡居民食品安全意识的差异性分析》，《中国卫生事业管理》2011 年第 7 期。

84. 李培林：《从传统安全到现代风险——评〈直面危机〉》，《经济导刊》2006 年第 Z1 期。

85. 李培林、李炜：《2008 年中国民生问题调查》，《北京日报》2009 年 1 月 12 日第 17 版。

86. 李鹏、齐广海：《饲料添加剂中常用的抗生素替代品》，《中国畜牧兽医文摘》2007 年第 2 期。

87. 李珊：《我国食品安全问题的社会学分析》，《食品工程》2012 年第 3 期。

88. 李涛：《风险社会视阈下食品安全犯罪的刑法规制》，《刑法论丛》2012 年第 1 期。

89. 李小军、童晓玲：《风险社会视野下的食品安全与大众传媒》，《新闻世界》2009 年第 8 期。

90. 李兴国：《食品安全风险监控体系研究》，硕士学位论文，天津大学，2012 年。

91. 李祎：《陈竺：中国慢性病或面临"井喷"》，《东方早报》2010 年 6 月 15 日第 A04 版。

92. 李毅：《全球化背景下的食品安全：制度构建与国际合作》，硕士学位论文，复旦大学，2009 年。

93. 李迎月、林晓华、何洁仪、余超、李意兰：《广州市肉及肉制品安全危害状况分析》，《2010 广东省预防医学会学术年会资料汇编》，广州，2010 年。

94. 李友梅：《从财富分配到风险分配——中国社会结构重组的一种新路径》，《社会》2008 年第 6 期。

95. 李兆利、陈海刚、徐韵、孔志：《3 种兽药及饲料添加剂对鱼类的毒理效应》，《生态与农村环境学报》2006 年第 1 期。

96. 李兆新、冷凯良、李健、李晓川、王维芬：《我国渔药质量状况及水产品中渔药残留监控》，《海洋水产研究》2001 年第 2 期。

97. 栗晓宏：《风险社会视域下对食品安全风险性的认知与监管》，《行政与法》2011 年第 9 期。

98. 梁一鸣、张钰烂、董西钏：《基于结构方程模型的杭州城镇居民食品安全满意度统计评估》，《统计教育》2010 年第 5 期。

99. 廖巧霞：《洛克沙肿在养殖业中的应用》，《广东畜牧兽医科技》2005 第 4 期。

100. 林汇泉：《饲料重金属超标比"瘦肉精"更可怕》，《人民政协报》2011 年 4 月 18 日第 B03 版。

101. 林蓉：《动物福利对我国国际贸易的影响及其法律对策》，硕士学位论文，华东政法学院，2006 年。

102. 刘畅：《基于风险社会理论的我国食品安全规制模式之构建》，《求索》2012 年第 1 期。

103. 刘畅：《风险社会下我国食品安全规制的困境与完善对策》，《东北师大学报（哲学社会科学版）》2012 年第 4 期。

104. 刘国华：《拿什么堵住饲料添加剂的"黑洞"?》，《中国畜牧兽医报》2007 年 4 月 22 日第 12 版。

105. 刘红、张淑亚：《风险理论视阈下食品安全犯罪罪过形式探析》，《山东青年政治学院学报》2012 年第 6 期。

106. 刘建、石剑、李青霞、高强、吕卓、马玉霞：《河北省某医学院校学生食品安全知信行调查》，《中国健康教育》2013 年第 2 期。

107. 刘录、侯军岐、景为：《食品安全概念的理论分析》，《西安电子科技大学学报》2008 年第 4 期。

108. 刘群：《透过风险分配的逻辑看和谐社会的构建》，《理论界》2007 年第 9 期。

109. 刘伟：《风险社会语境下我国危害食品安全犯罪刑事立法的转型》，《中国刑事法杂志》2011 年第 11 期。

110. 刘晓：《绿色养殖基本要求有哪些》，《畜牧市场》2003 年第 11 期。

111. 刘旭：《欧盟动物福利实践波及我兔业》，http：//newspaper. mofcom. gov. cn/article/xinxdb/200708/20070805044995，html，最后访问时间：2013 年 12 月 15 日。

112. 刘亚平：《食品安全：从危机应对到风险规制》，《社会科学战线》2012 年第 2 期。

113. 刘岩：《当代社会风险问题的凸显与理论自觉》，《社会科学战线》2007 年第 1 期。

114. 刘岩、赵延东：《转型社会下的多重复合性风险——三城市公众风险感知状况的调查分析》，《社会》2011 年第 4 期。

115. 刘志国：《饲料中添加蛋白精饲养蛋鸡的效果试验》，《养禽与禽病防治》1990 年第 6 期。

116. 龙在飞、梁宏辉：《风险社会视角下食品安全犯罪的立法缺憾与完善》，《特区经济》2012 年第 1 期。

117. 卢东风：《辽宁两农民非法添加"瘦肉精"饲喂肉牛获刑》，http：//www. chinanews. com/，最后访问时间：2012 年 3 月 27 日。

118. 鹿文婷、刘萍、焦海涛、乔梦、任晓菲：《济南市售肉制品中喹诺酮类兽药残留调查》，《中国公共卫生》2014 年第 2 期。

119. 吕方：《新公共性：食品安全作为一个社会学议题》，《东北大学学报（社会科学版）》2010 年第 12 卷第 2 期。

120. 罗明：《政府主导组织育种产业"集群"——有关我国养猪生产中向国外引种问题的思考》，《中国动物保健》2008 年第 5 期。

121. 马进、白俊杰、简清、李新辉、罗建仁：《重组虹鳟生长激素酵母对罗非鱼的促生长作用研究》，《大连水产学院学报》2001 年第 3 期。

122. 马克松：《大力推广无公害生产技术和高效养殖模式　加速我国海洋水

产养殖现代化进程》，《海洋开发与管理》2004 年第 1 期。

123. 马力、田婷婷：《我国的饲料安全与保障措施》，《西南民族大学学报（自然科学版）》2008 年第 1 期。

124. 马缨、赵延东：《北京公众对食品安全的满意程度及影响因素分析》，《北京社会科学》2009 年第 3 期。

125. 孟祥超：《河北"瘦肉精羊"调查（2）》，《新京报》2011 年 8 月 16 日第 A22 版。

126. 孟祥超：《"肉羊第一镇"的瘦肉精秘密》，《新京报》2011 年 10 月 26 日第 A26 版。

127. 年旭春：《鞍山查获 18 头"瘦肉精"牛》，http：//www.lnd.com.cn/，最后访问时间：2011 年 12 月 21 日。

128. 宁黔冀、杨洪：《外源激素在对虾养殖中的应用研究概况》，《海洋通报》2001 年第 6 期。

129. 《农业部将全面禁止动物饲料中添加抗生素》，《上海农村经济》2011 年第 12 期。

130. 《农业部强化兽药安全监管　加强激素、兴奋剂等药物监控》，《江西畜牧兽医杂志》2010 年第 5 期。

131. 潘锋：《为什么东方蜜蜂"打"不过西方蜜蜂》，《济宁日报》2005 年 7 月 18 日第 6 版。

132. 裴山：《食品安全管理体系建立与实施指南》，中国标准出版社 2006 年版。

133. 彭德志：《中国宝贵的生物资源——地方鸡种》，《大自然》2012 年第 1 期。

134. 秦锋：《提醒：杭城乌骨鸡昨夜检出瘦肉精》，http：//www.hangzhou.com.cn/20020127/ca123882.htm，最后访问时间：2013 年 2 月 15 日。

135. 秦庆、舒田、李好好：《武汉市居民食品安全心理调查》，《统计观察》2006 年第 8 期。

136. 秦玉昌、杨振海、马莹：《欧美饲料安全管理和法规体系走向及启示》，《农业经济问题》2006 年第 7 期。

137. 曲径：《食品安全控制学》，化学工业出版社 2011 年版。

138. 屈健：《转基因饲料的安全问题及其对策》，《中国畜牧杂志》2006 年第 3 期。

139. 任阎青、刘记林、药双虎、张成叶：《浅谈饲料监管中的问题及对策》，《农业技术与装备》2009 年第 23 期。

140. 《山西粟海供肯德基麦当劳原料鸡被曝 45 天速成饲料毒死苍蝇》，http：//news. qq. com/a/20121123/001798. htm，最后访问时间：2013 年 11 月 25 日。

141. 沈文林、陈炅玮：《嘉兴养猪基地死猪处理设施严重不足　河道田间不时看见被弃死猪》，《新民晚报》2013 年 3 月 13 日 A05 版。

142. 圣海：《向肉食说 NO》，世界知识出版社 2009 年版。

143. 石兴谊：《风险社会下的企业社会责任与公共安全：反观震灾捐赠与毒奶粉事件》，《法制与社会》2011 年第 3 期。

144. 史根生、张卫民、刘亦农等：《广东、吉林、四川、湖北四省居民食品安全教育前后知信行的比较》，《中国健康教育》2004 年第 6 期。

145. 顺克巧：《近年来兽药营销中新问题及解决之道？》，《中国动物保健》2012 年第 11 期。

146. 宋洪远、赵长保：《我国的饲料安全问题：现状、成因及对策》，《中国农村经济》2003 年第 11 期。

147. 苏理云、周林招、王雪娇、李春：《基于结构方程模型的大学生食品安全满意度调查》，《重庆理工大学学报（社会科学版）》2012 年第 10 期。

148. 苏岭、温海玲：《"瘦肉精"背后的科研江湖》，http：//www. infzm. com/content/26，736/，最后访问时间：2014 年 9 月 13 日。

149. 苏亚玲：《网箱养殖石斑鱼病毒性神经坏死病流行调查》，《海洋科学》2008 年第 9 期。

150. 孙振钧：《畜牧业环保与有机养殖（一）》，《中国家禽》2006 年第 7 期。

151. 索珊珊：《食品安全与政府"信息桥"角色的扮演——政府对食品安全危机的处理模式》，《南京社会科学》2004 年第 11 期。

152. ［美］T. 柯林·坎贝尔、托马斯·M. 坎贝尔：《中国健康调查报告》，张宇晖译，吉林文史出版社 2006 年版。

153. 谭九生、杨琦：《风险社会中我国食品安全治理困境与路径选择》，《长江论坛》2012 年第 6 期。

154. 汤金宝：《食品安全管制中公众参与现状的调查分析》，《江苏科技信息》2011 年第 4 期。

155. 唐刚强：《广西湖南养殖场瘦肉精喂蛇》，http：//www. takungpao.

com/，最后访问时间：2010 年 9 月 10 日。

156. 唐凌：《动物福利对国际贸易的影响及我们的对策》，《经济问题探索》2005 年第 7 期。

157. 田波：《产业链视角下的饲料安全问题探讨》，《安徽农业科学》2007 年第 34 期。

158. 田永胜：《科技对食品安全的副作用及其化解》，《理论探索》2012 年第 5 期。

159. 田永胜：《试论"造真型"食品安全风险的解决之道》，《理论界》2013 年第 4 期。

160. 王成章：《直击饲料粮和饲料添加剂中安全隐患》，《中国畜牧兽医报》2005 年 6 月 12 日第 12 版。

161. 王建英、王亚楠：《农村居民食品安全意识的实证研究——基于苏南苏北农村的调查分析》，《现代食品科技》2010 年第 9 期。

162. 王建英、王亚楠、王子文：《农村居民的食品安全意识及食品购买行为现状——基于苏南苏北农村的调查分析》，《农村经济》2010 年第 9 期。

163. 王俊钢、李开雄、韩冬印：《饲料添加剂和兽药与动物性食品安全》，《肉类工业》2010 年第 7 期。

164. 王俊秀：《中国居民食品安全满意度调查》，《江苏社会科学》2012 年第 5 期。

165. 王陇德：《中国人需要一场膳食革命》，《中华医学杂志》2005 年第 18 期。

166. 王黔：《热话题里的冷思考——集约化养殖，想说爱你不容易》，《畜禽业》2004 年 10 期。

167. 王树启、许友卿、丁兆坤：《生长激素对鱼类的影响及其在水产养殖中的应用》，《水产科学》2005 年第 7 期。

168. 王希：《张家港市民食品安全意识调查》，《苏南科技开发》2007 年第 5 期。

169. 王惜纯：《动物福利与食品安全》，《中国质量报》2008 年 4 月 23 日第 6 版。

170. 王新芳、马云、杜占宇：《浅谈畜禽业的无公害标准化养殖》，《猪业生产与食品安全》2009 年 4 月增刊。

171. 王新甫、王永中：《枣庄市部分社区居民食品安全意识状况调查》，《预防医学论坛》2005 年第 2 期。

172. 王研、杨汇泉、梁怡、王忠强：《食品安全问题与科技发展副作用——风险社会视角下的新思考》，《中国禽业导刊》2010 年第 17 期。

173. 王永康：《我国猪病严重的原因浅析》，《上海畜牧兽医通讯》2006 年第 4 期。

174. 王勇：《治理语义的"食品安全文明"——风险社会的视界》，《武汉理工大学学报（社会科学版）》2009 年第 3 期。

175. 王志、滕军伟：《中国人均肉类消费 60 年来增长近 13 倍》，http：//news. xinhuanet. com/fortune/2009 - 09/04/content_ 11998388. htm，最后访问时间：2009 年 9 月 4 日。

176. 《卫生部网站全文刊登 15 位专家驳斥"牛奶有害论"》，http：//www. gov. cn/gzdt/2007 - 03/23/content_ 559260. htm，最后访问时间：2013 年 12 月 12 日。

177. 魏刚才、王三虎、郑爱武：《规模化家禽养殖模式亟待"变轨"》，《中国动物保健》2008 年第 2 期。

178. 魏洁、李宇阳：《杭州市居民食品安全满意度现状及影响因素分析》，《中国卫生政策研究》2012 年第 6 期。

179. ［德］乌尔里希·贝克：《风险社会再思考》，《马克思主义与现实》2002 年第 4 期。

180. ［德］乌尔里希·贝克：《从工业社会到风险社会——关于人类生存、社会结构和生态启蒙等问题的思考（上篇）》，王武龙编译，《马克思主义与现实》2003 年第 3 期。

181. ［德］乌尔里希·贝克：《风险社会再思考》，载李惠斌主编：《全球化与公民社会》，广西师范大学出版社 2003 年版。

182. ［德］乌尔里希·贝克：《风险社会》，何博闻译，译林出版社 2004 年版。

183. ［德］乌尔里希·贝克：《世界风险社会》，吴英姿、孙淑敏译，南京大学出版社 2004 年版。

184. ［德］乌尔里希·贝克：《关于风险社会的对话》，载薛晓源、周战超主编：《全球化与风险社会》，社会科学文献出版社 2005 年版。

185. ［德］乌尔里希·贝克、［英］安东尼·吉登斯、［英］斯科特·拉什：《自反现代性》，赵文书译，商务印书馆 2001 年版。

186. ［德］乌尔里希·贝克、约翰内斯·威尔姆斯：《自由与资本主义》，路
     国林译，浙江人民出版社 2001 年版。

187. 吴超、张莉、吴跃明、刘建新、李彩燕、华卫东：《中草药添加剂对早期断
     奶仔猪生长性能和肠道菌群的影响》，《中国畜牧杂志》2010 年第 3 期。

188. 吴林海、徐玲玲：《食品安全：风险感知和消费者行为——基于江苏省
     消费者的调查分析》，《消费经济》2009 年第 2 期。

189. 吴雪明、周建明《中国转型期的社会风险分布与抗风险机制》，《上海行
     政学院学报》2006 年第 3 期。

190. 武津生、刘志国：《蛋白精与蛋鸡的生产性能》，《中国家禽》1989 年第
     3 期。

191. 武盛：《饲料添加剂对动物食品安全的影响》，《当代畜牧》2012 年第 8
     期。

192. 肖安东、匡光伟：《重金属对畜产品安全的危害与对策》，《中国兽药杂
     志》2011 年第 4 期。

193. 《新一代营养添加剂蛋白精》，《饲料研究》1993 年第 2 期。

194. 信丽媛、王丽娟、贾宝红、王晓蓉：《食品安全意识与行为的社会学思
     考——以天津市 325 名消费者为样本的分析》，《中国食物与营养》2012
     年第 7 期。

195. 邢世伟：《老鼠肉加明胶冒充羊肉出售》，《新京报》2013 年 5 月 3 日第
     A22 版。

196. 徐瑜、卞坚强、欧光忠、刘焰雄、何水荣、陈翔、林英、洪源浩：《福
     州市消费者食品安全意识调查》，《海峡预防医学杂志》2006 年第 5 期。

197. 薛琨、郭红卫、达庆东、陈刚、曹文妹：《上海市民食品安全认识水平
     的调查》，《中国食品卫生杂志》2004 年第 4 期。

198. 薛晓源、刘国良：《全球风险世界：现在与未来——德国著名社会学家、
     风险社会理论创始人乌尔里希·贝克教授访谈录》，《马克思主义与现
     实》2005 年第 1 期。

199. 薛晓源、周战超：《全球化与风险社会》，社会科学文献出版社 2005 年
     版。

200. 闫茂仓、杨建毅、陈少波、林志强、单乐州、谢起浪：《浙南主要海水
     养殖品种疾病状况调查及防治对策》，《科技通报》2010 年第 7 期。

201. 闫素梅：《日粮矿物元素过量与饲料安全》，《饲料与畜牧》2011 年第

10 期。

202. 杨翠玥、楼烨、白威：《游客对武夷山旅游区食品安全的认知及满意度》，《旅行医学科学》2010 年第 4 期。

203. 杨建武：《饲料安全监管呼唤饲料立法（1）》，《饲料广角》2007 年第 11 期。

204. 杨亮才：《财富分配与风险分配：现代性的两种进路》，《学术交流》2011 年第 5 期。

205. 杨人伟：《激素在鱼类养殖中的应用》，《淡水渔业》1978 年第 3 期。

206. 杨先乐、郑宗林：《我国渔药使用现状、存在的问题及对策》，《上海水产大学学报》2007 年第 4 期。

207. 杨雪、周江涛：《食品安全监管的法社会学思考》，《山东社会科学》2012 年第 5 期。

208. 杨雪冬：《风险社会理论述评》，《国家行政学院学报》2005 年第 1 期。

209. 杨照海、黎晓林：《风险分析在动物性食品安全管理中的应用及预警机制的建立》，《现代农业科技》2010 年第 18 期。

210. 姚伟：《论社会风险不平等》，《湖南社会科学》2011 年第 5 期。

211. 应永飞：《滥用兽药是自毁养殖"长城"——畜禽产品的兽药残留问题及其解决对策》，《中国动物保健》2008 年第 3 期。

212. 颖竹：《明日餐桌难觅正宗中华鳖》，《光明日报》2000 年 1 月 22 日第 2 版。

213. 于萍：《关于贾汪区食品质量安全状况的调查报告》，《中国科技信息》2006 年第 4 期。

214. 袁婵、李飞、黄晨旭：《新技术食品安全与公众参与——以北京市民对转基因食品的公众参与状况的调查为例》，《科技管理研究》2012 年第 7 期。

215. 《zxb 的养鸡日记全记录》，http：//bbs. jbzyw. com/read. php？tid - 127311 - page - 1. html，最后访问时间：2013 年 10 月 2 日。

216. 臧光楼：《食品召回制度的社会学思考》，《中国质量技术监督》2013 年第 2 期。

217. 曾利明：《慢性非传染性疾病已成为中国居民主要死因》，http：// www. chinanews. com/jk/kong/news/2008/04 - 29/1235352. shtml，最后访问时间：2008 年 4 月 29 日。

218. 曾晓波、汤晓：《关于水产动物疾病诊断与防治的一些思考》，《当代水产》2012 年第 5 期。

219. 战文斌、刘洪明、王越：《水产养殖病害及其药物控制与水产品安全》，《中国海洋大学学报（自然科学版）》2004 年第 5 期。

220. 张昌莲：《我国优势畜禽业应逐步转向有机养殖发展》，《上海畜牧兽医通讯》2006 年第 3 期。

221. 张迪：《"瘦肉精蛇"来自南昌》，《南方日报》2010 年 9 月 10 日第 A14 版。

222. 张恩典、何志辉：《风险社会理论给我国食品安全监管带来的挑战与启示》，《行政与法》2012 年第 5 期。

223. 张芳：《从风险社会视角看我国食品安全问题——以三鹿奶粉事件为例》，《现代商贸工业》2009 年第 13 期。

224. 张国红：《坚守兽药产业道德底线 重拾动物食品安全信心——从央视兽药潜规则起底论 2013 年中国兽药产业发展战略》，《兽医导刊》2013 年第 3 期。

225. 张健、刘巧宜、龙芝美、邓志爱、肖扬、李迎月：《广州地区奶类抗生素残留和金黄色葡萄球菌污染调查》，《医学动物防制》2011 年第 1 期。

226. 张洁、崔上元：《基层兽药市场存在的问题及对策》，《养殖与饲料》2011 年第 2 期。

227. 张金荣、刘岩、张文霞：《公众对食品安全风险的感知与建构——基于三城市公众食品安全风险感知状况调查的分析》，《吉林大学社会科学学报》2013 年第 3 期。

228. 张利庠、张喜才、吴睿：《饲料安全的市场困境》，《农业技术经济》2006 年第 3 期。

229. 张璐：《禽流感蔓延重创家禽养殖生态链》，《企业家日报》2013 年 4 月 22 日第 2 版。

230. 张萍、吕兴萍、凡军民、田甜、刘晶晶、樊金山：《镇江地区市售纯牛奶和生鲜牛奶中抗生素残留情况的调查》，《动物医学进展》2013 年第 6 期。

231. 张文胜：《消费者食品安全风险认知与食品安全政策有效性分析——以天津市为例》，《农业技术经济》2013 年第 3 期。

232. 张兴伦：《饲料监管聚焦动物源性饲料产品》，《中国畜牧兽医报》2007

年 4 月 8 日第 13 版。

233. 张璇、耿弘：《南京市食品安全监管中公民参与问题的实证分析》，《价格月刊》2012 年第 5 期。

234. 张艳华、宋建平、王利：《强化兽药饲料源头监管保障畜产品质量安全》，《中国畜禽种业》2010 年第 12 期。

235. 张鋆、王卫、刘达玉等：《2000—2010 年媒体曝光的"问题食品"总结及分析》，《农产品加工（学刊）》2011 年第 3 期。

236. 张玉林：《另一种不平等：环境战争与"灾难"分配》，《绿叶》2009 年第 4 期。

237. 张云：《食品召回制度之法社会学证成》，《学术交流》2011 年第 3 期。

238. 张志刚：《鲜猪肉中磺胺类抗生素残留的检测与分析》，《肉类研究》2012 年第 5 期。

239. 张志坚：《食品安全新闻传播的悖谬与应对：风险社会的视角》，《东南传播》2012 年第 5 期。

240. 赵威、曾进：《问题鸡蛋拨开饲料业"蛋白精"疑云》，http：//www.infzm.com/content/19，229，最后访问时间：2014 年 9 月 13 日。

241. 赵秀丽、张建立、高敬：《中国蛋鸡产业走向何方——来自中国蛋鸡行业一线的调查报告》，《中国畜牧杂志》2006 年第 14 期。

242. 赵英杰：《动物性食品安全视角下的动物福利问题研究》，《贵州社会科学》2010 年第 6 期。

243. 赵源、唐建生、李菲菲：《食品安全危机中公众风险认知和信息需求调查分析》，《天津财经大学学报》2012 年第 6 期。

244. 郑德富、冯艳忠：《科学开发益生菌饲料添加剂降低畜产品药残》，《中国畜牧杂志》2010 年第 6 期。

245. 郑楠：《风险社会理论视角下的食品安全问题》，《华章》2009 年第 6 期。

246. 智素平：《河北省居民食品安全意识调查与分析》，《中小企业管理与科技（上旬刊）》2010 年第 8 期

247. 中国畜牧业年鉴编辑委员会编：《中国畜牧业年鉴 2011》，中国农业出版 2011 年版。

248. 中国营养学会编著：《中国居民膳食指南》，西藏人民出版社 2009 年版。

249. 钟燕平：《渔业引种警惕"引狼入室"》，《农民日报》2003 年 6 月 4 日

第 3 版。

250. 周洁红：《消费者对蔬菜安全认知和购买行为的地区差别分析》，《浙江大学学报（人文社会科学版）》2005 年第 6 期。

251. 周克勇：《苏丹红事件对饲料安全监管提出严峻挑战》，《中国畜牧兽医报》2006 年 12 月 17 日第 9 版。

252. 周勋：《民以何食为天——中国食品安全现状调查》，中国工人出版社2007 年版。

253. 周晓苏、王印庚：《我国海水养殖疾病防控策略》，《海洋渔业》2008 年第 5 期。

254. 周应恒、卓佳：《消费者食品安全风险认知研究——基于三聚氰胺事件下南京消费者的调查》，《农业技术经济》2010 年第 2 期。

255. 朱志谦：《工厂化养猪对猪行为及性能的影响与对策》，《畜牧与兽医》2007 年第 12 期。

256. 邹志清、吴萍秋、石教友、李胜国：《成鱼养殖增施化肥的增产效果试验》，《淡水渔业》1985 年第 5 期。

英文文献

1. A. C. Zwart. & D. A. Mollenkopf, "Consumers' Assessment of Risk in Food Consumption: Implications for Supply Chain Strategies, Chain Management in Agribusiness and the Food Industry", Proceedings of the Fourth International Conference, 2000.

2. A. David, "Systemic Failure in the Provision of Safe Food", *Food Policy*, Vol. 28, 2003.

3. A. J. Cross, M. F. Leitzmann, M. H. Gail, A. R. Hollenbeck, A. Schatzkin, & R. Sinha, "A Prospective Study of Red and Processed Meat Intake in Relation to Cancer Risk", *PLOS Medicine*, Vol. 4 (12), December 2007.

4. A. J. Knight & R. Warland, "Determinants of Food Safety Risks: A Multi-disciplinary Approach", *Rural Sociology*, Vol. 70 (2), 2005.

5. Amanda J. Cross, Michael F. Leitzmann, Mitchell H. Gail, Albert R. Hollenbeck, Arthur Schatzkin, & Rashmi Sinha, "A Prospective Study of Red and Processed Meat Intake in Relation to Cancer Risk", *PLoS Medicine*, Vol. 4

参考文献

（12），2007.

6. A. Maze, S. Polin, E. Raynand, L. Sauve, & E. Valces Chini, " Quality Signals and Governance Structures within European Agro-food Chains: A New Institutional Economics Approach", paper presented at the 78th EAAE Seminar and NJF Seminar 330, Economies of Contracts in Agriculture and the Food Supply Chain, Copenhagen, 2001.

7. A. Moises, Resende-Filho & Terrance M. Hurley, " Information Asymmetry and Traceability Incentives for Food Safety", *International Journal of Production Economics*, Vol. 139 (2), 2012.

8. A. Uzea, J. E. Hobbs, & J. Zhang, " Activists and Animal Welfare: Quality Verifications in the Canadian Pork Sector", *Journal of Agricultural Economics*, Vol. 62 (2), 2011.

9. A. Wade & M. Conley, " Assessing Informational Bias and Food Safety: A Matrix Method Approach", International Food and Agribusiness Management Association (IAMA), Chicago, IL, June 2000.

10. B. G. Innes & J. E. Hobbs, " Does it Matter Who Verifies Production Derived Quality?" *Canadian Journal of Agricultural Economics*, Vol. 59 (1), 2011.

11. B. Trock, E. Lanza, & P. Greenwald, " Dietary Fiber Intake and Colon Cancer: Critical Review and Meta-analysis of the Epidemiologic Evidence", *Journal of the National Cancer Institute*, Vol. 82, 1990.

12. Barbara Adam, Ulrich Beck, & Joost Van Loon, *The Risk Society and Beyond: Critical Issues for Social Theory*, London: Sage Publications, 2000.

13. C. B. Esselstyn, " Introduction: More Than Coronary Artery Disease ", *American Journal of Cardiology*, Vol. 82, 1998.

14. C. B. Esselstyn, S. G. Ellis, S. V. Medendorp, et al. , " A Strategy to Arrest and Reverse Coronary Artery Disease: A 5-year Longitudinal Study of a Single Physician's Practice", *The Journal of Family Practice*, Vol. 41, 1995.

15. C. DeWaal, " Safe Food from a Consumer Perspective ", *Food Control*, Vol. 14, 2003.

16. Chensheng Lu, Frank J. Schenck, et al. , " Assessing Children's Dietary Pesticide Exposure: Direct Measurement of Pesticide Residues in 24-Hr Duplicate Food Samples", *Environmental Health Perspectives*, Vol. 118, 2010.

17. C. S. Williamson, R. K. Foster, S. A. Stanner, & J. L. Buttriss, "Red Meat in the Diet", *Nutrition Bulletin*, Vol. 30, 2005.

18. D. Armstrong & R. Roll, "Enviromental Factors and Cancer Incidence and Mortality in Different Countries, with Special Reference to Dietary Practices", *International Journal of Cancer*, Vol. 15, 1975.

19. D. Barling & T. Lang, "The Politics of Food", *Political Quarterly*, Vol. 74 (1), 2003.

20. D. F. Broom & A. F. Fraser, *Domestic Animal Behaviour and Welfare*, New York: Cambridge University Press, 2006.

21. D. Giovannucci & T. Reardon, "Understanding Grades and Standards and How to Apply Them", in D. Giovannucci, ed., *A Guide to Developing Agricultural Markets and Agro-enterprises*, Washington DC: World Bank, 2000.

22. D. Gregory, "Hazard Analysis and Critical Control Point (HACCP) as a Part of an Overall Quality Assurance System in International Food Trade", *Food Control*, Vol. 11, 2000.

23. D. J. Jenkins, C. W. Kendall, A. Marchie, et al., "Effecs of a Dietary Portfolio of Cholesterol-lowering Foods vs. Lovastatin on Serum Lipids and C-reactive Protein", *The Journal of the American Medical Association*, Vol. 290, 2003.

24. D. Mahon & C. Cowan, "Irish Consumers' Perception of Food Safety Risk in Minced Beef", *British Food Journal*, Vol. 106 (4), 2004.

25. D. M. Broom, "Animal Welfare: Concepts and Measurement", *Journal of Animal Science*, 69 (10), 1991.

26. Diogo M. Souza-Monteiro & Julie A. Caswell, "The Economics of Implementing Traceability in Beef Supply Chain: Trends in Major Producing and Trading Countries", Annual Meeting of the Northeastern Agricultural and Resource Economics Association, Hailfax, Nova Scotia, 2004.

27. D. Ornish, "Avoiding Revascularization with Lifestyle Change: The Multicenter Lifestyle Demonstration Project", *American Journal of Cardiology*, Vol. 82, 1998.

28. D. Ornish, S. E. Brown, L. W. Scherwitz, et al., "Can Lifestyle Change Reverse Coronary Heart Disease?" *Lancet*, Vol. 336, 1990.

29. Darren Hudson, "Using Experimental Economies to Gain Perspective on Producer Contracting Behaviour: Data Needs and Experimental 25 Design", paper presented at the 78th EAAE Seminar and NJF Seminar 330, Economies of Contracts in Agriculture and the Food Supply Chain, Copenhagen, 2001.

30. David A. Hennessy, "Information Asymmetry as a Reason for Food Industry Vertical Integration", *Amercan Journal of Agricultural Economies*, Vol. 78, 1996.

31. David A. Hennessy, J. Roosen, & J. Miranowski, "A Leadership and the Provision of Safe Food", *American Journal of Agricultural Economics*, Vol. 4, 2001.

32. David A. Hennessy, Jutta Roosen, & John A. Miranowski. "Leadership and the Provision of Safe Food", *American Journal of Agricultural Economies*, Vol. 83 (4), 2001.

33. David L. Dickinson & DeeVon Bailey, "Meat Traceability: Are U. S. Consumers Willing to Pay for It?" *Journal of Agricultural and Resource Economics*, Vol. 27, 2002.

34. David L. Ortega, et al., "Modeling Heterogeneity in Consumer Preferences for Select Food Safety Attributes in China", *Food Policy*, Vol. 36, 2011.

35. Dragan Miljkovic, William Nganje, & Benjamin Onyango, "Offsetting Behavior and the Benefits of Food Safety Regulation", *Journal of Food Safety*, Vol. 29, 2009.

36. E. E. Spers, et al., "Consumers Perceptions over Complementarity or Substitution of Private and Public Mechanisms of Regulation in Food Quality", 7th Annual Meeting of the International Society for New Institutional Economics, Budapest, September 2003.

37. E. Golan, et al., "Traceability in the U. S. Food Supply: Economic Theory and Industry Studies", *USDA/ Economic Research Service/ AER − 830*, Vol. 3, 2004.

38. E. Golan, F. Kuchler, & L. Mitchell, et al., "Economics of Food Labeling", *USDA/ Economic Research Service/ AER − 793*, Vol. 10, 2000.

39. E. Taylor, "HACCP in Small Companies: Benefit or Burden?" *Food Control*, Vol. 12, 2001.

40. Elizabeth C. Redmond & Christo Pher J. Griffith. "A Comparison and

Evaluation of Research Methods Used in Consumer Food Safety Studies ",
International Journal of Consumer Studies, Vol. 27, 2003.

41. Elizabeth M. M. Q. Farina & T. Reardon, "Agrifood Grades and Standards in
the Extended Mercosur: Their Role in the Changing Agrifood System",
American Journal of Agricultural Economics, Vol. 82 (5), 2000.

42. F. Hassan, et al., "Motivations of Fresh-cut Produce Firms to Implement
Quality Management System", *Review of Agricultural Economics*, Vol. 28 (1),
2006.

43. FAO/WHO, "Assuring Food Safety and Quality: Guideline for Strengthening
National Food Control System", http: //www. who. int/food safety/
publications/capacity/en/English-Guidelines-foodcontrol. pdf. , 最后访问时
间: 2013 年 11 月 19 日。

44. FAWC, *Report on the Welfare of Laying Hens*, *Farm Animal Welfare Council*,
Tolworth, UK, 1997.

45. G. Matthew, "Overcoming Supply Chain Failure in the Agri-food Sector: A
Case Study from Moldova", *Food Policy*, Vol. 31, 2006.

46. H. Kruse, "Globalization of the Food Supply-food Safety Implications Special
Regional Requirements: Future Concerns", *Food Control*, Vol. 10, 1999.

47. H. L. Goodwin & Rimma Shiptsova, "Changes in Market Equilibria Resulting
from Food Safety Regulation in the Meat and Poultry Industries", *International
Food and Agribusiness Management Review*, Vol. 5 (1), 2002.

48. Henrik Vette & Rostas Karantininis, "Moral Hazard, Vertical Integration, and
Public Monitoring in Credence Goods", *European Review of Agricultural
Economies*, Vol. 29 (2), 2002.

49. I. Young, et al., "Comparison of the Prevalence of Bacterial Enteropathogens,
Potentially Zoonotic Bacteria and Bacterial Resistance to Antimicrobials in
Organic and Conventional Poultry, Swine and Beef Production: A Systematic
Review and Meta-Analysis", *Epidemiology and Infection*, Vol. 137, 2009.

50. J. C. Buzby & P. D. Frenzen, "Food Safety and Product Liability", *Food
Policy*, Vol. 24 (6), 1999.

51. J. Hudson & P. Jones, "Measuring the Efficiency of Stochastic Signals of
Product Quality", *Information Economics and Policy*, Vol. 13 (1), 2001.

52. J. M. Antle, "No Such Thing as a Free Safe Lunch: The Cost of Food Safety Regulation in the Meat Industry", *American Journal of Agricultural Economics*, Vol. 82 (2), 2000.

53. J. M. K. Udith, "Economic Incentives for Firms to Implement Enhanced Food Safety Controls: Case of the Canadian Red Meat and Poultry Processing Sector", *Review of Agricultural Economics*, Vol. 28 (4), 2006.

54. James O. Bukenya & Latisha Nettles, "Perceptions and Willingness to Adopt Hazard Analysis Critical Control Point Practices among Goat Producers", *Review of Agricultural Economics*, Vol. 29, 2007.

55. L. E. Kelemen, L. H. Kushi, & D. R. Jacobs Jr. , "Certain Associations of Dietary Protein with Disease and Mortality in a Prospective Study of Postmenopausal Women", *American Journal of Epidemiology*, Vol. 161, 2005.

56. Liana Giorgi & Line Friis Lindner, "The Contemporary Governance of Food Safety: Taking Stock and Looking Ahead", *Quality Assurance and Safety of Crops & Foods*, Vol. 36, 2009.

57. Lode Nollet, "EU Close to a Future without Antibiotic Growth Promoters", *World Poultry*, Vol. 21 (6), 2005, pp. 14 – 15. 〔Lode Nollet:《欧盟正走向无抗生素生长促进剂的未来》, 吴昌新译, 《国外畜牧学 (猪与禽)》2006 年第 1 期。〕

58. M. G. Carcia, Andrew Fearne, Julie A. Caswell, & Spencer Henson, "Co-regulation as a Possible Model for Food Safety Governance: Opportunities for Public-Private Partnerships", *Food Policy*, Vol. 32, 2007.

59. M. J. Gibney & D. Kritchevskv, eds. , *Current Topics in Nutrition and Disease, Volume 8: Animal and Vegetable Proteins in Lipid Metabolism and Atherosclerosis*, New York: Alan R, Liss, Inc. , 1983.

60. M. J. Sweeney, et al. , "Mycotoxins in Agriculture and Food Safety", *Irish Journal of Agricultural and Food Research*, Vol. 39, 2000.

61. M. Martinez & N. D. Poole, "The Development of Private Fresh Produce Safety Standards: Implications for Developing Mediterranean Exporting Countries", *Food Policy*, Vol. 29 (3), 2004.

62. M. O'Keeffe & F. Farrell, "The Importance of Chemical Residues as a Food Safety Issue", *Irish Journal of Agricultural and Food Research*, Vol. 39, 2000.

63. M. Ollinger and Danna Moore，"The Direct and Indirect Costs of Food-safety Regulation"，*Review of Agricultural Economics*，Vol. 31（2），2009.

64. M. Ollinger and V. Mueller，"Managing for Safer Food：The Economics of Sanitation and Process Controls in Meat and Poultry Plants"，*Agricultural Economic*，Vol. 817（3），2003.

65. M. Siegrist，"A Casual Model Explaining the Perception and Acceptance of Genetechnology"，*Journal of Applied Social Psychology*，Vol. 29，1999.

66. N. E. Piggott & T. L. Marsh，"Does Food Safety Information Impact U. S. Meat Demand?" *American Journal of Agricultural Economics*，Vol. 86（1），2004.

67. O. Renn，"Risk Perception and Communication：Lessons for the Food and Food Packaging Industry"，*Food Additives and Contaminants*，Vol. 22（10），2005.

68. Okezie I. Aruoma，"The Impact of Food Regulation on the Food Supply Chain"，*Toxicology*，Vol. 221（1），2006.

69. P. Romanowska，"Consumer Preferences and Willingness to Pay for Certification of Eggs with Credence Attributes"，Unpublished Msc-thesis，Department of Rural Economy，University of Alberta，2009.

70. R. B. Tompkin，"Interactions Between Government and Industry Food Safety Activities"，*Food Control*，Vol. 12，2001.

71. R. G. Pettitt，"Traceability in the Food Animal Industry and Supermarket Chains"，*Scientific and Technical Review*，Vol . 20，2001.

72. R. M. W. Yeung & J. Morris，"Consumer Perception of Food Risk in Chicken Meat"，*Nutrition & Food Science*，Vol. 31（6），2001.

73. R. T. Chlebowski，G. L. Blackburn，C. A. Thomson，et al.，"Dietary Fat Reduction and Breast Cancer Outcome：Interim Efficacy Results from the Women's Intervention Nutrition Study"，*Journal of the National Cancer Institute*，Vol. 98，2006.

74. Richard Schofield & Jean Shaoul，"Food Safety Regulation and the Conflict of Interest：The Case of Meat Safety and Ecoli 0157"，*Food Safety Regulation*，Vol. 3，2000.

75. S. A. Hornibrook，M. McCarthy，& A. Fearne，"Consumers'Perception of

Risk: The Case of Beef Purchases in Irish Supermarkets", *International Journal of Retail & Distribution Management*, Vol. 33（10）, 2005.

76. Sheila A. Bingham, Nicholas E. Day, Robert N. Luben, Pietro Ferrari, Nadia Slimani, Teresa Norat, Francoise Clavel – Chapelon, Emmanuelle Kesse – Guyot, Alexandra Nieters, Heiner Boeing, Kim Overvad, et al., "Dietary Fiber in Food and Protection Against Colorectal Cancer in the European Prospective Investigation into Cancer and Nutrition（EPIC）: An Observational Study", *Lancet*, Vol. 361, 2003.

77. S. A. Starbird, "Designing Food Safety Regulations: The Effect of Inspection Policy and Penalties for Non-Compliance on Food Processor Behavior", *Journal of Agriculture and Resource Economics*, Vol. 25（2）, 2000.

78. S. A. Starbird, "Moral Hazard, Inspection Policy and Food Safety", *American Journal of Agricultural Economies*, Vol 87（1）, 2005.

79. S. A. Starbird & Vincent Amanor-boadu, "Do Inspection and Traceability Provide Incentives for Food Safety?" *Journal of Agricultural and Resource Economics*, Vol. 31（1）, April 2006.

80. S. Henson & N. H. Hook, "Private Sector Management of Food Safety: Public Regulation and the Role of Private Controls", *The International Food and Agribusiness Management Review*, Vol. 4（1）, 2001.

81. S. Henson, O. Masakure, et al., "Private Food Safety and Quality Standards for Fresh Produce Exporters: The Case of Hortieo Agrisystems, Zimbabwe", *Food Policy*, Vol. 30, 2005.

82. Sven M. Anders & Julie A. Caswell, "Standards as Barriers Versus Standards as Catalysts: Assessing the Impact of HACCP Implementation on U. S. Seafood Imports", *American Journal of Agricultural Economics*, Vol. 91（2）, 2009.

83. T. P. Lyon, A. Yankley, J. W. Gofman, et al., "Lipoproteins and Diet in Coronary Heart Disease", *California Medicine*, Vol. 84, 1956.

84. T. Reardon, J. M. Codron, et al., "Global Change in Agrifood Grades and Standards: Agribusiness Strategic Responses in Developing Countries", *International Food and Agribusiness Management Review*, Vol. 2（3）, 2001.

85. T. T. Fu, J. T. Liu, & J. K. Hammitt, "Consumer Willingness to Pay for Low-pesticide Fresh Produce in Taiwan", *Journal of Agricultural Economics*,

Vol. 50（2），1999.

86. Tanya Roberts, Jean C. Buzby, & Michael Ollinger. , "Using Benefit and Cost Information to Evaluate a Food Safety Regulation: HACCP for Meat and Poultry", *American Journal of Agricultural Economics*, Vol. 78（5），Proceedings Issue, 1996.

87. Ulrich Beck, *Risk Society: Toward a New Modernity*, London: SAGE Publications, 1992.

88. Vincent-Wayne Mitchell, "Consumer Perceived Risk: Conceptualizations and Models", *European Journal of Marketing*, Vol. 33, 1999.

89. Vincent-Wayne Mitchell & M. Greatorex, "Risk Reducing Strategies Used in the Purchase of Wine in the UK", *European Journal of Marketing*, Vol. 23 （9），1989.

90. W. G. Kenyon, R. P. William, & J. Bill, "Food Retailers Push the Traceability Envelope", *Food Traceability Report*, Vol. 11, 2004.

91. Wanki Moon, et al. , "Willingness to Pay（WTP）a Premium for Non-GM Foods Versus Willingness to Accept（WTA）a Discount for GM Foods", *Journal of Agricultural and Resource Economics*, Vol. 32, 2007.

92. World Cancer Research Fund/ American Institute for Cancer Research, *Food, Nutrition, Physical Activity, and the Prevention of Cancer: A Global Perspective*, Washington, D. C. , 2007.

93. Y. M. Denise & H. Christopher, "Fresh Produce Procurement Strategies in a Constrained Supply Environment: Case Study of Companhia Brasileira de Distribuicao", *Review of Agricultural Economics*, Vol. 27（1），2005.

94. Zhifeng Gao & Ted C. Schroeder, "Consumer Responses to New Food Quality Information: Are Some Consumers More Sensitive than Others?" *American Journal of Agricultural Economics*, Vol. 91（3），Aug. 2009.

索 引

后　记

　　本书非常荣幸地入选第三批"中国社会科学博士后文库"，非常感谢评审专家们的赏识！

　　本书是在我的博士后出站报告基础上修改而成。在中国社会科学院做博士后，是我人生中的一个意外惊喜。我深深地感谢导师李培林研究员！是导师破格录取我这个超龄的"老学生"，是导师给我确定博士后出站报告的选题，是导师一再督促我的科研工作，是导师建议我参选"中国社会科学博士后文库"。能够跟随当代著名的社会学家学习，是我莫大的荣幸！导师宽广的胸怀、诲人不倦的精神、渊博的知识、严谨的治学态度都深深地影响了我，并将成为我受益终身的一份宝贵财富。借此机会，谨向导师李培林研究员表示真诚的感谢！

　　在博士后出站报告答辩过程中，中国社会科学院社会学研究所副所长张翼研究员、中国科学技术发展战略研究院科技与社会发展研究所所长赵延东研究员、中国社会科学院社会学研究所青少年与社会问题研究室副主任李春玲研究员都提出了很好的修改意见，在此深表感谢！在我做博士后期间，中国社会科学院社会学研究所的领导以及科研处的老师们一直给予我热情关心、帮助与激励，在此表示深深的谢意！

　　感谢帮助我在 X 省、H 省、S 省、N 省、Z 省、G 自治区等地深入养殖场进行调研和座谈的领导和朋友们！感谢帮助我整理录音资料的亲人和朋友们！

　　最后，感谢社会科学文献出版社编辑杨桂凤的辛勤付出，让本书能够更加完美地呈现给读者！

田永胜

2014 年 6 月于广东梅州